# Matlab 数值计算

## （2013 修订版·中译本）

# Numerical Computing with Matlab
## Revised in 2013

［美］Cleve B. Moler　　著

张志涌　等编译

北京航空航天大学出版社

## 内 容 简 介

本书《MATLAB 数值计算》(2013 修订版)经 MATLAB、数值分析和科学计算之父 Cleve Moler 本人正式授权,是 *Numerical Computing with MATLAB* 2008/2013 修订版的中译本。该书不以深奥的数值分析理论为内容,而以易于理解的数学思维和便于掌握的数学计算编程技术为教学素材。该书摒弃以往数值分析教材中常见的程式性定理、定理证明、收敛性理论和冗长公式推演。该书数值算法原理的表述,言简意赅、层次丰富、见解独到、权威精辟;数学计算软件的教学内容易学易懂,构思巧妙而循循善诱。

全书正文共 11 章,包括:MATLAB 入门、线性方程组、插值、零点和根、最小二乘、定积分、常微分方程、随机数、傅里叶分析、特征值和奇异值、偏微分方程。每章后都配置了大量习题。与本书正文及习题匹配的 70 多个 M 文件都由 Cleve Moler 本人编写,并被其本人赞为最引以自傲的软件作品。为读者学习、查阅需要,本书还编有 4 个附录:MATLAB 功用释要、MATLAB 命令及示教文件名索引、中文关键词索引和 Cleve Moler 获 2012 年度计算机先驱奖的简短资料。该书所有代码都适配于 MATLAB R2014a。

该书是 Cleve Moler 专为高校研究生、本科生编写的数值计算、MATLAB 教材。该书也是所有 MATLAB 用户理解 MATLAB 算法原理的最好指南,也是广大科技人员自学、精读或随时查阅的最可信赖的参考书。

## 图书在版编目(CIP)数据

MATLAB 数值计算(美)莫勒著. 张志涌等编译.
--北京:北京航空航天大学出版社,2015.1
ISBN 978-7-5124-1546-1

Ⅰ. ①数… Ⅱ. ①莫… ②张… Ⅲ. ①数值分析一高等学校一教材 Ⅳ. ①O241

中国版本图书馆 CIP 数据核字(2014)第 114664 号

版权贸易合同登记号 图字:01-2013-5484
英文原名:Numerical Computing with MATLAB Revised in 2013
Copyright © 2014 by Cleve B. Moler.
Translation Copyright © 2014 by Beijing University of Aeronautics and Astronautics Press.
All right reserved.

**MATLAB 数值计算**(2013 修订版·中译本)
Numerical Computing with MATLAB Revised in 2013
[美] Cleve B. Moler 著
张志涌 等编译
责任编辑 陈守平

\*

北京航空航天大学出版社出版发行
北京市海淀区学院路 37 号(邮编 100191) http://www.buaapress.com.cn
发行部电话:(010)82317024 传真:(010)82328026
读者信箱:goodtextbook@126.com 邮购电话:(010)82316936
北京九州迅驰传媒文化有限公司印装 各地书店经销

\*

开本:710×1 000 1/16 印张:27.75 字数:591 千字
2015 年 1 月第 1 版 2022 年 12 月第 9 次印刷 印数:16 301~16 800 册
ISBN 978-7-5124-1546-1 定价:69.00 元

# 译文前言

2012 年仲秋，我作为 Moler 十年前访华晤面过的熟人，再次受 MathWorks 中国公司的邀请，出席 Cleve Moler 的访华欢迎会。在欢迎午餐席间，Moler 表达了希望在中国见到由他本人授权的著作中译本的强烈意愿。我欣然允诺翻译，随即 Moler 把 *Numerical Computing with MATLAB* 的翻译工作委托于我，并将出版权授予北京航空航天大学出版社。对此，我深感荣幸，因为从 MathWorks 网站首次出现此书电子版起的这些年里，我一直持有翻译此书的强烈冲动和期盼译著在中国出版发行的迫切愿望。

我喜欢此书，因为 *Numerical Computing with MATLAB* 一书，既能让读者初读时感受易学易懂之愉悦，又能让读者细读时领受渗透于字里码间的睿智点化；既能使读者从 MATLAB 中获得前所未有的数值解算能力，又可使读者欣赏到浮点计算之数学优雅。

我推崇此书，因为 *Numerical Computing with MATLAB* 的作者是 Cleve Moler，一个始终怀揣那朴实的、"让学生学数学更轻松"理念的大学教授，一个始终怀揣那"让他人最放心、最方便使用高质量数学计算软件"平常心的科学家[1]。正是这济世理念驱使他成为了"高性能数值计算测试标准的 LINPACK、EISPACK 软件"的主要贡献者，驱使他发明了"对世界工程教学和科研领域产生不可估量深远影响的 MATLAB"[2]，使他成为了世界公认的现代数值分析和科学计算的一位创始人、给计算世界打下深深烙印的数学奇才[3]。他是美国工业和应用数学学会 SIAM 前主席、美国工程院院士、2012 年 IEEE 计算机先驱奖获得者。然而，他喜欢自称"最爱编程的地地道道骇客（hacker）"，趣喻自己是"围绕数学家和计算机科学家双核作 Lorenz 混沌运动"的人[1]。

我赞赏此书，因为 *Numerical Computing with MATLAB* 一书是 Cleve Moler 从其前 20 年教学生涯和后 20 年专事 MATLAB 经验中升华而成的原创珍品，是凝聚其对数学应用本质性独特见解、展示未来教学方向的数值计算教材之圭臬。该书物化地展现了，Cleve Moler 对数值分析和科学计算教学的如下卓识真见[1]：

- 在科学和技术计算中，存在一个既不被数学覆盖、也不被计算机学科和其他应用学科覆盖的共同知识体系。它是涉及数值分析、科学编程、计算机图形

---

1 http://history.siam.org/oralhistories/moler.htm, Cleve Moler, Oral history interview by Thomas Haigh, 8 and 9 March, 2004, Santa Barbara, California. Society for Industrial and Applied Mathematics, Philadelphia.

2 本书附录 D：2012 年度计算机先驱奖颁奖典礼视频录音的译文。

3 http://www.bizjournals.com/albuquerque/stories/2009/02/02/story9.html?page=all, Kevin Robinson-Avila, Math whiz stamps profound imprint on computing world, Albuquerque Business First.

和数据库管理等内容的独立知识体系。

- 对于科技领域的非数学从业人员而言，他们所需要解决的具体问题，往往不是单一的数学问题，而是更大更复杂的综合性问题。这些问题的解决需要多种数学知识和数值计算方法。在此境况下，他们不可能、也不需要知道每种数值方法的微妙细节和具体公式，而只需要知道如何调用各种计算软件去解决面前不可回避的数学问题，以腾出更多的时间和精力，专注于那综合性的具体设计目标。就像在一个具体问题中遇到需要计算的正弦、余弦函数值时，人们并不会对近似计算正弦、余弦函数值的具体公式和执行细节刻意刨根问底，而只是径直调用它们的计算命令。

*Numerical Computing with* MATLAB 由美国工业和应用数学学会 SIAM 于 2004 年出第一版，2008 年出修订版。此书在 2013 年经 Cleve Moler 再次修订，且在其亲自授权后于不久前由北京航空航天大学出版社出版。该书的章节标题不仅涵盖常见数值分析教材的所有章节标题，而且包含"随机数"和"偏微分方程"两章。

*Numerical Computing with* MATLAB 的特别之处在于：该书是由具有数值分析、科学计算之父和 MATLAB 之父双重身份的 Cleve Moler 写成的。该书不以深奥的数值分析理论为内容，而以向读者提供易于理解的数学思维、易于掌握的数学编程技术为宗旨。因此，在该书中，没有某些数值分析教材中那定理和定理证明的重峦叠嶂，没有那冗长公式和满纸推演的浓雾密云，也没有浮点误差理论的浓墨重彩。在书中，能见到的是那信手拈来的博引旁证、高屋建瓴的评价结论，能见到的是脉络清晰的引导、使人顿悟的简明示例，能见到的是由 MATLAB 代码一步一步指引的、读者完全可以自己在计算机上重现的各种算法演绎和实验，能见到的是能准确掌控计算误差和提供性能改善选项的 MATLAB 命令。

*Numerical Computing with* MATLAB 英文原版正文和习题中的 MATLAB 代码、随书 NCM 汇集中的 M 文件，都在 MATLAB R2013a 版下由 Moler 进行过适配性修改。这些代码和文件设计之精心、运用之巧妙、可读性之强，都达到了 Moler 自认的前所未有的满意程度，并被 Moler 引以自傲[1]。

《MATLAB 数值计算》（2013 修订版）是据 2014 英文版 *Numerical Computing with* MATLAB 翻译的。本书正文及习题翻译忠于原著、原意。在翻译时，为保证读者能重现英文原版所列之计算结果，也为帮助读者准确理解原文编码的奥妙，在个别段落中补写了些许 M 码，在个别 M 码后增补了一点解释。此外，为适应我国学术和教学环境，把英文原版中实施"对应元素间运算"的"Matrix、Vector"词汇，翻译成"数组、行（或列）数组"。中译版《MATLAB 数值计算》中的 MATLAB 代码、随书 NCM 汇集中的 M 文件，由译者在 MATLAB R2014a 版下进行过适配性修订。

《MATLAB 数值计算》（2013 修订版）除正文外，增添四个附录："附录 A. MATLAB 功用释要"，是对正文提及的 MATLAB 要素，从用法角度出发，给予简明系统地要旨介绍或补充，减少读者阅读困难和查阅其他帮助材料的麻烦。"附录 B. Matlab 命令和示教文件名索引"，供读者据命令名、文件名检索书中示例。"附录 C. 中文关键词索引"，供读者据中文术语对照英文词汇检索正文表述。"附录 D. 2012 年度计算机先驱奖颁奖典礼视频整理稿"，供读者全面了解 Moler 的杰出贡献和人文精神，进而更好领悟 Moler 原著所体现的科学计算思想。

《Matlab 数值计算》（2013 修订版）的编译由张志涌、张子燕、杨祖樱三人协同完成。全书经通译、M 码运作、附录编写、通校、文字修饰等几阶段后完稿，前后历时 18 个月。在通译和 M 码运作及附录编写期间，我们就正文叙述、M 代码、GUI 表现及附录内容等，多次向原作者请教、咨询及建议。对此，原作者都及时地给予详尽回复和认真处理。这使我们亲身感受到 Cleve Moler 对所有议题了然于胸的从容和一丝不苟的严谨，领受到 Cleve Moler 对 Matlab 命令设计原由的透彻解读和出神入化的功力。在本译作完稿之际，我们全体译者向 MathWorks 公司首席科学家 Cleve Moler 表示最真诚的深深谢意。

在译稿出版之际，我们还要向北京航空航天大学出版社的陈守平、蔡喆、赵延永等表达最真挚的感谢，感谢他们为我们编译所提供的各种宝贵资料和信息，感谢他们为保证本书高质量出版所作出的一切努力。

《Matlab 数值计算》（2013 修订版）译作虽经我们多人反复修正校对，但限于我们知识的局限，误译、错译、片面理解及其他疏漏仍难以杜绝。在此，恳请各方面专家和广大读者不吝指教。译者联系电子信箱：zyzh@njupt.edu.cn。

张志涌、张子燕、杨祖樱
2014 年 10 月 21 日

# 原文序

本书是为讲授数值方法、Matlab 及工程计算而编写的入门性教材，着重强调数学软件的灵活应用。我们希望你通过本书能充分理解 Matlab 数学计算函数及命令的内涵，充分辨析其局限性，正确使用它们，并能根据你自己的需要对它们加以修改。本书包含以下章节：

- Matlab 入门
- 线性方程组
- 插值
- 零点和根
- 最小二乘
- 定积分
- 常微分方程
- 随机数
- 傅里叶分析
- 特征值和奇异值
- 偏微分方程

20 世纪 60 年代后期，George Forsythe 首先在美国斯坦福大学开创了基于软件的数值方法课程。Forsythe、Malcolm 和 Moler 三人合写的教材 [20]，及其后由 Kahaner、Moler 和 Nash 合写的教材 [34]，都是由斯坦福大学的那门课程演化产生的，且它们都建筑在 Fortran 子程序库基础上。

本书以 Matlab 为基础。含 70 多个 M-文件的 NCM 汇集是本书的重要组成部分。本书 200 多道习题中的许多习题都涉及对 NCM 程序的修改及扩展。本书还广泛使用计算机图示的功能，其中包括对各种数值算法的交互式图形展示。

选修本课程或阅读本书的前提条件是：

- 学过微积分；
- 对常微分方程有所了解；
- 对矩阵有所了解；
- 有些计算机编程经验。

假如你此前从未用过 Matlab，那么第 1 章将帮助你跨入大门。假如你已经熟悉 Matlab，那么你可以快速浏览第 1 章的大部分内容。但是，每位读者都不应跳过第 1 章关于浮点算法的那节内容。

对于一学季或一学期的课程而言，本书内容可能偏多。建议讲授前 7 章的全部内容，而在后 4 章中有选择地讲授学生感兴趣的部分内容。

在你阅读本书时，应确定你所在计算机网或个人电脑上已经安装了 NCM 程序汇集。NCM 汇集可从如下的本书英文原版网站 [47] 上免费获得。

```
http://www.mathworks.cn/moler
```

NCM 汇集中的文件有三类：

- gui 文件，交互式图形演示文件；
- tx 文件，MATLAB 内建文件的示教性简略版；
- 其他：各种配用文件，主要与习题有关。

在自己机器上安装了 NCM 汇集后，你在 MATLAB 中运行命令

```
ncmgui
```

便产生一个如下页所示的综合性图形用户界面。该综合界面上的每个缩略小图，实际上都是引出相应 GUI 图形用户界面的按钮。

离开 MathWorks 和 SIAM 的同仁，本书不可能完成。这两个团队中的人员都很专业、富具创造力和融洽合作。他们对本书给予了巨大的支持。在众多做出特殊贡献的朋友和同仁中，我特别要提到其中五位。Kathryn Ann Moler 多次在斯坦福大学的课程中使用本书的早期书稿，并成为给予我最中肯批评的智者。Tim Davis 和 Charlie Van Loan 给出了特别有益的审阅意见。Lisl Urban 为本书做了完美无瑕的编辑工作。我妻子 Patsy 始终陪伴身旁，包容、照料我的工作习惯和笔记本电脑，她深爱着我的一切。我感谢所有的人！

本书 2008 修订重印版的更改内容有：为改进无出链网页的处理，对 Google PageRank 那节所作的修订；在随机数那章新增一小节内容；删除了关于 inline 和 feval 命令的内容；校正了几十处小的印刷疏误。

2013 年 9 月对本书进行了 60 多处重要的更新修订。其中大多数修订是中国南京邮电大学的张志涌教授所提议的。那时，他正在为北京航空航天大学出版社准备本书的中译本。本书第 5.3 节美国人口普查算例纳入了 2010 年的人口数据。format long 格式下的计算结果显示 16 位有效数字。涉及符号工具包的应用现已反映 MuPAD 引擎所引起的变化。非常感谢张教授。

Cleve Moler

2013 年 9 月 16 日

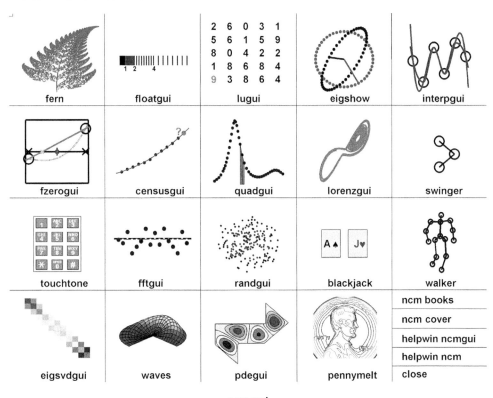

ncmgui

# 目 录

# 第 1 章　Matlab 入门

本教材涉及两方面内容：Matlab 和数值计算。本入门章，将通过几个基础趣味数学问题的解算程序，介绍 Matlab 的使用。倘若你有其他语言的编程经验，那么可以预期，你只需稍加用心地学习这些程序，就能知道 Matlab 是如何工作的。

假如你想获得更完善的 Matlab 入门材料，那现有的资源很多。你可以在 Matlab 命令窗上方的工具带（toolstrip）中点选 Help 帮助图标，然后再依次选中 Documentation 菜单项、Matlab 和 Getting Started 入门菜单项。此外，MathWorks 公司 Matlab Tutorials and Learning Resources [44] 网页能提供许多入门性的视频资料和名为 Getting Started with Matlab 的入门引导性 PDF 文件。此外，为读者入门和查阅方便，本译编教材书后附录 A，简明地讲述了 Matlab 入门操作细节和 Matlab 重要功能的使用注意事项。

在网上还有一本可自由下载的、名为 Experiments with Matlab 的入门性电子读物 [48]。该读物汇集了一些由本书英文原著的作者 Cleve Moler 本人编写的数学计算及编程内容。

此外，在 MathWorks 公司的网站 [45] 上，还罗列了由不同作者、出版商采用不同语言出版的 1500 余种基于 Matlab 的书籍。其中有三本介绍 Matlab 的书籍，特别引人瞩目：一本是由 Sigmon 和 Davis [56] 写的、篇幅短小的入门级读物；另一本是 Higham 和 Higham [31] 写的、篇幅中等的、数学味较浓的教材；还有一本是 Hanselman 和 Littlefield [29] 写的、篇幅较长的综合性手册。

在研读本书示例程序时，你手边应该有一个 Matlab 运行环境，以便自已动手运作那些程序。本书所用的全部程序汇集在下列名称的文件夹中。

```
NCM
```

该文件夹名是本书名 Numerical Computing with Matlab 的缩写 NCM，可从文献 [47] 所列网站自由下载。为保证该文件夹程序的正常运行，请你把该文件夹设置为 Matlab 的当前文件夹，或借助命令

```
pathtool
```

将该文件夹添加到 Matlab 的搜索路径上。

## 1.1　黄金分割比

世上最令人感兴趣的数字是什么？也许有人喜欢 $\pi$、或 $e$、或 17 等等。还有一些人也许会推荐黄金分割比（golden ratio）$\phi$。该数可由如下 Matlab 语句算出。

```
phi = (1 + sqrt(5))/2
```

该语句运行后给出

```
phi =
    1.6180
```

如想看到更多位数的数字，再运行以下语句即可。

```
format long
phi


phi =
    1.618033988749895
```

该结果并非重算 $\phi$ 而得，而只是采用 16 位有效数字显示代替了 5 位数字显示。

黄金分割比见诸于许多数学分支，本书将选择几个要例展现。黄金分割比得名于如图 1.1 所示的黄金矩形。该矩形的主要特点是：从大矩形中裁去一个正方形后，所剩小矩形仍保持原先大矩形的形状。

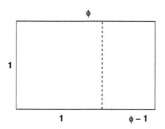

图 1.1　黄金矩形 (golden rectangle)

大小矩形的长宽比给出了一个定义 $\phi$ 的公式

$$\frac{1}{\phi} = \frac{\phi - 1}{1}.$$

这个公式表明，$\phi$ 的倒数可借助（$\phi - 1$）算得。那么，到底有多少数的倒数具有这种计算特性呢？

为回答此问题，先将上述长宽比等式两边乘以 $\phi$，整理即得如下多项式方程（polynomial equation）

$$\phi^2 - \phi - 1 = 0.$$

该多项式方程的根（root）可由下列二次求根公式（quadratic formula）求得

$$\phi = \frac{1 \pm \sqrt{5}}{2}.$$

其中正根就是黄金分割比。

如果你已忘记二次求根公式，那么你可让 Matlab 去求上述多项式方程的根。Matlab 采用递降幂次项系数构成的行数组或行向量（vector）表述多项式（polynomial）。因此，行数组

```
p = [1 -1 -1];
```
就代表多项式

$$p(x) = x^2 - x - 1.$$

该多项式的根可通过 M 函数 roots 求取如下：

```
r = roots(p)
```
结果为

```
r =
  -0.618033988749895
   1.618033988749895
```
只有上述解得的那两个根，才可以通过各自减 1 而算得它们相应的倒数。

你可以借助符号计算工具包（Symbolic Toolbox）直接求解长宽比方程，而不必把方程转换为多项式。长宽比方程的构成需要使用符号变量和双重等号（关于符号对象的创建，可参阅附录 A7.1）。M 函数 solve 可求出该方程的两个解。

```
syms x
r = solve(1/x == x-1)
```
产生

```
r =
 5^(1/2)/2 + 1/2
 1/2 - 5^(1/2)/2
```
M 函数

```
pretty(r)
```
能采用类似数学专业的排版方式，显示结果如下：

```
/ sqrt(5)   1 \
| ------- + - |
|    2      2 |
|             |
| 1   sqrt(5) |
| - - ------- |
\ 2      2    /
```
变量 r 是含两个元素的列数组或列向量（vector），每个元素给出方程的一个符号解。你可通过以下语句获取第 1 个元素

```
phi = r(1)
```
结果是

```
phi =
5^(1/2)/2 + 1/2
```

该符号数字表达式可通过两种方式转化为数值。一种方式是，借助变精度
（variable-precision）M 函数 vpa，可得到任意多数位的数值表达。如下列语句

```
vpa(phi,50)
```

能给出 50 位有效数字的数值表达

```
1.6180339887498948482045868343656381177203091798058
```

符号数字表达式也可以借助 M 函数（function）double 将其转换为双精度浮点
（double-precision floating point）数。而这双精度浮点数是 MATLAB 表述数值时所采
用的主要形式。运行语句

```
phi = double (phi)
```

计算得到

```
phi =
    1.618033988749895
```

因长宽比方程非常简单，所以可获得封闭形式的符号解（closed-form symbolic
solutions）。然而，对于更为复杂的方程就不得不采用近似解法。在 MATLAB 中，匿
名函数 (anonymous function) 是用于定义被解对象的简便形式。匿名函数可被用作
其他 MATLAB 函数的输入量（input argument）。下列语句（statement）

```
f=@(x)1./x-(x-1)              % 在此必须用 "./数组除" 算符
```

就定义了数学函数 $f(x) = 1/x - (x-1)$。它运行后可产生

```
f =
    @(x)1./x-(x-1)
```

自变量区间 $0 \leqslant x \leqslant 4$ 上的 $f(x)$ 图形如图 1.2 所示。它由下述语句绘制产生：

```
ezplot(f,[0,4])
```

ezplot 函数名的意思是便捷绘图 "easy plot"，尽管有些英语世界的人可能把它读
成 "e-zed plot"。虽然当 $x \to 0$ 时 $f(x)$ 会趋于无限大，但 ezplot 会自动选择一
个合理的纵轴坐标。

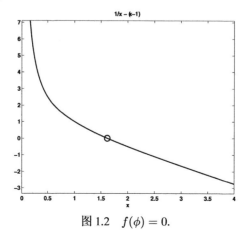

图 1.2    $f(\phi) = 0.$

下列语句

```
phi = fzero(f,1)
```

在 $x=1$ 附近寻找 $f(x)$ 的零点，并可搜索到精度很高的 $\phi$ 近似解。采用下列语句把搜索结果叠绘于图 1.2 之上。

```
hold on
plot(phi,0,'o')
```

下面程序用于生成如图 1.1 所示的黄金矩形。该程序包含在名为 goldrect.m 的 M-文件中。因此，键入语句

```
goldrect
```

就能使下列脚本（script）运行，并生成图 1.1。

```
% GOLDRECT   绘制黄金矩形

phi = (1+sqrt(5))/2;
x = [0 phi phi 0 0];
y = [0 0 1 1 0];
u = [1 1];
v = [0 1];
plot(x,y,'b',u,v,'b--')
text(phi/2,1.05,'\phi')
text((1+phi)/2,-.05,'\phi - 1')
text(-.05,.5,'1')
text(.5,-.05,'1')
axis equal
axis off
set(gcf,'color','white')
```

行数组 x 和 y 各包含 5 个元素。用直线依次连接 $(x_k, y_k)$ 二元对表示的点，就形成外围的大矩形。行数组 u 和 v 各包含 2 个元素。用线连接 $(u_1, v_1)$ 和 $(u_2, v_2)$，就把大矩形分割成一个正方形和一个小矩形。plot 语句用蓝实线画 $x-y$，用蓝虚线画 $u-v$ 线。随后的四行语句分别在四个不同位置标识字符；其中字符串 'phi' 代表希腊字母 $\phi$。两个 axis 语句先使 $x$ 和 $y$ 方向的刻度（scaling）长短相等，然后使坐标轴消隐。最后一行语句将 gcf 的背景色设置为白色。该语句中的 gcf，表示获取当前图形窗（get current figure）。

连分式（continued fraction）是如下形状的无穷表达式：

$$a_0 + \cfrac{1}{a_1 + \cfrac{1}{a_2 + \cfrac{1}{a_3 + \cdots}}}.$$

如果所有的 $a_k$ 均等于 1，则连分式就形成黄金分割比的另一种表述：

$$\phi = 1 + \cfrac{1}{1 + \cfrac{1}{1 + \cfrac{1}{1 + \cdots}}}.$$

下面的 MATLAB 函数文件用于生成及计算截断连分式（truncated continued fraction），并以此作为黄金分割比 $\phi$ 的近似值。程序代码（code）保存于名为 goldfract.m 的 M- 文件中。

```
function goldfract(n)
%GOLDFRACT  黄金分割比的连分式表示
%GOLDFRACT(n) 显示 n 级连分式

p = '1';
for k = 1:n
    p = ['1+1/(' p ')'];
end
p

p = 1;
q = 1;
for k = 1:n
    s = p;
    p = p + q;
    q = s;
end
p = sprintf('%d/%d',p,q)

format long
p = eval(p)

format short
err = (1+sqrt(5))/2 - p
```

运行下列语句

```
goldfract(6)
```

则输出结果

```
p =
1+1/(1+1/(1+1/(1+1/(1+1/(1+1/(1))))))


p =
21/13
```

```
p =
    1.615384615384615


err =
     0.0026
```

这三个 p 给出了黄金分割比 $\phi$ 同一近似精度下的三种不同表述形式。

在上述计算结果中，第一个 p 是 6 级截断连分式。该式有 6 个右括号。该字符串（string）p 的生成过程是：从单个字符 '1' 开始（即运行 goldfract(0) 的结果），此后每循环一次，就在那字符前添加 '1+1/(' 字符串，而在那字符后添加 ')' 字符。不管这个字符串经循环后变得多长，它始终是合法的 MATLAB 字符串表达式。

计算结果中的第二个 p 是由一个整数分子和一个整数分母构成的有理分数，它是由第一个截断连分式 p 经通分及加运算等操作后产生的。这种分式重构的理论依据是

$$1 + \frac{1}{\frac{p}{q}} = \frac{p+q}{p}.$$

因此，迭代从

$$\frac{1}{1}$$

开始，然后在循环中，反复将

$$\frac{p}{q}$$

替换为

$$\frac{p+q}{p}.$$

程序中的下列语句

```
p = sprintf('%d/%d',p,q)
```

打印出算得的普通分数。该语句使 p 和 q 格式化为十进制整数（decimal integers），并在分子分母之间插入斜杠号 '/'。

输出结果中的第三个 p 所表示的数与前 2 个 p 相同。只不过，这第三个 p 是常规的十进制表达形式。该数值是借助 M 函数 eval 对第二个 p 执行除法运算而得的。

最后一个输出结果 err 是 p 和 $\phi$ 之间的误差。由于仅采用 6 级截断连分式，所以该近似值 p 还不能达到小数点后三位有效数字的精度。试问，要得到 10 位有效数字精度的 p，截断连分数应取多少级呢？

随连分式级数 n 的增加，由 goldfract(n) 生成的截断连分式理论上将不断趋近于 $\phi$。但由于分子和分母所能取的整数大小受到（计算机容量及软件许可的）

限制，以及浮点除法中实际存在的舍入误差（roundoff error），所以理论结论无法
实现。习题 1.3 将要求你实践 M 函数 goldfract(n) 的受限精度。

## 1.2   斐波那契数

斐波那契（Leonardo Pisano Fibonacci）生于公元 1170 年左右，约于 1250 年
卒于现今意大利的比萨。他周游欧洲和北非。他的众多成就之一，是其写的几本
数学著作，把印度-阿拉伯数字记述法系统地引入欧洲。虽然他的书都是被手抄
转录的，但仍传布广泛。在其 1202 年出版的 *Liber Abaci* 名著中，斐波那契提出
了下述问题：

> 将一对兔子放养于四周都是围墙的院子里，假设每月每对兔子能生育一对小兔子，
> 而小兔子从第二个月起就又能生育，那么，最初那对兔子在一年之内能繁育出多
> 少对兔子呢？

今天，这个问题的解被称为斐波那契序列（Fibonacci sequence），或斐波那契
数（Fibonacci number）。现在有规模不大的、基于斐波那契数的数学门类。在因特
网上搜索"Fibonacci"，将可找到数十个相关网站及数百页有关资料。甚至还有一
个出版"*Fibonacci Quarterly*"学术刊物的斐波那契协会（Fibonacci Association）。

如果当年斐波那契不给出新生兔子对须经一个月才成熟、生育的假设，也就
不可能有以他名字命名的序列。在这种情况下，兔子对数只是每月简单翻倍，$n$
个月后，就有 $2^n$ 对兔子。真要是这样，斐波那契问题关心的就只是一大群兔子，
而不可能成为独具特色的数学。

令 $f_n$ 为第 $n$ 个月后的兔对数。关键事实是"月底的兔对数应等于月初兔对
数加上在那个月成熟兔对生育的兔对数"，其数学表达为

$$f_n = f_{n-1} + f_{n-2}.$$

该问题的初始条件是：第一个月有 1 对兔子，第二个月有 2 对兔子，即

$$f_1 = 1, \quad f_2 = 2.$$

下面的 MATLAB 函数存放在名为 fibonacci.m 的 M-文件中，它能给出一个包
含前 n 个斐波那契数的列向量（vector）。

```
function f = fibonacci(n)
% FIBONACCI 斐波那契序列
% f = FIBONACCI(n) 生成前 n 个斐波那契数
f = zeros(n,1);
f(1) = 1;
f(2) = 2;
for k = 3:n
```

```
    f(k) = f(k-1) + f(k-2);
  end
```

根据给定的初始条件，关于一年后兔群规模的斐波那契原问题的答案，可通过运行以下语句获得。

```
fibonacci(12)
```

运行后的输出显示为

```
ans =
     1
     2
     3
     5
     8
    13
    21
    34
    55
    89
   144
   233
```

因此，问题答案为：一年后有 233 对兔子。（假如按兔对数每月翻倍计算，那么 12 个月后的兔对数应是 4096。）

现在，让我们来仔细看看程序 fibonacci.m。这是如何创建 MATLAB 函数的范例。第一行是

```
function f = fibonacci(n)
```

这第一行第一个单词 function，表明这是函数 M-文件（function M-file），而不是脚本（script）M-文件。这第一行中的其余内容是说：该函数给出一个输出结果 f，该函数也需要一个输入量（input argument）n。因为 MATLAB 寻找的是 M-文件的储存名，所以这文件内第一行所写的函数名并不被实际调用。尽管如此，通常还是应使文件储存名与函数名一致。fibonacci.m 的下面两行是注释（comments），它们会在 help 作用下显示出来。运行以下语句

```
help fibonacci
```

应显示如下帮助内容的表述：

```
FIBONACCI    斐波那契序列
f = FIBONACCI(n) 生成前 n 个斐波那契数
```

在此，函数名之所以被采用大写显示，是出于历史的原因：那时，在单一字体的终端上，MATLAB 不区分大小写。这大写函数名也许会使初学习者感到困惑，但作为 MATLAB 的传统还是被延续下来了。因为函数文件的第一行不会出现在由 help

引出的信息显示中，所以在注释中重写函数的输入量、输出量（output argument）是必要的。

函数文件中的

```
f = zeros(n, 1);
```

用于产生一个 $(n \times 1)$ 的全零列向量，并将它赋给 f。值得指出：在本书英文原版和 MATLAB 中，除特殊注明外，把 $(n \times m)$ 二维数组泛称为 matrix；把 $(n \times 1)$ 或 $(1 \times m)$ 二维数组泛称为 column vector 或 row vector，其或 vector；把 $(1 \times 1)$ 二维数组称为 scalar，即标量。为适应我国高等教学的数学语境，避免概念混淆，本中译版将把实施"元素与元素间运算"的"matrix、vector"分别翻译成"数组、行（列）数组"。关于数组、矩阵、向量的更详细表述请参看附录 A4.1 和 A5.1。

接下去的两行

```
f(1) = 1;
f(2) = 2;
```

提供了初始条件。

构成 for 循环的最后三行，用以实现问题的解算。

```
for k = 3:n
   f(k) = f(k-1) + f(k-2);
end
```

对于 for 循环体语句和 if 条件执行语句，本书使用 3 个空格的缩进处理，也有其他人喜欢用 2 个空格缩进、4 个空格缩进或 Tab 制表空距缩进。假如你在该循环的第一条语句后，增添一个逗号，那么整个循环结构就可写成于一行之中。

fibonacci.m 函数写法与其他编程语言中的函数写法，看起来非常相像，因为程序中的运算都以标量形式进行。虽然该函数输出一个列向量，但该程序并没有特别强调 MATLAB 特有的数组运算和矩阵运算，因为这两种运算在标量情况下是统一的。关于 MATLAB 特有的数组矩阵和矩阵运算，读者将很快在本书的下文中见到。此外，本书附录 A4 和 A5 两节，对数组运算和矩阵运算的不同内涵进行了比较系统的阐述。

下面是名为 fibnum.m 的另一个斐波那契函数文件。该函数只输出第 $n$ 个斐波那契数。

```
function f = fibnum(n)
% FIBNUM 斐波那契数
% FIBNUM(n) 生成第n 个斐波那契数
if n <= 1
   f = 1;
else
   f = fibnum(n-1) + fibnum(n-2);
end
```

运行下述语句

```
fibnum(12)
```

产生的输出结果是

```
ans =
    233
```

fibnum 是递归（recursive）函数。实际上，*recursive* 这个词既有数学方面的内涵，又有计算机科学方面的含义。关系式 $f_n = f_{n-1} + f_{n-2}$ 被称为递推关系（recursive relation），而能调用自身的函数又被称为递归函数（recursive function）。

递归程序虽简洁明了，但运行开销高昂。你可以借助 tic 和 toc 来测量该程序的运行时间。尝试运行以下语句

```
tic, fibnum(24), toc
```

但千万不要对下面语句进行运行尝试。（因为其运行时间会长得无法忍受！）

```
tic, fibnum(50), toc
```

现在，来比较 goldfract(6) 和 fibonacci(7) 的运行结果。前者输出结果中有一个分数是 21/13，而后者输出向量的最后两个元素是 13 和 21。这不是纯粹的巧合。事实上，连分式被整理为普通分数是借助反复执行以下语句实现的。

```
p = p + q;
```

而斐波那契数是由下面语句产生的。

```
f(k) = f(k-1) + f(k-2);
```

事实上，若用 $\phi_n$ 记述黄金分割比的 $n$ 级截断连分式，那么就有

$$\frac{f_{n+1}}{f_n} = \phi_n.$$

对等式两边取极限，则两个相邻斐波那契数的比值就逼近黄金分割比：

$$\lim_{n \to \infty} \frac{f_{n+1}}{f_n} = \phi.$$

为观察这一现象，先用下列语句计算 40 个斐波那契数。

```
n = 40;
f = fibonacci(n);
```

然后计算比值

```
f(2:n)./f(1:n-1)
```

该语句采用了 "./数组除" 算符，也就是使 f(2:n) 列数组的元素分别除以 f(1:n-1) 列数组对应位置上的元素。在此，f(2:n) 列数组由元素 f(2) 到 f(n) 的元素构成，而 f(1:n-1) 列数组由 f(1) 到 f(n-1) 的元素构成。关于 "数组除" 的更详细阐述，请参见附录 A4。该语句运行结果的前 9 个元素是

```
2.000000000000000
1.500000000000000
1.666666666666667
1.600000000000000
1.625000000000000
1.615384615384615
1.619047619047619
1.617647058823529
1.618181818181818
```

而最后 5 个元素为

```
1.618033988749897
1.618033988749894
1.618033988749895
1.618033988749895
1.618033988749895
```

你能看出，计算斐波那契数时选择 n=40 的理由吗？请用键盘上的"上箭头键"调回此前输入的表达式 f(2:n)./f(1:n-1)，然后把它修改成

```
f(2:n) ./ f(1:n-1) - phi
```

再按下回车键，使该语句运行。看到了吗，显示结果中最后一个元素的数值是什么？

围栏中斐波那契兔子对数并非每个月翻倍，而是每月扩大"黄金分割比"倍。

寻找斐波那契递推方程的封闭形式解是可能的。关键在于：求取下列结构解中的待定参数 $c$ 和 $\rho$。

$$f_n = c\rho^n$$

把此解结构代入递推方程

$$f_n = f_{n-1} + f_{n-2}$$

经整理可得

$$\rho^2 = \rho + 1.$$

这个方程前面已经讨论过。$\rho$ 有两个解，即 $\phi$ 和 $1 - \phi$。因此，斐波那契递推方程的通解可写为

$$f_n = c_1\phi^n + c_2(1 - \phi)^n.$$

据初始条件，可很容易写出确定 $c_1$ 和 $c_2$ 的如下方程

$$f_0 = c_1 + c_2 = 1,$$
$$f_1 = c_1\phi + c_2(1 - \phi) = 1.$$

习题 1.4 会要求你用 MATLAB 的反斜杠矩阵左除算符 \（backslash operator）来求解这个的线性联立方程组。不过，这个问题手算更方便，结果是

$$c_1 = \frac{\phi}{2\phi - 1},$$
$$c_2 = -\frac{(1 - \phi)}{2\phi - 1}.$$

把它们带入通解公式，可得

$$f_n = \frac{1}{2\phi - 1}(\phi^{n+1} - (1 - \phi)^{n+1}).$$

这个公式很奇妙。等号右边涉及无理数的幂和商，但其计算结果却是整数序列。你可用 MATLAB 的如下语句进行检验，并采用科学记述法显示计算结果。

```
format long e
n = (1:40)';
f = (phi.^(n+1) - (1-phi).^(n+1))/(2*phi-1)
```

语句中的 ". ^" 是 "数组求幂" 算符，它表示 "对数组 (n+1) 中的每个元素分别实施同一种求幂运算"。而该语句中最后的除运算之所以没有使用 ". /"，是由于 (2*phi-1) 为标量。当除数为标量时，"数组右除 ./" 的作用与 "矩阵右除 /" 相同。关于这方面的更详细的解释，可参阅附录 A4.2。计算结果的前几行是

```
f =
     1.000000000000000e+00
     2.000000000000000e+00
     3.000000000000000e+00
     5.000000000000001e+00
     8.000000000000002e+00
     1.300000000000000e+01
     2.100000000000000e+01
     3.400000000000001e+01
```

而最后几行为

```
     5.702887000000007e+06
     9.227465000000011e+06
     1.493035200000002e+07
     2.415781700000003e+07
     3.908816900000005e+07
     6.324598600000007e+07
     1.023341550000001e+08
     1.655801410000002e+08
```

由于舍入误差的原因，使得计算结果并非精准整数，如再运行以下语句

```
f = round(f)
```

就可产生精准的整数结果。

## 1.3  分形蕨

M-文件 `fern.m` 和 `finitefern.m` 可生成 Michael Barnsley 所著《无处不在的分形（*Fractals Everywhere*）》一书 [6] 中描绘的"分形蕨（fractal fern）"。这两个文件能产生并绘制出一组随机而巧作天成的平面点无穷序列。下述命令

```
fern
```

运行后，将不停地运行，使图形绘点不断地变密。而命令

```
finitefern(n)
```

运行后，能生成 n 个点，并绘制出如图 1.3 所示的图形。

图 1.3    分形蕨

命令

```
finitefern(n, 's')
```

能演示一个一个点的形成过程。而下面格式的命令

```
F = finitefern(n);
```

不绘制图形，只生成 n 个点，并输出一个供稀疏矩阵和图像处理函数使用的 0、1 元素构成的数组（array）。

NCM 文件夹中还有一个名为 `fern.png` 的图像文件，它是分辨率为 $768 \times 1024$ 的 50 万像素彩色图片。这图片可以通过浏览器或绘图软件观看。你也可以借助以下命令察看。

```
F = imread('fern.png');
image(F)
```

你若喜欢此图，也可把它用作计算机的桌面背景。不过，我们还是真诚地希望你自己动手在计算机上运行 M 函数 fern，现场观看高分辨率显现分形蕨的动态过程。

分形蕨是通过对平面点的反复变换形成的。令由分量 $x_1$ 和 $x_2$ 构成的 $x$ 向量（vector）代表一个平面点。在此，设有四种不同变换，它们都遵循如下关系式

$$x \to Ax + b,$$

各种变换采用不同的矩阵 $A$ 和向量 $b$。这种变换被称为仿射变换（affine transformation）。其中最常用的一种变换为

$$A = \begin{pmatrix} 0.85 & 0.04 \\ -0.04 & 0.85 \end{pmatrix}, b = \begin{pmatrix} 0 \\ 1.6 \end{pmatrix}.$$

该仿射变换使向量略微缩短并稍作旋转，然后再在其第二分量上加 1.6。反复应用该变换使点向右上方移动，朝向蕨的叶尖。每隔一段时间，就会从另三种变换中随机选择一种，用以对点实施变换。它们分别使点移到左右两侧的羽状复叶或茎干位置。

下面列出完整的分形蕨生成程序。

```
function fern
%  FERN 分形蕨的 MATLAB 实现
%  Michael Barnsley,Fractals Everywhere, Academic Press, 1993.
%  该文件运行后，不会自动停止。若想停止运行，必须按下stop按键。
%  可参看FINITEFERN.

shg
clf reset
set(gcf,'color','white','menubar','none', ...
'numbertitle','off','name','Fractal Fern')
x = [.5; .5];
h = plot(x(1),x(2),'.');
darkgreen = [0 2/3 0];
set(h,'markersize',1,'color',darkgreen,'erasemode','none');
axis([-3 3 0 10])
axis off
stop = uicontrol('style','toggle','string','stop', ...
'background','white');
```

```
drawnow

p = [ .85 .92 .99 1.00];
A1 = [ .85 .04; -.04 .85]; b1 = [0; 1.6];
A2 = [ .20 -.26; .23 .22]; b2 = [0; 1.6];
A3 = [-.15 .28; .26 .24]; b3 = [0; .44];
A4 = [ 0 0 ; 0 .16];
cnt = 1;
tic
while ~get(stop,'value')
   r = rand;
   if r < p(1)
      x = A1*x + b1;
   elseif r < p(2)
      x = A2*x + b2;
   elseif r < p(3)
      x = A3*x + b3;
   else
      x = A4*x;
   end
   set(h,'xdata',x(1),'ydata',x(2));
   cnt = cnt + 1;
   drawnow
end
t = toc;
s = sprintf('%8.0f points in %6.3f seconds',cnt,t);
text(-1.5,-0.5,s,'fontweight','bold');
set(stop,'style','pushbutton','string','close', ...
'callback','close(gcf)')
```

下面对程序中几条语句的作用进行解释说明。

```
shg
```

表示"显示图形窗（show graph window）"。它的运行，使已开启的图形窗置于前台，或新开一个空图形窗。接下来运行

```
clf reset
```

将图形窗的绝大部分属性重置为默认值。再下一条语句

```
set(gcf,'color','white','menubar','none', ...
'numbertitle','off','name','Fractal Fern')
```

使图形窗背景颜色由默认的灰色改为白色，并为图形窗提供一个用户自定义名称（如 Fractal Fern）作为该图形窗名。

```
x = [.5; .5];
```
设定了 x 点的起点坐标。
```
h = plot(x(1), x(2), '.');
```
在平面上画一个单点，并用 h 保存其图柄（handle），以便此后修改该图的属性。
```
darkgreen = [0 2/3 0];
```
该语句采用 RGB 三元组定义颜色。红、蓝元色的饱和度均设为零，而绿元色的饱和度设为三分之二。
```
set (h,'markersize',1,'color',darkgreen,'erasemode','none');
```
该语句对图柄 h 相应的点进行如下设置：点的规模变得较小，只取 1 个像素；点色变为 darkgreen 暗绿；点图的擦除更新模式，由缺省的旧点全部抹去后重画的 'normal' 模式，修改为 'none' 模式，即在像点坐标变化情况下，旧点不被抹去而始终可视。这些旧点记录在计算机硬件上（除非图形窗被重置），而 Matlab 内存不作任何记录。
```
axis([-3 3 0 10])
axis off
```
这两条关于轴的语句将图形范围限制在

$$-3 \leqslant x_1 \leqslant 3, \ 0 \leqslant x_2 \leqslant 10,$$

且不显示坐标轴。
```
stop = uicontrol('style','toggle','string','stop', ...
'background','white');
```
在图形窗左下角的缺省位置上创建一个标识名为 'stop' 的白色切换键（toggle）。该切换键的图柄存放于 stop 变量。而
```
drawnow
```
使包括起点在内的（经上述属性设置的）初始图形绘制在计算机屏幕上。

语句
```
p = [.85 .92 .99  1.00];
```
建立一个概率向量。

语句
```
A1 = [ .85 .04; -.04 .85]; b1 = [0; 1.6];
A2 = [ .20 -.26; .23 .22]; b2 = [0; 1.6];
A3 = [-.15 .28; .26 .24]; b3 = [0; .44];
A4 = [ 0  0; 0 .16];
```
定义四个仿射变换。语句
```
cnt = 1;
```

使绘点计数器初始化。语句

```
tic
```

开启秒表计时器（stopwatch timer）。语句

```
while ~get( stop, 'value')
```

是 while 循环的首行。只要 stop 切换键的 'value' 属性值为 0，循环就继续执
行。单击 stop 切换键，使 'value' 属性值从 0 变为 1，从而导致循环终止。

```
r = rand;
```

生成一个 0～1 之间的伪随机（pseudorandom）数。下面的复合条件 if 语句

```
if r < p(1)
    x = A1*x + b1;
elseif r < p(2)
    x = A2*x + b2;
elseif r < p(3)
    x = A3*x + b3;
else
    x = A4*x;
end
```

总能使四个仿射变换中某个执行。因 p(1) 设为 0.85，所以选中第一个仿射变换
的可能性为 85%，而其他三个变换被选中的次数相对较少。此外，还应该指出：上
述仿射变换 M 码之所以能如此简洁地编写，是由于使用了 MATLAB 所特有的"矩
阵乘算符 *"和"矩阵加算符+"。倘若上述仿射变换，采用传统编程语言中的标
量运算符编写，那么将不得不使用多个循环结构。关于矩阵、矩阵运算符的更多
阐述，可参阅附录 A5。

在算得仿射后的新点坐标向量 x 后，采用以下语句

```
set (h, 'xdata', x(1), 'ydata', x(2) );
```

使图柄为 h 的点变化到新坐标 $(x_1, x_2)$，并画出此点。因为图形擦除模式已被设置
为 'none'，所以原先已画的点仍保留在屏幕上。注意：当前擦除模式的属性值，
可借助 get(h,'erasemode')观察到。下列语句

```
cnt = cnt + 1;
```

使计数器加一。

```
drawnow
```

命令 MATLAB 重新绘图，使新点连同所有旧点全部显示。如果没有该命令，那么
在按下 stop 切换键之前，图形窗什么也不画。

```
end
```

是循环结束语句，它与 while 循环起始语句相匹配。最后

```
t = toc;
```

记录下秒表时间。语句

```
s = sprintf('%8.0f points in %6.3f seconds',cnt,t);
text(-1.5,-0.5,s,'fontweight','bold');
```

显示出构成分形蕨的点数以及绘制所用去的时间。最后由语句

```
set(stop,'style','pushbutton','string','close', ...
'callback','close(gcf)')
```

把图柄 stop 所代表的控件改变成名为 close 的按键。再按下此键使图形窗关闭。

## 1.4　魔方矩阵

MATLAB 名称意指矩阵实验室（Matrix Laboratory）。这些年以来，MATLAB 已演变为通用的的工程计算环境，而其中涉及向量、矩阵和线性代数的计算依然是其最显著的特点。

魔方（magic squares）给出了一类非常有趣的特殊矩阵。运行命令 help magic 能给出如下帮助信息的叙述：

> MAGIC(N) 是由从 1 到 N^2 的整数构成的 N*N 矩阵，且其各行、各列、各对角线上的元素和都相同。除 N = 2 以外，对于任何 N > 0 的正整数，本文件都能生成符合以上定义的魔方阵。

基督诞生前 2000 多年，魔方就已经在中国出现。著名的"洛书（Lo Shu）"就是一个 $3 \times 3$ 矩阵。相传洛书发现于公元前 23 世纪从洛河里爬上来的乌龟背上。洛书为"风水（feng shui）"提供了数学基础。风水是古代中国的平衡、协调哲学。MATLAB 借助以下语句生成洛书。

```
A = magic(3)
```

运行产生

```
A =
    8    1    6
    3    5    7
    4    9    2
```

命令

```
sum(A)
```

求矩阵每列元素的和，结果为

```
    15   15   15
```

命令

```
sum(A')'
```

先将矩阵转置，求转置矩阵各列元素的和，再将此求得的"和"转置，从而获得原矩阵各行元素的和如下

```
15
15
15
```
命令
```
sum(diag(A))
```
从左上角到右下角，对矩阵 A 的主对角元求和，可得
```
15
```
从右上角到左下角的矩阵反对角线在线性代数中用处不大。只是求反对角元素之和，倒需要一点技巧。办法之一是借助如下 MATLAB 函数实施矩阵的上下翻转。
```
sum(diag(flipud(A)))
```
可获得结果
```
15
```
以上计算验证表明：矩阵 A 具有相同的行和、列和、以及对角和。

为什么这些和均等于 15 呢？命令
```
sum(1:9)
```
表明：整数 $1 \sim 9$ 的和为 45。假如将这 9 个数分置成元素和相同的 3 列，那么每列和必然是
```
sum(1:9)/3
```
所得结果就是 15。

大家知道，在高射投影仪上放置一张透明幻灯片，可以有 8 种不同的方式。同样，通过对矩阵 A 实施旋转、反射操作，也可以生成 8 种不同的三阶魔方。执行如下语句
```
for k = 0:3
    [rot90(A,k), rot90(A',k)]
end
```
就能显示出这 8 种魔方。

```
8    1    6    8    3    4
3    5    7    1    5    9
4    9    2    6    7    2


6    7    2    4    9    2
1    5    9    3    5    7
8    3    4    8    1    6


2    9    4    2    7    6
7    5    3    9    5    1
6    1    8    4    3    8
```

```
    4     3     8     6     1     8
    9     5     1     7     5     3
    2     7     6     2     9     4
```

三阶魔方也只可能有这 8 种。

下面，把讨论内容转到线性代数。求三阶魔方行列式的命令

```
det(A)
```

产生结果

```
-360
```

运行

```
X = inv(A)
```

得到矩阵 A 的逆

```
X =
    0.1472   -0.1444    0.0639
   -0.0611    0.0222    0.1056
   -0.0194    0.1889   -0.1028
```

如采用有理分数格式显示，逆矩阵看起来就更有意思。

```
format rat
X
```

命令运行产生的结果表明：X 的元素都是以 det(A) 为分母的分数。

```
X =
    53/360     -13/90      23/360
   -11/180       1/45      19/180
    -7/360      17/90     -37/360
```

再运行语句

```
format short
```

可使数值显示格式恢复为缺省设置。

数值线性代数中另三个重要量是：矩阵范数（matrix norm）、特征值（eigen-values）和奇异值（singular values）。运行以下语句

```
r = norm(A)
e = eig(A)
s = svd(A)
```

可得到

```
r =
    15
e =
    15.0000
```

```
    4.8990
   -4.8990
s =
   15.0000
    6.9282
    3.4641
```

在上述三个结果中，都含有 15（一个神秘的和值）。这是因为全 1 向量既是矩阵 A 的特征向量，又是 A 的左、右奇异向量。

本节此前的所有计算都采用浮点运算。浮点运算被用于几乎所有科学和工程计算，对于大规模矩阵尤其如此。然而就 $3 \times 3$ 魔方阵而言，此矩阵也可很便易地采用符号运算以及符号工具包进行解算。语句

```
A = sym(A)
```

使 A 转变为符号表达形式，显示为

```
A =
[ 8, 1, 6]
[ 3, 5, 7]
[ 4, 9, 2]
```

于是，下述命令

```
sum(A), sum(A')', det(A), inv(A), eig(A), svd(A)
```

就能产生相应的符号结果。具体地说，矩阵 A 的特征值可被准确地解得，即

```
e =
[        15]
[  2*6^(1/2)]
[ -2*6^(1/2)]
```

文艺复兴时期有一幅 *Albrecht Dürer* 创作的名为"忧郁人（*Melancolia I*）"的版画。画中有一个 $4 \times 4$ 的魔方，该矩阵迄今仍是某些数学范畴的研究对象。版画"忧郁人"的电子版可在 MATLAB 的数据文件中找到。

```
load durer
whos
```

运行后可显示

| Name | Size | Bytes | Class | Attributes |
|------|------|-------|-------|------------|
| X | 648x509 | 2638656 | double | |
| caption | 2x28 | 112 | char | |
| map | 128x3 | 3072 | double | |

矩阵 X 的元素是名为 map 的灰色图矩阵的（行）序号。该版画可借助以下命令给予显示。

```
image(X)
colormap(map)
axis image
```

单击图形窗工具条上带"+"号的放大镜图标后，就可用鼠标将版画右上角的魔方放大。随着图形的放大，扫描的像点就显得愈来愈明显。下面命令

```
load detail
image(X)
colormap(map)
axis image
```

能显示出魔方所在区域的高分辨率扫描图像。

运行命令

```
A = magic(4)
```

就生成一个的魔方矩阵

```
A =
    16     2     3    13
     5    11    10     8
     9     7     6    12
     4    14    15     1
```

以下四个命令

```
sum(A), sum(A'), sum(diag(A)), sum(diag(flipud(A)))
```

的计算结果都是 34，这验证了 A 确实是个魔方矩阵。

由 MATLAB 生成的这个魔方与 Dürer 版画中的那个魔方不大一样。运行

```
A = A(:, [1 3 2 4])
```

就使 A 阵的第 2、第 3 列对换，矩阵 A 就改变为

```
A =
    16     3     2    13
     5    10    11     8
     9     6     7    12
     4    15    14     1
```

列交换既不改变列和，也不改变行和。一般说来，列交换会改变矩阵对角线元素和，但魔方矩阵 A 列交换前后的对角和都同样是 34。列交换后得到的魔方与 Dürer 版画中的魔方就完全一样了。Dürer 把其画中 $4 \times 4$ 魔方选为如此特殊排列的原因，兴许是想使他创作这幅作品的年份 1514 出现在魔方最下行的中间位置。

上面已经讨论了两个不同的 $4 \times 4$ 魔方。已知，存在 880 个各不相同的 4 阶魔方，存在 275305224 个各不相同的 5 阶魔方。至于各不相同的 6 阶或 6 阶以上魔方的数目，迄今仍是未解的数学难题。

魔方阵的行列式 det(A) 为 0。假如对此矩阵求逆

```
inv(A)
```
就会显示一段警告信息

> 警告：矩阵接近奇异或比例定标处理很差。所得结果也许不精准。RCOND = 1.306145e-17。

可见有些魔方阵可能是奇异矩阵。哪些阶次的魔方阵是奇异的呢？一个方阵的秩（rank）等于该方阵中线性无关的行数或列数。当且仅当 $n \times n$ 方阵的秩小于 $n$ 时，该方阵为奇异。

运行以下语句

```
for n = 1:24, r(n) = rank(magic(n)); end
[(1:24)' r']
```
就可生成一张魔方阶数及其对应秩的列表。

| | |
|---|---|
| 1 | 1 |
| 2 | 2 |
| 3 | 3 |
| 4 | 3 |
| 5 | 5 |
| 6 | 5 |
| 7 | 7 |
| 8 | 3 |
| 9 | 9 |
| 10 | 7 |
| 11 | 11 |
| 12 | 3 |
| 13 | 13 |
| 14 | 9 |
| 15 | 15 |
| 16 | 3 |
| 17 | 17 |
| 18 | 11 |
| 19 | 19 |
| 20 | 3 |
| 21 | 21 |
| 22 | 13 |
| 23 | 23 |
| 24 | 3 |

由于 `magic(2)` 并非严格意义上的魔方，所以先不考虑 $n = 2$ 的情况。请你仔细观察上述列表，看出什么规律吗？为生成便于观察的直方图（bar graph），运行

```
bar(r)
title('Rank of magic squares')
```

就产生图 1.4。

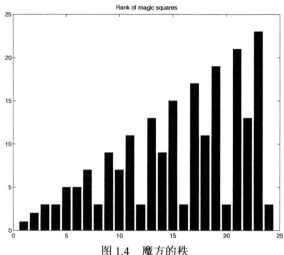

图 1.4　魔方的秩

据方阵的秩，可将魔方分为三类：

- 奇（odd）阶：$n$ 是奇数；
- 一重偶（singly even）阶：$n$ 是 2 的倍数，但非 4 的倍数；
- 双重偶（doubly even）阶：$n$ 是 4 的倍数。

$n = 3, 5, 7, \cdots$ 的奇阶魔方阵是 $n$ 满秩阵，它们非奇异，并存在逆阵。$n = 4, 8, 12, \cdots$ 的双重偶阶魔方阵，不管 $n$ 多大，其秩均为 3。它们可以被称为非常奇异（very singular）。$n = 6, 10, 14, \cdots$ 的一重偶阶魔方阵，其秩为 $n/2 + 2$。这种魔方阵也是奇异矩阵，但它们中线性相关的行数（或列数）比双重偶阶魔方少。

假如你有 MATLAB 6.0 或更高的版本，那么就可用下列命令看到生成魔方阵的 M-文件。

```
edit magic.m
```

或

```
type magic.m
```

从打开的文件里，可以看到对应奇阶、一重偶阶、双重偶阶的三段不同代码。

不同类型的魔方所生成三维面图也不同。建议你在不同 n 值，运行

```
surf(magic(n))
axis off
set(gcf,'doublebuffer','on')
cameratoolbar
```

在上述语句中，开启缓存的目的是，以防使用相机工具移动视点时所引起的图形闪烁。

下面这段代码可生成如图 1.5 所示的图形。

```
for n = 8:11
    subplot(2,2,n-7)
    surf(magic(n))
    title(num2str(n))
    axis off
    view(30,45)
    axis tight
end
```

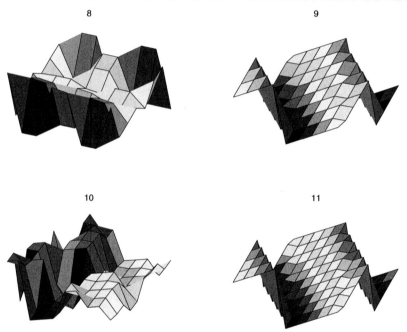

图 1.5   魔方阵的三维面图

## 1.5   密码技术

本节采用一个加密算例演示：MATLAB 如何处理文本和字符串。人称希尔密码（Hill cipher）的加密技术（cryptographic technique）涉及一个有限域（finite field）上的算术运算。

几乎所有现代计算机都采用 ASCII 字符集来存储基础性文字。ASCII 的全称是美国信息交换标准代码（Amercian Standard Code for Information Interchange），这套字符集采用一个字节所具有的 8 个比特（bit）位中 7 个比特来对 128 个字符进行编码。前 32 个字符是不可打印的控制符，诸如 tab 制表符、backspace 退格符、end-of-line 行结束符等。第 128 个字符也是一个不可打印的控制符，它对应键盘上的 Delete 删除键。除控制符外，还有 95 个可打印字符，包括 space 空格符、10 个阿拉伯数字、26 个小写英文字母、26 个大写英文字母，以及 32 个标点符号。

MATLAB 能很容易地将所有可打印字符按其在 ASCII 码中顺序显示出来。运行

```
x = reshape(32:127,32,3)'
```

就能生成一个 $3 \times 32$ 的矩阵

```
x =
    32    33    34    ...    61    62    63
    64    65    66    ...    93    94    95
    96    97    98    ...    125   126   127
```

M 函数 char 将数字转换为字符。运行语句

```
c = char(x)
```

生成

```
c =
 !"#$%&'()*+,-./0123456789:;<=>?
@ABCDEFGHIJKLMNOPQRSTUVWXYZ[\]^_
abcdefghijklmnopqrstuvwxyz|
```

顺便指出，生成的 x 被做了点"手脚"。因为 x 的最后一个元素为 127，它对应不可打印的删除符，因此在转换生成的字符串 c 中没被显示。读者可以在自己的计算机上试试，看看到底显示了些什么。

串 c 的第一个字符（character）是空格。这意味着：

```
char(32)
```

等同于下列输入符

```
' '
```

串 c 的最后一个可打印字符是波浪线（tilde）。这也表示：

```
char(126)
```

等同于

```
'~'
```

表示数字的字符显示于串 c 的第一行里。事实上，

```
d = char(48:57)
```

就显示这 10 个数字构成的字符串

```
d =
0123456789
```

借助 double 或 real 函数，这串就能被转化为对应的数值。运行语句

```
double(d) - '0'
```

的计算结果是

```
     0     1     2     3     4     5     6     7     8     9
```

比较串矩阵 c 的第二行和第三行，不难发现：英文小写字母的 ASCII 编码，可以通过英文大写字母的 ASCII 编码加 32 获得。理解了字符编码，就能使用 MATLAB 中的向量、矩阵运算操控文本。

ASCII 码标准常常被扩展到使用一个字节中的所有 8 比特位。经扩展后所显示字符不仅取决于你所用的计算机和操作系统，而且还取决于你所选的字体，甚至还取决于你所在的国家。请你在自己机器上试试

```
char(reshape(160:255,32,3)')
```

再看看究竟输出了些什么样的结果。

本节讨论的加密技术与模运算（modular arithmetic）有关。参与运算的量都是整数，所有运算的结果都通过对质数 $p$ 的求余数（remainder）或模数（modulus）而得以简化。M 函数 rem(x,y) 和 mod(x,y) 都用于计算 x 除以 y 所得的余数。若 x 和 y 的正负号相同，则这两个 M 函数给出相同的结果，且所得结果的正负号与它们的输入量一致；若 x 和 y 的正负号相反，则 rem(x,y) 的计算结果和 x 的正负号相同，而 mod(x,y) 的计算结果和 y 的正负号相同。运行

```
x = [37 -37 37 -37]';
y = [10 10 -10 -10]';
r = [ x y rem(x,y) mod(x,y)]
```

可产生一张表格

```
    37    10     7     7
   -37    10    -7     3
    37   -10     7    -3
   -37   -10    -7    -7
```

我们所要加密的文本不仅限于使用字母，而是使用整个 ASCII 字符集。这意味着，有 95 个可打印字符。大于 95 又最靠近 95 的质数是 97。若取 $p = 97$，那么我们就可以用"从 0 到 96"各整数去表示这 97 个字符，并可对它们实施模 $p$ 运算。

假设每次编码 2 个字符，那么这 2 个字符构成的"字符对"可用一个 2 元向量 $x$ 表示。例如，设待处理文本的"字符对"是 'TV'，它们对应的 ASCII 码值为 84 和 86。减去 32 使可打印字符的码值转换为从 0 开始排序，于是就生成如下列向量

$$x = \begin{pmatrix} 52 \\ 54 \end{pmatrix}.$$

加密操作借助"对 $2 \times 2$ 矩阵-向量乘积（matrix-vector multiplication）的模 $p$ 运算"实施。下面采用符号 $\equiv$ 表示：等号两边的整数对指定质数进行模运算后的

余数相等，即

$$y \equiv Ax, \text{ mod } p,$$

式中 $A$ 取

$$A = \begin{pmatrix} 71 & 2 \\ 2 & 26 \end{pmatrix}.$$

于是乘积 $Ax$ 为

$$Ax = \begin{pmatrix} 3800 \\ 1508 \end{pmatrix}.$$

取（余数在 $0$ 和 $p-1$ 之间的）简约模运算后得

$$y = \begin{pmatrix} 17 \\ 53 \end{pmatrix}.$$

通过加 32，使之转回字符码，即可生成 '1U'。

　　于此，可以看到一个十分有趣的现象：对整数模 $p$ 运算而言，矩阵 $A$ 就是其自身的逆。这意味着，若

$$y \equiv Ax, \text{ mod } p,$$

那么

$$x \equiv Ay, \text{ mod } p.$$

换句话说，在模 $p$ 运算中，$A^2$ 就是单位矩阵。对此，你可用 MATLAB 进行如下验证。运行

```
p = 97;
A = [71 2; 2 26]
I = mod(A^2,p)
```

可得

```
A =
    71     2
     2    26
I =
     1     0
     0     1
```

这表明：加密过程就是它自身的逆过程。即同一个函数既用于对某个信息加密，也用于对那信息解密。

　　M-文件 crypto.m 有下面一段引导性文字。

```
function y = crypto(x)
% CRYPTO 加密示例
% y = crypto(x) 把ASCII文本字符串转换成另一种编码字符串。
```

```
%    该函数自逆, 因此 crypto(crypto(x))可返回 x 自身。
%  可参看: ENCRYPT.
```

在质数 p 赋值语句前给出的注释是

```
% 生成2字符希尔密码所用模97运算, 97是质数。
p = 97;
```

选两个码值大于 128 的 ASCII 字符, 使被变换字符集的规模从 95 个字符扩展为 97 个字符。

```
c1 = char(169);
c2 = char(174);
x(x==c1) = 127;
x(x==c2) = 128;
```

通过以下语句, 将字符转换为对应的数值

```
x = mod(real(x-32),p);
```

为求矩阵-向量的乘积(matrix-vector product), 先借助以下语句, 使输入字符串 x 转变成两行、多列的矩阵形式。

```
n = 2*floor(length(x)/2);
X = reshape(x(1:n),2,n/2);
```

完成上述准备后, 就能简便地实施如下有限域算术运算。

```
% 用矩阵乘积的模p运算实现编码
A = [71 2; 2 26];
Y = mod(A*X,p);
```

再将所得计算结果还原成为单行。

```
y = reshape(Y,1,n);
```

若 length(x) 为奇数, 则对最后一个字符进行如下编码

```
if length(x) > n
    y(n+1) = mod((p-1)*x(n+1),p);
end
```

最后, 再将数字转成字符。

```
y = char(y+32);
y(y==127) = c1;
y(y==128) = c2;
```

下面观察 y=crypto('Hello world') 的计算过程。程序一开始, 就把待加密字符串 Hello World 赋给变量 x, 即

```
x ='Hello World'
```

该字符串被转换为整数向量。

```
x =
    40    69    76    76    79     0    55    79    82    76    68
```

由于 `length(x)` 为奇数，因此向量 x 重排成"两行多列的矩阵"时，先忽略最后一个元素，形成

```
X =
    40     76     79     55     82
    69     76      0     79     76
```

采用惯常的矩阵-向量乘法 `A*X`，就得到一个中间矩阵

```
2978        5548        5609        4063        5974
1874        2128         158        2164        2140
```

再对该中间矩阵进行 `mod(.,p)` 模运算，得到

```
Y =
    68     19     80     86     57
    31     91     61     30      6
```

然后，把 Y 矩阵重排成 y 行向量（row vector）。

```
y =
    68    31    19    91    80    61    86    30    57     6
```

对向量 x 的最后一个元素单独编码，然后放置在 y 向量的尾端，即

```
y =
    68    31    19    91    80    61    86    30    57     6    29
```

最后，y 被转换成加密后的结果字符串

```
y =
    d?3{p]v>Y&=
```

如果再运行 `crypto(y)`，那么就可还原出最初的输入字符串 Hello world。

## 1.6  数论问题 $3n$+1 序列

本节讨论一个著名的待解数论（number theory）问题。假设从任意一个正整数 $n$ 开始，重复下列步骤：

- 若 $n = 1$，停止；
- 若 $n$ 为偶数，将其替换为 $n/2$；
- 若 $n$ 为奇数，将其替换为 $3n + 1$。

例如，从 $n = 7$ 开始，生成的整数序列为

```
7,22,11,34,17,52,26,13,40,20,10,5,16,8,4,2,1.
```

该序列经 17 步后终止。注意：每当 $n$ 的值等于 2 的整数幂，那么序列将再过 $\log_2 n$ 步停止。

需要回答的问题是，上述过程总会终止吗？是不是存在某个初始值，或使生成数变得越来越大，或形成某种周期环，而使上述过程持续不停呢？

这就是著名的 $3n+1$ 问题。该问题被包括 Collatz、Ulam 和 Kakatani 在内的许多著名数学家研究过，在 Jeffrey Lagarias 写的综述 [36] 中也讨论过该问题。

下面这段 Matlab 代码能生成从任何指定 $n$ 开始的 $3n+1$ 序列。

```
y = n;
while n > 1
   if rem(n,2)==0
      n = n/2;
   else
      n = 3*n+1;
   end
   y = [y n];
end
```

尽管生成行数组 y 的长度无法预知，但语句

```
y = [y n];
```

能在每次执行时自动地使行数组 y 的长度 length(y) 随之增加。

从理论上说，以上待解数学问题的等价说法是"上述这段程序能无休止地一直运行下去吗？"在实际中，浮点舍入误差的影响将使大于 $2^{53}$ 的 $3n+1$ 序列计算失常。尽管如此，对于适度大小 $n$ 值的 $3n+1$ 序列研究而言，上述这段代码仍是十分有用的。

将上述代码嵌入一个 GUI 图形用户界面中，形成完整的函数 M-文件 threenplus1.m。比如运行如下语句

```
threenplus1(7)
```

就能生成图 1.6。

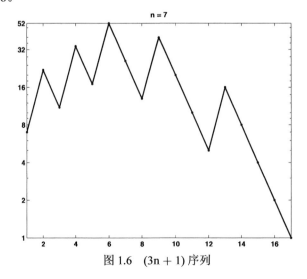

图 1.6   $(3n+1)$ 序列

该 M-文件的前导由 function 起首行和供 help 引用的信息行组成。具体如下：

```
function threenplus1(n)
% ''3n+1''.
% 研究 3n+1 序列
% threenplus1(n) 绘制从 n 开始的 3n+1 序列。
% threenplus1 无输入量调用该程序时，序列以 n = 1 为起始点。
% 界面上的两个按键可增减起点值 n 的大小。
% 该程序会无限制地不停运行吗？
```

M 文件的下一段代码，一开始先将当前图像窗引到前台，并将该图形窗恢复为默认设置。然后，作为默认控件的两个按键，被采用归化坐标单位 [0.455, 0.01] 和 [0.525, 0.01] 设置于图形窗下方正中位置附近。每个按键的大小是 $0.044 \times 0.054$ 归化单位，按键上分别标着 '<' 和 '>' 符号。无论按下哪个按键，都将使 'callback' 代码被执行，然后分别用字符串 '<' 和 '>' 作为输入量递归调用本函数。当前图形窗 gcf 的 'tag' 的属性值设置为专用字符串，以防止这段代码此后被重复执行。

```
if ~isequal(get(gcf,'tag'),'3n+1')
   shg
   clf reset
   uicontrol( ...
      'units','normalized',...
      'position',[0.455, 0.01, 0.044, 0.054], ...
      'string','<','fontunits','normalized','fontsize',0.6,...
      'callback','threenplus1(''<'')');
   uicontrol( ...
      'units','normalized',...
      'position',[0.525, 0.01, 0.044, 0.054], ...
      'string','>','fontunits','normalized','fontsize',0.6, ...
      'callback','threenplus1(''>'')');
   uicontrol( ...
      'units','normalized',...
      'position',[0.842, 0.01, 0.07, 0.054], ...
      'string','close','fontunits','normalized','fontsize',0.6, ...
      'callback','close(gcf)')
   set(gcf,'tag','3n+1');
end
```

紧接着的下一段代码用于设置 n 值。假如该 M 函数的输入量个数 nargin 为 0，则把 n 设置为 2。假如该 M 函数的输入量是由按键回调产生的字符串，则 n 值由图形窗的 'userdata' 属性值减 1 或增 1 而成。假如 M 函数输入量不是字符串，那么 n 就取你所输入的数值。在 GUI 图形用户界面工作的任何情况下，n 总以 'userdata' 的属性值保存，以供后续操作调用。

```
if nargin == 0
   n = 1;
elseif isequal(n,'-1')
   n = get(gcf,'userdata') - 1;
elseif isequal(n,'+1')
   n = get(gcf,'userdata') + 1;
end
if n < 1, n = 1; end
set(gcf,'userdata',n)
```

再往下的这段代码前面已经讨论过；这段代码执行实际计算。

```
y = n;
while n > 1
   if rem(n,2)==0
      n = n/2;
   else
      n = 3*n+1;
   end
      y = [y n];
end
```

该 M 函数的最后一段代码用于图示所生成的序列。该序列用细实线把一个个数据点连接起来表示，该图纵坐标采用对数刻度，且纵轴的刻度线由 ytick 专门设定而非默认设置。

```
semilogy(y,'.-')
axis tight
ymax = max(y);
ytick = [2.^(0:ceil(log2(ymax))-1) ymax];
if length(ytick) > 8, ytick(end-1) = []; end
set(gca,'ytick',ytick)
title(['n = ' num2str(y(1))]);
```

# 1.7　浮点运算

有些人认为

- 数值分析是研究浮点运算的；
- 浮点运算是无法预判且难于理解的。

本节内容可说明上述观点的谬误。本书真正涉及浮点运算的篇幅很少。真诚希望本节论及内容能让你感受到浮点运算（floating-point arithmetic）不仅拥有高效计算能力，而且兼备数学的优雅。

如若你仔细研究加、乘等基本算术运算的定义，马上就会遇到实数的数学抽象问题。这种计算必然涉及极限、无穷等概念，因此直接采用实数进行机器运算是很不切合实际的。事实上，MATLAB 和其他大多数工程计算环境都采用浮点运算。这种算法所涉及的是有限精度数的有限集合，并由此导致舍入（roundoff）、下溢（underflow）和上溢（overflow）等现象的出现。在大多数情况下，MATLAB可高效使用而不必考虑这些细节，但使用者也需要了解一些关于浮点运算的性质和限制，以备偶尔之需。

二十年前，关于浮点数的使用状况远比现在复杂。那时，每部计算机都有自己的浮点数体系。有使用二进制的，也有使用十进制的，还有一台俄罗斯计算机甚至使用了三进制。在二进制计算机中，有的以 2 为基，有的则以 8 或 16 为基。因此，每一台计算机的精度也不同。1985 年，IEEE 标准委员会和美国国家标准学会为二进制浮点运算制定了 ANSI/IEEE 754-1985 号标准（American National Standards Institute adopted the ANSI/IEEE Standard 754-1985 for Binary Floating-Point Arithmetic）。这个标准是 92 位数学家、计算机科学家和工程师（他们分别来自大学、计算机制造商、微处理器公司）所组成团队的历时十年的工作成果。

从 1985 年起，所有新设计的计算机都使用 IEEE 浮点运算标准。虽然，这并不意味着：所有计算机都能给出完全相同的结果，因为在这标准内还存在一定的灵活性。但是，这确实意味着：现在已经有了一个不依赖于机器类型的研究浮点运算行为的模型。

MATLAB 传统上一直使用 IEEE 双精度格式（double-precision format）。现在还有一种单精度格式（single-precision format），它可使存储空间节省，但在现代机器上并不会使计算速度加快多少。MATLAB 7 支持对单精度浮点运算，但本书专注于双精度运算。此外，标准中还有一个扩展精度格式备选项，它也是导致不同机器计算结果不完全一致的原因之一。

大多数非零浮点数（nonzero floating-point numbers）都被规范化。这意味着，浮点数可表示为

$$x = \pm(1 + f) \cdot 2^e.$$

其中，$f$ 被称为小数（fraction）或尾数（mantissa），而 $e$ 是指数（exponent）。小数 $f$ 在满足

$$0 \leqslant f < 1$$

的同时，还必须是用不超过 52 比特位的二进制（binary）数可表示的。换句话说，$2^{52}f$ 是下列区间内的整数

$$0 \leqslant 2^{52}f < 2^{52}.$$

指数 $e$ 是如下区间内的整数

$$-1022 \leqslant e \leqslant 1023.$$

$f$ 的有限性构成了精度（precision）上的限制，$e$ 的有限性则导致数值范围（range）的限制。任何不满足这些限制的数就不得不用上述有限精度有限范围的某个数进行近似。

双精度浮点数以 64 比特位（bit）字长存储。其中，52 比特位用于保存 $f$，11 比特位用于保存 $e$，还有 1 比特位用于表示正负号。为避免正负号占用数位资源，需采用 $e+1023$ 存储形式，这样指数的表述范围将处于 $1 \sim (2^{11}-2)$ 之间。指数域两端的两个数值，0 和 $2^{11}-1$，是为特别浮点数的表述保留的。本节稍后将会介绍。

一个浮点数的整个小数部分不是 $f$，而是 $1+f$，它占用 53 比特位。然而，首位的 1 并不需要存储。这样的 IEEE 格式能有效地将 65 比特的信息整合进一个 64 比特的字之中。

程序 floatgui 用于演示变参数浮点体系模型（model floating-point system）中正数的分布情况。参数 $t$ 用于指定存储 $f$ 的比特数。换言之，$2^t f$ 是整数。参数 $e_{min}$ 和 $e_{max}$ 用于指定指数的范围，使 $e_{min} \leqslant e \leqslant e_{max}$。浮点系统演示界面 floatgui 的初始设置为 $t=3$，$e_{min}=-4$，而 $e_{max}=2$，生成的浮点数分布如图 1.7 所示。

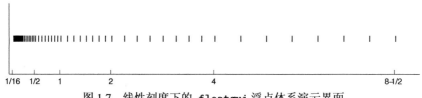

图 1.7　线性刻度下的 floatgui 浮点体系演示界面

在每个二进制间隔 $2^e \leqslant x \leqslant 2^{e+1}$ 中，数以 $2^{e-t}$ 为增量等距分布。例如，当 $e=0$，$t=3$ 时，在 1 和 2 之间，相邻浮点数的间距为 1/8。当 $e$ 变大时，该间距也随之变大。

以对数刻度（logarithmic scale）显示浮点数另有启示意义。在 floatgui 界面上，勾选 logscale，并使 $t=5$，$e_{min}=-4$，$e_{max}=3$，于是界面就显示出如图 1.8 所示图形。采用对数刻度，可清晰地显示出，各二进制区间的浮点数分布相同。

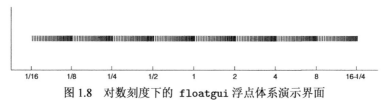

图 1.8　对数刻度下的 floatgui 浮点体系演示界面

在 floatgui 的图形界面上，采用红色高亮显示出一个与浮点运算密切相关的重要量。MATLAB 把此量称为 eps，即 *machine epsilon* 的缩写。

> eps 是从 1 到下一个更大的浮点数的距离。

在 `floatgui` 显示的浮点体系模型中，eps = 2\^(-t)。

在 IEEE 标准制定前，不同的机器有不同的 eps 值。现在，对于 IEEE 双精度系统，

```
eps = 2^(-52).
```

eps 的十进制近似值为 $2.2204 \cdot 10^{-16}$。无论是 eps/2，还是 eps，它们都可以被称为舍入误差级别。当一个算术运算结果被圆整到最邻近浮点数时，可能造成的最大相对误差为 eps/2，而两个浮点数间的最大相对间距是 eps。在以上两种情况下，你都可以说在此舍入误差级别上约有 16 位十进制有效数字。

下面的简单 MATLAB 语句就会引起最常见的舍入误差

```
t = 0.1
```

存储在 t 变量中的数值 $t$ 不是精准的 0.1，这是因为表达十进制分数 1/10 需要一个二进制无穷序列。事实上，

$$\frac{1}{10} = \frac{1}{2^4} + \frac{1}{2^5} + \frac{0}{2^6} + \frac{0}{2^7} + \frac{1}{2^8} + \frac{1}{2^9} + \frac{0}{2^{10}} + \frac{0}{2^{11}} + \frac{1}{2^{12}} + \cdots.$$

在第一项之后，后续项的系数序列将按 1,0,0,1 重复排列直至无穷。把以上表达式中每四项合并成一项，于是 1/10 就表述成基为 16，即十六进制（hexadecimal）的序列。

$$\frac{1}{10} = 2^{-4} \cdot \left( 1 + \frac{9}{16} + \frac{9}{16^2} + \frac{9}{16^3} + \frac{9}{16^4} + \cdots \right)$$

将以上无穷序列二进制表述式的第 52 项后截去，或将十六进制表达式的第 13 项后截去，然后向上或向下圆整，即使

$$t_1 < 1/10 < t_2,$$

其中

$$t_1 = 2^{-4} \cdot \left( 1 + \frac{9}{16} + \frac{9}{16^2} + \frac{9}{16^3} + \cdots + \frac{9}{16^{12}} + \frac{9}{16^{13}} \right),$$

$$t_2 = 2^{-4} \cdot \left( 1 + \frac{9}{16} + \frac{9}{16^2} + \frac{9}{16^3} + \cdots + \frac{9}{16^{12}} + \frac{10}{16^{13}} \right).$$

发现 1/10 更接近于 $t_2$，于是有 $t$ 等于 $t_2$。换句话说，

$$t = (1 + f) \cdot 2^e,$$

其中

$$f = \frac{9}{16} + \frac{9}{16^2} + \frac{9}{16^3} + \cdots + \frac{9}{16^{12}} + \frac{10}{16^{13}},$$

$$e = -4.$$

MATLAB 命令

```
format hex
```

可将 t 显示为

```
3fb999999999999a
```

字符 a 到 f 代表十六进制“数字”$10 \sim 15$。前三个字符 3fb，是十进制数 1019 的十六进制表示，这就是 $e$ 为 $-4$ 时的偏置指数 $e + 1023$ 形式表述。其他 13 个字符是小数 $f$ 的十六进制表示。

综上所述，变量 t 所存储的数值确实非常接近 0.1，但毕竟不是精准的 0.1。这种差异偶尔会显得很重要。例如

```
0.3/0.1
```

并不精确等于 3，因为实际的分子比 0.3 小一点，而实际的分母比 0.1 大一点。

长度为 t 的十步并不精准地等于长度为 1 的一步。MATLAB 对如下行数组

```
0:0.1:1
```

的最后一个元素进行非常谨慎的处理，使之精准地等于 1。但如果你自己通过 0.1 的反复相加构造这个行数组，那么你将不可能精准地达到最后一个数字 1。

黄金分割比的浮点数近似又会怎样呢？

```
format hex
phi = (1 + sqrt(5))/2
```

生成结果

```
phi =
3ff9e3779b97f4a8
```

第一个十六进制数 3 的二进制表示是 0011。在这二进制表示中，第一位表示浮点数的正负号：0 为正；1 为负。因此，phi 是正数。前三个十六进制数字的其余部分表示 $e + 1023$。在本例中，十六进制的 3ff 就是十进制的 $3 \cdot 16^2 + 15 \cdot 16 + 15 = 1023$。因此，有

$$e = 0.$$

事实上，1.0 和 2.0 之间的任何浮点数都有 $e = 0$，因此它的十六进制表达的输出都以 3ff 开始。其余 13 个十六进制数表示 $f$。在本例中，

$$f = \frac{9}{16} + \frac{14}{16^2} + \frac{3}{16^3} + \cdots + \frac{10}{16^{12}} + \frac{8}{16^{13}}.$$

由这些 $f$ 和 $e$ 值，可得到

$$(1 + f)2^e \approx \phi.$$

下面这段程序提供了另一个示例。

```
format long
a = 4/3
b = a - 1
```

```
c = 3*b
e = 1 - c
```

精准计算下，e 应该等于 0。但在浮点运算下的输出结果是

```
a =
    1.333333333333333
b =
    0.333333333333333
c =
    1.000000000000000
e =
    2.220446049250313e-16
```

事实表明，唯一的舍入误差发生在第一条除法运算语句中。除非使用俄罗斯的三进制计算机，否则商就不可能精准地等于 4/3。因此，存储于 a 中的数值只是很接近 4/3，但不精准地等于 4/3。由 b = a - 1 产生的 b 的最后一个比特位是 0。这意味着，3*b 相乘运算可以在没有舍入误差的情况下执行。于是，存储在 c 变量中的值不精准地等于 1，因此使得 e 中所保存的数值也就不会是 0。在 IEEE 标准制定前，这段代码被用作估计各种计算机舍入误差级别的捷径。

舍入误差级别 eps 有时被称为"浮点零"，但这是用词不当。因为还存在许多远小于 eps 的浮点数。规范化的最小正浮点数有 $f = 0$ 且 $e = -1022$。最大浮点数的 $f$ 略比 1 小一丁点，且 $e = 1023$。在 MATLAB 中，这两个数被称为 realmin 和 realmax。这两个数连同 eps 一起，具体地描述了该标准体系的特征。

|        | Binary        | Decimal      |
|--------|---------------|--------------|
| eps    | 2^(-52)       | 2.2204e-16   |
| realmin| 2^(-1022)     | 2.2251e-308  |
| realmax| (2-eps)*2^1023| 1.7977e+308  |

假如任何计算企图产生大于 realmax 的数值，则这就称为上溢出（overflow）。该计算结果作为一个例外浮点数，被称为无穷大（infinity）或 Inf。它采用 $f = 0$ 及 $e = 1024$ 表述，并满足诸如 1/Inf=0、Inf+Inf=Inf 等关系式。

假如任何计算企图产生一个在实数系统中尚未定义的量，那么这个结果也是一个例外浮点数，且被称为"非数（Not-a-Number）"，并显示为 NaN。出现这种情况的示例有 0/0 和 Inf-Inf 等。NaN 采用 $e = 1024$ 及非零 $f$ 表示。

假如任何计算企图产生小于 realmin 的数值，则这就称为下溢出（underflow）。它涉及 IEEE 标准中颇具争议的任选项之一。许多但并非所有计算机允许接受处于 realmin 和 eps*realmin 之间的非规范或次规范的例外浮点数。最小次规范正数大约是 0.494e-323。任何比它更小的数被设为 0。在不接受次规范数的机器上，任何小于 realmin 的计算结果都被设为 0。你可以在 floatgui 浮点体系演示界面上看到，次规范数填塞在 0 和最小正数之间的间隙中。它们确实为处理下溢提

供了一个简雅的办法。不过,这对于 MATLAB 风格的计算而言,其实际重要性是很微不足道的。非规范数可采用 $e = -1023$ 表示,因此在偏置指数中用 $e + 1023$ 表示 0。

MATLAB 用浮点数系统来处理整数。从数学角度看,数 3 和 3.0 完全相同,但有许多编程语言是采用不同的方式表示它们的。MATLAB 并不区分它们。我们有时使用坚数(flint)这个术语表述那些取整数值的浮点数。只要计算结果不是太大,对坚数实施浮点运算不会引起任何舍入误差。如若计算结果不大于 $2^{53}$,那么坚数经加、减、乘法运算所产生的结果也一定是精准的坚数。如若涉及坚数除法和平方根运算的结果应是整数的话,那么该计算结果也一定用坚数表示。比如,sqrt(363/3) 的结果就是 11,它不含舍入误差。

MATLAB 函数 log2 和 pow2 分别具有将浮点数分拆和合并的功能。

```
help log2
help pow2
```

分别显示如下内容的表述。

> [F,E] = LOG2(X)      对于输入的实数组 X,该函数输出 F 为实数数组,其元素取值范围是 0.5 <= abs(F) < 1;而输出 E 为整数数组。它们能保证 X = F .* 2.^E 成立。且 X 中 0 值元素所对应的 F 和 E 的元素则都为 0。
>
> X = POW2(F,E)      当输入为实数数组 F 和整数数组 E 时,该函数计算 X = F .* (2 .^ E)。E 作为 F 浮点指数,使 X 快速算出。

因为 M 函数 log2 和 pow2 中的 F 和 E 设计得早于 IEEE 浮点运算标准,所以这两个量与本节前面介绍的 $f$ 和 $e$ 稍有差异。事实上有,$f = 2*F-1$,$e = E-1$。

```
[F, E] = log2(phi)
```

运行产生

```
F =
   0.809016994374947
E =
   1
```

而

```
phi = pow2(F,E)
```

又可还原出

```
phi =
   1.618033988749895
```

作为舍入误差影响矩阵计算的示例,研究如下 $2 \times 2$ 线性方程组

$$17x_1 + 5x_2 = 22,$$
$$1.7x_1 + 0.5x_2 = 2.2.$$

$x_1 = 1$，$x_2 = 1$ 显然是这个问题的一个解。但如下 MATLAB 语句

```
A = [17 5; 1.7 0.5];
b = [22; 2.2];
x = A\b
```

却给出

```
x =
   -1.0588
    8.0000
```

该结果从何而来呢？原来，该方程组是奇异而相容的。第二个方程正好是第一个方程的 0.1 倍。计算所给出的结果 x 只是无穷多解中的一个。然而，由于 A(2,1) 不精准地等于 17/10，所以矩阵 A 的浮点表示并非严格意义上的奇异矩阵。

求解过程是将第一个方程乘以一个倍数再减第二个方程，而这个倍数 mu = 1.7/17 是由 1/10 二进制表达截断（而非舍入）而得。于是，矩阵 A 和右端项 b 被修改为

```
A(2,:) = A(2,:) - mu*A(1,:)
b(2) = b(2) - mu*b(1)
```

如果计算精准，那么 A(2,2) 和 b(2) 都将为零，然而由于浮点运算，它们都变成 eps 的非零倍。

```
disp(A(2,2)/eps)
   0.2500
disp(b(2)/eps)
   2
```

MATLAB 注意到 A(2,2) 很小很小，于是显示出一条警告信息，指出矩阵接近奇异。然后，通过将一个舍入误差除另一个舍入误差的方式求解经修改的第二个方程。

```
x(2) = b(2)/A(2,2);
disp(x(2))
   8
```

这个值代回第一个方程，便得到

```
x(1) = (22 - 5*x(2))/17;
disp(x(1))
   -1.0588
```

以上舍入误差的具体作用过程，使得 MATLAB 从奇异方程组的无限多可能解中选出了这样一个特殊解。

本章最后一个算例是绘制如下七阶多项式的曲线。

```
x = 0.988:.0001:1.012;
y = x.^7-7*x.^6+21*x.^5-35*x.^4+35*x.^3-21*x.^2+7*x-1;
```

```
plot(x,y)
```

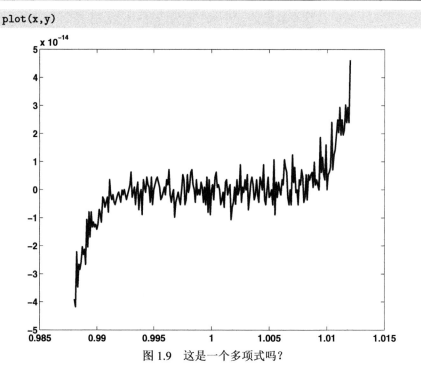

图 1.9   这是一个多项式吗？

图 1.9 所绘曲线完全不像一个多项式曲线。它很不光滑。你看到的这条曲线正是舍入误差所起的作用。$y$ 坐标轴的刻度因子（axis scale factor）非常小，仅为 $10^{-14}$。这么小的 $y$ 值是通过像 $35 \cdot 1.012^4$ 那么大的几个数的加加减减产生的。在这计算过程中，经历了严重的相减抵消。当然，这个示例是故意借助符号计算工具包对 $(x-1)^7$ 展开生成的，并且精心地把 $x$ 轴的取值范围设置在 $x = 1$ 附近。如果 y 值采用下列算式

```
y = (x-1).^7
```

获得，那么画出的将是一条光滑而平坦的曲线。

## 1.8   更多阅读

关于浮点运行和舍入误差的更多知识可从 Higham [33] 和 Overton [50] 的著作中找到。

# 习　题

1.1. 在下列日常所见的矩形中，哪个最接近黄金矩形？解算此题请使用形如 `w./h` 的命令，即采用 MATLAB 中对应元素间的数组除（element-by-element vector division）进行计算。
- $3 \times 5$ 英寸的检索卡片；
- $8.5 \times 11$ 英寸的美国信纸；
- $8.5 \times 14$ 英寸的美国法律文纸；
- $9 \times 12$ 英尺的地毯；
- $9:16$ 的"宽屏"电视画面；
- $768 \times 1024$ 分辨率的电脑屏幕。

1.2. 除美国和加拿大之外，ISO 标准的 A4 纸在世界大多数国家得到普遍使用。它的大小是 210 mm × 297 mm。这不是一个黄金矩形，但它的长宽比却近似于人们熟悉的另一个无理数。这个数是什么？假设把 A4 纸对半折叠，半张 A4 纸的长宽比是多少？修改 M-文件 `goldrect.m`，通过计算说明上述性质。

1.3. 取多少级的截断连分数，才能使 $\phi$ 的近似误差小于 $10^{-10}$？在到达这个误差后，随级数的继续增多，误差基本上不再减小。采用双精度浮点运算，你可预期达到的最好精度是多少？连分数应该取多少级？

1.4. 使用 MATLAB 中的反斜线左除（backslash）运算符，关于 $c_1$ 和 $c_2$ 求解 $2 \times 2$ 线性方程组

$$
\begin{aligned}
c_1 + c_2 &= 1, \\
c_1\phi + c_2(1-\phi) &= 1
\end{aligned}
$$

翻阅下一章可以找到反斜线左除运算符的用法，或借助以下命令找到 MATLAB 的帮助文档。

```
help \
help slash
```

1.5. 语句

```
semilogy(fibonacci(18),'-o')
```

绘制出一条斐波那契序列关于其序号的对数曲线。此曲线接近一条直线。问该直线的斜率是多少？

1.6. `fibnum(n)` 的运行时间如何依赖于 `fibnum(n-1)` 和 `fibnum(n-2)` 的运行时间？据此，导出 `fibnum(n)` 运行时间作为 n 函数的近似公式。并请估计在自己计算机上运行 `fibnum(50)` 需要多少时间。敬告：（看了该估算结果，）

你也许就不想真在计算上实际运行 fibnum(50) 了。

1.7.  用 MATLAB 不带舍入误差的双精度可精准（exactly）表达的最大斐波那契数的序号是什么？在 MATLAB 不上溢的情况下，用双精度近似（approximately）表达的最大斐波那契数的序号又是什么？

1.8.  输入以下语句

```
A = [1 1; 1 0]
X = [1 0; 0 1]
```

再运行

```
X= A*X
```

然后，反复进行如下操作：按上箭头键，接着按回车键。看到了什么现象？能看出矩阵元素的生成规律吗？在矩阵 X 上溢之前，这样的重复操作需要执行多少次？

1.9.  请改变分形蕨图形的颜色搭配，在黑色背景上画粉红色分形蕨。不要忘记按停止按钮。

1.10.  (a)  在分形蕨绘制过程中，若改变图形窗大小，将发生什么现象？为什么？

     (b)  M-文件 finitefern.m 可用于分形蕨图的打印输出。请解释为什么 finitefern.m 的运行结果可以打印，而 fern.m 的结果却不能打印？

1.11.  通过 $x$-和 $y$-坐标的互换，使分形蕨的图形翻转。

1.12.  假如改变矩阵 A4 中那个唯一的非零元素，那么分形蕨将有何变化？

1.13.  分形蕨茎干最下端的坐标是多少？

1.14.  分形蕨上部顶尖的坐标可通过求解某个 $2 \times 2$ 的线性方程组算出。请问，这个方程组是什么？顶尖点的坐标又是什么？

1.15.  在分形蕨算法中，随机采用四个不同公式中的一个来计算下一点的位置。如果放弃随机选择而始终使用第 $k$ 个公式，那么它将在 $(x, y)$ 平面上画出一条确定的轨迹。请修改 finitefern.m 文件，把四条确定的轨迹叠绘在分形蕨图上。每条轨迹都起始于点 (–1,5)。要求：每条轨迹的数据点用小圆点 o 标识，各数据点用直线相连，以观察轨迹的延伸；所绘点数要多到足以显示每条轨迹的极限点。借助以下语句，你可以叠绘多个图形。

```
plot(...)
hold on
plot(...)
plot(...)
hold off
```

1.16.  利用下列代码由 finitefern.m 生成你自己的可移植网络图像（Portable Network Graphics）文件。然后把你得到的图像与本书提供的 ncm/fern.png 图像进行比较。

```
bg = [0 0 85];
fg = [255 255 255];
sz = get(0,'screensize');
rand('state',0)
X = finitefern(500000,sz(4),sz(3));
d = fg - bg;
R = uint8(bg(1) + d(1)*X);
G = uint8(bg(2) + d(2)*X);
B = uint8(bg(3) + d(3)*X);
F = cat(3,R,G,B);
imwrite(F,'myfern.png','png','bitdepth',8)
```

1.17. 请你修改 `fern.m` 或 `finitefern.m` 文件，使其生成谢宾斯基三角形（Sierpinski's triangle）。初始设置为

$$x = \begin{pmatrix} 0 \\ 0 \end{pmatrix}.$$

在每个迭代步中，当前点 $x$ 用 $Ax + b$ 更新，其中 $A$ 为

$$A = \begin{pmatrix} 1/2 & 0 \\ 0 & 1/2 \end{pmatrix}$$

而 $b$ 等概率地从下面三个向量中随机选取

$$b = \begin{pmatrix} 0 \\ 0 \end{pmatrix}, \quad b = \begin{pmatrix} 1/2 \\ 0 \end{pmatrix}, \quad \text{and} \quad b = \begin{pmatrix} 1/4 \\ \sqrt{3}/4 \end{pmatrix}.$$

1.18. 运行 `greetings(phi)` 可以产生一幅依赖于参数 `phi` 的祝福节日的圣诞果分形（seasonal holiday fractal）图。`phi` 的缺省值取黄金分割比。假如 `phi` 取其他值，会发生什么现象？请对 `phi` 取简单分数和 `phi` 取无理数的两种浮点近似情况都试试。

1.19. `A = magic(4)` 是奇异方阵。该方阵的列是线性相关的。请运行 `null(A)`、`null(A,'r')`、`null(sym(A))` 和 `rref(A)`，看看它们的结果怎么说明这种相关性。

1.20. 在 n 分别取 3、4、5 的情况下，运行 `A = magic(n)`，再运行

```
p = randperm(n); q = randperm(n); A = A(p,q);
```

然后再观察上述语句对下列命令结果的影响。

```
sum(A)
sum(A')'
sum(diag(A))
```

```
sum(diag(flipud(A)))
rank(A)
```

1.21. 字符 char(7) 是控制字符，它的作用是什么？

1.22. 在你的计算机上，char([169 174]) 的显示结果是什么？

1.23. 下面的字符串中隐藏了什么物理定律？

```
s = '/b_t3{$H~MO6JTQI>v~#3GieW*l(p,nF'
```

1.24. 在 NCM 上找到 encrypt.m 和 gettysburg.txt 两个文件。请用 encrypt 对
gettysburg.txt 进行加密，然后再将所得加密文件进行解密。此外，再请
用 encrypt 对 encrypt.m 文件自身加密。

1.25. 将 NCM 文件夹设置在 MATLAB 搜索路径上，应用下面语句读入林肯盖茨堡
演讲文本

```
fp = fopen('gettysburg.txt');
G = char(fread(fp))'
fclose(fp);
```

(a) 这段文本有多少个字符？

(b) 请使用 unique 函数找出其中不重复出现的字符。

(c) 该文本中共有多少个空格？使用了哪些标点符号？每种符号使用多少
次？

(d) 删除文本中的所有空格和标点符号，并把字母全都转换为大写或小写。
请使用 histc 函数计算字母的使用频数。哪个字母使用频率最高？哪
些字母未出现？

(e) 按照 help histc 所给信息，使用 bar 函数绘制字母的频数直方图。

(f) 请用 get(gca,'xtick') 和 get(gca,'xticklabel') 查看上述直方图
x 轴是如何标识的。然后再用

```
set(gca,'xtick', ..., 'xticklable', ...)
```

将 $x$ 轴重新用相应的字母标识。

1.26. 如果 x 是仅含两个空格的字符串

```
x ='  '
```

那么 crypto(x) 正好等于 x。这是为什么？还存在别的双字串经 crypto 作
用后保持不变吗？

1.27. 请再找一个 $2 \times 2$ 整数矩阵 A，使得

```
mod(A*A,97)
```

是单位矩阵。用你找到的矩阵替代 crypto.m 中的矩阵，并验证这个函数仍
能正确发挥作用。

1.28. 函数 crypto 工作时使用 97 个字符，而不是 95 个字符。该函数正确处理输
入、输出中 ASCII 码值大于 127 的两个字符。问，这两个字符是什么？为什

么这两个字符是必须的？ASCII 码值大于 127 的其他字符又会发生什么问题呢？

1.29. 创建一个新的 crypto 函数，它工作时使用包括 26 个小写字母、空格、句号和逗号在内的 29 个字符。请你找一个 $2 \times 2$ 的整数矩阵 A 使得 mod(A*A,29) 为单位阵。

1.30. 假如起始的 $n$ 分别取 5，10，20，40，...，即 2 整数幂的 5 倍，那么从 $n$ 开始的 $3n+1$ 序列呈现独具特色的形状。问：将是什么样的形状？为什么会这样？

1.31. 从 $n$ 为 108、109 和 110 开始的 $3n+1$ 序列形成的曲线图形非常相似。请问为什么？

1.32. 令 $L(n)$ 为以 $n$ 开始的 $3n+1$ 序列的长度，请编写一个 MATLAB 函数计算 $L(n)$，在所编程序中不能使用任何数组或不可预估的存储空间。画出 $1 \leqslant n \leqslant 1000$ 对应的 $L(n)$ 曲线。在 $n$ 的上述取值范围内，$L(n)$ 的最大值是多少，产生最大值的 $n$ 又是什么？以这个独特的 $n$ 值为起点，用 threenplus1 画出其 $3n+1$ 序列。

1.33. 请你对 floatgui.m 程序进行修改。要求是：把 M-文件的最后一行注释转变为可执行语句；把该语句中三个问号改写成一个统计浮点体系模型中浮点数目的简单表达式。

1.34. 解释下列语句产生的结果

```
t = 0.1
n = 1:10
e = n/10 - n*t
```

1.35. 下面三行程序分别运行后各发生了什么？每行程序运行后会生成多少行输出？最后两个打印的 x 值为多少？

```
x = 1; while 1+x > 1, x = x/2, pause(.02), end
x = 1; while x+x > x, x = 2*x, pause(.02), end
x = 1; while x+x > x, x = x/2, pause(.02), end
```

1.36. 请问如下三个以 format hex 格式表示的浮点数值，分别是哪三个人们熟知实数的近似值？

```
4059000000000000
3f847ae147ae147b
3fe921fb54442d18
```

1.37. 令 $\mathcal{F}$ 为所有 IEEE 双精度浮点数的集合，其中不包括以 7ff（十六进制）偏置指数表示的 NaN 和 Inf，也不包括以 000（十六进制）偏置指数表示的非规范数。

(a) $\mathcal{F}$ 集合中有多少元素？

(b)  $\mathcal{F}$ 集合中属于区间 $1 \leqslant x < 2$ 的元素占多大比例？

(c)  $\mathcal{F}$ 集合中属于区间 $1/64 \leqslant x < 1/32$ 的元素占多大比例？

(d)  用随机采样（random sampling）法近似地确定 $\mathcal{F}$ 集合中 x 满足如下 MATLAB 逻辑关系式的元素占多大比例。

```
x*(1/x) == 1
```

1.38.  经典二次求根公式给出二次方程

$$ax^2 + bx + c = 0$$

的两个根为

$$x_1, x_2 = \frac{-b \pm \sqrt{b^2 - 4ac}}{2a}.$$

用此公式在 MATLAB 中算下述情况的根。

$$a = 1, \quad b = -100000000, \quad c = 1.$$

把你的计算结果与采用以下命令算得的结果进行比较

```
roots([a b c])
```

假若你用手算或者用计算器计算这两个根，会发生什么情况？

你应能发现该经典公式能很好地计算一个根，但不能很好计算另一个根。

所以，该公式只能用来计算其中一个精确的根，然后再借助以下事实

$$x_1 x_2 = \frac{c}{a}$$

计算另一个根。

1.39.  $\sin x$ 的幂级数序列为

$$\sin x = x - \frac{x^3}{3!} + \frac{x^5}{5!} - \frac{x^7}{7!} + \cdots.$$

下面是采用级数计算 $\sin x$ 的 MATLAB 函数。

```
function s = powersin(x)
% POWERSIN      计算 sin(x)的幂级数
% POWERSIN(x)   用幂级数计算 sin(x)
s = 0;
t = x;
n = 1;
while s+t ~= s;
  s = s + t;
  t = -x.^2/((n+1)*(n+2)).*t;
  n = n + 2;
end
```

问：究竟由什么导致 while 循环停止？

对于 $x = \pi/2$，$x = 11\pi/2$，$x = 21\pi/2$ 和 $x = 31\pi/2$，回答下列问题：

算得结果的准确度如何？

需要取多少项？

在这级数中的最大项是什么？

围绕使用浮点运算和幂级数公式计算函数值，你能总结些什么吗？

1.40. 密码图像（steganography）是一种在图像数据低阶位上隐藏信息或其他图像的技术。MATLAB 的 image 函数就有一个包含其他图像的隐藏图像（hidden image）。若要看顶层图像，则输入以下一条命令即可。

```
image
```

再运行以下命令，可改善图像的显示效果。

```
colormap(gray(32))
truesize
axis ij
axis image
axis off
```

上面这些操作仅是准备。本书提供的 NCM 程序 stegano 可帮助你继续深入研究。

(a) 在缺省图像中，究竟有多少图像隐藏在 cdata 中？

(b) 这与浮点数的结构有什么关系？

1.41. 质数螺旋（prime spirals）。乌拉姆质数螺旋（Ulam prime spiral）是一个质数位置图，它是一种从网格中心出发向外螺旋展开的整数编号模式。本书 NCM 的 primespiral(n,c) 文件，能产生以整数 $c$ 为始发中心的 $n \times n$ 质数螺旋。文件默认设置 $c = 1$。图 1.10 所示为 primespiral(7) 质数螺旋，而图 1.11 所示为 primespiral(250) 质数螺旋。

| 43 | 44 | 45 | 46 | 47 | 48 | 49 |
|----|----|----|----|----|----|----|
| 42 | 21 | 22 | 23 | 24 | 25 | 26 |
| 41 | 20 | 7  | 8  | 9  | 10 | 27 |
| 40 | 19 | 6  | 1  | 2  | 11 | 28 |
| 39 | 18 | 5  | 4  | 3  | 12 | 29 |
| 38 | 17 | 16 | 15 | 14 | 13 | 30 |
| 37 | 36 | 35 | 34 | 33 | 32 | 31 |

图 1.10　primespiral(7)

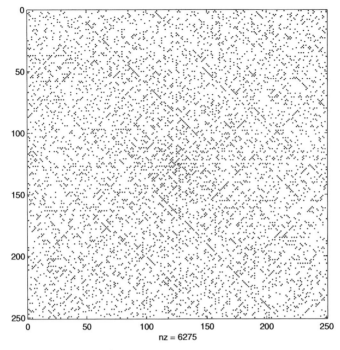

图 1.11  primespiral(250)

图中，质数显然沿一些对角线段集中分布，而其原因尚未可知。位置 $(i, j)$ 处元素的值为关于 $i, j$ 的分段二次函数，因此每个对角线段代表一个质数分布的最小法则。这个现象由斯塔尼斯拉夫.乌拉姆（Stanislaw Ulam）发现于 1963 年，并于 1964 年出现在《科学美国人（Scientific American)》杂志封面上。现在有一些专门研究质数螺旋的趣味网站，包括由 [53] 和 [67] 始创的网站。

(a) MATLAB 的 demos 目录包含一个 M-文件 spiral.m，从 $1 \sim n^2$ 的整数自矩阵中心开始按螺旋方式排列。demos/spiral.m 中的程序写得不太简洁，下面是一个更好的版本。

```
function S = spiral(n)
%SPIRAL SPIRAL(n) 产生一个由整数 1:n^2 按矩形螺旋排列而成的
%              n*n 矩阵
S = [];
for m = 1:n
  S = rot90(S,2);
  S(m,m) = 0;
  p = ???
  v = (m-1:-1:0);
  S(:,m) = p-v';
```

```
    S(m,:) = p+v;
end
if mod(n,2)==1
    S = rot90(S,2);
end
```

为与 demos 目录下 spiral.m 文件的生成矩阵相同，上述所给函数文件在每次循环中应给 p 赋什么样的值呢？

(b) 为什么 spiral(n) 矩阵有半数的对角线上不含质数？

(c) 令 S=spiral(2*n)，又令 r1 和 r2 为矩阵中部的两个"半截行"，具体如下：

```
r1 = S(n+1,1:n-2)
r2 = S(n-1,n+2:end)
```

问：为什么这两个"半截行"里不包含质数？

(d) 下列函数产生的结果有些特别

```
primespiral(17,17)
primespiral(41,41)
```

特别之处是什么呢？

(e) 寻找小于 50、且不等于 17 或 41 的两个数 n 和 c，使得

```
[S,P]=primespiral(n,c)
```

所生成质数螺旋中有一条对角线段上至少有 8 个质数。

1.42. 三角形数（triangular number）是指由 $n(n+1)/2$ 构成的整数。该术语来自以下事实：每边有 $n$ 点的三角形网格（译注：由大小相同的小等边三角网格组成的、每边有 $n$ 个等距点的大等边三角形网格），其总网点数一定是 $n(n+1)/2$。请编写一个函数，使 trinums(m) 能生成所有小于等于 m 的三角数。再请用你的 trinums 把 primespiral 修改为 trinumspiral。

1.43. 这里有一个和本章内容关系不大的谜题，但可能非常有趣。下面图形表示了关于整数的一个什么熟悉性质？

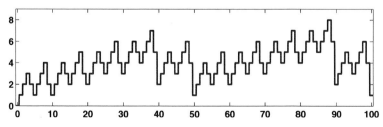

1.44. 在公历中，某年 y 为闰年（leap year）的充分必要条件为

```
(mod(y,4) == 0) & (mod(y,100) ~= 0) | (mod(y,400) == 0)
```

因此，2000 年是闰年，而 2100 年则不是。这条规则意味着，公历每隔 400
年重复一次。在 400 年周期中，会出现 97 个闰年、4800 个月、20871 个星
期、146097 天。MATLAB 函数 datenum、datevec、datestr 和 weekday 就据
此规则计算公历日期。例如，以下任何一条语句

```
[d,w] = weekday('Aug. 17, 2003')
```

或

```
[d,w] = weekday(datenum([2003 8 17]))
```

都能告诉我，在 2003 年我的生日在一个星期天。

请使用 MATLAB 回答下列问题。

(a)  你出生于星期几？

(b)  在一个 400 年的公历周期中，你的生日最可能出现在星期几？

(c)  任何月份中 13 号为星期五的概率是多少？答案是，近似但不精准地等
于 1/7。

1.45.  生物节律（biorhythms）在 1960 年代非常流行。现在，你仍可以找到提供个
性化生物节律服务的某些网站，或者销售计算生物节律的软件。生物节律
的基础理念是：我们生活同时受三个周期影响。体力周期（physical cycle）
为 23 天，情绪周期（emotional cycle）为 28 天，智力周期（intellectual cycle）
为 33 天。对任何个体而言，这三个周期都从出生时开始。图 1.12 所示是作
者本人（Cleve Moler）的生物节律，它起始于 1939 年 8 月 17 日，该图是
针对以 2003 年 10 月 19 日（即我编写此题的日子）为中心的前后共 8 个星
期的那段时间绘制。该节律图显示：昨天（即 2003 年 10 月 18 日）我的智
力达到峰值，而体力和情绪健康将在下周这一天的 6 小时之内先后达到峰
值；而在 11 月初的前后几天之内，这三个周期分别将处于各自的低点。

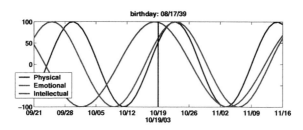

图 1.12    该书作者的生物节律

MATLAB 中的日期函数和图形函数使得生物节律的计算和显示非常方便。函
数给出的日期采用日期序号（date number）表示，该序号是指从理论上的
公历零年零天起算的天数。M 函数 datenum 可以返回任何给定时间、日期
的日期序号。例如，由 datenum('Oct.19,2003') 算得的结果是 731873。
命令表达式 fix(now) 返回当天日期序号。

下面这段代码是绘制以当天为中心的、前后共 8 周的生物节律程序的一部分。

```
t0 = datenum(mybirthday);
t1 = fix(now);
t = (t1-28):1:(t1+28);
y = 100*[sin(2*pi*(t-t0)/23)
sin(2*pi*(t-t0)/28)
sin(2*pi*(t-t0)/33)];
plot(t,y)
```

(a) 利用自己的生日和 M 函数 line、datetick、title、datestr、legend 等把上述程序编写完整。要求：你完成的程序应能画出类似图 1.12 所示的曲线。

(b) 你的出生时间是三个周期的起始零。这三个周期线同时回到初始状态，需要经过多少时间？在那天，你多大年纪？请画出在那天附近的你的生物节律曲线。lcm 函数也许对你是有用的。

(c) 这三个周期是否可能在精准的一个时间同时达到最大或最小？

# 第 2 章  线性方程

科学计算中最常遇到的问题之一是联立线性方程组的求解。本章涵盖线性方程求解的高斯消元法，以及解对数据误差、计算舍入误差的敏感性。

## 2.1  解线性方程组

采用矩阵记号，一个线性联立方程组可表述为

$$Ax = b.$$

在最常见的情况下，方程数与变量数一样多，$A$ 为已知的 $n$ 阶方阵，$b$ 是含 $n$ 个分量的已知列向量（column vector），而 $x$ 为含 $n$ 个分量的未知列向量。

学过线性代数的人都知道，$Ax = b$ 的解可写成 $x = A^{-1}b$，其中 $A^{-1}$ 为矩阵 $A$ 的逆（inverse）。然而，在大多数实际计算问题中，计算 $A^{-1}$ 实在没必要也很不明智。举一个极端但颇有说服力的算例，考虑如下仅含一个方程的线性方程组

$$7x = 21.$$

求解该方程的最好方法是除法：

$$x = \frac{21}{7} = 3.$$

而使用矩阵逆则会导致

$$x = 7^{-1} \times 21 = 0.142857 \times 21 = 2.99997.$$

求逆需要更多的计算量——一次除法和一次乘法，而直接除就只有一次除法。况且，求逆算法给出的还是一个不精准的答案。类似的考虑也适用于含一个以上方程的线性方程组。甚至，对于有相同矩阵 $A$ 而有不同右端项 $b$ 的多个线性方程组求解问题，上面的分析一般也是成立的。因此，我们将讨论的重点集中于线性方程组的直接求解，而不关心矩阵逆的计算。

## 2.2  Matlab 反斜杠矩阵左除算符

为强调线性方程求解和求逆计算之间的区别，Matlab 引入了非标准的反斜杠矩阵左除（backward slash）和正斜杠矩阵右除（forward slash）算符，"\" 和 "/"。

若 $A$ 为任意规模和形状的矩阵，又矩阵 $B$ 的行数与 $A$ 一样多，即有

$$AX = B$$

那么该线性方程组系统的解可记为

$$X = A\backslash B.$$

可把这种操作看成，在方程两边都除以系数矩阵 $A$。由于矩阵乘法不可交换，且原方程中 $A$ 又出现在左边，因此这就是左除（left division）。

与上类似，对于 $A$ 在右边、矩阵 $B$ 的列数与 $A$ 列数一样多的线性方程组系统

$$XA = B,$$

其解可通过右除（right division）获得

$$X = B/A.$$

这种记述方法也适用于 $A$ 为非方阵的场合，即方程数与变量数不相同的情况。然而在本章中，仅限于讨论系数矩阵为方阵的线性方程组的求解。

## 2.3　3×3 方程组算例

为说明一般线性方程组的解算方法，考虑如下三阶算例

$$\begin{pmatrix} 10 & -7 & 0 \\ -3 & 2 & 6 \\ 5 & -1 & 5 \end{pmatrix} \begin{pmatrix} x_1 \\ x_2 \\ x_3 \end{pmatrix} = \begin{pmatrix} 7 \\ 4 \\ 6 \end{pmatrix}.$$

当然，该式表示如下三个联立方程

$$10x_1 - 7x_2 = 7,$$
$$-3x_1 + 2x_2 + 6x_3 = 4,$$
$$5x_1 - x_2 + 5x_3 = 6.$$

解算的第一步是用第一个方程消去其他方程中的 $x_1$。这可通过将第二个方程加第一个方程的 0.3 倍、第三个方程减去第一个方程的 0.5 倍来实现。第一个方程中 $x_1$ 的系数 10 被称为第一主元（pivot），而用其他方程中 $x_1$ 的系数除以主元后得到的数 $-0.3$ 和 0.5 被称为乘子（multiplier）。这第一步操作使方程组变为

$$\begin{pmatrix} 10 & -7 & 0 \\ 0 & -0.1 & 6 \\ 0 & 2.5 & 5 \end{pmatrix} \begin{pmatrix} x_1 \\ x_2 \\ x_3 \end{pmatrix} = \begin{pmatrix} 7 \\ 6.1 \\ 2.5 \end{pmatrix}.$$

第二步可以用第二个方程消去第三个方程中的 $x_2$。然而，这第二主元，即第二个
方程中 $x_2$ 的系数，是一个小于其他系数的 $-0.1$。为此，把后两个方程进行交换。
这种操作被称为选主元（pivoting）。在本例中，因为并没有舍入误差，所以选主
元操作其实没有必要。然而在一般情况下，选主元至关重要：

$$\begin{pmatrix} 10 & -7 & 0 \\ 0 & 2.5 & 5 \\ 0 & -0.1 & 6 \end{pmatrix} \begin{pmatrix} x_1 \\ x_2 \\ x_3 \end{pmatrix} = \begin{pmatrix} 7 \\ 2.5 \\ 6.1 \end{pmatrix}.$$

现在第二个主元是 2.5，因此可以用第二个方程消去第三个方程中的 $x_2$。这可以
通过第三个加第二个方程的 0.04 倍实现。（如果不进行方程交换，乘子又该是多
少呢？）

$$\begin{pmatrix} 10 & -7 & 0 \\ 0 & 2.5 & 5 \\ 0 & 0 & 6.2 \end{pmatrix} \begin{pmatrix} x_1 \\ x_2 \\ x_3 \end{pmatrix} = \begin{pmatrix} 7 \\ 2.5 \\ 6.2 \end{pmatrix}.$$

至此，最后一个方程为

$$6.2 x_3 = 6.2.$$

该方程可解得 $x_3 = 1$。将此值代入第二个方程：

$$2.5 x_2 + (5)(1) = 2.5.$$

由此求得 $x_2 = -1$。最后，将 $X_2$ 和 $X_3$ 的值都代入第一个方程：

$$10 x_1 + (-7)(-1) = 7.$$

可得 $x_1 = 0$。方程组的解可写成

$$x = \begin{pmatrix} 0 \\ -1 \\ 1 \end{pmatrix}.$$

利用原方程组可检查上述所得的解，具体如下：

$$\begin{pmatrix} 10 & -7 & 0 \\ -3 & 2 & 6 \\ 5 & -1 & 5 \end{pmatrix} \begin{pmatrix} 0 \\ -1 \\ 1 \end{pmatrix} = \begin{pmatrix} 7 \\ 4 \\ 6 \end{pmatrix}.$$

上述整个计算过程可用矩阵简洁记述。对于以上算例，可令

$$L = \begin{pmatrix} 1 & 0 & 0 \\ 0.5 & 1 & 0 \\ -0.3 & -0.04 & 1 \end{pmatrix}, \ U = \begin{pmatrix} 10 & -7 & 0 \\ 0 & 2.5 & 5 \\ 0 & 0 & 6.2 \end{pmatrix}, \ P = \begin{pmatrix} 1 & 0 & 0 \\ 0 & 0 & 1 \\ 0 & 1 & 0 \end{pmatrix}.$$

矩阵 $L$ 包含了变量消去过程中所用的乘子，矩阵 $U$ 是消元后得到的系数矩阵，而矩阵 $P$ 则描写了选（列）主元的操作。用这三个矩阵，可写出

$$LU = PA.$$

换句话说，原方程系数矩阵可表示成具有更简结构的矩阵的乘积。

## 2.4　排列矩阵和三角矩阵

排列矩阵（permutation matrix）是经行交换及列交换后的单位矩阵。它在每行每列上有且仅有一个 1，而其余元素均为 0。例如，

$$P = \begin{pmatrix} 0 & 0 & 0 & 1 \\ 1 & 0 & 0 & 0 \\ 0 & 0 & 1 & 0 \\ 0 & 1 & 0 & 0 \end{pmatrix}.$$

排列矩阵左乘 $A$ 产生 $PA$，$P$ 使得矩阵 $A$ 的行的排列发生改变。而右乘，即 $AP$，则使得矩阵 $A$ 的列的排列改变。

MATLAB 也能把排列向量（permutation vector）当作行或列序号使用，而对矩阵的行或列进行重排。仍以上述的 $P$ 矩阵为例，令 p 为向量

```
p = [4 1 3 2]
```

则 P*A 和 A(p,:)的结果相同。在结果矩阵中，原来 $A$ 的第四行变成了第一行，原来 $A$ 的第一行变成了第二行，依此类推。类似地，A*P 和 A(:,p)使矩阵 $A$ 产生列相同的列重排。记号 P*A 较接近于传统的数学表述，而 A(p,:)则速度更快、内存更省。

由排列矩阵构成的线性方程组极易求解。方程

$$Px = b$$

的解只需对 $b$ 各个分量进行如下简单重排：

$$x = P^T b.$$

上三角（upper triangular）矩阵的所有非零元素都位于主对角线上或其上方。单位下三角（unit lower triangular）矩阵的主对角线元素全为 1，而其他非零元素都在主对角线下方。例如，

$$U = \begin{pmatrix} 1 & 2 & 3 & 4 \\ 0 & 5 & 6 & 7 \\ 0 & 0 & 8 & 9 \\ 0 & 0 & 0 & 10 \end{pmatrix}$$

是上三角矩阵，而

$$L = \begin{pmatrix} 1 & 0 & 0 & 0 \\ 2 & 1 & 0 & 0 \\ 3 & 5 & 1 & 0 \\ 4 & 6 & 7 & 1 \end{pmatrix}$$

是单位下三角矩阵。

　　三角矩阵构成的线性方程也很容易求解。$n \times n$ 上三角方程组 $Ux = b$ 的求解有两种不同算法。这两种算法都先从最后一个方程着手，解出最后一个变量；然后用倒数第二个方程求解倒数第二个变量，依次类推。其中有一步计算过程是：采用 $b$ 减去 $U$ 矩阵列的某倍数。

```
x = zeros(n,1);
for k = n:-1:1
    x(k) = b(k)/U(k,k);
    i = (1:k-1)';
    b(i) = b(i) - x(k)*U(i,k);
end
```

另一个算法则利用了 $U$ 矩阵的行和 $x$ 向量已解部分间的内积。

```
x = zeros(n,1);
for k = n:-1:1
    j = k+1:n;
    x(k) = (b(k) - U(k,j)*x(j))/U(k,k);
end
```

## 2.5　LU 分解

　　使用得最广泛的联立线性方程组解算法是最古老的数值算法之一，它就是通常以高斯（C. F. Gauss）命名的系统消去法。1955—1965 年期间的研究揭示出：高斯消去法（Gaussian elimination）在早期研究中所忽视了两个重要方面：主元的搜索；舍入误差影响的合理解释。

　　笼统地说，高斯消去法有两个阶段：简称"消元"的前向消元（forward elimination）和简称"回代"的反向回代（back substitution）。前向消元过程共有 $n - 1$ 步。在第 $k$ 步，将剩余的方程分别减去第 $k$ 个方程的若干倍，以消去那些方程中的第 $k$ 个变量。如果这 $x_k$ 的系数"很小"，那么明智的做法是：在执行上述步骤之前将第 $k$ 个方程和其他方程的位置进行交换。上述消去的操作也可同时应用于右端项上；或者，先记下方程交换过程和乘子数值，稍后再应用于右端。后向代入过程包括：用最后一个方程求 $x_n$，然后用倒数第二个方程求 $x_{n-1}$，依次类推，直到从第一个方程中解出 $x_1$ 为止。

令 $P_k, k = 1, \ldots, n-1$，为消元过程第 $k$ 步对 $A$ 阵实施行交换的排列矩阵，它可由单位阵经同样行交换而得。令 $M_k$ 代表一个单位下三角阵，它通过把第 $k$ 步中所用各乘子的负数依次插入单位阵第 $k$ 列对角元下方而得。再令 $U$ 为经过 $n-1$ 步消去后最终得到的上三角矩阵。于是，整个消去过程可用如下一个矩阵方程加以描述

$$U = M_{n-1}P_{n-1} \cdots M_2 P_2 M_1 P_1 A.$$

该方程也可改写为

$$L_1 L_2 \cdots L_{n-1} U = P_{n-1} \cdots P_2 P_1 A,$$

式中，$L_k$ 是 $M_k$ 经行交换并改变其对角元下方各乘子正负号而得的。因此，如果令

$$L = L_1 L_2 \cdots L_{n-1},$$
$$P = P_{n-1} \cdots P_2 P_1,$$

那么就可有

$$LU = PA.$$

单位下三角矩阵 $L$ 包含了在消元过程中用到的所有乘子，而排列矩阵 $P$ 则代表了所有施行的行交换。

对于前面提到的例子

$$A = \begin{pmatrix} 10 & -7 & 0 \\ -3 & 2 & 6 \\ 5 & -1 & 5 \end{pmatrix},$$

在消元过程中使用的矩阵为

$$P_1 = \begin{pmatrix} 1 & 0 & 0 \\ 0 & 1 & 0 \\ 0 & 0 & 1 \end{pmatrix}, \quad M_1 = \begin{pmatrix} 1 & 0 & 0 \\ 0.3 & 1 & 0 \\ -0.5 & 0 & 1 \end{pmatrix},$$

$$P_2 = \begin{pmatrix} 1 & 0 & 0 \\ 0 & 0 & 1 \\ 0 & 1 & 0 \end{pmatrix}, \quad M_2 = \begin{pmatrix} 1 & 0 & 0 \\ 0 & 1 & 0 \\ 0 & 0.04 & 1 \end{pmatrix}.$$

对应的 $L$ 矩阵为

$$L_1 = \begin{pmatrix} 1 & 0 & 0 \\ 0.5 & 1 & 0 \\ -0.3 & 0 & 1 \end{pmatrix}, \quad L_2 = \begin{pmatrix} 1 & 0 & 0 \\ 0 & 1 & 0 \\ 0 & -0.04 & 1 \end{pmatrix}.$$

关系式 $LU = PA$ 被称为矩阵 $A$ 的 LU 分解（LU factorization）或三角分解（triangular decomposition）。应当指出，上述推演并没引入什么新东西。从计算角度看，消元过程是通过对系数矩阵的行操作实现的，而并没有进行矩阵相乘。LU 分解仅仅是高斯消去法的矩阵表示。

借助这种分解，一个普通的线性代数方程组

$$Ax = b$$

变成了一对三角方程组

$$Ly = Pb,$$
$$Ux = y.$$

## 2.6  选主元的必要性

矩阵 $U$ 的对角线元素称为主元（pivot）。第 $k$ 主元是指：在消元过程第 $k$ 步时，第 $k$ 方程第 $k$ 个变量的系数。在前面的 3×3 示例中，主元是 10、2.5 和 6.2。无论是乘子计算，还是回代，都需要除以主元。因此，只要有一个主元为零，算法就不能执行。直觉告诉我们，最不可取的解题想法是：即便某主元已接近于 0，而仍强行实施计算。为了说明这点，让我们对前面的示例稍作修改如下：

$$\begin{pmatrix} 10 & -7 & 0 \\ -3 & 2.099 & 6 \\ 5 & -1 & 5 \end{pmatrix} \begin{pmatrix} x_1 \\ x_2 \\ x_3 \end{pmatrix} = \begin{pmatrix} 7 \\ 3.901 \\ 6 \end{pmatrix}.$$

该方程的第 $(2,2)$ 元素由 2.000 改变为 2.099，同时右端项也作相应修改，以使该方程的精准解仍然是 $(0, -1, 1)^T$。让我们假设：上述方程的求解在一台假想的机器上实施，且该假想机器采用五位有效数字执行十进制浮点运算。

消元过程第一步便生成

$$\begin{pmatrix} 10 & -7 & 0 \\ 0 & -0.001 & 6 \\ 0 & 2.5 & 5 \end{pmatrix} \begin{pmatrix} x_1 \\ x_2 \\ x_3 \end{pmatrix} = \begin{pmatrix} 7 \\ 6.001 \\ 2.5 \end{pmatrix}.$$

与矩阵中其他元素相比，此时第 $(2,2)$ 元素的数值相当小。尽管如此，我们仍在不作任何行交换的情况下实施消元。紧接着就必须将第二个方程乘以 $2.5 \cdot 10^3$ 后再加到第三个方程，于是得

$$(5 + (2.5 \cdot 10^3)(6))x_3 = (2.5 + (2.5 \cdot 10^3)(6.001)).$$

该方程右端包含了 $6.001$ 乘 $2.5 \cdot 10^3$。其结果为 $1.50025 \cdot 10^4$，它无法被我们假想的浮点运算系统精准表示。这个结果必定被舍入处理为 $1.5002 \cdot 10^4$。然后，这个结果加 $2.5$，但又被再次执行舍入处理。换句话说，方程

$$(5 + 1.5000 \cdot 10^4)x_3 = (2.5 + 1.50025 \cdot 10^4)$$

中的两个斜体的 $5$ 都被当作舍入误差舍弃了。在这假想机上，最后一个方程变为

$$1.5005 \cdot 10^4 x_3 = 1.5004 \cdot 10^4.$$

于是，回代过程一开始就有

$$x_3 = \frac{1.5004 \cdot 10^4}{1.5005 \cdot 10^4} = 0.99993.$$

由于 $x_3$ 的精确解为 $x_3 = 1$，所以它并没显露出很严重的误差。不幸的是，$x_2$ 必须由下面的方程计算

$$-0.001x_2 + (6)(0.99993) = 6.001,$$

它给出

$$x_2 = \frac{1.5 \cdot 10^{-3}}{-1.0 \cdot 10^{-3}} = -1.5.$$

最后，$x_1$ 的解由第一个方程确定，

$$10x_1 + (-7)(-1.5) = 7,$$

其给出结果为

$$x_1 = 0.35.$$

我们得到的不再是精准解 $(0, -1, 1)^T$，而是 $(-0.35, -1.5, 0.99993)^T$。

究竟是哪里出了错？这里并没有由成千上万次算术运算造成的"舍入误差累积"。矩阵也不接近于奇异。麻烦来自消元的第二步选用了一个数值很小的主元。结果导致，乘子为 $2.5 \cdot 10^3$，进而使最后一个方程出现了比原方程系数大 $10^3$ 倍数量级的系数。舍入误差与那些大系数相比尽管很小，但对于原方程的矩阵和准确解而言却是无法接受的。

我们留给读者自己去验证以下结论：假若把第二个方程和第三个方程进行交换，就无需生成数量级很大的乘子，从而最后的结果也就是精准的。在一般情况下，该结论同样成立：如果消元所用乘子的数量级小于或等于 $1$，那么计算结果可被证明一定是令人满意的。称为部分选主元（partial pivoting）的过程可保证乘子的绝对值不大于 $1$。在前向消元的第 $k$ 步，把系数矩阵第 $k$ 列未消去部分（绝对值）最大的元素选为主元。再把该元素所在行与第 $k$ 行交换，从而使该元素处于第 $(k, k)$ 位置。同样的交换操作也要应用于右端项 $b$ 的元素上。因为矩阵 $A$ 的列没有交换，所以向量 $x$ 中的未知元素不需要重排顺序。

## 2.7 示教 M 文件 lutx、bslashtx、lugui

本节要讨论采用上述算法的三个函数文件。第一个函数文件 lutx 是 MATLAB 内建函数 lu 的可读版。在这个函数中，有一个关于 k 的 for 外循环，k 记录消元步数。关于 i 和 j 的内循环则采用向量和矩阵运算（vector and matrix operations）实现，以使整个函数的运行仍比较有效。

```
function [L,U,p] = lutx(A)
%LU 三角分解
% [L,U,p] = lutx(A) 生成单位下三角阵L, 上三角阵 U, 以及排列向量p,
% 使L*U = A(p,:) 。

[n,n] = size(A);
p = (1:n)'

for k = 1:n-1

    % 在第k列的对角元及下方寻找最大元素
    [r,m] = max(abs(A(k:n,k)));
    m = m+k-1;

    % 若第k列为0,则跳过消元
    if (A(m,k) ~= 0)

        % 交换主元所在行
        if (m ~= k)
            A([k m],:) = A([m k],:);
            p([k m]) = p([m k]);
        end

        % 计算乘子
        i = k+1:n;
        A(i,k) = A(i,k)/A(k,k);

        % 更新矩阵的剩余部分
        j = k+1:n;
        A(i,j) = A(i,j) - A(i,k)*A(k,j);
    end
end

% 分离计算结果
```

```
L = tril(A,-1) + eye(n,n);
U = triu(A);
```

仔细研究这个 M 函数可发现，几乎所有的执行时间都消耗在以下语句上。

```
A(i,j) = A(i,j) - A(i,k)*A(k,j);
```

在消元的第 k 步，i,j 是长度为 n-k 的援引下标向量（index vectors）。在 k 循环中，A(i,k)*A(k,j) 使一个列向量与一个行向量相乘，生成一个 n-k 阶的秩 1 方阵。然后，从 A 阵右下角的同规模子矩阵中减去该秩 1 方阵。在没有向量和矩阵运算的编程语言里，这部分 A 阵的更新要借助关于 i 和 j 的双重嵌套循环来实现。关于 MATLAB 向量、矩阵算符的更详细说明，请参阅附录 A.5 节。

第二个函数文件 bslashtx，是 MATLAB 内建反斜杠矩阵左除算符的简化版本。函数一开始就检测三种重要的特殊情况：下三角矩阵、上三角矩阵和对称正定矩阵。具有这些特性的线性方程可以比一般线形方程解算得更快。

```
function x = bslashtx(A,b)
% BSLASHTX 反斜杠矩阵左除法解线性方程组
% x = bslashtx(A,b) solves A*x = b

[n,n] = size(A);
if isequal(triu(A,1),zeros(n,n))
    % 下三角
    x = forward(A,b);
    return
elseif isequal(tril(A,-1),zeros(n,n))
    % 上三角
    x = backsubs(A,b);
    return
elseif isequal(A,A')
    [R,fail] = chol(A);
    if ~fail
        % 正定
        y = forward(R',b);
        x = backsubs(R,y);
        return
    end
end
```

假如没有检测到上述特殊情况，bslashtx 就调用 lutx 函数对系数矩阵进行排列和分解，并利用这些排列和分解求出线性方程解。

```
% 三角分解
[L,U,p] = lutx(A);
```

```
% 排列和前向消元
y = forward(L,b(p));

% 反向回代
x = backsubs(U,y);
```

bslashtx 函数要调用如下子函数对下三角和上三角方程进行解算。

```
function x = forward(L,x)
% FORWARD. 前向消元.
% 对于下三角阵L, x=forward(L,b)给出L*x=b方程的解x.
[n,n] = size(L);
for k = 1:n
    j = 1:k-1;
    x(k) = (x(k) - L(k,j)*x(j))/L(k,k);
end

function x = backsubs(U,x)
% BACKSUBS. 反向回代.
% 对于上三角阵U, x=backsubs(U,b)给出U*x=b方程的解x.
[n,n] = size(U);
for k = n:-1:1
    j = k+1:n;
    x(k) = (x(k) - U(k,j)*x(j))/U(k,k);
end
```

第三个函数文件 lugui，用于演示 LU 分解中高斯消元的具体步骤。lugui 是 lutx 的 GUI 图形用户演示版本。它允许你进行各种主元选择策略的试验。在消元的第 $k$ 步，第 $k$ 列未消去部分中绝对值最大的元素用紫红色显示。这就是部分选主元策略通常所确定的的主元。你可以在 lugui 所提供的四种不同选主元策略菜单项中进行点选。

- Pick a pivot，手工选主元。在该选项下，采用鼠标点选决定主元，既可以点选那紫红色元素，也可以点选任何其他元素。
- Diagonal pivoting，取对角元。在该选项下，始终使用对角线上元素作为主元。
- Partial pivoting，选列主元（即选部分主元）。在该选项下，主元的选择策略和函数文件 lu、lutx 相同。
- Complete pivoting，选全主元。在该菜单项下，在剩余子矩阵中选择绝对值最大的元素为主元。

被选中的主元显示为红色，然后执行相应的消去过程。随着消元的进展，用绿色标识新出现的矩阵 $L$ 的列，用蓝色标识新出现的矩阵 $U$ 的行。

## 2.8　舍入误差的影响

　　线性方程组求解过程中产生的舍入误差几乎总会导致（本节记述为 $x_*$ 的）所得数值解或多或少地不同于理论解 $x = A^{-1}b$。事实上，只要 $x$ 的元素不属于浮点数集，那么所得的 $x_*$ 就不可能等于 $x$。评判 $x_*$ 所含偏差的两个常用测度是：误差（error），

$$e = x - x_*,$$

和残差（residual），

$$r = b - Ax_*.$$

矩阵理论告诉我们的是：在 $A$ 为非奇异矩阵时，如果以上两个测度中的某个为零，则另一个也一定是零。然而，这两个测度未必都能同时"很小"。考虑下面的例子：

$$\begin{pmatrix} 0.780 & 0.563 \\ 0.913 & 0.659 \end{pmatrix} \begin{pmatrix} x_1 \\ x_2 \end{pmatrix} = \begin{pmatrix} 0.217 \\ 0.254 \end{pmatrix}.$$

假如我们在一个假设的三位有效数字十进制计算机上实施高斯部分主元消去法，情况会如何呢？首先，实施行（方程）交换，使 0.913 成为主元。再计算乘子

$$\frac{0.780}{0.913} = 0.854 \ (\text{取三位})$$

下一步：用新第二行减去新第一行的 0.854 倍得到

$$\begin{pmatrix} 0.913 & 0.659 \\ 0 & 0.001 \end{pmatrix} \begin{pmatrix} x_1 \\ x_2 \end{pmatrix} = \begin{pmatrix} 0.254 \\ 0.001 \end{pmatrix}.$$

最后，执行回代的步骤：

$$x_2 = \frac{0.001}{0.001} = 1.00 \ (\text{精准}),$$
$$x_1 = \frac{0.254 - 0.659x_2}{0.913}$$
$$= -0.443 \ (\text{取三位}).$$

则计算结果为

$$x_* = \begin{pmatrix} -0.443 \\ 1.000 \end{pmatrix}.$$

为了在精准解未知情况下评估计算精度，我们可计算残差（精准地）：

$$r = b - Ax_* = \begin{pmatrix} 0.217 - ((0.780)(-0.443) + (0.563)(1.00)) \\ 0.254 - ((0.913)(-0.443) + (0.659)(1.00)) \end{pmatrix}$$

$$= \begin{pmatrix} -0.000460 \\ -0.000541 \end{pmatrix}.$$

该残差小于 $10^{-3}$。我们很难指望在三位数字机上能得到更好的结果。然而，该方程的精准解显而易见是

$$x = \begin{pmatrix} 1.000 \\ -1.000 \end{pmatrix}.$$

这样的后果是：所得的计算结果不仅正负号全反，而且产生的误差比精准解本身的数值还要大。

示例中的小残差仅仅是偶然巧合吗？你一定意识到，该示例完全是特意构造的。那矩阵非常接近奇异，因此不是现实中常遇的问题。尽管如此，还是让我们仔细探究一下产生小残差的原因。

如果用列主元高斯消去法在有六位或更多位有效数字的计算机上求解以上示例，则前向消元就会产生与如下类似的方程

$$\begin{pmatrix} 0.913000 & 0.659000 \\ 0 & -0.000001 \end{pmatrix} \begin{pmatrix} x_1 \\ x_2 \end{pmatrix} = \begin{pmatrix} 0.254000 \\ 0.000001 \end{pmatrix}.$$

注意：式中 $U_{2,2}$ 的正负号已不同于此前用三位数字所算得的结果。这样，回代就可计算出精准解。

$$x_2 = \frac{0.000001}{-0.000001} = -1.00000,$$
$$x_1 = \frac{0.254 - 0.659x_2}{0.913}$$
$$= 1.00000.$$

在三位数字计算机上，$x_2$ 是由两个舍入误差数量级的两个量相除得到的，更何况其中还有一个量的正负号还错了。因此，算出的 $x_2$ 取什么样的数值都有可能。随后，这个很任意的 $x_2$ 值再被回代进第一个方程算出 $x_1$。

我们有理由预期第一个方程的残差很小，这是由 $x_1$ 的计算方式保证的。至此，讨论到了微妙且关键之点。我们也可以预期由第二个方程产生的残差一定很小，其准确的理由是该矩阵非常接近奇异。这两个方程几乎互呈倍数关系，因此任何近似满足于第一个方程的 $(x_1, x_2)$ 也必将近似满足于第二个方程。假如系数矩阵是精准奇异的，那么就完全不需要第二个方程，因为第一个方程的任何解都会自动满足第二个方程。

在图 2.1 中，方程的精准解用小圆圈标记，而算得的数值解用星号标记。虽然所得的数值解远离两条线的精准交点，但该数值解与两条线都十分靠近，因为这两条线几乎重合。

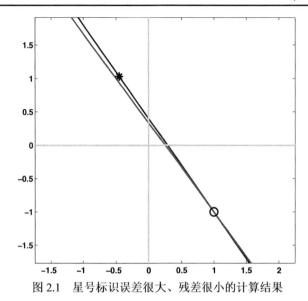

图 2.1    星号标识误差很大、残差很小的计算结果

虽然该示例是人为构造的、非典型的，但我们得到的结论却另有深意。它可能是从数字计算机发明以来人们得知的关于矩阵计算的一个最重要的结论：

列主元高斯消去法可以保证计算残差小。

既然以上结论如此重要，我们就必须再给以若干适用性说明。在该结论中的"保证"是指，可以给出一个精确的定理证明：若对浮点算术系统做某些运作细节的假设，那么就可以立出一组各残差分量必须满足的不等式。假如运算单元以不同的方式运作，或具体运算程序的设计存在问题，那么这种"保证"就不再存在。该结论中的"残差小"意味着，残差大小在舍入误差数量级上。而这舍入误差与下述三个量的大小有关：原系数矩阵元素的大小、消元过程中所形成的系数矩阵的元素大小、所算得解的元素大小。假如这些元素中的任何一个"较大"，那么残差在绝对意义上就不一定小。最后，即便残差很小，我们也不能断言误差一定很小。残差大小和误差大小之间的关系部分地取决于称谓矩阵条件数（condition number）的一个量。而与此相关内容正是下一节的议题。

## 2.9    范数和条件数

线性联立方程的矩阵和右端项中的系数很少是精准的。有些方程组来自于实验，因此这些系数都受观测误差影响。另一些方程组的系数虽由公式计算出，但这些公式的计算本身包含舍入误差。即使线性方程组已被精准地存储在计算机中，求解中的舍入误差也几乎是不可避免的。可以证明，高斯消元中的舍入误差与方程原系数本身误差一样会影响计算结果。

因此，我们必须考虑一个基本问题。即，如果在线性方程组的系数受到扰动（perturbation），那么计算结果会改变多少？换句话说，对于 $Ax = b$，我们如何计

量 $x$ 关于 $A$ 和 $b$ 变化的灵敏度（sensitivity）呢？

上述问题的答案在于精确化描述接近奇异（nearly singular）的概念。假设 $A$ 是奇异阵，那么对某些 $b$，方程解 $x$ 不存在；而对另一些 $b$，方程解则不唯一。因此，若 $A$ 接近奇异，那么我们可以预期 $A$ 和 $b$ 中的微小变化将导致 $x$ 的很大变化。另一方面，假设 $A$ 是单位阵，那么 $b$ 和 $x$ 将是完全一样的向量。因此，若 $A$ 接近于单位阵，那么 $A$ 和 $b$ 中的微小变化导致 $x$ 的相应变化也必将是微小的。

初看起来，在列主元高斯消去过程中的主元大小与接近奇异度（nearness to singularity）之间也许呈现某种联系。因为如若计算过程完全精准，那么要且只要矩阵非奇异，所有主元就一定非零。从某种程度上可以说：如果主元很小，则矩阵靠近奇异（close to singular）。然而，当存在舍入误差时，上述说法的逆陈述就不再正确。也就是说，即使主元都不小，矩阵也可能接近奇异。

为了得到比主元大小更精准、可靠描述接近奇异程度的测度，我们需要引入向量范数（norm）的概念。范数是测度向量各元素大小的、单一的数。常用的 $l_p$ 类向量范数依赖于参数 $p$ 的取值（$1 \leqslant p \leqslant \infty$）：

$$\|x\|_p = \left( \sum_{i=1}^{n} |x_i|^p \right)^{1/p}.$$

我们几乎总取 $p = 1$、$p = 2$ 或 $\lim p \to \infty$：

$$\|x\|_1 = \sum_{i=1}^{n} |x_i|,$$

$$\|x\|_2 = \left( \sum_{i=1}^{n} |x_i|^2 \right)^{1/2},$$

$$\|x\|_\infty = \max_i |x_i|.$$

$l_1$-范数也被称为曼哈顿（Manhattan）范数，因为它对应于在城市街道网格上的迁移距离。$l_2$-范数是大家熟悉的欧几里德距离（Euclidean distance），$l_\infty$-范数也被称为切比雪夫（Chebyshev）范数。

$p$ 的取值往往不很重要，我们可简单地用符号 $\|x\|$ 记述向量范数。所有向量范数都有与距离关联的下列基本性质：

$$\|x\| > 0 \ \text{若} \ x \neq 0,$$

$$\|0\| = 0,$$

$$\|cx\| = |c| \|x\| \qquad \forall \ \text{标量} \ c,$$

$$\|x + y\| \leqslant \|x\| + \|y\| \ \text{(三角不等式)}.$$

在 MATLAB 中，$\|x\|_p$ 用命令 norm(x,p) 计算，而 norm(x) 相当于命令 norm(x,2)。例如，

```
x = (1:4)/5
norm1 = norm(x,1)
norm2 = norm(x)
norminf = norm(x,inf)
```

输出结果为

```
x =
    0.2000    0.4000    0.6000    0.8000
norm1 =
    2
norm2 =
    1.0954
norminf =
    0.8000
```

矩阵 $A$ 乘以向量 $x$ 产生一个新向量 $Ax$，该新向量的范数可能与 $x$ 有很大的不同。这种范数变化与我们想计量的灵敏度直接相关。范数的可能变化范围可用以下两个数表述：

$$M = \max \frac{\|Ax\|}{\|x\|},$$
$$m = \min \frac{\|Ax\|}{\|x\|}.$$

其中 max 和 min 是作用在所有非零向量 $x$ 上的。注意：假若 $A$ 奇异，则 $m = 0$。比值 $M/m$ 被称为 $A$ 的条件数（condition number）：

$$\kappa(A) = \frac{\max \frac{\|Ax\|}{\|x\|}}{\min \frac{\|Ax\|}{\|x\|}}.$$

$\kappa(A)$ 的具体数值取决于所使用的向量范数，不过我们通常仅对条件数估值的数量级感兴趣，因此具体使用哪个范数并不重要。

考虑一个线性方程组

$$Ax = b$$

和改变右端项后的另一个线性方程组：

$$A(x + \delta x) = b + \delta b.$$

我们把 $\delta b$ 看作为 $b$ 的误差，把 $\delta x$ 看作解向量 $x$ 的结果误差，而且我们不需要假设它们都很小。因为 $A(\delta x) = \delta b$，所以据 $M$ 和 $m$ 定义，可直接写出

$$\|b\| \leqslant M\|x\|$$

和

$$\|\delta b\| \geqslant m \|\delta x\|.$$

因此，若 $m \neq 0$，则有

$$\frac{\|\delta x\|}{\|x\|} \leqslant \kappa(A) \frac{\|\delta b\|}{\|b\|}.$$

式中，$\|\delta b\|/\|b\|$ 为右端向量的相对变化，而 $\|\delta x\|/\|x\|$ 是右端变化量引起的相对误差（relative error）。使用相对变化量的好处在于：它们是无因次的（dimensionless），也就是说，它们不受施加在整个向量上的比例因子的影响。

这表明，条件数是一个相对误差放大因子。方程右端的相对变化可能使解向量的相对误差扩大 $\kappa(A)$ 倍。可以证明，对于系数矩阵的变化，以上结论也同样成立。

条件数也是对矩阵接近奇异程度的测度。虽然我们至今还没有导出精确描述上述思想的数学工具，但条件数可以看作是该矩阵到奇异矩阵集的相对距离的倒数。因此，如果 $\kappa(A)$ 很大，则 $A$ 就很接近于奇异。

条件数的一些基本性质，很容易导出。显然，$M \geqslant m$，于是有

$$\kappa(A) \geqslant 1.$$

如果 $P$ 是排列矩阵，则 $Px$ 的各分量仅仅是 $x$ 各分量的重新排列。因此，对于所有 $x$，$\|Px\| = \|x\|$ 总成立，于是有

$$\kappa(P) = 1.$$

尤其，$\kappa(I) = 1$。如果矩阵 $A$ 乘以标量 $c$，那么 $M$ 和 $m$ 都乘以相同的标量，因此

$$\kappa(cA) = \kappa(A).$$

如果矩阵 $D$ 是对角阵，那么

$$\kappa(D) = \frac{\max |d_{ii}|}{\min |d_{ii}|}.$$

这后两条性质说明：与 $A$ 行列式相比，$\kappa(A)$ 能更好地衡量矩阵接近奇异的程度。作为比较极端的示例，考虑对角元全为 0.1 的 $100 \times 100$ 对角矩阵。该阵的行列式 $\det(A) = 10^{-100}$，该数值通常都被认为很小。然而，$\kappa(A) = 1$，因此 $Ax$ 的分量只是 $x$ 对应分量的单纯的 0.1 倍。对于线性方程组而言，这种矩阵的性状更像单位阵，而不大像奇异阵。

下面示例使用 $l_1$-范数：

$$A = \begin{pmatrix} 4.1 & 2.8 \\ 9.7 & 6.6 \end{pmatrix},$$

$$b = \begin{pmatrix} 4.1 \\ 9.7 \end{pmatrix},$$

$$x = \begin{pmatrix} 1 \\ 0 \end{pmatrix}.$$

显然 $Ax = b$，且

$$\|b\| = 13.8, \ \|x\| = 1.$$

假如右端向量改变为

$$\tilde{b} = \begin{pmatrix} 4.11 \\ 9.70 \end{pmatrix},$$

则解变为

$$\tilde{x} = \begin{pmatrix} 0.34 \\ 0.97 \end{pmatrix}.$$

令 $\delta b = b - \tilde{b}$，$\delta x = x - \tilde{x}$，那么

$$\|\delta b\| = 0.01,$$
$$\|\delta x\| = 1.63.$$

在 $b$ 上相当小的扰动却完全改变了 $x$。事实上，它们的相对变化是

$$\frac{\|\delta b\|}{\|b\|} = 0.0007246,$$

$$\frac{\|\delta x\|}{\|x\|} = 1.63.$$

因为条件数是最大的放大因子，所以一定有

$$\kappa(A) \geqslant \frac{1.63}{0.0007246} = 2249.4.$$

我们实际上已经选择了给出放大因子最大值的 $b$ 和 $\delta b$。所以对于本例而言，在 $l_1$-范数下，有

$$\kappa(A) = 2249.4.$$

　　重要的是要领悟，该示例只涉及两个有细微差别的方程的精准解，而不涉及求解的具体方法。该算例被人为构造得条件数相当大，为的是使 $b$ 变化的影响能显而易见。不过，可以预见，类似性状都能在具有大条件数的任何问题中呈现。

　　条件数也在高斯消去法引发舍入误差的分析中发挥重要作用。假设 $A$ 和 $b$ 的元素均为精准的浮点数，又令 $x_*$ 是（下节将讲述的）线性方程解算命令求得的浮

点解向量。我们还假设：没有检测到精准的奇异；不存在上溢或下溢。那么可以建立如下不等式：

$$\frac{\|b - Ax_*\|}{\|A\|\|x_*\|} \leqslant \rho\epsilon,$$

$$\frac{\|x - x_*\|}{\|x_*\|} \leqslant \rho\kappa(A)\epsilon.$$

在此：$\epsilon$ 是相对机器精度 eps；$\rho$ 的取值通常不大于 10，更细致的定义稍后给出。

第一不等式的含义是：不管矩阵条件数多大，通常可预期相对残差（relative residual）大致与舍入误差的大小相当。这在上节中已由举例说明。第二不等式要求，$A$ 非奇异，且存在精准解。第二不等式可由第一不等式和 $\kappa(A)$ 的定义直接导出，其含义是：若 $\kappa(A)$ 较小，则解的相对误差（relative error）就小；反之，若矩阵接近奇异，则解的相对误差可能很大。在 $A$ 奇异而又未被检测发现的极端情况下，第一不等式依然成立，而第二不等式就毫无意义了。

为了更准确地描述 $\rho$，就必须引入矩阵范数（matrix norm）概念，并给出若干更深入描述的不等式。对这些细节不感兴趣的读者可以跳过本节的以下部分。前面定义的量 $M$ 被称为矩阵范数，矩阵范数的记号与向量范数相同：

$$\|A\| = \max \frac{\|Ax\|}{\|x\|}.$$

不难看出，$\|A^{-1}\| = 1/m$，因此条件数的一个等价定义是

$$\kappa(A) = \|A\|\|A^{-1}\|.$$

此外，矩阵范数和条件数的具体数值都取决于所用向量范数的类别。对应于 $l_1$- 和 $l_\infty$- 向量范数的矩阵范数比较容易计算。事实上，不难证明

$$\|A\|_1 = \max_j \sum_i |a_{i,j}|,$$

$$\|A\|_\infty = \max_i \sum_j |a_{i,j}|.$$

$l_2$- 向量范数对应的矩阵范数计算则涉及奇异值分解（SVD），它将在此后章节讨论。MATLAB 采用 M 函数 norm(A,p) 计算矩阵范数，其中 p = 1、2 或 inf。

高斯消去法中舍入误差研究的基本结论来自于 J.H. Wilkinson。他证明了，数值解 $x_*$ 精准地满足

$$(A + E)x_* = b,$$

其中 $E$ 是一个矩阵，其元素值大约与 $A$ 元素舍入误差的大小相当。在一些比较罕见的场合，高斯消元产生的中间矩阵的元素会大于原矩阵 $A$ 的元素，且会存在大

规模矩阵舍入误差累积效应。但是，仍可以预期：若定义 $\rho$ 为

$$\frac{\|E\|}{\|A\|} = \rho\epsilon,$$

那么 $\rho$ 将很难大于 10。

从该基本结论出发，可以直接推导出关于计算解残差和误差的不等式。残差可写为

$$b - Ax_* = Ex_*,$$

进而可写出

$$\|b - Ax_*\| = \|Ex_*\| \leqslant \|E\|\|x_*\|.$$

由于残差涉及乘积 $Ax_*$，所以考虑相对残差更合适，也就是将 $b - Ax$ 的范数与 $A$ 和 $x_*$ 的范数做比较。从此前的几个不等式，可以直接得到

$$\frac{\|b - Ax_*\|}{\|A\|\|x_*\|} \leqslant \rho\epsilon.$$

若 $A$ 非奇异，则误差可用 $A$ 的逆表述如下：

$$x - x_* = A^{-1}(b - Ax_*),$$

并进而有

$$\|x - x_*\| \leqslant \|A^{-1}\|\|E\|\|x_*\|.$$

误差范数与计算解范数的比值可给出最简明的表述。于是可写出，相对误差满足

$$\frac{\|x - x_*\|}{\|x_*\|} \leqslant \rho\|A\|\|A^{-1}\|\epsilon.$$

即

$$\frac{\|x - x_*\|}{\|x_*\|} \leqslant \rho\kappa(A)\epsilon.$$

$\kappa(A)$ 的实际计算需要知道 $\|A^{-1}\|$。但计算 $A^{-1}$ 所需的运算量大约是求解一个线性方程组所需运算量的三倍。而计算 $l_2$-条件数需要奇异值分解，需要更大的运算量。幸运的是，通常并不需要 $\kappa(A)$ 精确值。条件数的任何合理的良好估计就能满足需要。

MATLAB 有下列几个计算或估算条件数的 M 函数。

- cond(A) 或 cond(A,2) 用于计算 $\kappa_2(A)$。这两条命令需要调用函数 svd(A)。因此，它们仅适用于 $l_2$-范数几何特性重要的较小规模矩阵。
- cond(A,1) 计算 $\kappa_1(A)$。它调用 inv(A)。其运算量小于 cond(A,2)。
- cond(A,inf) 计算 $\kappa_\infty(A)$。它调用 inv(A)。该函数格式等同于 cond(A',1)。

- condest(A)估算 $\kappa_1(A)$。它调用 lu(A)，以及 Higham 和 Tisseur [32] 近期提出的一个算法。它特别适用于大型稀疏矩阵。
- rcond(A)估算 $1/\kappa_1(A)$。它调用 lu(A)，以及由 LINPACK 和 LAPACK 项目组开发的一个较老的算法。该函数命令旨在历史兴趣。

## 2.10 稀疏矩阵和带状矩阵

稀疏矩阵（Sparse matrices）和带状矩阵（band matrices）常见于工程计算中。矩阵的稀疏度（sparsity）是矩阵中零元素所占份额。MATLAB 函数 nnz 能统计矩阵的非零元素数，因此矩阵 $A$ 的稀疏度可用以下命令算得。

```
density = nnz(A)/prod(size(A))
sparsity = 1 - density
```

稀疏矩阵是稀疏度接近于 1 的一种矩阵。

矩阵带宽（bandwidth of a matrix）是指非零元素到主对角线的最大距离。计算如下：

```
[i,j] = find(A)
bandwidth = max(abs(i-j))
```

带状矩阵是带宽很小的一种矩阵。

正如你所见，稀疏度和带宽都涉及程度大小问题。主对角线不含零元素的 $n \times n$ 对角矩阵的稀疏度为 $1 - 1/n$、带宽为 0，所以它是稀疏矩阵及带状矩阵两者的极端典例。另一方面，诸如 rand(n,n) 生成的无零元素的 $n \times n$ 矩阵的稀疏度为零、带宽为 $n - 1$，因此这种矩阵不归属于稀疏矩阵或带状矩阵中的任何一类。

MATLAB 的稀疏数据结构（sparse data structure）用于存储矩阵非零元及其序号信息。由于这种稀疏数据结构也能有效地处理带状矩阵，因此 MATLAB 不再另立带状矩阵存储类。语句

```
S = sparse(A)
```

将一个矩阵转换为稀疏表示形式，而语句

```
A = full(S)
```

执行相反操作。然而，大多数稀疏矩阵的阶数都非常大，使得全元素存储形式很不现实。大多数情况下，稀疏矩阵借助以下语句创建

```
S = sparse(i,j,x,m,n)
```

并且有

```
[i,j,x] = find(S)
[m,n] = size(S)
```

大多数的 MATLAB 矩阵运算符和函数对全元素矩阵和稀疏矩阵都同样适用。决定稀疏矩阵执行时间和内存用量的关键因素是所涉矩阵中非零元的数目，即 nnz(S)。

带宽为 1 的矩阵称为三对角矩阵（tridiagonal matrix）。为这类特殊带状矩阵运算以及三对角联立方程组的解算，设计一个专用的 M 函数是值得的。

$$
\begin{pmatrix}
b_1 & c_1 \\
a_1 & b_2 & c_2 \\
& a_2 & b_3 & c_3 \\
& & \ddots & \ddots & \ddots \\
& & & a_{n-2} & b_{n-1} & c_{n-1} \\
& & & & a_{n-1} & b_n
\end{pmatrix}
\begin{pmatrix}
x_1 \\ x_2 \\ x_3 \\ \vdots \\ x_{n-1} \\ x_n
\end{pmatrix}
=
\begin{pmatrix}
d_1 \\ d_2 \\ d_3 \\ \vdots \\ d_{n-1} \\ d_n
\end{pmatrix}.
$$

NCM 目录包含这样的专用函数 tridisolve。语句

```
x = tridisolve(a,b,c,d)
```

用于求解三对角线性方程组，其中，a 表述下对角，b 表述主对角，c 表述上对角，而 d 则表示右端项。tridisolve 所用的算法我们已经讨论过，它就是高斯消去法。在许多出现三对角矩阵的场合，主对角元素相对于次对角元素都占主导地位，因此不必进行选主元操作。除此以外，方程右端项的处理也是和矩阵自身处理同时实施的。在这种情况下，不含选主元操作的高斯消去法也称为托马斯算法（Thomas algorithm）。

在函数代码中，首先将右端项复制到用于存储解的向量中。

```
x = d;
n = length(x);
```

前向消元过程是一个简单的 for 循环。

```
for j = 1:n-1
    mu = a(j)/b(j);
    b(j+1) = b(j+1) - mu*c(j);
    x(j+1) = x(j+1) - mu*x(j);
end
```

假设我们正在存储 LU 分解的结果，则 mu 就是作用于 $L$ 矩阵次对角线的乘子。而右端项也在同一个循环中加以处理。回代过程是另一个单循环。

```
x(n) = x(n)/b(n);
for j = n-1:-1:1
    x(j) = (x(j)-c(j)*x(j+1))/b(j);
end
```

由于函数 tridisolve 不进行选主元，所以如若 abs(b) 远小于 abs(a) + abs(c)，则所得结果也许就不准确。更为稳健然速度较慢的带选主元操作的替代解法是借助 diag 生成一个全元素矩阵。具体解算步骤如下：

```
T = diag(a,-1) + diag(b,0) + diag(c,1);
x = T\d
```

或者先借助 spdiags 形成一个稀疏矩阵后，再求解。具体如下：

```
S = spdiags([a b c],[-1 0 1],n,n);
x = S\d
```

## 2.11 PageRank 和马尔可夫链

Google™ 成为高效网络搜索引擎的一个重要原因是 PageRank™ 算法。该算法是 Google 的创始人 Larry Page 和 Sergey Brin 提出的，那时他们还只是斯坦福大学的研究生。PageRank 完全由互联网（World Wide Web）的超链接结构所决定。它大约一个月重算一次，而不涉及任何网页或具体查询的实际内容。对于任何具体的查询请求，Google 找出与查询请求匹配的网页，并按它们 PageRank 值的大小依次列出那些网页。

想象一下网上冲浪。在一网页上随机选择一个外向链接（outgoing link），就从该网页跳转到下一个网页。跳转，有可能进入没有外向链接的死页，也可能陷入由一团互链网页缠结而成的循环（cycles around cliques of interconnected pages）。总之，每次仅以很小可能，从互联网里选中某个随机网页。这种随机游走（random walk）理论称为马尔可夫链（Markov chain）或马尔可夫过程（Markov process）。一个无限长时间从事于网上随机冲浪的专职人员访问任何指定网页的极限概率，就是该指定网页的 PageRank 值。被其他高排名网页链接的网页，也具有高的排名。

令 $W$ 为从某个根网页出发通过一系列超链接可以到达的所有网页的集合，又令 $n$ 为 $W$ 集合中的网页总数。对 Google 来说，集合 $W$ 实际上是时变的，2004 年 6 月的 $n$ 值已经超过 40 亿。Google 没有宣布现在他们所链网页到底有多少。又令 $G$ 为部分互联网的 $n \times n$ 关联矩阵（connectivity matrix）。若从网页 $j$ 到网页 $i$ 存在一个链接，则 $g_{ij} = 1$；否则 $g_{ij} = 0$。矩阵 $G$ 的规模可能非常巨大，但它一定很稀疏。该矩阵第 $j$ 列显示了网页 $j$ 的所有外向链接。矩阵 $G$ 中的非零元数目就是 $W$ 集合中存在的超链接总数。

令 $r_i$、$c_j$ 分别表示矩阵 $G$ 的第 $i$ 行元素和、第 $j$ 列元素和：

$$r_i = \sum_j g_{ij}, \quad c_j = \sum_i g_{ij}.$$

则量 $r_j$ 和 $c_j$ 分别是网页 $j$ 的入度（in-degree）和出度（out-degree）。令 $p$ 为循超链接随机游走的概率（也称为阻尼系数 damping factor），$p = 0.85$ 是其典型取值。那么，$1 - p$ 是选定任意网页而不再继续外链的概率；$\delta = (1-p)/n$ 是选定某一具体网页的概率。又令 $A$ 为 $n \times n$ 矩阵，且其元素取值如下：

$$a_{ij} = \begin{cases} pg_{ij}/c_j + \delta & : \quad c_j \neq 0 \\ 1/n & : \quad c_j = 0. \end{cases}$$

注意：$A$ 是由关联矩阵经"列和 $c_j$"比例因子重新定标（scaling）而得的矩阵。$A$ 的第 $j$ 列表示从网页 $j$ 跳到互联网其他网页的概率。若网页 $j$ 是死页，即该网页没有出链，那么第 $j$ 列的所有元素都被赋予均匀概率 $1/n$。$A$ 阵的大多数元素等于 $\delta$，即从一个网页跳到另一个网页后不再向外链接的概率。若 $n = 4 \cdot 10^9$、$p = 0.85$，则 $\delta = 3.75 \cdot 10^{-11}$。

矩阵 $A$ 是马尔可夫链的转移概率矩阵（transition probability matrix），它的元素都严格地介于 0~1 之间，而列元素之和都等于 1。称为佩龙 –弗罗贝尼乌斯定理（Perron-Frobenius theorem）的矩阵理论重要结论可应用于这类矩阵。据此定理可知，下列方程

$$x = Ax$$

存在非零解，且在定标比例因子（scaling factor）意义上唯一。若选定这样一个定标比例因子使

$$\sum_i x_i = 1,$$

那么解向量 $x$ 就是马尔可夫链的状态向量（state vector），也就是 Google 用于网页排名的 PageRank 值。$x$ 的元素全为正数且小于 1。

向量 $x$ 是如下奇异线性方程组的解

$$(I - A)x = 0.$$

对于中等大小的 $n$，用 MATLAB 计算 $x$ 的简便方法是：或先取上个月的 PageRank 值作为 $x$ 的某个近似解，或先取

```
x = ones(n,1)/n ,
```

作为初始值，然后重复执行以下赋值语句

```
x = A*x
```

直到连续两次算出的 $x$ 向量在某指定容差范围内相一致，便得解 $x$。这就是著名的幂法（power method），是在 $n$ 非常大的情况下唯一可用的方法。

实际上，$G$ 和 $A$ 完全不必以全元素形式表述。幂法的一步执行过程就是：在互联网页数据库上的一次遍历，对由网页间超链接产生的加权援引次数进行更新。

MATLAB 计算 PageRank 值的最好方法是利用马尔可夫矩阵（Markov matrix）的特殊结构。在此，给出一个保持 $G$ 阵稀疏性的方法。转移矩阵可写成

$$A = pGD + ez^T$$

其中，$D$ 是由出度倒数构成的对角阵

$$d_{jj} = \begin{cases} 1/c_j & : \quad c_j \neq 0 \\ 0 & : \quad c_j = 0, \end{cases}$$

$e$ 是全 1 的 $n$ 元向量，而 $z$ 向量的元素取值如下

$$z_j = \begin{cases} \delta & : & c_j \neq 0 \\ 1/n & : & c_j = 0. \end{cases}$$

秩 1 矩阵 $ez^T$ 表示不带后续链接的网页随机选择。于是，方程

$$x = Ax$$

可重写为

$$(I - pGD)x = \gamma e$$

式中

$$\gamma = z^T x.$$

由于 $\gamma$ 依赖于未知向量 $x$，所以我们无法预知它的值，但我们可以暂取 $\gamma = 1$。只要 $p$ 严格小于 1，系数矩阵 $I - pGD$ 就非奇异，并可由方程

$$(I - pGD)x = e$$

解出 $x$。然后，对所得 $x$ 重新采用比例因子进行定标处理，使其满足

$$\sum_i x_i = 1.$$

值得指出：在以上计算中，实际上并没有涉及向量 $z$。

下列 Matlab 语句可实现上述算法：

```
c = sum(G,1);
k = find(c~=0);
D = sparse(k,k,1./c(k),n,n);
e = ones(n,1);
I = speye(n,n);
x = (I - p*G*D)\e;
x = x/sum(x);
```

幂法的另一种实现方式 [3]，可不必实际形成马尔可夫矩阵，而仍保持矩阵稀疏性。具体计算如下：

```
G = p*G*D;
z = ((1-p)*(c~=0)+(c==0))/n;
```

初始先设

```
x = e/n
```

然后重复地计算

```
x = G*x + e*(z*x)
```

直到 x 向量所有元素的前若干数字稳定不变为止。

　　著名的逆迭代（inverse iteration）算法也可用来计算 PageRank 网页排名值。
具体如下：

```
A = p*G*D + delta
x = (I - A)\e
x = x/sum(x)
```

初看，这似乎是很危险的想法。因为理论上 $I - A$ 奇异，所以 $I - A$ 上三角部分
某些对角元精准计算的结果应该是为零，从而导致以上算法失败。但是由于舍入
误差，实际算得的 I - A 就很可能不绝对奇异。即使它奇异，高斯消元过程中的
舍入误差也使得精准的零对角线元素极难生成。我们知道，既便是很坏条件的矩
阵，列主元高斯消去法也总能计算出相对残差很小的解。用反斜杠矩阵左除算符，
即 (I - A)\e，算得的解向量常有数值很大的元素。然若该算得的解被"其元素
和"重新定标，则残差在同样重新定标后就会变得很小。从而导致，x 和 A*x 这
两个向量在舍入误差范围内彼此相等。在上述代码执行过程中，奇异方程的求解
被高斯消去法扭曲了，但恰恰歪打正着。

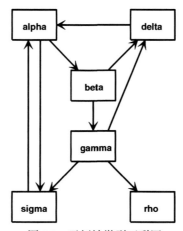

图 2.2　示例性微型互联网

　　图 2.2 是 $n = 6$（代替实际中的 $n = 4 \cdot 10^9$）的示例性小规模网页链接关系图。
互联网上的网页都由统一资源定位器（uniform resource locator）或 URL 字符串加
以识别。大多数 URL 字符串以 http 为串的开端，这是因为它们都使用超文本传
输协议（hypertext transfer protocol）。在 MATLAB 中，我们以胞元数组（cell array）
形式把 URL 字符串存储为一个串数组。具体到本例，请运行如下命令，把 6 个网
址的字符串保存在 $6 \times 1$ 的胞元数组之中。

```
U = {'http://www.alpha.com'
     'http://www.beta.com'
     'http://www.gamma.com'
```

```
'http://www.delta.com'
'http://www.rho.com'
'http://www.sigma.com'}
```

胞元数组有两种不同的援引方式。圆括号用于援引子胞元数组或单个胞元；花括号用于援引胞元所存的内容。假设 k 为标量，那么 U(k) 就是由 U 胞元数组中第 k 个胞元构成的 $1 \times 1$ 的胞元数组，而 U{k} 则是那胞元中所存放的字符串。因此，U(1) 是单胞元，而 U{1} 是字符串 'http://www.alpha.com'。可以用城市街道上的邮箱对照想象，B(502) 是编号为 502 的邮箱，而 B{502} 是那个邮箱里的信。

我们可以借助非零元素的"(i,j) 序号对"标识法生成关联矩阵。因为存在一个链接从 alpha.com 到 beta.com，所以 $G$ 阵的第 (2,1) 个元素非零。图 2.2 中的 9 个链接可表述为

```
i = [ 2 6 3 4 4 5 6 1 1 ]
j = [ 1 1 2 2 3 3 3 4 6 ]
```

存储稀疏矩阵的数据结构，只需为非零元素及其全下标开辟存储空间。当然，对于只有 27 个零元素的 $6 \times 6$ 矩阵来说，大可不必如此处理；但对于较大规模问题而言，采用稀疏存储方式就至关重要。运行以下语句

```
n = 6;
G = sparse(i,j,1,n,n);
full(G)
```

生成一个 $n \times n$ 的稀疏矩阵 G，该阵在向量 i 和 j 指定位置上的元素均为 1。该稀疏阵的全元素表示形式为

```
0   0   0   1   0   1
1   0   0   0   0   0
0   1   0   0   0   0
0   1   1   0   0   0
0   0   1   0   0   0
1   0   1   0   0   0
```

语句

```
c = full(sum(G))
```

计算矩阵 G 各列元素和

```
c =
   2   2   3   1   0   1
```

注意：c(5) = 0 是因为名为 rho 的第 5 网页没有出链。

为计算网页排名值，先运行以下 M 代码对随机游走概率 p 等变量进行赋值。

```
p = 0.85; e = ones(n,1); k = find(c~=0);
D = sparse(k,k,1./c(k),n,n);
I = speye(n,n);
```

然后再运行以下语句

```
x = (I - p*G*D)\e;
x = x/sum(x)
```

就可解算稀疏线性方程，而算出以上 6 个网页的 PageRank 排名值

```
x =
    0.3210
    0.1705
    0.1066
    0.1368
    0.0643
    0.2007
```

为生成如图 2.3 所示的 x 直方图，请运行以下命令：

```
bar(x);
title('Page Rank')
```

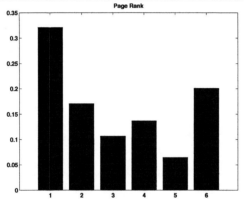

图 2.3   微型互联网中各网页的 PageRank 值

如再运行以下 M 码：

```
r=full(sum(G,2));
[~,q] = sort(-x);
disp('     page-rank  in  out  url')
k = 1;
while (k <= n) & (x(q(k)) >= .005)
    j = q(k);
    disp(sprintf(' %3.0f %8.4f %4.0f %4.0f   %s', ...
        j,x(j),r(j),c(j),U{j}))
    k = k+1;
end
```

就可按 PageRank 值的大小，自上而下列出各网页的 URL 字符串，并同时列出各
网页的入度和出度。

```
        page-rank     in    out    url
   1    0.3210        2     2      http://www.alpha.com
   6    0.2007        2     1      http://www.sigma.com
   2    0.1705        1     2      http://www.beta.com
   4    0.1368        2     1      http://www.delta.com
   3    0.1066        1     3      http://www.gamma.com
   5    0.0643        1     0      http://www.rho.com
```

可以看到：alpha 的 PageRank 值高于 delta 和 sigma，尽管三者的入链数相同。随机冲浪者有 32% 以上的可能访问 alpha，而访问 rho 的可能只有 6%。

对于这个取 $p = 0.85$ 的微型互联网示例，马尔可夫转移矩阵 A 的最小元素是 $\delta = 0.15/6 = 0.025$。再运行如下 M 码命令

```
delta=(1-p)/n;
C=ones(n,1)*c;
A=p*G./C+delta;
A(:,c==0)=1/n
```

就可生成如下全元素形式的 A 阵

```
A =
     0.0250    0.0250    0.0250    0.8750    0.1667    0.8750
     0.4500    0.0250    0.0250    0.0250    0.1667    0.0250
     0.0250    0.4500    0.0250    0.0250    0.1667    0.0250
     0.0250    0.4500    0.3083    0.0250    0.1667    0.0250
     0.0250    0.0250    0.3083    0.0250    0.1667    0.0250
     0.4500    0.0250    0.3083    0.0250    0.1667    0.0250
```

注意：A 阵各列之和均等于 1。

在我们的 NCM 程序汇集中有 surfer.m 文件。运用下列语句

```
[U,G] = surfer('http://www.xxx.zzz',n)
```

可以从一个指定的 URL 网页地址开始，在互联网上冲浪，直到访问了 n 个网页为止。如果运行成功的话，该命令就输出一个存储 URL 的 $n \times 1$ 胞元数组，以及一个 $n \times n$ 的稀疏关联矩阵。该函数命令将调用自 MATLAB 6.5 版起引入的 urlread 函数，以及底层 Java 工具对互联网进行访问。在互联网上非人控的自动冲浪是件冒险的事，因此这个冲浪函数的使用必须极其谨慎。有些 URL 字符串包含书写错误和非法字符。有一张网址列表，可用于避免访问那些包含 .gif 文件和制造麻烦的网站。最严重的情况下，冲浪者可能深陷于似有阅读响应但却永不能读完页面的苦苦挣扎之中。一旦这种情况发生，就必须让计算机操作系统强行中止 MATLAB。记住上述注意事项，你就可以利用 surfer 函数去制作自己的 PageRank 值排名算例。

下列语句

```
[U,G] = surfer('http://www.harvard.edu',500)
```

可接入哈佛大学主页，并生成一个 500×500 的测试案例。在 NCM 文件汇集中，
保存有 2003 年 8 月生成的关联阵 G 的数据文件。运行下列命令

```
load harvard500
spy(G)
```

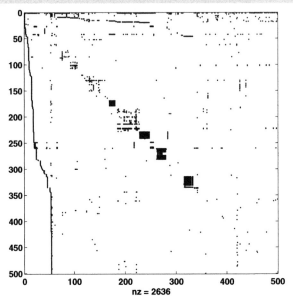

图 2.4　harvard500 的稀疏模式图

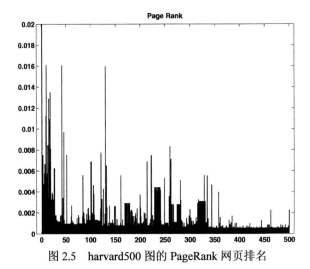

图 2.5　harvard500 图的 PageRank 网页排名

产生如图 2.4 所示的稀疏模式图（spy plot），该图显示了关联矩阵 G 中非零元的结
构。再运行语句

```
pagerank(U,G)
```

计算各网页的 PageRank 排名值，然后生成如图 2.5 所示各网页的排名值直方图，并打印出按 PageRank 值由大至小排序中位次最高的若干个 URL 网页字符串。

对于 harvard500 数据而言，12 个排名最高的网页为

| | page-rank | in | out | url |
|---|---|---|---|---|
| 1 | 0.0843 | 195 | 26 | http://www.harvard.edu |
| 10 | 0.0167 | 21 | 18 | http://www.hbs.edu |
| 42 | 0.0166 | 42 | 0 | http://search.harvard.edu:8765/ |
| | | | | custom/query.html |
| 130 | 0.0163 | 24 | 12 | http://www.med.harvard.edu |
| 18 | 0.0139 | 45 | 46 | http://www.gse.harvard.edu |
| 15 | 0.0131 | 16 | 49 | http://www.hms.harvard.edu |
| 9 | 0.0114 | 21 | 27 | http://www.ksg.harvard.edu |
| 17 | 0.0111 | 13 | 6 | http://www.hsph.harvard.edu |
| 46 | 0.0100 | 18 | 21 | http://www.gocrimson.com |
| 13 | 0.0086 | 9 | 1 | http://www.hsdm.med.harvard.edu |
| 260 | 0.0086 | 26 | 1 | http://search.harvard.edu:8765/ |
| | | | | query.html |
| 19 | 0.0084 | 23 | 21 | http://www.radcliffe.edu |

搜索起点的 URL 网页 www.harvard.edu 的排名独占鳌头。与大多数大学一样，哈佛大学由各种学院和研究所组成，如肯尼迪政府学院、哈佛医学院、哈佛商学院和拉德克利夫研究所等。你可以看到，这些学院的主页都有较高的 PageRank 排名值。若采用不同的样本，比如 Google 自己获得的样本，那么网页排名也许会有所不同。

## 2.12  更多阅读

关于矩阵计算，可以进一步参阅诸如 Demmel [18]、Golub 和 Van Loan [26]、Stewart [59, 60]，以及 Trefethen 和 Bau [61] 等的著作。Fortran 矩阵计算软件的权威参考是 LAPACK 用户手册和网站 [2]。关于 MATLAB 稀疏矩阵数据结构和运算的详述请参见文献 [25]。在互联网上可查阅到关于 PageRank 信息，其中也包括：Google 自己给出的简扼说明 [27]，由 Page、Brin 及其同事撰写的技术报告 [51]，以及由 Langville 和 Meyer 所作的全面综述 [37]。

## 习　题

2.1.　Alice 用 2.36 美元买了 3 个苹果、1 打香蕉和 1 个香瓜。Bob 用 5.26 美元买了 1 打苹果和 2 个哈密瓜。Carol 用 2.77 美元买了 2 个香蕉和 3 个哈密瓜。

请问每种水果的单价是多少？（可采用数据格式命令 `format bank`）

2.2. 能计算产生矩阵简约行阶梯型式（reduced row echelon form）的 MATLAB 函数是什么？能产生魔方阵的 MATLAB 函数是什么？六阶魔方阵的简约行阶梯型式又是什么样的？

2.3. 图 2.6 勾画了由连接于 8 个结点（编号圆圈）的 13 根杆件（编号线段）构成的一个平面桁架（plane truss）结构。以吨为单位的指定载荷施加在结点 2、5 和 6 上，我们想确定桁架每根杆件上的轴力。

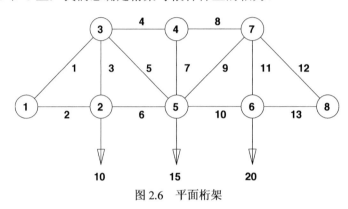

图 2.6　平面桁架

对于静态平衡（static equilibrium）的桁架而言，在任何结点上水平方向或垂直方向都必须受力之和为零。因此，可以通过每个节点左、右两向水平力相等和上、下两向垂直力相等所建立的等式，确定杆件的轴力。对于 8 个结点，可列出 16 个方程，方程数多于待定的 13 个未知量。为使该桁架静定，即为使问题存在唯一解，我们假定：结点 1 在水平和垂直方向上刚性固定，而结点 8 仅在垂直方向刚性固定。

若将杆件轴力分解为水平、垂直两个分量，并定义参数 $\alpha = 1/\sqrt{2}$ 则可得到关于杆件轴力的下列方程组：

$$\text{节点 2: } f_2 = f_6,$$
$$f_3 = 10;$$
$$\text{节点 3: } \alpha f_1 = f_4 + \alpha f_5,$$
$$\alpha f_1 + f_3 + \alpha f_5 = 0;$$
$$\text{节点 4: } f_4 = f_8,$$
$$f_7 = 0;$$
$$\text{节点 5: } \alpha f_5 + f_6 = \alpha f_9 + f_{10},$$
$$\alpha f_5 + f_7 + \alpha f_9 = 15;$$
$$\text{节点 6: } f_{10} = f_{13},$$

$$f_{11} = 20;$$

节点 7: $f_8 + \alpha f_9 = \alpha f_{12}$,

$$\alpha f_9 + f_{11} + \alpha f_{12} = 0;$$

节点 8: $f_{13} + \alpha f_{12} = 0$.

试解该线性方程组并给出杆件轴力向量 $f$。

2.4. 图 2.7 是一个小规模电阻网络（resistor network）电路图。

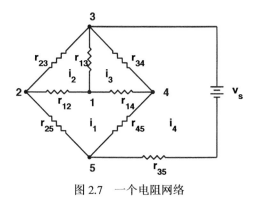

图 2.7　一个电阻网络

该电路有 5 个节点、8 个电阻和 1 个恒定电压源。我们想计算节点间的电压降，以及各回路电流。

表述该电路的线性方程组有多种。令 $v_k$, $k = 1, \ldots, 4$ 分别是前 4 个节点与节点 5 间的压差，又令 $i_k$, $k = 1, \ldots, 4$ 分别是图中 4 个回路顺时针方向的电流。欧姆定律（Ohm's law）指出，电阻两端的电压降等于电阻乘以电流。例如，对于节点 1、2 间的支路有

$$v_1 - v_2 = r_{12}(i_2 - i_1).$$

使用电阻的倒数，即电导（conductance）$g_{kj} = 1/r_{kj}$，欧姆定律可重写为

$$i_2 - i_1 = g_{12}(v_1 - v_2).$$

电压源包含在下列方程中

$$v_3 - v_s = r_{35}i_4.$$

基尔霍夫电压定律（Kirchhoff's voltage law）指出，沿每个回路的电压差之和为零。例如，对于回路 1，

$$(v_1 - v_4) + (v_4 - v_5) + (v_5 - v_2) + (v_2 - v_1) = 0.$$

结合欧姆定律和回路电压定律，可导出电流回路方程：

$$Ri = b.$$

其中 $i$ 是电流向量，

$$i = \begin{pmatrix} i_1 \\ i_2 \\ i_3 \\ i_4 \end{pmatrix},$$

$b$ 是电压源向量，

$$b = \begin{pmatrix} 0 \\ 0 \\ 0 \\ v_s \end{pmatrix},$$

而 $R$ 是电阻矩阵

$$\begin{pmatrix} r_{25} + r_{12} + r_{14} + r_{45} & -r_{12} & -r_{14} & -r_{45} \\ -r_{12} & r_{23} + r_{12} + r_{13} & -r_{13} & 0 \\ -r_{14} & -r_{13} & r_{14} + r_{13} + r_{34} & -r_{34} \\ -r_{45} & 0 & -r_{34} & r_{35} + r_{45} + r_{34} \end{pmatrix}.$$

基尔霍夫电流定律（Kirchhoff's current law）指出，每个节点的电流之和为零，例如，对节点 1，有

$$(i_1 - i_2) + (i_2 - i_3) + (i_3 - i_1) = 0.$$

结合这个电流定律和欧姆定律的电导形式，可导出电压节点方程：

$$Gv = c.$$

其中 $v$ 是电压向量，

$$v = \begin{pmatrix} v_1 \\ v_2 \\ v_3 \\ v_4 \end{pmatrix},$$

$c$ 是电流源向量，

$$c = \begin{pmatrix} 0 \\ 0 \\ g_{35}v_s \\ 0 \end{pmatrix},$$

而 $G$ 是电导矩阵，

$$\begin{pmatrix} g_{12}+g_{13}+g_{14} & -g_{12} & -g_{13} & -g_{14} \\ -g_{12} & g_{12}+g_{23}+g_{25} & -g_{23} & 0 \\ -g_{13} & -g_{23} & g_{13}+g_{23}+g_{34}+g_{35} & -g_{34} \\ -g_{14} & 0 & -g_{34} & g_{14}+g_{34}+g_{45} \end{pmatrix}.$$

你可以通过求解回路方程生成的线性方程组先算出电流，然后再用欧姆定律求出电压。你也可以通过节点方程生成的线性方程组先算出电压，然后再用欧姆定律求出电流。你的工作是：验证这两种方法对本题电路的计算结果完全相同。电阻和恒压源的具体取值任由你自己设定。

2.5.　楚列斯基算法（Cholesky algorithm）用于分解正定（positive definite）类重要矩阵。Andre-Louis Cholesky（1875–1918）是一名法国军官，他在第一次世界大战之前参加了克里特岛和北非的大地测量和勘定。为了求解测量中出现的最小二乘数据拟合问题的法方程，他提出了现在以他名字命名的算法。他的工作是在他死后的 1924 年由他的同事 Benoit 以 Cholesky 的名义发表于《测地学通报》（*Bulletin Geodesique*）。

实数对称矩阵 $A = A^T$ 正定的条件是，下列任何一个等价条件满足：

- 二次型（quadratic form）

$$x^T A x$$

　　对任意非零向量 $x$，上述表达式均为正数。
- $A$ 的各阶主行列式（determinants）均为正。
- 所有的特征值（eigenvalues）$\lambda(A)$ 均为正。
- 存在某实矩阵 $R$，使

$$A = R^T R.$$

上述条件用于检查矩阵是否正定，或有难度，或代价昂贵。在 MATLAB 中，检验正定性的最好方法是借助 M 函数 chol。请参看由下列命令引出的说明。

```
help chol
```

(a)　下面哪些矩阵是正定的？

```
M = magic(n)
H = hilb(n)
P = pascal(n)
I = eye(n,n)
R = randn(n,n)
R = randn(n,n); A = R' * R
R = randn(n,n); A = R' + R
R = randn(n,n); I = eye(n,n); A = R' + R + n*I
```

(b)　如果 $R$ 是上三角矩阵，那么 $A = R^T R$ 等式中 $A$ 阵元素的表达式为

$$a_{kj} = \sum_{i=1}^{k} r_{ik} r_{ij},\ k \leqslant j.$$

按不同顺序使用这些方程可给出计算 $R$ 阵元素的各种 Cholesky 算法。
请给出其中一种算法。

2.6.　本题演示：坏条件矩阵（badly conditioned matrix）并不一定导致高斯消元
中出现数值很小的主元。按下列关系式生成的 $n \times n$ 的上三角矩阵 $A$ 就具
有这种性质

$$a_{ij} = \begin{cases} -1, & i < j, \\ 1, & i = j, \\ 0, & i > j. \end{cases}$$

请使用 MATLAB 中的 eye,ones,triu 函数生成上述矩阵。
试证明

$$\kappa_1(A) = n2^{n-1}.$$

试问：当 $n$ 多大时 $\kappa_1(A)$ 将超过 1/eps？
该矩阵不奇异，所以只要 $x$ 非零，$Ax$ 就不等于零。然而，确实存在某些向
量 $x$，能使 $\|Ax\|$ 远小于 $\|x\|$。请给出这样的 $x$。
由于该矩阵已经是上三角，列主元高斯消去法已无事可做。请问主元是
什么？
请用 lugui 引出的图形用户界面设计一个选主元策略，以生成比列主元消
去法更小的主元（诚然，这些主元尚不能完全揭示大条件数）。

2.7.　矩阵分解

$$LU = PA$$

可用于计算 $A$ 的行列式。据上述公式，可写出

$$\det(L)\det(U) = \det(P)\det(A).$$

由于 $L$ 为对角元全为 1 的下三角矩阵，所以 $\det(L) = 1$。由于 $U$ 为上三角
阵，$\det(U) = u_{11}u_{22}\cdots u_{nn}$。又因 $P$ 是排列矩阵，若行交换次数为偶数，
$\det(P) = +1$；否则为 -1。因此

$$\det(A) = \pm u_{11}u_{22}\cdots u_{nn}.$$

请按如下要求修改 lutx 函数，使其返回四个输出量。

```
function [L,U,p,sig] = lutx(A)
% LU 三角分解
% [L,U,p,sig] = lutx(A) 计算产生单位下三角阵 L, 上三角阵U,
% 排列向量 p 和标量 sig, 以使 L*U = A(p,:) 。
% 此外, 对应分解中行交换次数为偶（或奇）, sig 应是+1（或-1）。
```

再请利用修改过的 `lutx` 编写一个函数 `mydet(A)`，给出 A 的行列式。在 MATLAB 中，乘积 $u_{11}u_{22}\cdots u_{nn}$ 可借助 `prod(diag(U))` 计算。

2.8. 请修改 `lutx` 函数，要求使用显式的 `for` 循环代替 MATLAB 的向量运算。比如，你修改后的一段程序可以如下所示：

```
% 计算乘子
for i = k+1:n
    A(i,k) = A(i,k)/A(k,k);
end
```

请比较修改后的 `lutx`、原始 `lutx`、MATLAB 内建 `lu` 三个函数的运算时间。具体做法是：寻找某阶数的矩阵，使以上三个函数消耗你计算机的运算时间都在 10 s 左右。

2.9. 令

$$A = \begin{pmatrix} 1 & 2 & 3 \\ 4 & 5 & 6 \\ 7 & 8 & 9 \end{pmatrix}, \quad b = \begin{pmatrix} 1 \\ 3 \\ 5 \end{pmatrix}.$$

(a) 证明线性代数方程组 $Ax = b$ 有无穷多解，并给出可能的解集。

(b) 假设求解 $Ax = b$ 的高斯消去法采用精准运算实施。由于存在无穷多解，想算得一个特解是不切实际的。请问，会发生什么情况？

(c) 在采用浮点运算的计算机上，采用 `bslashtx` 函数求解 $Ax = b$，会得到什么结果呢？为什么？这在什么意义上是一个"好"解？这又在什么意义上是一个"坏"解？

(d) 请解释：采用内建左除算符 `x = A\b` 所给出的结果为什么与 `x = bslashtx(A,b)` 所得解不同。

2.10. 第 2.4 节给出了求解三角形线性方程组的两个算法。算法之一：从方程右端向量减去三角阵的列向量。算法之二：计算三角阵行向量和已解得的那部分向量内积。

(a) `bslashtx` 函数使用这两个算法中的哪个？

(b) 请据另一种算法编写 `bslashtx2` 程序。

2.11. A 阵的逆可以定义为列向量 $x_j$ 满足下述方程的 X 阵。

$$Ax_j = e_j,$$

其中，$e_j$ 为单位矩阵的第 $j$ 列。

(a) 以函数 bslashtx 为基础，编写如下 MATLAB 函数文件

```
X = myinv(A)
```

用于计算 A 的逆。所编写的函数只准调用 lutx 一次，不许使用 MATLAB 提供的左除算符或求逆函数 inv。

(b) 测试你所编函数：把你自编程序和内建函数 inv(A) 对若干测试矩阵所求得的逆加以比较。

2.12. 假若 MATLAB 内建函数 lu 调用时只带两个输出变量，即

```
[L,U] = lu(A)
```

则行交换信息被包含在输出矩阵 L。借助 help 对 lu 所获得在线帮助把这种 L 阐释为"心理下三角（psychologically lower triangular）"。请把 lutx 函数修改得也具有相同功能。你可以使用以下形式的代码

```
if nargout==2, ...
```

对输出变量数目进行检测。

2.13. (a) 下列程序引出的算例

```
M = magic(8)
lugui(M)
```

为什么有趣？

(b) 函数 lugui(M) 如何与 rank(M) 有关？

(c) 是否可能选择一个主元序列，使得在 lugui(M) 执行过程中不出现舍入误差？

2.14. 选全主元（complete pivoting）策略是 lugui 函数界面提供的选项之一。与选列主元（partial pivoting）相比，选全主元稍具数值优势。采用这种策略后，消元操作的每一步，那主元需从整个剩余的未消元子矩阵中选择。这既涉及行交换，又涉及列交换，并生成两个排列向量 p 和 q，使得

```
L*U = A(p,q)
```

请修改 lutx 函数和 bslashtx 函数使它们采用选全主元策略。

2.15. NCM 目录上的 golub 函数文件以斯坦福大学 Gene Golub 教授命名。该函数能生成由随机整数构成的测试矩阵。这些矩阵的条件数非常差，但即使采用不选主元的高斯消去法，也不会出现臆想中暴露大条件数的很小主元。

(a) condest(golub(n)) 是如何随阶数 n 变大而增长的呢？因为这些矩阵是随机生成的，你不可能精确重复试验，但请你给出一些定性的回答。

(b) 运行 lugui(golub(n)) 时采用取对角元策略，你观察到了什么非典型现象？

(c) det(golub(n)) 的计算结果是什么？为什么？

2.16. 函数 pascal 基于帕斯卡三角形（Pascal triangle）生成对称测试矩阵。

(a) pascal(n + 1) 生成的矩阵元素与 nchoosek(n,k) 生成的二项式系数有何联系？

(b) chol(pascal(n)) 的结果和 pascal(n) 有何联系？

(c) 随着阶数 n 的增大，condest(pascal(n)) 如何变化？

(d) det(pascal(n)) 的结果是多少？为什么？

(e) 令 Q 为由下列命令生成的矩阵。

```
Q = pascal(n);
Q(n,n) = Q(n,n) - 1;
```

问：chol(Q) 与 chol(pascal(n)) 有何联系？为什么？

(f) det(Q) 是什么？又为什么？

2.17. 借助 pivotgolf 可以玩 "选主元高尔夫（Pivot Pickin' Golf）"。目标是：用 lugui 函数以尽可能小的舍入误差对 9 个矩阵进行 LU 分解。每 "洞" 分值为

$$\|R\|_\infty + \|L_\epsilon\|_\infty + \|U_\epsilon\|_\infty,$$

其中 $R = LU - PAQ$ 是残差，而 $\|L_e\|_\infty$ 和 $\|U_e\|_\infty$ 分别是 $L$、$U$ 阵中理应为零但实际算出非零的那部分元素构成矩阵的范数。

(a) 你能在任何 "球场" 打出低于选列主元策略的得分吗？得分少者胜。

(b) 你能在任何 "球场" 取得完美零分吗？

2.18. 本题目的是：研究随机矩阵条件数如何随阶数的增加而变大。令 $R_n$ 为正态分布元素构成的 $n \times n$ 矩阵。你应该从实验观察到，存在某个指数 $p$ 使得

$$\kappa_1(R_n) = O(n^p).$$

换句话说，存在常数 $c_1$ 和 $c_2$ 使得 $\kappa_1(R_n)$ 的大多数值满足

$$c_1 n^p \leqslant \kappa_1(R_n) \leqslant c_2 n^p.$$

你的任务是找出常数 $p$、$c_1$ 和 $c_2$。

你的实验可以从 NCM 的 M-文件 randncond.m 开始。该程序能产生元素正态分布的随机矩阵，并在双对数刻度坐标中画出 $l_1$ 条件数与其阶数的关系。该程序还会在上述坐标中画两条夹住大多数观察数据点的直线（在对数刻度下，指数函数 $\kappa = cn^p$ 成为直线）。

(a) 请修改 randncond.m，使得所绘两条直线的斜率相同，且能夹住大多数的观察数据点。

(b) 据此实验，你猜测式 $\kappa(R_n) = O(n^p)$ 中的 $p$ 是多少？你有多少把握？

(c) 该程序中使用了 ('erasemode', 'none')，因此不能打印出结果。你该如何修改，才能使其可以打印？

2.19.  用三种方法求解如下 $n = 100$ 的三对角线性方程组：

$$2x_1 - x_2 = 1,$$
$$-x_{j-1} + 2x_j - x_{j+1} = j,\ j = 2, \ldots, n-1,$$
$$-x_{n-1} + 2x_n = n.$$

(a)  用 diag 命令三次，形成系数矩阵，然后使用 lutx 和 bslashtx 求解该方程组。

(b)  用 spdiags 命令一次，生成系数矩阵的稀疏形式，然后使用左除算符求解该线性方程组。

(c)  用 tridisolve 函数求解该线性方程组。

(d)  使用 condest 估计系数矩阵的条件数。

2.20.  使用 surfer 和 pagerank 函数对你自选的某互联网子集进行 PageRank 网页排名。你能从计算结果中看出些有趣的结构吗？

2.21.  假设 U 和 G 分别是由 surfer 程序算得的 URL 网址胞元数组和网页关联矩阵，k 为某整数，请解释下列 M 码
```
U{k}, U(k), G(k,:), G(:,k), U(G(k,:)), U(G(:,k))
```
分别表示什么。

2.22.  由 harvard500 数据生成的网页关联矩阵中有 4 个几乎全由非零元素构成的"小"子矩阵，它们形成的密点斑块紧挨着 spy 稀疏模式图的主对角线镶嵌。你可以使用图形窗上的放大按键来观察它们的行列位置。第一个子矩阵大约在 170 行（或列）的位置，而其他三个的行列位置大致在 200、300 附近。从数学上来说，结点两两相联的图称为团（clique）。请你在哈佛社区中辨认出相应于这些团的机构。

2.23.  假若一次单击就能从网页 $j$ 转到网页 $i$，那么网页关联矩阵 $G$ 就有 $g_{ij} = 1$。又假若 $G$ 自乘，则 $G^2$ 的元素就记录下从网页 $j$ 到网页 $i$ 的链接长度为 2 的不同浏览路径数。矩阵幂 $G^p$ 就显示出链接长度为 $p$ 的浏览路径数目。

(a)  对于 harvard500 数据集，求 $G^p$ 矩阵中非零元数目停止增加时所对应的幂次 $p$。换句话说，对于任意大于 $p$ 的 $q$ 值，nnz(G^q) 和 nnz(G^p) 给出的结果相等。

(b)  $G^p$ 阵中非零元素占多大比例？

(c)  使用 subplot 和 spy 函数显示 G 矩阵接续幂次中非零元的分布情况。

(d)  是否存在一个与其他网页不链接的某互联网页集合？

2.24.  函数 surfer 调用子函数 hashfun，能在已经处理过的 URL 网址列表中加速寻找可能新增的网页地址。请在 MathWorks 公司主页 http://www.mathworks.com 上找出有相同 hashfun 值的两个不同网页地址。

2.25.  图 2.8 是互联网六结点子集图。该例中有两个分离的子图。

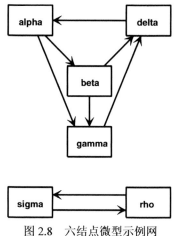

图 2.8　六结点微型示例网

(a) 问：网页关联矩阵 $G$ 是什么？

(b) 若超链接转移概率 $p$ 取默认值 0.85，那么这些网页的 PageRank 值又是多少？

(c) 借用该示例网，在 $p \to 1$ 的极限情况下，PageRank 值的定义和 pagerank 函数所实施的计算，又会出现什么现象？

2.26. 函数 pagerank(U,G) 通过稀疏线性方程求解，算得网页的 PageRank 排名值。然后该函数绘制直方图并打印出占主导地位的 URL 网址列表。

(a) 请通过修改 pagerank 程序创建 M 函数 pagerank1(G)，使其只计算网页的 PageRank 排名值，而不绘图、不打印。

(b) 请通过修改程序 pagerank1 创建 M 函数 pagerank2(G)，以采用逆迭代法替代求解稀疏线性方程。其关键语句为

```
x = (I - A)\e
x = x/sum(x)
```

执行左除运算遇到被 0 除这种不大可能发生的情况时，该怎么处理？

(c) 通过修改 pagerank1 程序创建 M 函数 pagerank3(G)，以采用幂法替代稀疏线性方程的直接解算。其关键语句为

```
G = p*G*D
z = ((1-p)*(c~=0) + (c==0))/n;
while termination_test
    x = G*x + e*(z*x)
end
```

采用什么适当的测试，结束幂法迭代？

(d) 请用你编写的这三个程序计算本章正文中 6 结点示例网页的 PageRank 排名值。注意确保三个程序都给出正确结果。

2.27. 本题列出另一个计算网页 PageRank 排名值的函数程序。该函数文件采用幂法，不作任何矩阵运算，而只涉及关联矩阵的链接结构。

```
function [x,cnt] = pagerankpow(G)
% PAGERANKPOW 采用幂法计算网页排名值
% x = pagerankpow(G)          算出关联矩阵 G 的网页排名值 x
% [x,cnt] = pagerankpow(G)    还算出计算所用的迭代次数 cnt

% 连接结构

[n,n] = size(G);
for j = 1:n
L{j} = find(G(:,j));
c(j) = length(L{j});
end
% 幂法
p = .85;
delta = (1-p)/n;
x = ones(n,1)/n;
z = zeros(n,1);
cnt = 0;
while max(abs(x-z)) > .0001
   z = x;
   x = zeros(n,1);
   for j = 1:n
      if c(j) == 0
         x = x + z(j)/n;
      else
         x(L{j}) = x(L{j}) + z(j)/c(j);
      end
   end
   x = p*x + delta;
   cnt = cnt+1;
end
```

(a) 与习题 2.26 中的三个 pagerank 函数相比，该函数的内存需求和运行时间如何？

(b) 以这个函数为模版，用其他的编程语言写一个计算网页 PageRank 排名值的程序。

# 第 3 章　插　值

插值是一种定义函数的过程，而该被定义函数一定要在指定点集上具有指定的函数值。本章重点讨论紧密相关的两类插值：分段三次样条插值和名为 "pchip" 的保形分段三次插值。

## 3.1　插值多项式

我们都知道两点确定一条直线。更准确地说，平面上 $x_1 \neq x_2$ 的任意两点 $(x_1, y_1)$ 和 $(x_2, y_2)$，就确定唯一的 $x$ 一次多项式，其图线穿过这两个点。该一次多项式的表达可有多种不同型式，但它们绘出的直线图形都相同。

上述讨论可向多于两点的情况推广。设给定平面上 $x_k$ 值各不相同的 $n$ 个点，$(x_k, y_k)$，$k = 1, \ldots, n$，则一定存在唯一的、阶次（degree）小于 $n$ 的 $x$ 多项式，使其对应的曲线图形穿过这些给定点。很容易看出，数据点数 $n$，也是多项式系数的个数。然而，高次项的系数有可能为零，所以多项式的次数实际上可能小于 $n - 1$。此外，多项式可能有多种不同表达型式，但它们都定义同一个函数。

一种多项式之所以被称为插值（interpolating）多项式，是因为它可以精准地重新生成给定数据：

$$P(x_k) = y_k, \ k = 1, \ldots, n.$$

稍后，我们还会研究另一类较低次的多项式，它们只是近似生成给定数据。这类多项式就不是插值多项式。

插值多项式最紧凑的表达方式是拉格朗日（Lagrange）型式

$$P(x) = \sum_k \left( \prod_{j \neq k} \frac{x - x_j}{x_k - x_j} \right) y_k.$$

式中，对 $n$ 项进行求和，而每个连乘积含有 $n - 1$ 项，因此该表达式定义一个最高次数为 $n - 1$ 的多项式。若在 $x = x_k$ 处计算 $P(x)$，那么除了第 $k$ 项连乘积外，其他项连乘积都为零。而且，这第 $k$ 项连乘积等于 $1$，所以求和结果为 $y_k$，从而插值条件满足。

例如，考虑如下一组数据。

```
x = 0:3;
y = [-5 -6 -1 16];
```

运行以下命令

```
disp([x; y])
```

显示出

```
    0      1      2      3
   -5     -6     -1     16
```

对这些数据插值的拉格朗日型多项式为

$$P(x) = \frac{(x-1)(x-2)(x-3)}{(-6)}(-5) \;+\; \frac{x(x-2)(x-3)}{(2)}(-6)$$
$$+\; \frac{x(x-1)(x-3)}{(-2)}(-1) \;+\; \frac{x(x-1)(x-2)}{(6)}(16).$$

我们可以看到，求和的各项都是三次多项式，所以求和结果至多为三次多项式。由于求和后最高次项系数不为零，所以确实是三次多项式。此外，若将 $x = 0$、$1$、$2$、$3$ 分别代入上式，则其中有三项都为零，而留下的非零项正好对应给定数据值。

多项式通常不采用拉各朗日型式表示。多项式更常被写成如下类似形式。

$$x^3 - 2x - 5.$$

$x$ 的每个幂次项称为单项（monomial），而这种多项式称为幂型（power form）多项式。

幂型插值多项式表示如下：

$$P(x) = c_1 x^{n-1} + c_2 x^{n-2} + \cdots + c_{n-1} x + c_n,$$

式中系数从原则上讲可以通过下列线性代数联立方程组算得。

$$\begin{pmatrix} x_1^{n-1} & x_1^{n-2} & \cdots & x_1 & 1 \\ x_2^{n-1} & x_2^{n-2} & \cdots & x_2 & 1 \\ \cdots & \cdots & \cdots & \cdots & 1 \\ x_n^{n-1} & x_n^{n-2} & \cdots & x_n & 1 \end{pmatrix} \begin{pmatrix} c_1 \\ c_2 \\ \vdots \\ c_n \end{pmatrix} = \begin{pmatrix} y_1 \\ y_2 \\ \vdots \\ y_n \end{pmatrix}.$$

这个线性代数方程组的系数矩阵 $V$ 是著名的范德蒙德（Vandermonde）矩阵。该矩阵的元素为

$$v_{k,j} = x_k^{n-j}.$$

范德蒙德矩阵的列有时被反序排列，但在 MATLAB 中，多项式系数行向量总把最高次项的系数排在最前面。

MATLAB 函数 vander 用于生成范德蒙德矩阵。对于前面那组数据，命令

```
V = vander(x)
```

生成

```
V =
    0      0      0      1
```

```
    1     1     1     1
    8     4     2     1
   27     9     3     1
```

然后再运行

```
c = V\y'
```

可算得多项式系数

```
c =
    1.0000
    0.0000
   -2.0000
   -5.0000
```

事实上，该示例数据就是由多项式 $x^3 - 2x - 5$ 产生的。

习题 3.6 将请你证明：若插值点的 $x_k$ 互不相同，则范德蒙德矩阵非奇异。而习题 3.19 还将请你说明：范德蒙德矩阵的条件数可能很差。结论是，对于那些点数不多、数据间隔适度、比例因子定标恰当的问题而言，幂型多项式和范德蒙德矩阵尚可令人满意。但若把它作为通用算法使用，那是危险的。

在本章中，我们将阐述几个实现各种插值算法的 MATLAB 函数。它们都采用如下调用格式

```
v = interp(x,y,u)
```

前两个输入量，x 和 y，是定义插值点的两根长度相同的列（或行）数组。第三个输入量 u 用于指定待计算函数值的自变量数据列（或行）数组。输出量 v 的长度与 u 相同，并且它们间的元素对应关系是

```
v(k)= interp(x,y,u(k))
```

本书的第一个插值函数 polyinterp，是建立在拉格朗日型多项式基础上的。在该函数代码中利用了 MATLAB 数组运算（array operations），它能同时算出 u 中各元素的对应多项式函数值。

```
function v = polyinterp(x,y,u)
n = length(x);                      % n是插值节点数据长度
v = zeros(size(u));                 %                              <3>
for k = 1:n
    w = ones(size(u));              %                              <5>
    for j = [1:k-1 k+1:n]
        w = (u-x(j))./(x(k)-x(j)).*w;   %注意，数组运算            <7>
    end
    v = v + w*y(k);
end
```

为帮助读者理解 polyinterp 插值函数中所涉及的数组及运算，特作如下

说明：

- 假设 x 和 y 都是 $(1 \times n)$ 的行数组，而 u 是 $(1 \times m)$ 的行数组。
- 第 $<3>$ 和第 $<5>$ 行 M 码分别用于：预设输出与 u 规模相同的数组 v 和数组 w，以供在循环中实施数组运算所需。v 是元素全为 0 的数组，w 是元素全为 1 的数组。
- 在第 $<7>$ 行中
  - 因 $(x(k)-x(j))$ 是标量，所以 $(u-x(j))./(x(k)-x(j))$ 仍是 $(1 \times m)$ 数组。而且，当除数为标量时，数组除算符 "./" 和矩阵除算符 "/"，可以相互替换。
  - 数组乘算符 ".*"，使 $(u-x(j))/(x(k)-x(j))$ 数组的每个元素与 w 数组对应元素相乘。特别提醒："*" 前的那个小黑点是不可缺少。
- 关于数组及数组运算符、矩阵及矩阵运算符的更详细说明，可参阅附录 A4 和 A5。
- polyinterp 函数还可展现 MATLAB 的一个巧妙之处：输入量 u 既可是数值数组，也可是符号变量。当输入量 u 为 sym('x') 时，输出 v 将给出拉格朗日插值多项式的符号表达式。关于符号变量和符号表达式的创建，可参阅附录 A7.1。

为了举例演示 polyinterp 函数的使用，先创建一个分布较稠集的自变量算点行数组 u。

```
u = -.25:.01:3.25;
```

然后运行以下命令

```
v = polyinterp(x,y,u);
plot(x,y,'o',u,v,'-')
```

就可生成图 3.1 的插值曲线。

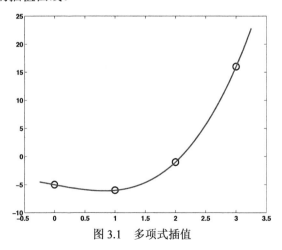

图 3.1　多项式插值

polyinterp 函数也能以符号变量正常工作。例如，创建符号变量

```
symx = sym('x')
```

然后用下列命令计算插值多项式的符号表达式。

```
P = polyinterp(x,y,symx)
pretty(P)
```

计算结果为

```
P =
(x*(x - 1)*(x - 3))/2 + 5*(x/2 - 1)*(x/3 - 1)*(x - 1) +
(16*x*(x/2 - 1/2)*(x - 2))/3 - 6*x*(x/2 - 3/2)*(x - 2)


 x (x - 1) (x - 3)       / x    \ / x      \
 ----------------- + 5 | - - 1| | - - 1 | (x - 1) +
         2              \ 2    / \ 3      /


     / x        \
16 x | - - 1/2 | (x - 2)
     \ 2        /                   / x      \
--------------------------- - 6 x | - - 3/2 | (x - 2)
            3                      \ 2      /
```

该表达式由拉格朗日型插值多项式重排而成。以下命令可简化该多项式。

```
P = simplify(P)
```

就变化为幂型多项式

```
P =
x^3 - 2*x - 5
```

另举一例。以下数据还将被本章其他插值算法使用。

```
x = 1:6;
y = [16 18 21 17 15 12];
disp([x; y])
u = .75:.05:6.25;
v = polyinterp(x,y,u);
plot(x,y,'o',u,v,'r-');
```

以上命令运行后，显示出

```
1    2    3    4    5    6
16   18   21   17   15   12
```

并绘出如图 3.2 所示图形。

  在这仅含 6 个适当间隔点的示例中，我们已经开始看到了全阶次多项式插值的弊病。在数据点处和数据点间，特别是第一子区间和最后一个子区间，函数呈现急剧变化。该函数对数据值的变化产生了过激反应。结果导致：全阶多项式插

值（full-degree polynomial interpolation）极少用于数据插值和曲线拟合。它的主要
功用是引导出其他数值方法。

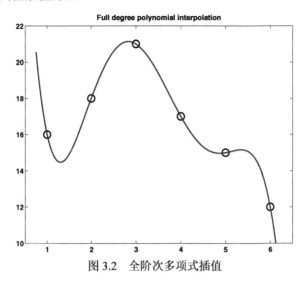

图 3.2　全阶次多项式插值

## 3.2　分段线性插值

　　上节所给数据的线图的绘制很容易。绘图时两次调用了那些数据：一次在数
据点处标出小圆圈；另一次使这些数据点用直线连接。图 3.3 中的线图就是由下
列语句生成的。

```
x = 1:6;
y = [16 18 21 17 15 12];
plot(x,y,'o',x,y,'-');
```

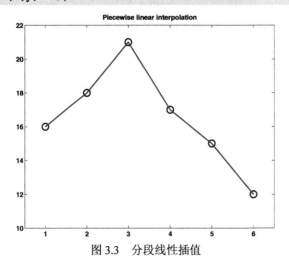

图 3.3　分段线性插值

为生成图中直线，MATLAB 绘图程序使用了分段线性（piecewise linear）插值。该线性插值算法为更精细算法提供了铺垫。算法涉及三个量。先设定区间序号（interval index）$k$，使得

$$x_k \leqslant x < x_{k+1}.$$

再定义局部变量（local variable）$s$ 为

$$s = x - x_k.$$

然后再记一阶差商（first divided difference）为

$$\delta_k = \frac{y_{k+1} - y_k}{x_{k+1} - x_k}.$$

借助这三个量，插值基函数（或称内插式，interpolant）可写为

$$L(x) = y_k + (x - x_k)\frac{y_{k+1} - y_k}{x_{k+1} - x_k}$$
$$= y_k + s\delta_k.$$

该式显然是通过 $(x_k, y_k)$ 和 $(x_{k+1}, y_{k+1})$ 两点的线性函数。

点 $x_k$ 有时被称为断点（breakpoint or break）。插值基函数 $L(x)$ 是 $x$ 的连续函数，但该函数的一阶导数 $L'(x)$ 不连续。差商 $\delta_k$ 在每个子区间内为常数，但在断点处取值跳变。

分段线性插值由 piecelin.m 函数文件实现。输入量 u 是待计算数据的自变量行数组，而程序中 k 实际上是由 x 数组的元素序号构成的行数组。请仔细阅读下面代码，注意 k 是如何计算的。

```
function v = piecelin(x,y,u)
%PIECELIN 分段线性插值
%  v = piecelin(x,y,u) 据L(x(j)) = y(j)条件寻找分段线性
%  插值函数L(x)，以算出v(k) = L(u(k))。
%  一阶差商
delta = diff(y)./diff(x);      %生成长度为n-1的斜率数组
%  寻找满足x(k) <= u < x(k+1)不等式的子区间序号 k
n = length(x);                 %获知x数组的长度
k = ones(size(u));             %                                        <9>
for j = 2:n-1
   k(x(j) <= u) = j;           %生成满足关系式的序号数组 k              <11>
end
%  计算插值
s = u - x(k);                  %生成自变量增量数组s                    <14>
v = y(k) + s.*delta(k);        %                                        <15>
```

为帮助读者理解 piecelin 函数中的代码，特作如下说明：

- 为以下叙述方便，不失一般性，假设：输入量 x 和 y 都是 $(1 \times n)$ 的行数组；输入量 u 是 $(1 \times m)$ 行数组；且用 L 记述由 x(j) <= u 生成的逻辑数组。

- 命令 <9> 预设规模与 u 相同的 $(1 \times m)$ "全 1" 序号数组 k，供此后数组元素援引所需。

- 关于第 <11> 行命令的说明
  - 命令中的 "<= " 执行数组关系运算，生成规模与 u 相同、元素由 0、1 构成的逻辑数组 L，用于将 k 数组中那个符合关系式的子数组中的全部元素赋值为序号 j。
  - 在循环结束后，生成的序号数组 k 自左至右被分成 n-1 个子数组。各子数组分别存放从 1 ~ (n-1) 的正整数。如第 n-1 子数组中的所有元素取值都是 "n-1"。

- 关于第 <14> 行命令的说明
  - k 数组的元素值用作对 x 数组元素的援引序号。因此，x(k) 数组的规模一定是 $(1 \times m)$ 数组，它分成 (n-1) 个子数组。各子数组分别存放 x 数组的前 n-1 个元素值。
  - s = u - x(k) 一定是 $(1 \times m)$ 数组。s 数组各元素给出了待计算各点与其左侧最邻近插值节点自变量间的差值。

- 在第 <15> 行命令中，因为序号数组 k 是 $(1 \times m)$ 数组，所以 y(k) 和 delta(k) 也都是 $(1 \times m)$ 数组。".*" 使增量数组 s 和斜率数组 delta(k) 的对应元素分别相乘，得到待计算点的因变量增量。这积再与参照节点数组 y(k) 相加，就得到待计算点的函数值。

- piecelin 函数的编写充分利用了 MATLAB 数组标识、数组运算的特性，因此显得特别简明易读。该程序若采用传统的标量编写，那将会有多得多的循环和条件分支结构，整个程序会变得冗长得多。

- 关于数组、数组标识、数组运算的更多说明，可参阅附录 A4 节。

## 3.3　分段三次埃尔米特插值

许多最有效的插值技术都以分段三次多项式（piecewise cubic polynomial）为基础。令 $h_k$ 为第 $k$ 段子区间的长度：

$$h_k = x_{k+1} - x_k.$$

则一次差商 $\delta_k$ 由下面公式给出

$$\delta_k = \frac{y_{k+1} - y_k}{h_k}.$$

记 $d_k$ 为插值基函数在 $x_k$ 处的斜率:

$$d_k = P'(x_k).$$

对于分段线性插值基函数而言,$d_k = \delta_{k-1}$ 或 $\delta_k$,但该结论对于更高次插值基函数而言未必成立。

考虑下列定义于 $x_k \leqslant x \leqslant x_{k+1}$ 区间的函数。式中,局部变量 $s = x - x_k$,$h = h_k$。

$$P(x) = \frac{3hs^2 - 2s^3}{h^3} y_{k+1} + \frac{h^3 - 3hs^2 + 2s^3}{h^3} y_k$$
$$+ \frac{s^2(s-h)}{h^2} d_{k+1} + \frac{s(s-h)^2}{h^2} d_k.$$

该式是 $s$,也就是 $x$ 的三次多项式。它满足四个插值条件:两个与函数值有关;另两个涉及可能未知的导数值:

$$P(x_k) = y_k,\ P(x_{k+1}) = y_{k+1},$$
$$P'(x_k) = d_k,\ P'(x_{k+1}) = d_{k+1}.$$

那些满足导数值插值条件的基函数称为埃尔米特(Hermite)或密切(osculatory)插值基函数,这是因为这种基函数在插值点处保持较高阶导数连续。(在拉丁文中"Osculari 密切"一词的本意为"to kiss 亲吻"。)

假如我们既知道数据点集上的函数值,又知道一阶导数值,那么三次埃尔米特插值就能重新生成这些数据。但如若我们没被告知这些导数值,那么就需要采用某种方法去定义斜率 $d_k$。在定义斜率的许多可能方法中,我们只讨论两种,它们分别调用 MATLAB 函数 pchip 和 spline。

## 3.4 保形分段三次插值

pchip是"分段三次埃尔米特插值多项式(piecewise cubic Hermite interpolating polynomial)"的英文首字母缩写。虽然这名字说起来有点意思,但这个名字并没有指明实际使用的基函数究竟是哪种。事实上,样条插值基函数也是分段三次埃尔米特插值多项式,只是采用了不同的斜率。我们这里所说的pchip是一种保形的、赏心悦目的插值基函数,它仅在前不久才被引进到 MATLAB。pchip 的基础是 Fritsch 和 Carlson [23] 编写的 Fortran 程序,在 Kahaner、Moler 和 Nash [34] 的书中可找到相关描述。图 3.4 显示了 pchip 对前述样本数据的插值效果。

关键想法是把斜率 $d_k$ 确定得使基函数值不对数据值作过度的反应,至少在局部范围内如此。假如 $\delta_k$ 和 $\delta_{k-1}$ 正负号相反,或者其中一个为零,那么 $x_k$ 被认为是离散的局部极小或极大位置,于是可以令

$$d_k = 0.$$

这可用图 3.5 的左图加以说明。左图下方（蓝）实线是分段线性插值基函数。中心断点两侧的斜率正负符号相反。因此，我们画了一条斜率为零的虚线。左图中的（绿）曲线是两个三次多项式组成的保形插值基函数。两个三次多项式在对中心断点进行插值的同时，使这两个三次多项式在断点处的导数都为零。但是，在中心断点处的二阶导数值存在跳变。

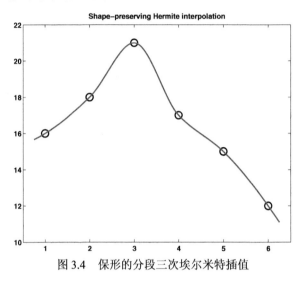

图 3.4   保形的分段三次埃尔米特插值

假如 $\delta_k$ 和 $\delta_{k-1}$ 的正负号相同，并且两个子区间长度相等，则令 $d_k$ 为两离散斜率的调和平均值：

$$\frac{1}{d_k} = \frac{1}{2}\left(\frac{1}{\delta_{k-1}} + \frac{1}{\delta_k}\right).$$

换句话说，在中心断点处，埃尔米特插值基函数的斜率倒数为两侧分段线性插值函数斜率倒数的平均值。图 3.5 的右图显示了这种情况。在断点处，分段线性插值基函数的斜率倒数由 1 变到 5。于是，虚线的斜率倒数就是 3，是 1 和 5 的平均值。这个保形插值函数（shape-preserving interpolant）由两个三次多项式组成，它们对中心断点插值，并在该断点处的斜率都为 1/3。再次提醒，该插值函数在中心断点处的二阶导数存在跳变。

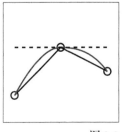 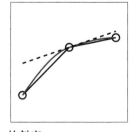

图 3.5   pchip 的斜率

假如 $\delta_k$ 和 $\delta_{k-1}$ 的正负号相同，但两个子区间长度不等，那么 $d_k$ 为加权调和平均，而权重由两个子区间的长度决定：

$$\frac{w_1 + w_2}{d_k} = \frac{w_1}{\delta_{k-1}} + \frac{w_2}{\delta_k},$$

其中

$$w_1 = 2h_k + h_{k-1},\ w_2 = h_k + 2h_{k-1}.$$

该式用于确定内断点处 pchip 的斜率，至于数据区间两端处的斜率 $d_1$ 和 $d_n$，需用稍许不同的、单侧分析加以确定。有关细节请参见 pchiptx.m。

## 3.5 三次样条

另一个分段三次插值函数就是三次样条（cubic spline）。"样条（spline）"术语源自一种绘图工具。它是一种柔薄而有弹性的木制或塑料工具，它穿过给定数据点，并在数据点之间定义一条光滑曲线。物理样条在插值约束下使势能最小化。与此对应的数学样条必须有连续的二阶导数，并满足同样的插值约束。样条的断点也被称为结点（knot）。

样条范畴远远超出我们在此讨论的最基础的一维三次插值样条。现有多维、高阶、变结点样条以及近似样条等。在数学和软件两方面都极具探索和参考价值的书 "*A Practical Guide to Splines*（样条实用指南）" [16]，由 Carl de Boor 所著。De Boor 也是 MATLAB 中 spline 函数和样条工具包的作者。

图 3.6 显示了 spline 函数如何对我们的样本数据进行插值。

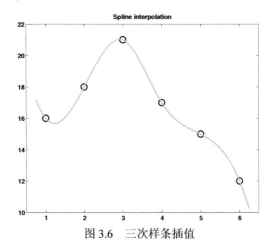

图 3.6　三次样条插值

我们所述的分段三次插值函数在结点 $x_k$ 两侧的一阶导数 $P'(x)$ 可由不同的公式所确定。但它们在结点两侧应给出相同的 $d_k$，所以 $P'(x)$ 是连续的。

在第 $k$ 个子区间上，插值函数的二阶导数为 $s = x - x_k$ 的线性函数：

$$P''(x) = \frac{(6h - 12s)\delta_k + (6s - 2h)d_{k+1} + (6s - 4h)d_k}{h^2}.$$

若 $x = x_k$，则 $s = 0$，进而有

$$P''(x_k+) = \frac{6\delta_k - 2d_{k+1} - 4d_k}{h_k}.$$

这里，"$x_k+$" 中的正号表示这是单侧导数。若 $x = x_{k+1}$，则 $s = h_k$，进而有

$$P''(x_{k+1}-) = \frac{-6\delta_k + 4d_{k+1} + 2d_k}{h_k}.$$

在第 $(k-1)$ 个子区间上，$P''(x)$ 有涉及 $\delta_{k-1}$、$d_k$ 和 $d_{k-1}$ 的类似公式计算。在结点 $x_k$ 处，

$$P''(x_k-) = \frac{-6\delta_{k-1} + 4d_k + 2d_{k-1}}{h_{k-1}}.$$

要求 $P''(x)$ 在 $x = x_k$ 处连续，意味着

$$P''(x_k+) = P''(x_k-).$$

这引出如下条件方程

$$h_k d_{k-1} + 2(h_{k-1} + h_k)d_k + h_{k-1}d_{k+1} = 3(h_k \delta_{k-1} + h_{k-1}\delta_k).$$

假设结点等距设置，那么 $h_k$ 与 $k$ 无关，于是上式变为

$$d_{k-1} + 4d_k + d_{k+1} = 3\delta_{k-1} + 3\delta_k.$$

与本书的其他插值基函数一样，样条斜率 $d_k$ 与差商 $\delta_k$ 紧密相关。在样条情况下，样条斜率是 $\delta_k$ 的一种滑动平均。

上述方法应用于每个内结点 $x_k$，$k = 2, \ldots, n-1$，生成含 $n$ 个未知 $d_k$ 的 $n-2$ 个方程。与 pchip 设计一样，在区间端点附近，必须采用不同的设计方法。一种有效的策略被称为 "not-a-knot（非结点）" 策略。该策略思想是：在最前两个子区间 $x_1 \leqslant x \leqslant x_3$ 和最后两个子区间 $x_{n-2} \leqslant x \leqslant x_n$ 上，分别使用单个三次多项式。结果，$x_2$ 和 $x_{n-1}$ 都不再是结点。若结点等距设置，且所有的 $h_k = 1$，于是可导出

$$d_1 + 2d_2 = \frac{5}{2}\delta_1 + \frac{1}{2}\delta_2$$

以及

$$2d_{n-1} + d_n = \frac{1}{2}\delta_{n-2} + \frac{5}{2}\delta_{n-1}.$$

关于结点间距不等于 1 时的处理详情，请见程序 splinetx.m。

连同两个端点条件在内，我们就有了关于 $n$ 个未知数的 $n$ 个线性方程：

$$Ad = r.$$

未知斜率构成的向量为

$$d = \begin{pmatrix} d_1 \\ d_2 \\ \vdots \\ d_n \end{pmatrix}.$$

系数矩阵 $A$ 是三对角矩阵：

$$A = \begin{pmatrix} h_2 & h_2 + h_1 & & & & \\ h_2 & 2(h_1 + h_2) & h_1 & & & \\ & h_3 & 2(h_2 + h_3) & h_2 & & \\ & & \ddots & \ddots & \ddots & \\ & & & h_{n-1} & 2(h_{n-2} + h_{n-1}) & h_{n-2} \\ & & & & h_{n-1} + h_{n-2} & h_{n-2} \end{pmatrix}.$$

右端项为

$$r = 3 \begin{pmatrix} r_1 \\ h_2\delta_1 + h_1\delta_2 \\ h_3\delta_2 + h_2\delta_3 \\ \vdots \\ h_{n-1}\delta_{n-2} + h_{n-2}\delta_{n-1} \\ r_n \end{pmatrix}.$$

$r_1$ 和 $r_n$ 两个值与端点条件有关。

若结点等距设置且所有的 $h_k = 1$，则系数矩阵相当简单：

$$A = \begin{pmatrix} 1 & 2 & & & & \\ 1 & 4 & 1 & & & \\ & 1 & 4 & 1 & & \\ & & \ddots & \ddots & \ddots & \\ & & & 1 & 4 & 1 \\ & & & & 2 & 1 \end{pmatrix}.$$

右端项为

$$r = 3 \begin{pmatrix} \frac{5}{6}\delta_1 + \frac{1}{6}\delta_2 \\ \delta_1 + \delta_2 \\ \delta_2 + \delta_3 \\ \vdots \\ \delta_{n-2} + \delta_{n-1} \\ \frac{1}{6}\delta_{n-2} + \frac{5}{6}\delta_{n-1} \end{pmatrix}.$$

在本书的 splinetx 函数中，决定斜率的线性方程组采用第二章引进的 tridisolve 函数求解。在 MATLAB 和样条工具包中的 spline 样条函数，则采用 MATLAB 矩阵左除算符计算斜率

$$\texttt{d = A\textbackslash r}$$

因为 $A$ 的大多数元素为零，采用稀疏（sparse）数据结构保存 $A$ 是适当的。左除算符能发挥三对角矩阵结构的优点，并以正比于数据点数目 $n$ 的时间和内存消耗求解该线性方程组。

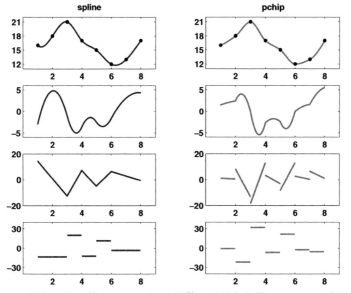

图 3.7   样条插值函数和 pchip 插值函数，以及它们的一、二、三阶导数

图 3.7 对样条插值函数 $s(x)$ 和 pchip 插值函数 $p(x)$ 进行比较。两个函数自身间的差异不大容易察觉。样条函数一阶导数 $s'(x)$ 光滑，而 pchip 的一阶导数 $p'(x)$ 连续但显示若干"结节"。样条函数二阶导数 $s''(x)$ 连续，而 pchip 的二阶导数 $p''(x)$ 则在结点有跳变。因为两个函数都是分段三次多项式，所以它们的三阶导数 $s'''(x)$ 和 $p'''(x)$，都是分段常数函数。$s'''(x)$ 在前两个子区间取同一常值和在后两个子区间取同一常值的事实，反映了样条端部的"非结点"条件。

## 3.6 示教 M 文件 pchiptx, splinetx

M-文件 pchiptx 和 splinetx 都基于分段三次埃尔米特插值。在第 $k$ 个子区间，有

$$P(x) = \frac{3hs^2 - 2s^3}{h^3}y_{k+1} + \frac{h^3 - 3hs^2 + 2s^3}{h^3}y_k$$
$$+ \frac{s^2(s-h)}{h^2}d_{k+1} + \frac{s(s-h)^2}{h^2}d_k,$$

其中 $s = x - x_k$，$h = h_k$。这两个程序的区别在于它们计算斜率 $d_k$ 的方法不同。一旦求出了斜率，插值基函数就可以根据局部变量 $s$ 的幂型多项式有效地计算出：

$$P(x) = y_k + sd_k + s^2c_k + s^3b_k,$$

式中二次、三次项的系数分别为

$$c_k = \frac{3\delta_k - 2d_k - d_{k+1}}{h},$$
$$b_k = \frac{d_k - 2\delta_k + d_{k+1}}{h^2}.$$

下面是 pchiptx 程序的第一部分代码。它调用内部子函数计算斜率（行或列数组）d，然后计算其他多项式系数，求取区间序号（行或列）数组 k，并计算插值函数值。除了程序的说明性前言外，下列代码的其他部分与 splinetx 中的代码相同。

```
function v = pchiptx(x,y,u)
%PCHIPTX 示教文件：分段三次埃尔米特插值。
% v = pchiptx(x,y,u) 依据已知条件，构成满足 P(x(j))=y(j)的
% 保形分段多项式P(x)，并返回u所对应的插值 v(k)=P(u(k))。
%
% 参看 PCHIP, SPLINETX。

% 一阶导数
h = diff(x);
delta = diff(y)./h;                      %采用"数组除./"
d = pchipslopes(h,delta);

% 分段多项式系数
n = length(x);
c = (3*delta - 2*d(1:n-1) - d(2:n))./h;
b = (d(1:n-1) - 2*delta + d(2:n))./h.^2; %注意"数组除"和"数组幂"
```

```
% 求取子区间序号k, 使 x(k)<= u <x(k+1)
k = ones(size(u));
for j = 2:n-1
k(x(j) <= u) = j;
end


% 计算插值函数值
s = u - x(k);
v = y(k) + s.*(d(k) + s.*(c(k) + s.*b(k))); %注意 "数组乘"
```

pchip斜率的计算代码, 在内断点处采用加权调和均值, 而在区间端部则采用单侧计算公式。

```
function d = pchipslopes(h,delta)
% PCHIPSLOPES 计算保形三次埃尔米特插值函数的斜率
% pchipslopes(h,delta) 计算 d(k)=P'(x(k))。

% 内点斜率
% delta = diff(y)./diff(x)。
% d(k)=0, 如果 delta(k-1) 和 delta(k) 的正负号相反或其中一个为 0。
% d(k)= (delta(k-1) 和 delta(k) 的加权调合平均值), 如果两者符号相同。

n = length(h)+1;
d = zeros(size(h));
k = find(sign(delta(1:n-2)).*sign(delta(2:n-1))>0)+1;
w1 = 2*h(k)+h(k-1);
w2 = h(k)+2*h(k-1);
d(k) = (w1+w2)./(w1./delta(k-1) + w2./delta(k));

% 端点斜率
d(1) = pchipend(h(1),h(2),delta(1),delta(2));
d(n) = pchipend(h(n-1),h(n-2),delta(n-1),delta(n-2));


function d = pchipend(h1,h2,del1,del2)
% 非中心处斜率的保形三点计算公式
d = ((2*h1+h2)*del1 - h1*del2)/(h1+h2);
if sign(d) ~= sign(del1)
   d = 0;
elseif (sign(del1)~=sign(del2))&(abs(d)>abs(3*del1))
   d = 3*del1;
end
```

M-文件 splinetx 通过建立并求解三对角线性联立方程组计算斜率。

```
function d = splineslopes(h,delta);
% SPLINESLOPES 计算三次样条插值函数的斜率
% splineslopes(h,delta) 计算d(k)=S'(x(k))。
% 采用非结点端部条件。
% 三对角方程组的对角线
n = length(h)+1;
a = zeros(size(h)); b = a; c = a; r = a;
a(1:n-2) = h(2:n-1);
a(n-1) = h(n-2)+h(n-1);
b(1) = h(2);
b(2:n-1) = 2*(h(2:n-1)+h(1:n-2));
b(n) = h(n-2);
c(1) = h(1)+h(2);
c(2:n-1) = h(1:n-2);

% 右端项
r(1) = ((h(1)+2*c(1))*h(2)*delta(1)+h(1)^2*delta(2))/c(1);
r(2:n-1) = 3*(h(2:n-1).*delta(1:n-2)+h(1:n-2).*delta(2:n-1));
r(n) = (h(n-1)^2*delta(n-2)+ ...
        (2*a(n-1)+h(n-1))*h(n-2)*delta(n-1))/a(n-1);
% 解三对角线性方程组
d = tridisolve(a,b,c,r);
```

## 3.7 插值计算交互界面 interpgui

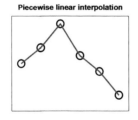
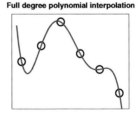
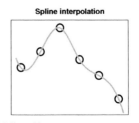

图 3.8 四种插值函数

图 3.8 显示了曲线光滑性和某种主观性之间的折衷。这种主观性可称为局部单调（local monotonicity）或形状保持（shape preservation）。

分段线性插值是一个极端，它连续但不光滑，一阶导数存在跳变。另一方面，它保持了数据的局部单调性，对数据不反应过度，它在同一子区间中随数据或增大、或减小、或保持不变。

全阶次多项式插值是另一个极端，它无限次可微，但它通常不能保持数据勾勒的形状，在区间两端点附近尤其显著。

pchip 和 spline 插值函数处于以上两个极端之间。spline 比 pchip 更光滑。样条有二阶连续导数，而 pchip 仅一阶导数连续。不连续的二阶导数意味着曲率不连续。肉眼可以觉察到图形中的曲率跳变，也可以观察出数控机床所加工部件上较大的曲率跳变。另一方面，pchip 可保持数据形状，而样条函数有时则不能。

M-文件 interpgui 能让你用本章讨论的以下四种插值基函数进行实验：

- 分段线性插值基函数；
- 全阶次插值多项式；
- 分段三次样条；
- 保形分段三次函数。

该程序可按下列几种方式启动：

- 不带输入量启动 interpgui，生成 8 个过零数据点；
- 以单标量 n 输入启动 interpgui(n)，生成 n 个等距过零数据点；
- 以行或列数组 y 为单输入启动 interpgui(y)，在 x 轴等距点上生成 y 指定的数据点；
- 以两个等长行或列数组 x 和 y 为输入量启动 interpgui(x,y)，生成 (x,y) 指定的数据点。

程序启动后，插值数据点的位置可用鼠标加以改变。若 $x$ 已经设定，则该横坐标将不可改变。图 3.9 显示了，由第 3.2 节算例数据生成的四种插值函数图形。

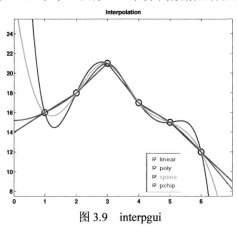

图 3.9    interpgui

# 习 题

3.1. 请重新生成图 3.8，用四幅子图分别显示本章所讨论的四种插值函数。

3.2. Tom 和 Ben 是生于 2001 年 10 月 27 日的孪生兄弟。下表列出了头几个月中他们的体重，分别以磅和盎司为单位。

```
%      Date      Tom    Ben
W = [10 27 2001   5 10   4  8
     11 19 2001   7  4   5 11
     12 03 2001   8 12   6  4
     12 20 2001  10 14   8  7
     01 09 2002  12 13  10  3
     01 23 2002  14  8  12  0
     03 06 2002  16 10  13 10];
```

可使用下列 datenum 函数将前三列中的日期转换为以天计量的日期数。

```
t = datenum(W(:,[3 1 2]));
```

请画一幅他们的体重 - 时间关系图，用小圆圈标识数据点，用 pchip 生成数据点之间的插值曲线。用 datetick 标识该图的时间轴。还要用 title 和 legend 分别给出图的标题和图例。最终绘出的图形应该类似于图 3.10。

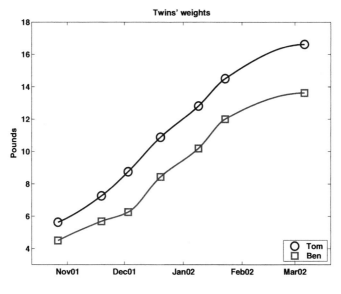

图 3.10　孪生兄弟的重量

3.3. (a) 用本章讨论的 pieceline、polyinterp、splinetx 和 pchiptx 四种插值函数，对本题所给数据进行插值，并画出它们在 $-1 \leqslant x \leqslant 1$ 区间上的插值函数曲线。

```
    x        y
 -1.00   -1.0000
 -0.96   -0.1512
 -0.65    0.3860
  0.10    0.4802
  0.40    0.8838
  1.00    1.0000
```

(b)  在 $x = -0.3$ 处这四个插值函数的值分别是多少？你倾向哪个结果？为
     什么？

(c)  这些数据实际上是由用一个系数为整数的低次多项式生成的。问：这
     个多项式是什么？

3.4.  为勾画你的手形，先运行以下代码。

```
figure('position',get(0,'screensize'))
axes('position',[0 0 1 1])
[x,y] = ginput;
```

然后，将你的手掌放在计算机屏幕上，用鼠标选取勾勒你手轮廓的几十个
数据点。按回车键终止 ginput 的运行。你也许觉得更简单的方法是：先在
一张白纸上勾勒你手的轮廓，然后将纸放在计算机屏幕上。你应能透过纸
张看到 ginput 引出的光标。（请保存这些数据。本书后面的其他练习还会
使用这些数据。）

本题要求：将数据点的 x 和 y 分别看成是数据点序号的两个函数。你可以
用下列命令对这两组数据在更密的点集上进行插值，并绘出插值点的图形。

```
n = length(x);
s = (1:n)';
t = (1:.05:n)';
u = splinetx(s,x,t);
v = splinetx(s,y,t);
clf reset
plot(x,y,'.',u,v,'-');
```

请再用 pchiptx 函数完成以上要求。你喜欢画出来的哪个图形？

图 3.11 是我的手掌轮廓图。你能说出该手掌图的生成，借助的是 splinetx
还是 pchiptx？

3.5.  上道习题利用数据序号作为独立自变量，进行二维参数插值。本题则不同，
     将用极坐标系中的角度变量 $\theta$ 作为独立变量。为此，必须先寻找数据集中
     心，使得数据点都位于关于该原点（即中心点）的星状（starlike）曲线上。
     换句话说，从原点发出的每条射线只能和数据点相交一次。这意味着，你

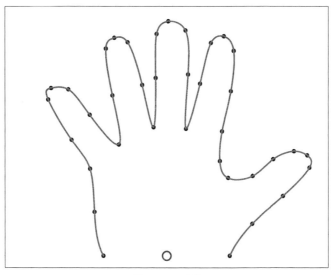

图 3.11　手掌

必须找到这样的 $x_0$ 和 $y_0$，使得下列 MATLAB 语句

```
x = x - x0
y = y - y0
theta = atan2(y,x)
r = sqrt(x.^2 + y.^2)
plot(theta,r)
```

能生成一组可以用单值函数 $r = r(\theta)$ 进行的插值。对于手掌轮廓采样数据，中心点 $(x_0, y_0)$ 应该在手掌根部附近。请看图 3.11 中的小圆圈所示。此外，为了使用 splinetx 和 pchiptx 函数，还必须对数据排序，使得 theta 为单调增。

再选择子采样增量 delta，然后运行以下命令

```
t = (theta(1):delta:theta(end))';
p = pchiptx(theta,r,t);
s = splinetx(theta,r,t);
```

请仔细观察以下两组命令绘制的曲线：

```
plot(theta,r,'o',t,[p s],'-')
```

和

```
plot(x,y,'o',p.*cos(t),p.*sin(t),'-',...
s.*cos(t),s.*sin(t),'-')
```

比较本题所用方法和上道题所用方法。你更喜欢哪一个？为什么？

3.6.　本题需要使用符号工具包。

(a)　NCM 目录上的 vandal(n) 函数是用来计算什么的？它是怎么计算的？

(b)　x 满足什么条件时，矩阵 vander(x) 是非奇异的？

3.7. 请证明插值多项式是唯一的。也就是说，假设两个阶次低于 $n$ 的多项式 $P(x)$ 和 $Q(x)$ 在 $n$ 个不同 $x$ 点上重合，那么这两个多项式在所有点上都重合。

3.8. 请用令人信服的证据说明：下列各种表述方式都定义同一个多项式，即五阶切比雪夫多项式（Chebyshev polynomial）$T_5(x)$。你的论证可以是解析推理、符号计算、数值计算，或者三者都用。以下有两种表述使用了黄金分割比

$$\phi = \frac{1 + \sqrt{5}}{2}.$$

(a) 幂型式：

$$T_5(x) = 16x^5 - 20x^3 + 5x.$$

(b) 三角函数关系式：

$$T_5(x) = \cos\left(5\cos^{-1} x\right).$$

(c) 霍纳表达式（Horner representation）：

$$T_5(x) = ((((16x + 0)x - 20)x + 0)x + 5)x + 0.$$

(d) 拉格朗日型式：

$$x_1, x_6 = \pm 1,$$
$$x_2, x_5 = \pm\phi/2,$$
$$x_3, x_4 = \pm(\phi - 1)/2,$$
$$y_k = (-1)^k, \ k = 1, \ldots, 6,$$
$$T_5(x) = \sum_k \left(\prod_{j \neq k} \frac{x - x_j}{x_k - x_j}\right) y_k.$$

(e) 因式分解表达式：

$$z_1, z_5 = \pm\sqrt{(2 + \phi)/4},$$
$$z_2, z_4 = \pm\sqrt{(3 - \phi)/4},$$
$$z_3 = 0,$$
$$T_5(x) = 16\prod_1^5 (x - z_k).$$

(f) 三项递推式：

$$T_0(x) = 1,$$

$$T_1(x) = x,$$
$$T_n(x) = 2xT_{n-1}(x) - T_{n-2}(x) \quad \text{for } n = 2, \ldots, 5.$$

3.9. M-文件 `rungeinterp.m` 提供了一个著名的 Carl Runge 多项式插值问题实验。令

$$f(x) = \frac{1}{1 + 25x^2},$$

并记 $P_n(x)$ 为用 $-1 \leqslant x \leqslant 1$ 区间上 $n$ 个等间距点的 $f(x)$ 函数值插值出的 $n-1$ 次多项式。Runge 提出一个问题，随着 $n$ 的增加 $P_n(x)$ 是否收敛于 $f(x)$？答案是：对某些 $x$ 收敛；但对另一些，则不成立。

(a) 问：什么样的 $x$，可有 $n \to \infty$ 时 $P_n(x) \to f(x)$？

(b) 改变插值点的分布，使它们不等间距。这对收敛情况有何影响？你是否能找到一个插值点分布，使得 $P_n(x) \to f(x)$ 对区间内所有 $x$ 都成立？

3.10. 我们从分段线性插值直接跳到分段三次插值。请你尝试分段二次插值的研究开发，看看你能走多远？

3.11. 请对 `splinetx` 和 `pchiptx` 函数文件进行修改，使它们能在两个输出量的调用格式下，既输出插值，又输出插值函数的一阶导数值。也就是，用如下格式

```
[v,vprime] = pchiptx(x,y,u)
```

和

```
[v,vprime] = splinetx(x,y,u)
```

能算出 $P(u)$ 和 $P'(u)$。

3.12. 请对 `splinetx` 和 `pchiptx` 函数文件进行修改，使它们在两个输入量调用格式下，能输出 PP。PP 是由 MATLAB 标准函数 `spline` 和 `pchip` 生成的分段多项式构架，它能被 `ppval` 调用。

3.13. (a) 通过使用周期（periodic）边界条件分别替换单侧和非结点端部条件对 `pchiptx` 和 `splinetx` 函数文件实现修改，创建两个函数 `perpchip` 和 `perspline`。这就要求给定数据满足

$$y_n = y_1$$

并且所得的插值函数为周期函数。换句话说，对所有 $x$

$$P(x + \Delta) = P(x),$$

其中

$$\Delta = x_n - x_1.$$

无论是 pchip 算法还是样条算法都需要用 $y_k$、$h_k$、$\delta_k$ 去计算斜率 $d_k$。在此周期性假设下，所有这些量都成为周期为 $n-1$ 的 $k$ 下标周期函

数。换句话说，对所有 $k$，

$$y_k = y_{k+n-1},$$
$$h_k = h_{k+n-1},$$
$$\delta_k = \delta_{k+n-1},$$
$$d_k = d_{k+n-1}.$$

这就使得在非周期情况下对内部点使用的计算有可能应用于区间的端点上。针对端部条件的专用代码可以删去，由此生成的 M-文件也就会简单得多。

例如，pchip 算法等距数据点的斜率 $d_k$ 可计算如下

$$d_k = 0, \quad \mathrm{sign}(\delta_{k-1}) \neq \mathrm{sign}(\delta_k),$$

$$\frac{1}{d_k} = \frac{1}{2}\left(\frac{1}{\delta_{k-1}} + \frac{1}{\delta_k}\right), \quad \mathrm{sign}(\delta_{k-1}) = \mathrm{sign}(\delta_k).$$

利用周期性，以上公式也可应用于 $k=1$ 和 $k=n$ 的端点处，因为

$$\delta_0 = \delta_{n-1}, \quad \delta_n = \delta_1.$$

对样条而言，$k = 2, \ldots, n-1$ 处的斜率满足下列线性方程组：

$$h_k d_{k-1} + 2(h_{k-1} + h_k)d_k + h_{k-1}d_{k+1} = 3(h_k \delta_{k-1} + h_{k-1}\delta_k).$$

利用周期性，在 $k=1$ 处，可写出

$$h_1 d_{n-1} + 2(h_{n-1} + h_1)d_1 + h_{n-1}d_2 = 3(h_1 \delta_{n-1} + h_{n-1}\delta_1)$$

在 $k=n$ 处，则有

$$h_n d_{n-1} + 2(h_{n-1} + h_1)d_n + h_{n-1}d_2 = 3(h_1 \delta_{n-1} + h_{n-1}\delta_1)$$

这样生成的系数矩阵，在三对角线结构外还有两个非零元素。它们分别是第一行的 $A_{1,n-1} = h_1$ 和最后一行的 $A_{n,2} = h_{n-1}$。

(b) 请以下列代码为基础，使你新创建的函数文件能正确运作。

```
x = 0:pi/4:2*pi;
y = cos(x);
u = 0:pi/50:2*pi;
v = your_function(x,y,u);
plot(x,y,'o',u,v,'-')
```

(c) 一旦你有了函数 perpchip 和 perspline，你就能利用 NCM 中的 M-文件 interp2dgui 进行二维封闭曲线插值的研究。你应该可以发现，周期边界条件能较好地重现平面封闭曲线的对称性。

3.14. (a) 对 splinetx 函数进行修改，使它形成全三对角矩阵

```
A = diag(a,-1) + diag(b,0) + diag(c,1)
```

然后使用反斜杠矩阵左除算符计算斜率。

(b) 借助 intergui 函数，注意观察 condest(A) 随样条结点的变化。假如结点中某两个彼此靠得很近，会出现什么现象？请找一个能使 condest(A) 很大的数据集。

3.15. 对 pchiptx 函数进行修改，使用斜率的加权平均，而不使用加权调和均值。

3.16. (a) 运行以下命令

```
x = -1:1/3:1
interpgui(1-x.^2)
```

请回答：linear、spline、pchip、polynomial 四个插值函数中，哪几个相同？为什么？

(b) 运行下列命令后，再回答同样的问题。

```
interpgui(1-x.^4)
```

3.17. 无论你将插值点移动到哪里，为什么 interpgui(4) 仅显示三幅图形而非四幅？

3.18. (a) 假设你想用下列多项式对 $1900 \leqslant t \leqslant 2000$ 年间人口普查数据（census data）进行插值，

$$P(t) = c_1 t^{10} + c_2 t^9 + \cdots + c_{10} t + c_{11},$$

你也许想使用由下列命令生成的范德蒙德矩阵

```
t = 1900:10:2000
V = vander(t)
```

为什么这真不是个好主意？

(b) 研究对独立变量的中心化定标（centering and scaling）处理。随便画一幅线图，在图像窗的下拉菜单 Tools 中选择 Basic fitting 菜单项，再在新的弹出窗口中找到关于中心化定标处理的检录框。这个检录框是做什么用的？

(c) 用下式替换变量 $t$

$$s = \frac{t - \mu}{\sigma}.$$

这将引出一个修改过的多项式 $\tilde{P}(s)$。它的系数和 $P(t)$ 系数有什么关系？由修改多项式生成的范德蒙德矩阵会发生什么变化？什么样的 $\mu$ 和 $\sigma$ 取值，可引出条件数相当好的范德蒙德矩阵？一个可能的取值是

```
mu = mean(t)
sigma = std(t)
```

又问：还有更好的取值吗？

# 第 4 章    零点和根

本章阐述函数零点的几种基本解算方法，然后将其中三种方法组合成一种快速、可靠的"*zeroin*"算法。

## 4.1    二分法

先考虑 $\sqrt{2}$ 的计算问题。我们将使用区间二分法（interval bisection），一种系统尝试（systematic trial and error）法。我们知道，$\sqrt{2}$ 在 1 和 2 之间。先试取 $x = 1\frac{1}{2}$，因 $x^2$ 大于 2，表明这个 $x$ 取得太大了。然后用 $x = 1\frac{1}{4}$ 进行试验，此时 $x^2$ 小于 2，说明这个 $x$ 又取小了。依次类推，我们可得到 $\sqrt{2}$ 的近似值如下：

$$1\frac{1}{2},\ 1\frac{1}{4},\ 1\frac{3}{8},\ 1\frac{5}{16},\ 1\frac{13}{32},\ 1\frac{27}{64},\ \cdots$$

下面是一段带步进计数器（step counter）的 MATLAB 程序。

```
M = 2
a = 1
b = 2
k = 0;
while b-a > eps
    x = (a + b)/2;
    if x^2 > M
        b = x
    else
        a = x
    end
    k = k + 1;
end
```

我们肯定 $\sqrt{2}$ 在初始区间 [a,b] 内。这个区间被不断地对半二分，且总把所需解答包含在内。整个过程需要 52 步。下面列出所算出的最先和最后的几个近似值。

```
b = 1.500000000000000
a = 1.250000000000000
a = 1.375000000000000
b = 1.437500000000000
a = 1.406250000000000
b = 1.421875000000000
```

```
a = 1.414062500000000
b = 1.417968750000000
b = 1.416015625000000
b = 1.415039062500000
b = 1.414550781250000
.....
a = 1.414213562373092
b = 1.414213562373099
b = 1.414213562373096
a = 1.414213562373094
a = 1.414213562373095
b = 1.414213562373095
b = 1.414213562373095
```

借助格式命令 `format hex`，把最后得到的 a 和 b 值表述为

```
a = 3ff6a09e667f3bcc
b = 3ff6a09e667f3bcd
```

这两个值只有最后一位数不同。实际上，我们不可能算出 $\sqrt{2}$，因为无理数不能用浮点数表达。但是，我们已经找到了位于理论数值两侧的两个最相邻浮点数。我们已经得到了浮点运算所能给出的最好近似值。由于 IEEE 双精度浮点数的小数部分有 52 比特位，所以该逼近过程共进行了 52 步。每执行一步使区间大致减少一个比特位。

二分法是寻找单实变量实函数 $f(x)$ 零点的虽慢但可靠的算法。我们关于函数 $f(x)$ 的全部假设是：对于任何给定的 $x$，计算其相应函数值的 MATLAB 程序能编写出来。此外，还假设：我们知道 $f(x)$ 正负号发生改变的某个区间 $[a, b]$。如果 $f(x)$ 确实是连续（continuous）数学函数，那么在该区间上必定存在一个点 $x_*$ 使 $f(x_*) = 0$。但是连续性概念并不严格适用于浮点运算，因为我们也许不可能确切地找到使 $f(x)$ 精准为零的一个浮点数。我们的目标是

寻找一个非常小的区间，也许是两个相邻的浮点数，使函数的正负号在该区间上发生改变。

实现二分法的 MATLAB 代码为

```
k = 0;
while abs(b-a) > eps*abs(b)
   x = (a + b)/2;
   if sign(f(x)) == sign(f(b))
      b = x;
   else
      a = x;
   end
```

```
    k = k + 1;
  end
```

二分法很慢。使用上述代码中的终止条件，任何函数都要计算 52 步。然二分法完全可靠。只要我们能找到函数正负号发生改变的起始区间，那么二分法就一定能将此区间缩小为界定精准解的两个相邻浮点数。

## 4.2 牛顿法

求解 $f(x) = 0$ 的牛顿法（Newton's method），先在 $f(x)$ 线图上任何点画一条切线，然后确定该切线与 $x$ 轴的交点。该方法需要一个起始值 $x_0$。其迭代公式为

$$x_{n+1} = x_n - \frac{f(x_n)}{f'(x_n)}.$$

它的 MATLAB 代码为

```
  k = 0;
  while abs(x - xprev) > eps*abs(x)
    xprev = x;
    x = x - f(x)/fprime(x)
    k = k + 1;
  end
```

用于计算平方根问题时，牛顿法显得特别典雅有效。计算 $\sqrt{M}$，相当于寻找如下函数的零点

$$f(x) = x^2 - M.$$

在此，$f'(x) = 2x$，于是有

$$\begin{aligned}
x_{n+1} &= x_n - \frac{x_n^2 - M}{2x_n} \\
&= \frac{1}{2}\left(x_n + \frac{M}{x_n}\right).
\end{aligned}$$

该算法反复地取 $x$ 和 $M/x$ 均值。其 MATLAB 代码为

```
  while abs(x - xprev) > eps*abs(x)
    xprev = x;
    x = 0.5*(x + M/x);
  end
```

下面列出以 $x = 1$ 为起点，对 $\sqrt{2}$ 算得的迭代结果。

```
  1.500000000000000
  1.416666666666667
  1.414215686274510
  1.414213562374690
```

```
1.414213562373095
1.414213562373095
```

牛顿法只做了 6 步迭代。实际上，用 5 步就做出来了，但为使终止条件满足，第 6 步迭代是需要的。

当牛顿法能像求平方根那样运作时，它非常高效。牛顿法是许多有效数值方法的基础。然而，若作为计算函数零点的通用算法，牛顿法有三个严重缺陷。

- 函数 $f(x)$ 必须光滑；
- 导数 $f'(x)$ 的计算未必方便；
- 初始猜测必须靠近最终解。

从原理上说，导数 $f'(x)$ 的计算可用称为自动微分（automatic differentiation）的一种技术实施。MATLAB 函数 f(x) 或其他编程语言中的适当代码，都可以用来定义带参数的数学函数。通过计算机科学解析技术和微积分规则（特别是链式法则）的结合，从理论上讲，就有可能产生出用于计算 $f'(x)$ 的函数文件 fprime(x) 的代码。然而，这种技术的实施是相当复杂的，何况还不是都能实现的。

牛顿法的局部收敛性很有吸引力。记 $x_*$ 为 $f(x)$ 的一个零点，又令 $e_n = x_n - x_*$ 为第 $n$ 次迭代的误差。假设

- $f'(x)$ 和 $f''(x)$ 存在且连续；
- $x_0$ 靠近 $x_*$。

那么，就可以证明 [15]

$$e_{n+1} = \frac{1}{2}\frac{f''(\xi)}{f'(x_n)}e_n^2,$$

式中，$\xi$ 为 $x_n$ 和 $x_*$ 之间的某点。换句话说，

$$e_{n+1} = O(e_n^2).$$

这被称为平方收敛（quadratic convergence）。对于相当光滑函数，当你选的起始点与零点靠得足够近时，粗略地说，每步迭代使误差被平方一次。也就是说，每步迭代使正确数字的位数几乎翻倍。我们所看到的 $\sqrt{2}$ 的计算结果就很典型。

当关于局部收敛理论的这些假设不满足时，牛顿法也许不可靠。若 $f(x)$ 不连续、一阶二阶导数无界，又若起始点与零点靠得不够近，那么局部收敛理论就不成立，牛顿法就可能收敛得很慢，甚或根本不收敛。下一节将举例说明可能发生的情况。

## 4.3　牛顿法失常算例

先让我们看看，能否使牛顿法无休止迭代。迭代

$$x_{n+1} = x_n - \frac{f(x_n)}{f'(x_n)}$$

围绕 $a$ 点前后来回跳动的条件为

$$x_{n+1} - a = -(x_n - a).$$

假如 $f(x)$ 满足下列方程，就会发生来回跳动现象。

$$x - a - \frac{f(x)}{f'(x)} = -(x - a).$$

这是一个可分离的常微分方程：

$$\frac{f'(x)}{f(x)} = \frac{1}{2(x - a)}.$$

其解为

$$f(x) = \text{sign}(x - a)\sqrt{|x - a|}.$$

函数 $f(x)$ 的零点显然是 $x_* = a$。当 $a = 2$ 时，运行下列命令可绘制出如图 4.1 所示的 $f(x)$ 曲线图。

```
ezplot('sign(x-2)*sqrt(abs(x-2))',0,4)
```

若我们在曲线上任何一点处画切线，那么该切线与 $x$ 轴相交于 $x = a$ 另一侧。牛顿法便陷入无休止的循环，它既不收敛也不发散。

在本例中，牛顿法的收敛理论不成立，其原因是：$x \to a$ 时，$f'(x)$ 无界。该函数采用下节讨论的算法求解，也将令人感到兴趣。

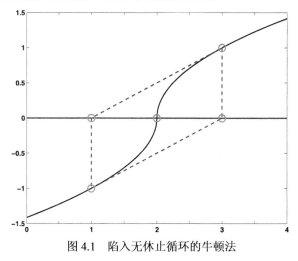

图 4.1  陷入无休止循环的牛顿法

## 4.4  弦截法

弦截法（secant method）用有限差分近似（finite difference approximation）替代牛顿法中的导数计算，而该有限差分近似则来自最近两次的迭代结果。不再画

$f(x)$ 曲线某点的切线,而是通过曲线上两点画一条弦线。下一个迭代解就是该弦线与 $x$ 轴的交点。

弦截法迭代需要两个初始值 $x_0$ 和 $x_1$,后续迭代则按下列公式执行。

$$s_n = \frac{f(x_n) - f(x_{n-1})}{x_n - x_{n-1}},$$

$$x_{n+1} = x_n - \frac{f(x_n)}{s_n}.$$

该公式清楚地表明:牛顿法中的 $f'(x_n)$ 如何被弦线斜率 $s_n$ 所替代。在下面 MATLAB 代码中,公式表达得更为简洁紧凑:

```
while abs(b-a) > eps*abs(b)
    c = a;
    a = b;
    b = b + (b - c)/(f(c)/f(b)-1);
    k = k + 1;
end
```

对于 $\sqrt{2}$ 的计算问题,从 a = 1 和 b = 2 开始,弦截法的计算花费了 7 次迭代,而牛顿法是 6 次。下面是弦截法计算出的一系列近似解:

```
1.333333333333334
1.400000000000000
1.414634146341463
1.414211438474870
1.414213562057320
1.414213562373095
1.414213562373095
```

相对于牛顿法,弦截法的主要优点是不需要计算 $f'(x)$。弦截法的收敛性类似于牛顿法。此外,若假设 $f'(x)$ 和 $f''(x)$ 都连续,则可以证明 [15]:

$$e_{n+1} = \frac{1}{2} \frac{f''(\xi) f'(\xi_n) f'(\xi_{n-1})}{f'(\xi)^3} e_n e_{n-1},$$

式中,$\xi$ 为 $x_n$ 和 $x_*$ 之间的某点。换句话说,

$$e_{n+1} = O(e_n e_{n-1}).$$

这不是平方收敛,而是超线性(*superlinear*)收敛。可以证明

$$e_{n+1} = O(e_n^\phi),$$

在此,$\phi$ 是黄金分割比,$(1 + \sqrt{5})/2$。一旦近似解靠近零点,那么此后的每步迭代,将使近似解中正确数字的位数大约增多 1.6 倍。这几乎和牛顿法一样快,而远比每步迭代只增多 1 比特位的二分法快得多。

我们把弦截法求解反例函数的表现留作习题 4.8。反例函数重写如下：

$$f(x) = \text{sign}(x - a)\sqrt{|x - a|}.$$

## 4.5 逆二次插值

弦截法用前两个迭代点解算下一步迭代点，那么为什么不用前三个迭代点呢？

假设我们已知 $a$、$b$、$c$ 三个值，以及对应的 $f(a)$、$f(b)$、$f(c)$ 函数值。我们可以用抛物线，即 $x$ 的二次函数，对这些数据进行插值，然后令抛物线与 $x$ 轴的交点为下一步的迭代解。这样做的问题在于：这样的抛物线也许与 $x$ 轴不相交；二次方程未必有实数根。然而，这也可以被看成是优点。著名的米勒（Muller）算法就把二次方程的复数根用作 $f(x)$ 复零点的近似。但是，现在我们希望避免复数运算。

为替代 $x$ 的二次函数，我们改用关于 $y$ 的二次函数对三点进行插值。将三个点插值为关于 $y$ 的二次函数。那是由如下插值条件确定的"侧向（sideways）"抛物线 $P(y)$。

$$a = P(f(a)),\ b = P(f(b)),\ c = P(f(c)).$$

该抛物线总会与 $x$ 轴相交，交点处 $y = 0$。因此，$x = P(0)$ 就是下一步迭代解。

上述方法称为逆二次插值（inverse quadratic interpolation），简写为 IQI。下面是展现该求解思路的 MATLAB 代码。

```
k = 0;
while abs(c-b) > eps*abs(c)
   x = polyinterp([f(a),f(b),f(c)],[a,b,c],0)
   a = b;
   b = c;
   c = x;
   k = k + 1;
end
```

上述"单纯的"IQI 算法的麻烦是：多项式插值需要其横坐标数据，即 $f(a)$、$f(b)$ 和 $f(c)$，各不相同。然而这样的条件，常无法保证。举例来说，假如我们想借助函数 $f(x) = x^2 - 2$ 计算 $\sqrt{2}$，并以 $a = -2$、$b = 0$ 和 $c = 2$ 为起点，那么我们一开始就遇到了 $f(a) = f(c)$，第一步插值就无法执行。又假如我们在靠近奇异处开始，比方取 $a = -2.001$、$b = 0$、$c = 1.999$，那么所得到的下一步迭代解接近 $x = 500$。

总之，IQI 就像一匹未臻驯教的赛马，在接近终线时能跑得很快，但它的全程表现却飘忽不定。这需要一个好的驯马师对它进行调教。

## 4.6 Zeroin 算法

zeroin 算法（zeroin algorithm）的核心思想是把二分法的可靠性同弦截法、IQI 法的收敛速度相结合。20 世纪 60 年代，荷兰阿姆斯特丹数学中心的 T. J. Dekker 和同事们开发了该算法的第一版 [17]。我们所用的 zeroin 法以 Richard Brent 的版本 [12] 为基础。下面是这个算法的梗概：

- 选取初始值 $a$ 和 $b$，使得 $f(a)$ 和 $f(b)$ 的正负号相反；
- 利用一步弦截法，得到 $a$ 和 $b$ 之间的一个值 $c$；
- 重复执行以下步骤，直到 $|a - b| < \epsilon |b|$ 或 $f(b) = 0$；
- 对 $a$、$b$ 和 $c$ 进行排序，使得
  - $f(a)$ 和 $f(b)$ 正负号相反，
  - $|f(b)| \leqslant |f(a)|$，
  - $c$ 取上一步的 $b$ 值。
- 若 $c \neq a$，执行 IQI 法迭代；
- 若 $c = a$，执行弦截法迭代；
- 若 IQI 或弦线迭代解落在 $[a, b]$ 区间内，则接受这个解；
- 若迭代解不在 $[a, b]$ 区间内，则执行二分法。

该算法十分简单且安全可靠。它会牢盯着圈围在不断收缩区间中的零点，而万无一失。当快速算法安全可靠时，就用快速收敛算法；否则，就使用虽慢但完全有把握的算法。

## 4.7 示教 M 文件 fzerotx

zeroin 算法的 Matlab 实现是 fzero 函数。该函数除基本算法外，还有几个特征：先接受一个标量值作为初始猜测点，然后搜索一个使 f(x) 正负号发生变化的区间；函数 f(x) 的返回值都被进行是否无穷大、NaN、复数的检测；可改变缺省阈值设置；可据用户需求，生成包括函数值计算次数在内的一些附加性信息。zeroin 算法的示教版本是 fzerotx。它由 fzero 简化而来，删除了 fzero 的大多数附加特征，但保留了 zeroin 的基本特征。

我们将以第一类零阶贝塞耳函数（Bessel function）$J_0(x)$ 为例，说明 fzerotx 的用法。$J_0(x)$ 可由 Matlab 函数 besselj(0,x) 产生。下面这段代码能求出 $J_0(x)$ 的前 10 个零点，并画出如图 4.2 所示的曲线（图中红色 x 符，是后加的）。

```
J0 = @(x) besselj(0,x);
for n = 1:10
    z(n) = fzerotx(J0,[(n-1) n]*pi);
end
x = 0:pi/50:10*pi;
y = J0(x);
```

```
plot(z,zeros(1,10),'o',x,y,'-')
line([0 10*pi],[0 0],'color','black')
axis([0 10*pi -0.5 1.0])
```

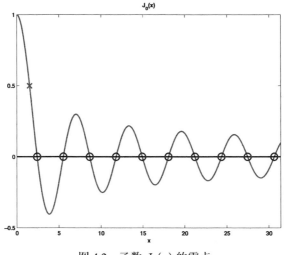

图 4.2 函数 $J_0(x)$ 的零点

你可从该图看到，$J_0(x)$ 的曲线像幅值和频率受调制的 $\cos(x)$。相邻零点间的距离接近于 $\pi$。

M 函数 fzerotx 有两个输入量。第一个输入量用以指定待求零点的函数 $F(x)$，第二个输入量则用于指定搜索区间 $[a,b]$。fzerotx 是一个 MATLAB 泛函（function function）示例。M 泛函是以别的 M 函数为其输入量的那种 M 函数。ezplot 是另一个 M 泛函。本书第 6 章数值积分、第 7 章常微分方程及第 9 章随机数等章节中，所有带 "tx" 和 "gui" 字样的 M-文件，也都是 M 泛函。

把一个函数作为输入量传送进另一个函数，有下列两种不同方式：
- 函数句柄（function handle）；
- 匿名函数（anonymous function）。

函数句柄借用 '@' 符作为 MATLAB 内建函数名或 M-文件定义的函数名的前导。例如：

```
@cos
@humps
@bessj0
```

在此，bessj0.m 是一个只含两行代码的 M-文件

```
function y = bessj0(x)
y = besselj(0,x)
```

这些句柄就可以用作 M 泛函的输入量。

```
z = fzerotx(@bessj0,[0,pi])
```

顺便提醒：@besselj 也是一个合法的函数句柄，不过它对应的是需要两个输入量的 besselj 函数。

匿名函数引入于 MATLAB 7。例如：

```
F = @(t) cos(pi*t)
G = @(z) z^3-2*z-5
J0 = @(x) besselj(0,x)
```

这些对象被称为匿名函数是因为

```
@(arguments) expression
```

这种结构形式虽定义了一个函数，但并没有赋其名字。

M-文件和匿名函数可以定义含一个以上输入量的函数。以这种形式，那些附加参数值就可以通过 fzerotx 传递给目标函数（objective function）。在寻零的迭代过程中，这些参数值保持不变。这就允许我们去寻找取特定函数值 $y$ 时的解 $x$，而不是只能寻找函数值为零的解。例如，考虑方程

$$J_0(\xi) = 0.5.$$

先定义带两个或三个输入量的匿名函数。

```
F = @(x,y) besselj(0,x)-y
```

或

```
B = @(x,n,y) besselj(n,x)-y
```

然后，运行命令

```
xi = fzerotx(F,[0,2],.5)
```

或

```
xi = fzerotx(B,[0,2],0,.5)
```

就可得到结果

```
xi =
    1.5211
```

解点 $(\xi, J_0(\xi))$ 用红色 'x' 标识在图 4.2 中。关于 M 泛函、函数句柄、匿名函数以及它们之间的参数传递，可参阅附录 A6 节。

fzerotx 函数的前导说明如下。

```
function b = fzerotx(F,ab,varargin);
%FZEROTX  FZERO.M 文件的示教版
% x = fzerotx(F,[a,b]) 在 a 和 b 之间寻找 F(x) 的零点
% F(a) 和 F(b) 的正负号必须相反
% fzerotx 返回 [a,b] 区间中某个使F符号发生改变的小子区间的一个端点
% fzerotx(F,[a,b],p1,p2,...) 调用格式中的附加输入量 p1, p2 等可传递给
% 函数 F(x,p1,p2,...)。
```

fzerotx 函数第一段代码用于：对表征搜索区间的 a、b 和 c 变量进行初始化；计算该初始区间端点处的 F 函数值。

```
a = ab(1);
b = ab(2);
fa = F(a,varargin{:});
fb = F(b,varargin{:});
if sign(fa) == sign(fb)
    error('Function must change sign on the interval')
end
c = a;
fc = fa;
d = b - c;
e = d;
```

下面是主循环的起始部分。在每次进入循环的起始阶段，a、b、c 被重新排列，使之满足 zeroin 算法的条件。

```
while fb ~= 0
% 三个当前点a、b、c应满足:
%     f(x) 在a和b之间改变符号
%     abs(f(b)) <= abs(f(a))
%     c =此前的 b, 所以c 也许=a.
% 下一点选自区间中点(a+b)/2。
%     由b和c确定弦线点。
%     若a、b、c三者都不同, 则由它们确定逆二次插值点。

if sign(fa) == sign(fb)
    a = c; fa = fc;
    d = b - c; e = d;
end
if abs(fa) < abs(fb)
    c = b; b = a; a = c;
    fc = fb; fb = fa; fa = fc;
end
```

下列代码进行收敛性测试，并提供可能跳出循环的出口。

```
m = 0.5*(a - b);
tol = 2.0*eps*max(abs(b),1.0);
if (abs(m) <= tol) | (fb == 0.0),
    break
end
```

再下一部分代码在二分法和两种插值方法间进行选择。

```
% 选择二分法或插值法
if (abs(e) < tol) | (abs(fc) <= abs(fb))
    % 二分法
    d = m;
    e = m;
else
    % 插值法
    s = fb/fc;
    if (a == c)
        % 线性插值（弦线）法
        p = 2.0*m*s;
        q = 1.0 - s;
    else
        % 逆二次插值法
        q = fc/fa;
        r = fb/fa;
        p = s*(2.0*m*q*(q - r) - (b - c)*(r - 1.0));
        q = (q - 1.0)*(r - 1.0)*(s - 1.0);
    end;
    if p > 0, q = -q; else p = -p; end;
    % 插值点是否可接受
    if (2.0*p < 3.0*m*q - abs(tol*q)) & (p < abs(0.5*e*q))
        e = d;
        d = p/q;
    else
        d = m;
        e = m;
    end;
end
```

最后一段代码为下一次迭代计算函数值 F。

```
% 下一点
c = b;
fc = fb;
if abs(d) > tol
    b = b + d;
else
    b = b - sign(b-a)*tol;
end
fb = F(b,varargin{:});
```

```
end
```

## 4.8　fzerogui

M-文件 `fzerogui` 用于演示 zeroin 算法和 fzerotx 函数的工作机理。在每步迭代中，你都有一个选择下一迭代点的机会。在提供的选择中，总包括用红色标识在屏幕上的区间中点。若存在 $a$、$b$ 和 $c$ 三个点各不相同的点，那么 IQI 点用蓝色标注。在 $a = c$ 时，就只存在两个互不相同的点，弦线点用绿色标注。同时，待解函数 $f(x)$ 的曲线也会用虚点线画出，但算法本身并不"知道"虚线上的其他函数值。你可以选择任何一个喜欢的点供下一步迭代用。你不必按 zeroin 算法所说，去选择区间中点或插值点。你甚至可以取巧地选择 $f(x)$ 虚线与坐标轴的交点。

我们可以通过对贝塞耳函数第一个零点的寻找，演示 fzerogui 工作机理。事实上，$J_0(x)$ 的第一个局部极小值在 $x = 3.83$ 附近。下面列出以下代码前几步的运行情况。

```
fzerogui(@(x)besselj(0,x),[0 3.83])
```

运行一开始，由于 $c = b$，所以只有区间中点和弦线点两种选择（参见图 4.3）。

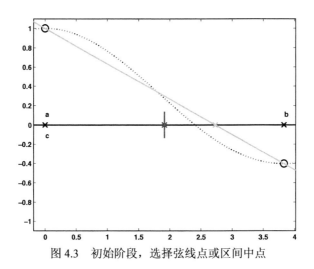

图 4.3　初始阶段，选择弦线点或区间中点

假如你选择弦线点，那么 $b$ 就移动到这位置，并计算 $x = b$ 时的 $J_0(x)$。这时，我们有三个不同的点，所以选择在区间中点和 IQI 点之间进行（参见图 4.4）。

假如你选择 IQI 点，搜索区间就变小，此时 GUI 图形用户界面会自动变焦放大已经缩小了的那个区间，再接下来的选择在区间中点和弦线点之间进行。此时，两个点紧靠在一起（参见图 4.5）。

你可在这两点中任选一个，或者其他任何与它们靠近的点。再执行两步，区间继续缩小，并显示出如图 4.6 所示的情形。这是算法收敛时的典型形态。函数曲线看起来像一条直线，而弦线点或 IQI 点远比区间中点更靠近期望的零点。至此就十分清楚：选择弦截法或 IQI 法可使收敛速度比二分法快得多。

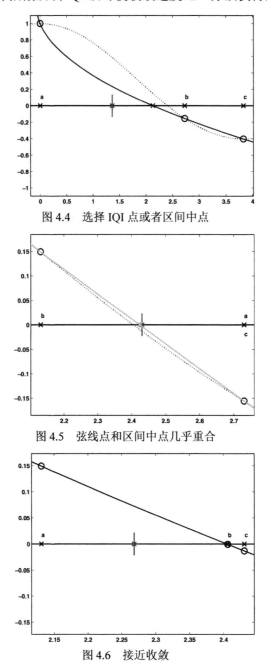

图 4.4 选择 IQI 点或者区间中点

图 4.5 弦线点和区间中点几乎重合

图 4.6 接近收敛

再操作几步，函数值正负变号区间的长度就被缩减到了与原始区间长度相比几乎微不足道的地步。因而算法终止，把最后的 $b$ 作为结果输出。

## 4.9  值的解算和反插值

以下两个问题看起来非常相似:

- 给定函数 $F(x)$ 和某值 $\eta$,求 $\xi$ 使 $F(\xi) = \eta$。
- 给定未知函数 $F(x)$ 的采样数据 $(x_k, y_k)$,以及某值 $\eta$,求 $\xi$ 使得 $F(\xi) = \eta$。

对于第一个问题,因为我们能计算任意 $x$ 处的 $F(x)$,所以我们可以对转换函数 $f(x) = F(x) - \eta$ 使用函数零点解算命令(zero finder)。这样就可找到 $\xi$ 使得 $f(\xi) = 0$,进而有 $F(\xi) = \eta$。

对于第二个问题,我们需要做某种插值。最显而易见方法是:对函数 $f(x) = P(x) - \eta$ 使用函数零点解算命令,在此 $P(x)$ 是诸如 pchiptx(xk,yk,x) 或 splinetx(xk,yk,x) 的某种插值函数。这种方法通常能较好实现计算目标,但计算代价昂贵,因为零点解算命令需要反复地计算插值函数。本书中有一些这样的练习,都涉及插值参数的重复计算以及适当区间序号的重复确定。

有时,所谓的反插值(reverse interpolation)算法更适于求解这第二个问题。反插值算法,通过交换 $x_k$ 和 $y_k$ 角色的方式,调用函数 pchip 或 spline。该算法要求在 $y_k$ 方向具有单调性,或至少要求目标值 $\eta$ 周围的 $y_k$ 数据子集具有单调性。于是,可创建一个名为 $Q(y)$ 的分段多项式,使 $Q(y_k) = x_k$。至此,就可不必再用函数零点解算命令。我们就可以由 $\xi = Q(y)$ 便捷地算出 $y = \eta$ 处的 $\xi$ 值。

两种插值方式中究竟选择哪种?这取决于所给数据怎么才能被分段多项式近似得更好,或者说,这要看 $x$ 或 $y$ 哪个更适于用作独立变量?

## 4.10  最优化和示教 M 文件 fmintx

寻找函数最大值、最小值的工作与函数零点的解算紧密相关。在本节中,我们要阐述一个类似于 zeroin 的、寻找单变量函数局部极小值(local minimum)的算法。该问题给定函数 $f(x)$ 及其所在的区间 $[a, b]$,目标是:寻找一个在给定区间上使 $f(x)$ 是局部极小的 $x$ 值。假如该函数是单模态(unimodular)函数,即在给定区间上仅有一个局部极小,那么这样的极小就可被找到。但假如存在一个以上的局部极小,那么只能找到其中一个,而且找的这个也未必是整个区间上的最小值。此外,还可能区间的某个端点是最小值点。

区间二分法不能用于此。因为即便知道 $f(a)$、$f(b)$ 和 $f((a+b)/2)$ 的值,我们也无法断定该丢弃区间的那半边,并确保那极小值仍在被保留的那半个区间中。

将区间三等分倒是可行的,但效率不高。令 $h = (b-a)/3$,则 $u = a+h$ 和 $v = b-h$ 将区间划分为三等份。若我们发现 $f(u) < f(v)$,那么可以用 $v$ 的值代替 $b$,从而使区间长度缩短为原来的三分之二,并仍可肯定极小点依然在这缩短了的区间中。然而,由于 $u$ 在新区间的中点,因此它在下一步计算中失去了使用价值。这样,我们每步都需要计算函数值两次。

与二分法最类似的极小值算法是黄金分割（golden section）搜索法。其主要思想可用图 4.7 中 $a = 0$、$b = 1$ 定义的区间加以说明。令 $h = \rho(b - a)$，而 $\rho$ 略大于 $1/3$，此量尚待确定。于是，点 $u = a + h$ 和 $v = b - h$ 将区间分为不等长的三段。接下来的第一步是计算 $f(u)$ 和 $f(v)$。若发现 $f(u) < f(v)$，那么我们知道极小值点应该在 $a$ 和 $v$ 之间。于是，我们可以用 $v$ 替换 $b$，再重复以上计算过程。现假设我们已经选择了正确的 $\rho$ 值，那个 $u$ 点就恰好在下一步计算中有用的位置上。这意味着：第一步后的每步都只需计算一次函数值。

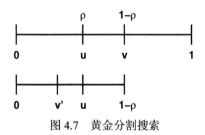

图 4.7   黄金分割搜索

用于确定 $\rho$ 值的方程为

$$\frac{\rho}{1 - \rho} = \frac{1 - \rho}{1},$$

即

$$\rho^2 - 3\rho + 1 = 0.$$

该方程的解为

$$\rho = 2 - \phi = (3 - \sqrt{5})/2 \approx 0.382.$$

式中的 $\phi$ 就是黄金分割比。它在本书第 1 章介绍 MATLAB 时已经用过。

使用黄金分割搜索，使区间长度在每步迭代中以 $\phi - 1 \approx 0.618$ 的比例因子缩小。经

$$\frac{-52}{\log_2(\phi - 1)} \approx 75$$

步迭代，可将区间长度大约减小为原长度的 eps 倍。这 eps 是 IEEE 双精度舍入误差的尺度。

经过前几步计算后，通常就具有了足够的历史信息，就能给出区间内三个不同的点及其相应函数值。假如对那三个点插值所得之抛物线的极小值点落在该区间内，那么下一点通常应选这抛物线极小点，而不是黄金分割点。黄金分割搜索和抛物线插值的这种组合为一维优化问题提供了可靠、有效的算法。

为最优化搜索过程终止构建适当判据可能是很棘手的。在 $f(x)$ 极小值点，一阶导数 $f'(x)$ 为零。因此，在极小值点附近，$f(x)$ 性状就像缺少一次项的二次函数：

$$f(x) \approx a + b(x - c)^2 + \cdots.$$

极小值发生在 $x = c$ 处，其值为 $f(c) = a$。假如 $x$ 紧挨着 $c$，比如对于一个很小的 $\delta$ 有 $x \approx c + \delta$，那么就有

$$f(x) \approx a + b\delta^2.$$

于是计算函数值时，$x$ 的微小变化都被平方处理。假如 $a$、$b$ 非零，且大小相当，那么终止判据应与 sqrt(eps) 有关，理由是：$x$ 中任何更小的变化都不影响 $f(x)$ 值。但若 $a$、$b$ 数量级不同，或 $a$ 和 $c$ 中有一个接近于零，那么 eps 规模的区间长度比 sqrt(eps) 更适于用作终止判据。

MATLAB 有一个 M 泛函 fminbnd，它就使用黄金分割搜索和抛物线插值（parabolic interpolation），去求解单实变量构成的实函数的局部极小值。该 M 泛函基于 Richard Brent [12] 编写的 Fortran 程序。MATLAB 还有一个 fminsearch 泛函。它采用著名的 Nelder-Meade 单纯形算法（simplex algorithm），能搜索多实变量构成的实函数的局部极小值。MATLAB 最优化工具包还汇集了其他各种优化程序，其中包括约束优化、线性规划以及大规模稀疏优化等。

本书的 NCM 程序汇集中有一个 fmintx 函数，它是 fminbnd 的简化版本。简化措施之一是有关终止判据（stopping criterion）的。当区间长度小于指定参数 tol 时，就结束搜索。tol 的缺省值为 $10^{-6}$。在 fminbnd 程序中使用了更为完善的、涉及 $x$ 和 $f(x)$ 相对容差（relative tolerance）和绝对容差（absolute tolerance）的终止判据。

MATLAB demos 目录下有一个名为 humps 的函数，它专用于演示 MATLAB 绘图、积分和函数零点的求取。该函数表达式如下

$$h(x) = \frac{1}{(x - 0.3)^2 + 0.01} + \frac{1}{(x - 0.9)^2 + 0.04} - 6.$$

以下语句

```
F = @(x) -humps(x);
fmintx(F,-1,2,1.e-4)
```

运行的每一步搜索方法及搜索数据见如下列表；图 4.8 则标出了搜索点的位置。我们可以看到：第 2、3、7 步采用了黄金分割搜索；而一旦搜索接近极小值点，就完全借助抛物线插值实现对极小值点的搜索。

| step | x | f(x) |
|---|---|---|
| init: | 0.1458980337 | -25.2748253202 |
| gold: | 0.8541019662 | -20.9035150009 |
| gold: | -0.2917960675 | 2.5391843579 |
| para: | 0.4492755129 | -29.0885282699 |
| para: | 0.4333426114 | -33.8762343193 |
| para: | 0.3033578448 | -96.4127439649 |
| gold: | 0.2432135488 | -71.7375588319 |

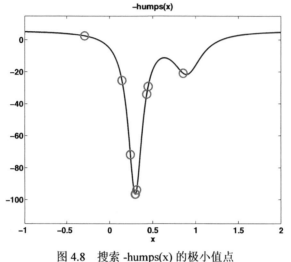

图 4.8  搜索 -humps(x) 的极小值点

# 习　题

4.1.　请使用 `fzerogui` 尝试寻找下列函数在所给区间上的零点。试问：你看到了有趣或不寻常的现象了吗？

$$
\begin{array}{ll}
x^3 - 2x - 5 & [0,3] \\
\sin x & [1,4] \\
x^3 - 0.001 & [-1,1] \\
\log(x + 2/3) & [0,1] \\
\mathrm{sign}(x-2)\sqrt{|x-2|} & [1,4] \\
\mathrm{atan}(x) - \pi/3 & [0,5] \\
1/(x-\pi) & [0,5]
\end{array}
$$

4.2.　本题可作为数值方法史的小小脚注。沃利斯（Wallis）首次向法国科学院提出牛顿法时使用了以下多项式：

$$
x^3 - 2x - 5
$$

该多项式有一个位于 $x = 2$ 和 $x = 3$ 之间的实根，以及一对共扼复根。

(a) 请用符号工具包求取这三个根的符号表达式。注意：所得结果不很秀美。请将它转换成数值形式。

(b) 请用 Matlab 函数 roots 求所有三个根的数值解。

(c) 请用 fzerotx 函数求一个实根。

(d) 请以一个复数为初值用牛顿法来求一个复根。

(e) 二分法能用于求复数根吗？为什么？

4.3. 下面的三次多项式有三个非常靠近的实数根：

$$p(x) = 816x^3 - 3835x^2 + 6000x - 3125.$$

(a) 函数 $p$ 的精准根是什么？

(b) 在 $1.43 \leqslant x \leqslant 1.71$ 区间画 $p(x)$ 图形，并标出这三个根的位置。

(c) 以 $x_0 = 1.5$ 为起始点，牛顿法该怎么做？

(d) 以 $x_0 = 1$ 和 $x_1 = 2$ 为起始条件，弦截法该怎么做？

(e) 以区间 $[1, 2]$ 为起始条件，二分法该怎么执行？

(f) fzerotx(p,[1,2]) 的执行结果是什么？为什么？

4.4. 导致 fzerotx 终止的原因是什么？

4.5. (a) fzerotx 如何为它下一步迭代在区间中点和插值点之间做出选择？

(b) 在选择中，为什么会涉及 tol 的值？

4.6. 请推导 fzerotx 中供 IQI 算法使用的公式。

4.7. 想求函数 $J_0(x)$ 在区间 $0 \leqslant x \leqslant \pi$ 上的零点时，也许会尝试运行以下语句

```
z = fzerotx(@besselj,[0 pi],0)
```

该语句中函数句柄和 fzerotx 的调用格式都是正确的，但它给出的结果却是 z = 3.1416。为什么？

4.8. 考察弦截法求解如下函数零点时的表现。

$$f(x) = \text{sign}(x - a)\sqrt{|x - a|}.$$

4.9. 求满足方程 $x = \tan x$ 的前十个正数解 $x$。

4.10. (a) 计算函数 $J_0(x)$ 的前十个零点。你可以利用本章所给 $J_0(x)$ 曲线估计它们的位置。

(b) 计算第二类零阶贝塞耳函数 $Y_0(x)$ 的前十个零点。

(c) 在 0 和 $10\pi$ 之间，计算满足方程 $J_0(x) = Y_0(x)$ 的所有解 $x$。

(d) 在同一幅图上，绘制区间 $0 \leqslant x \leqslant 10\pi$ 上 $J_0(x)$、$Y_0(x)$ 曲线，标出每个函数的前十个零点以及两曲线间的交点。

4.11. Γ 函数（gamma function）定义由如下积分给出：

$$\Gamma(x + 1) = \int_0^\infty t^x e^{-t} \mathrm{d}t.$$

采用分部积分法可以证明：当计算该积分在整数处的值时，$\Gamma(x)$ 实际上是如下阶乘函数（factorial function）：

$$\Gamma(n+1) = n!.$$

$\Gamma(x)$ 和 $n!$ 增长速度非常快，以至于不很大的 $x$ 和 $n$ 也会造成浮点数上溢。因此，借助这两个函数的对数实施计算往往更为方便。

MATLAB 函数 gamma 和 gammaln 分别计算 $\Gamma(x)$ 和 $\log \Gamma(x)$。而 $n!$ 很容易由如下命令算出：

```
prod(1:n)
```

尽管如此，仍有很多人希望有一个名为 factorial 的函数去计算阶乘，于是 MATLAB 也就提供了这个 M 函数。

(a)  使 $\Gamma(n+1)$ 和 $n!$ 可被双精度浮点数精准表示的 $n$ 的最大值是什么？

(b)  使 $\Gamma(n+1)$ 和 $n!$ 可被双精度浮点数近似表示、又不发生上溢的 $n$ 的最大值是什么？

4.12.  斯特林近似（Stirling approximation）是对 $\log \Gamma(x+1)$ 的经典估计：

$$\log \Gamma(x+1) \sim x \log(x) - x + \frac{1}{2} \log(2\pi x).$$

Bill Gosper [68] 指出一个更好的近似公式是

$$\log \Gamma(x+1) \sim x \log(x) - x + \frac{1}{2} \log(2\pi x + \pi/3).$$

这两个近似公式的精确度都随 $x$ 的增大而提高。

(a)  当 $x=2$ 时，斯特林近似和 Gosper 近似的相对误差分别是多少？

(b)  要使斯特林近似和 Gosper 近似的相对误差都小于 $10^{-6}$，$x$ 分别要取到多大？

4.13.  运行以下语句

```
y = 2:.01:10;
x = gammaln(y);
plot(x,y)
```

生成 $\log \Gamma$ 函数的反函数曲线。

(a)  请编写一个能对任意 $x$ 计算出函数值的 MATLAB 函数 gammalninv。即，对于任意给定的 $x$，语句

```
y = gammalninv(x)
```

能给出结果 y，使得 gammaln(y) 等于 x。

(b)  对这个函数来说，$x$ 和 $y$ 的适当取值范围分别是什么？

4.14.  下面给出一张制动距离 $d$ 的数据表。制动距离是假想车辆以速度 $v$ 行驶时采取紧急制动（brakes）后所滑行过的距离。

| $v$(m/s) | $d$(m) |
|---|---|
| 0 | 0 |
| 10 | 5 |
| 20 | 20 |
| 30 | 46 |
| 40 | 70 |
| 50 | 102 |
| 60 | 153 |

假如在完全停止前最多滑行 60m，请问车辆行驶速度的极限是多少？用以下三种不同的方法计算这个速度。

(a) 分段线性插值；

(b) 由 pchiptx 实施的分段三次插值；

(c) 由 pchiptx 实施的分段逆三次插值。

由于所提供数据的品质较好，三种方法所得结果将彼此非常接近，但不完全相同。

4.15. 行星轨道（planetary orbits）开普勒模型（Kepler's model）中的偏心近点角（eccentricity anomaly）$E$ 满足下列方程

$$M = E - e\sin E,$$

式中，$M$ 为平均近点角（mean anomaly）；$e$ 为轨道偏心率。本题取 $M = 24.851090$ 和 $e = 0.1$。

(a) 请用 fzerotx 求解 E。你可先对 M 和 e 赋值，然后供表述 E 表达式的匿名函数调用。

```
M = 24.851090
e = 0.1
F = @(E) E - e*sin(E) - M
```

而这 F 将用作函数 fzerotx 的第一输入量。

(b) 已知 $E$ 的"精准"公式为

$$E = M + 2\sum_{m=1}^{\infty} \frac{1}{m} J_m(me) \sin(mM),$$

式中，$J_m(x)$ 为第一类 $m$ 阶贝塞耳函数。请用上述公式以及 MATLAB 函数 besselj(m,x) 计算 $E$。问：计算时需要使用上述公式中的多少项？把这样算得的 $E$ 与用 fzerotx 求出的值相比较，情况怎样？

4.16. 公共设施必须避免水管冻结。如果我们采用匀质土壤条件的假设，那么在寒流抵达后的 $t$ 时刻、地表下 $x$ 处的温度 $T(x,t)$ 可近似表达为

$$\frac{T(x,t) - T_s}{T_i - T_s} = \mathrm{erf}\left(\frac{x}{2\sqrt{\alpha t}}\right).$$

式中，$T_s$ 是寒流期间恒定的地面温度；$T_i$ 是寒流到来前初始土壤温度（soil temperature）；$\alpha$ 是土壤的热导率（thermal conductivity）。若 $x$ 用米（m）计量，$t$ 用秒（s）计量，那么 $\alpha = 0.138 \cdot 10^{-6} \mathrm{m^2/s}$。令 $T_i = 20°C$，$T_s = -15°C$，并记住在 $0°C$ 水将结冰。请用 `fzerotx` 计算水管应埋多深，才能确保这些水管在所设寒流条件下至少 60 天不冻结。

4.17. 请对 `fmintx` 程序进行修改，使它能输出类似于 4.10 节末尾的打印结果和图形，行吗？并请重新生成图 4.8 所示的 `-humps(x)` 函数图形。

4.18. 令 $f(x) = 9x^2 - 6x + 2$，$f(x)$ 实际的极小值点是什么？利用 `fmintx` 函数算得的结果与实际极小值点有多接近？为什么？

4.19. 从理论上说，`fmintx(@cos,2,4,eps)` 应返回 pi。实际结果与 pi 有多接近？为什么？另一方面，`fmintx(@cos,0,2*pi)` 确实返回 pi，这又是为什么？

4.20. 假如 `fmintx(@F,a,b,tol)` 中取 `tol = 0`，迭代会无休止吗？为什么"会"，或为什么"不会"？

4.21. 请根据 `fmintx` 程序所用的下列代码，推导出借助抛物线插值进行极小化计算的公式。

```
r = (x - w)*(fx - fv);
q = (x - v)*(fx - fw);


p = (x - v)*q - (x - w)*r;
s = 2.0*(q - r);
if s > 0.0, p = -p; end
s = abs(s);
% 抛物线可接受吗?
para = ( (abs(p)<abs(0.5*s*e))
        & (p > s*(a - x)) & (p < s*(b - x)) );
if para
  e = d;
  d = p/s;
  newx = x + d;
end
```

4.22. 令 $f(x) = \sin(\tan x) - \tan(\sin x)$，$0 \leqslant x \leqslant \pi$。

(a) 画出 $f(x)$ 曲线图。

(b) 为什么 $f(x)$ 极小值计算比较困难？

(c) 由 fmintx 算出的 $f(x)$ 极小值是什么?

(d) 当 $x \to \pi/2$ 时, $f(x)$ 的极限是什么?

(e) 函数 $f(x)$ 的下确界（glb or infimum）是什么?

# 第 5 章　最小二乘

术语最小二乘（least squares）用以表述：在近似意义上解算超定方程或非精准特定方程的一种常用方法。我们只寻求使方程残差平方和最小的解，而不刻意寻求方程精准解。

最小二乘准则具有重要的统计解释。若对隐含误差的分布做适当的概率假设，那么最小二乘就给出参数的最大似然（maximum-likelihood）估计。即使概率假设不满足，多年来的经验已经表明，最小二乘法能给出很有用的结果。

线性最小二乘问题解算方法利用矩阵的正交分解。

## 5.1　模型和曲线拟合

最小二乘问题（least squares problems）的一个常见来源是曲线拟合（curve fitting）。设 $t$ 为独立变量，$y(t)$ 为我们想近似的 $t$ 的未知函数。假设有 $m$ 个观测值（observations），即在 $m$ 个给定 $t$ 值处所量测到的 $y$ 值：

$$y_i = y(t_i),\ i = 1, \ldots, m.$$

其基本思想是通过 $n$ 个基函数（basis functions）的线性组合对 $y(t)$ 建模（model）：

$$y(t) \approx \beta_1 \phi_1(t) + \cdots + \beta_n \phi_n(t).$$

又记设计矩阵（design matrix）$X$ 为元素按下式取值的 $m \times n$ 矩阵：

$$x_{i,j} = \phi_j(t_i).$$

设计矩阵的行数一般比列数更多。该模型可用矩阵-向量形式（matrix-vector notation）记述为

$$y \approx X\beta.$$

在此，符号 $\approx$ 表示"近似等于"的意思。关于"近似等于"的更准确讨论在下节给出，但我们的重点在于最小二乘近似。

基函数 $\phi_j(t)$ 可以是 $t$ 的非线性函数，但未知参数 $\beta_j$ 以线性形式出现在模型中。线性方程组

$$X\beta \approx y$$

是超定的（overdetermined），其方程数多于未知量的个数。该方程的最小二乘解可用左除运算求得。具体如下

```
beta=X\y
```

基函数中也可以包含一些非线性参数 $\alpha_1, \ldots, \alpha_p$。若含线性和非线性两种参数的最小二乘问题有如下形式，那么该问题称为可分离的（separable）：

$$y(t) \approx \beta_1 \phi_1(t, \alpha) + \cdots + \beta_n \phi_n(t, \alpha).$$

于是，设计矩阵的元素就与 $t$、$\alpha$ 都有关：

$$x_{i,j} = \phi_j(t_i, \alpha).$$

可分离问题可以通过左除算符与优化工具包中的 fminsearch 或其他线性最小化函数的配合使用得以解算。新的曲线拟合工具包提供了一个解算非线性拟合问题的图形用户接口。

以下列出若干常见模型：

- 直线（Straight line）模型：若模型是 $t$ 的线性函数，那么就是一条直线。

$$y(t) \approx \beta_1 t + \beta_2.$$

- 多项式（Polynomials）模型：系数 $\beta_j$ 以线性形式呈现。MATLAB 的多项式以降幂次序排列。

$$\phi_j(t) = t^{n-j}, \ j = 1, \ldots, n,$$
$$y(t) \approx \beta_1 t^{n-1} + \cdots + \beta_{n-1} t + \beta_n.$$

MATLAB 的 polyfit 函数通过构建设计矩阵，及利用左除运算符求取拟合系数，算出最小二乘拟合多项式。

- 有理分式（Rational functions）模型：分子中的系数呈现为线性；而分母中的系数则呈现为非线性。

$$\phi_j(t) = \frac{t^{n-j}}{\alpha_1 t^{n-1} + \cdots + \alpha_{n-1} t + \alpha_n},$$
$$y(t) \approx \frac{\beta_1 t^{n-1} + \cdots + \beta_{n-1} t + \beta_n}{\alpha_1 t^{n-1} + \cdots + \alpha_{n-1} t + \alpha_n}.$$

- 指数（Exponentials）模型：衰减率 $\lambda_j$ 呈现为非线性

$$\phi_j(t) = e^{-\lambda_j t},$$
$$y(t) \approx \beta_1 e^{-\lambda_1 t} + \cdots + \beta_n e^{-\lambda_n t}.$$

- 对数线性（Log-linear）模型：若只有一个指数项，取对数后便成为线性模型，但同时也改变了拟合准则：

$$y(t) \approx K e^{\lambda t},$$

$$\log y \approx \beta_1 t + \beta_2, \text{ with } \beta_1 = \lambda,\ \beta_2 = \log K.$$

- 高斯（Gaussians）模型：均值和方差都呈现为非线性。

$$\phi_j(t) = e^{-\left(\frac{t-\mu_j}{\sigma_j}\right)^2},$$
$$y(t) \approx \beta_1 e^{-\left(\frac{t-\mu_1}{\sigma_1}\right)^2} + \cdots + \beta_n e^{-\left(\frac{t-\mu_n}{\sigma_n}\right)^2}.$$

## 5.2　范　数

残差（residuals）是观测值和模型值之间的差：

$$r_i = y_i - \sum_1^n \beta_j \phi_j(t_i, \alpha),\ i = 1, \ldots, m.$$

或者用矩阵-向量形式记述为：

$$r = y - X(\alpha)\beta.$$

我们希望找到使残差尽可能小的 $\alpha$ 和 $\beta$。这"小"的含义是什么呢？换句话说，在什么意义上使用符号 $\approx$ 呢？有以下几种可能性：

- 插值：假如参数个数与观测数相同，我们也许可使残差为零。对于线性问题，这意味着 $m = n$，也就是设计矩阵 $X$ 为方阵。假如 $X$ 非奇异，则系数 $\beta$ 就是线性方程组的解：

$$\beta = X \setminus y.$$

- 最小二乘：使残差的平方和最小：

$$\|r\|^2 = \sum_1^m r_i^2.$$

- 带权最小二乘（weighted least squares）：假如某些观测比另一些更重要或更精确，那么我们可以对不同观测赋以不同的权值 $w_j$，并使下式最小化：

$$\|r\|_w^2 = \sum_1^m w_i r_i^2.$$

比如，若第 $i$ 次观测的误差约为 $e_i$，则可选择 $w_j = 1/e_i$。

任何解算非带权最小二乘问题的算法，通过对观测值和设计矩阵的比例定标（scaling）处理，就可以用来求解带权最小二乘问题。我们简单地用 $w_i$ 乘以 $y_i$ 和 $X$ 的第 $i$ 行。在 MATLAB 中，实施命令如下：

```
X = diag(w)*X
y = diag(w)*y
```

- 1-范数：使残差绝对值之和最小：

$$\|r\|_1 = \sum_1^m |r_i|.$$

该问题可重新表述为线性规划问题（linear programming problem），但这会比最小二乘难解得多。所算得的参数对于离群值（outliers）不敏感。

- 无穷范数：使最大残差最小化：

$$\|r\|_\infty = \max_i |r_i|.$$

这也称为切比雪夫拟合（Chebyshev fit），也可被表述为线性规划问题。切比雪夫拟合常用于数字滤波器设计和数学函数库的近似式开发。

Matlab 的优化工具包和曲线拟合工具包配置了求解 1-范数和无穷范数问题的 M 函数。但本章仅限于最小二乘问题。

## 5.3　人口模型交互界面 censusgui

NCM 目录中的 censusgui 程序有几个不同的线性模型。这份数据是通过人口普查确定的 1900—2010 年间的美国总人口数。单位是百万人。

| t | y |
|---|---|
| 1900 | 75.995 |
| 1910 | 91.972 |
| 1920 | 105.711 |
| 1930 | 123.203 |
| 1940 | 131.669 |
| 1950 | 150.697 |
| 1960 | 179.323 |
| 1970 | 203.212 |
| 1980 | 226.505 |
| 1990 | 249.633 |
| 2000 | 281.422 |
| 2010 | 308.748 |

任务是：为人口增长建模（model the population growth），并预测 2020 年的人口数。censusgui 程序中的默认模型是 $t$ 的三次多项式：

$$y \approx \beta_1 t^3 + \beta_2 t^2 + \beta_3 t + \beta_4.$$

式中有呈现线性关系的四个未知系数。

从数值上考虑，当 $t$ 取值于 1900 ∼ 2010 时，用 $t$ 的幂作为基函数是不合适的。这种设计矩阵的定标处理（scaled）很差，阵中各列几乎线性相关。假若对 $t$

采用比例因子进行如下变换和定标处理，就可产生好得多的基函数：

$$s = (t - 1955)/55.$$

新变量位于 $-1 \leqslant s \leqslant 1$ 区间，而模型为

$$y \approx \beta_1 s^3 + \beta_2 s^2 + \beta_3 s + \beta_4.$$

新设计矩阵有很好的条件数。

图 5.1 显示了默认三次多项式对普查数据的拟合。对 2020 年的外推预测似乎合理。图形窗中的按钮能让你改变多项式的幂次。从 $\|r\|$ 变小意义上看，随着幂次的升高，拟合显得越精确。然而这没有什么使用价值，因为这将导致拟合曲线在观察区间内或外的变化更激烈。

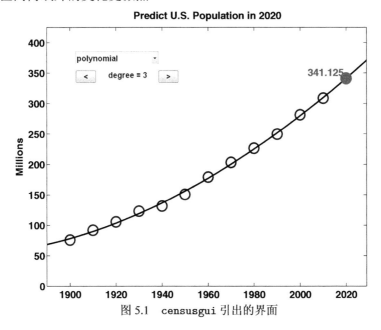

图 5.1 censusgui 引出的界面

censusgui 导出界面的菜单还允许用户选择 spline 插值、pchip 插值以及观察使用如下指数模型的对数-线性拟合。

$$y \approx K e^{\lambda t}.$$

对于"哪个模型最好"这一最重要问题，censusgui 界面工具不能回答。这要由你自己决断。

## 5.4 豪斯霍尔德反射

豪斯霍尔德反射（Householder reflection）是矩阵变换，它是目前某些已知最有效、灵活数值算法的基础。本节中，豪斯霍尔德反射将用于解算线性最小二乘

问题。在稍后章节中，它还将被用于矩阵特征值和奇异值问题的解算。

正规地说，豪斯霍尔德反射是指如下形式的矩阵：

$$H = I - \rho u u^T,$$

在此，$u$ 是任意非零向量；$\rho = 2/\left\| u \right\|^2$。$uu^T$ 是秩 1 矩阵（matrix of rank one），其每一列都是 $u$ 的某因数倍，而每一行都是 $u^T$ 的某因数倍。矩阵 $H$ 既对称又正交，即满足：

$$H^T = H$$

和

$$H^T H = H^2 = I.$$

实际上，矩阵 $H$ 无须具体地生成，因为 $H$ 对向量 $x$ 的作用按下式计算：

$$\tau = \rho u^T x,$$
$$Hx = x - \tau u.$$

从几何上说，向量 $x$ 首先向 $u$ 投影，然后再从向量 $x$ 中减去两倍投影。

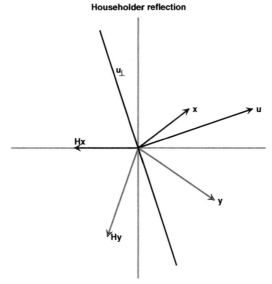

图 5.2　Householder 反射

图 5.2 显示了向量 $u$ 及与之垂直的向量 $u_\perp$。图中还显示了向量 $x$、$y$ 及它们在变换阵 $H$ 作用下的镜像 $Hx$、$Hy$。矩阵把任何向量变换成关于 $u_\perp$ 的镜像。任意向量 $x$ 与其镜像 $Hx$ 的中点，即

$$x - (\tau/2)u,$$

恰好落在 $u_\perp$ 上。在高于二维的空间里，$u_\perp$ 是垂直于向量 $u$ 的平面。

图 5.2 还显示了，当向量 $u$ 位于向量 $x$ 和某坐标轴的夹角平分线上时所发生的现象。此时，镜像 $Hx$ 就落在那坐标轴上。换句话说，此时 $Hx$ 只有一个分量非零。此外，既然 $H$ 是正交阵，因此被变换向量长度保持不变，而 $Hx$ 的非零分量一定是 $\pm\|x\|$。

对于给定向量 $x$，使其变为除第 $k$ 分量外其余全零的豪斯霍尔德反射确定如下：

$$\sigma = \pm\|x\|,$$
$$u = x + \sigma e_k,$$
$$\rho = 2/\|u\|^2 = 1/(\sigma u_k),$$
$$H = I - \rho u u^T.$$

在不存在舍入误差的情况下，$\sigma$ 的正负号可以任选，所得的 $Hx$ 可落在第 $k$ 维坐标轴的正向或负向。在存在舍入误差的情况下，最好按下列关系式选取 $\sigma$ 的正负号：

$$\mathrm{sign}\,\sigma = \mathrm{sign}\,x_k.$$

这样，$x_k + \sigma$ 运算实际执行的就是加法而不会是减法。

## 5.5  QR 分解

如果所有参数呈现为线性，且观测数多于基函数，那么我们就有一个线性最小二乘问题（linear least squares problem）。此时，$X$ 是 $m > n$ 的 $m \times n$ 设计矩阵。我们要求解

$$X\beta \approx y.$$

然而，该方程是超定的——方程数多于未知数。所以，不能指望方程被精确求解，而只能在下式给出的最小二乘意义上求解：

$$\min_\beta \|X\beta - y\|.$$

求解超定方程的理论方法，先用 $X^T$ 乘以等式两边，使超定方程简化成著名的 $n \times n$ 正规方程（normal equations）：

$$X^T X\beta = X^T y.$$

假如有成千上万个观测，而参数只有不多的几个，此时设计矩阵 $X$ 相当大，而矩阵 $X^T X$ 则很小。$y$ 被投影到了 $X$ 列向量所张成的子空间。若基函数独立，$X^T X$ 就非奇异，由这种理论方法可算得

$$\beta = (X^T X)^{-1} X^T y.$$

在大多数统计和数值方法教科书中，都有这个解算线性最小二乘问题的公式。然而，这种方法有诸多负面因素。我们已经知道：与高斯消元法相比，方程的求逆解算法，代价高，精度差。更要害的是，与原超定方程相比，正规方程一定具有更坏的条件。事实上，条件数被平方增大，即

$$\kappa(X^T X) = \kappa(X)^2.$$

采用有限精度运算，即使 $X$ 的列线性独立，正规方程也可能实际上变得奇异，因而逆 $(X^T X)^{-1}$ 不存在。

举一极端例子，考虑如下设计矩阵：

$$X = \begin{pmatrix} 1 & 1 \\ \delta & 0 \\ 0 & \delta \end{pmatrix}.$$

假设 $\delta$ 小而非零，则 $X$ 的两列接近平行但依然线性无关。然而，正规方程使情形更为恶化：

$$X^T X = \begin{pmatrix} 1 + \delta^2 & 1 \\ 1 & 1 + \delta^2 \end{pmatrix}.$$

若 $\|\delta\| < 10^{-8}$，那么用双精度浮点所算得的 $X^T X$ 就是完全奇异的，因而经典教科书解算公式中所必须的逆就不存在。

MATLAB 避开正规方程。左除算符不仅可以解算方形、非奇异方程，而且可以解算长方形、超定方程：

$$\beta = X \backslash y.$$

大部分运算采用所谓的 QR 分解（QR factorization）正交化算法（orthogonalization algorithm）进行。该 QR 分解借助 MATLAB 内建函数（built-in function）qr 实施计算。NCM 中的 qrsteps 可演示该分解的各个步骤。

图 5.3 图示说明了 QR 分解的两种型式。这两种分解型式都满足如下关系式

$$X = QR.$$

在完整型分解中，$R$ 的规模与 $X$ 相同，而 $Q$ 是一个行数与 $X$ 相同的方阵。在简约型分解中，$Q$ 的规模与 $X$ 相同，而 $R$ 是一个列数与 $X$ 相同的方阵。在此为避免混淆，用字母 Q 替换字母 O 表示正交（orthogonal），字母 R 表示右乘的三角阵（"right" triangular matrix）。在许多线性代数教材中描述的格拉姆 -施密特过程（Gram-Schmidt process）也能产生同样的分解，但数值稳定性不那么令人满意。

将一系列的豪斯霍尔德反射作用于 $X$ 的列，便生成矩阵 $R$：

$$H_n \cdots H_2 H_1 X = R.$$

$R$ 阵的第 $j$ 列是 $X$ 阵前 $j$ 列的线性组合。因此，$R$ 阵主对角元下方的元素全为 0。

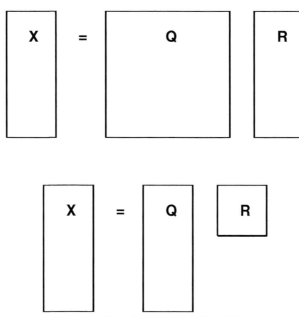

图 5.3  QR 的完整分解形式和简约分解形式

假若同样的反射序列作用于右端，那么方程

$$X\beta \approx y$$

就变化为

$$R\beta \approx z,$$

式中

$$H_n \cdots H_2 H_1 y = z.$$

上述方程组的前 $n$ 个方程式构成规模较小的三角型方程组。借助 NCM 目录上 `bslashtx` 函数中的 `backsubs` 子函数对该上三角方程组进行回代运算（back substitution），以求得 $\beta$。那剩余的 $m - n$ 个方程式的系数全为零，所以这些方程和 $\beta$ 无关，而 $z$ 的对应分量则构成了变换后的残差。上述解法优越于正规方程解法，理由是豪斯霍尔德反射有勿容置疑的数值论证，以及所得三角方程组已为回代运算做好充分准备。

QR 分解中的 $Q$ 阵为：

$$Q = (H_n \cdots H_2 H_1)^T.$$

在最小二乘问题解算中，$Q$ 不必真实地算出。但在 QR 分解的其他应用中，也许需要算出显式 $Q$。若我们只计算前 $n$ 列，那么我们就得到简约型分解；如果我们

计算了全部 $m$ 列，那么我们就得到了完整型 QR 分解。无论哪种分解，都有下式成立。

$$Q^T Q = I,$$

这就是说，$Q$ 的列是彼此垂直且有单位长度。这种矩阵被说成，规范正交列（orthonormal columns）矩阵。而对于完全型 $Q$，下式也同样成立：

$$QQ^T = I,$$

所以完全型 $Q$ 是正交（orthogonal）矩阵。

下面用缩小样本的人口普查算例说明最小二乘问题的 QR 解法。我们将用如下的二次多项式拟合样本中的六个观测点：

$$y(s) \approx \beta_1 s^2 + \beta_2 s + \beta_3.$$

定标时间变量 s=((1950:10:2000)'-1950)/50 和对应观测值 $y$ 如下：

|   s    |    y     |
|--------|----------|
| 0.0000 | 150.6970 |
| 0.2000 | 179.3230 |
| 0.4000 | 203.2120 |
| 0.6000 | 226.5050 |
| 0.8000 | 249.6330 |
| 1.0000 | 281.4220 |

设计矩阵 X=[s.*s s ones(size(s))]。

|        |        |        |
|--------|--------|--------|
| 0      | 0      | 1.0000 |
| 0.0400 | 0.2000 | 1.0000 |
| 0.1600 | 0.4000 | 1.0000 |
| 0.3600 | 0.6000 | 1.0000 |
| 0.6400 | 0.8000 | 1.0000 |
| 1.0000 | 1.0000 | 1.0000 |

M-文件 qrsteps 可显示 QR 分解的各步骤。

```
qrsteps(X,y)
```

第一步，使 X 第一列对角元下的全部元素为零。

|         |         |         |
|---------|---------|---------|
| -1.2516 | -1.4382 | -1.7578 |
| 0       | 0.1540  | 0.9119  |
| 0       | 0.2161  | 0.6474  |
| 0       | 0.1863  | 0.2067  |
| 0       | 0.0646  | -0.4102 |
| 0       | -0.1491 | -1.2035 |

同样的豪斯霍尔德反射作用于 $y$ 得

```
  -449.3721
   160.1447
   126.4988
    53.9004
   -57.2197
  -198.0353
```

第二步，使 X 第二列的对角元下方元素变为零。

```
  -1.2516    -1.4382    -1.7578
        0    -0.3627    -1.3010
        0          0    -0.2781
        0          0    -0.5911
        0          0    -0.6867
        0          0    -0.5649
```

第二次豪斯霍尔德反射同样作用于 $y$。

```
  -449.3721
  -242.3136
   -41.8356
   -91.2045
  -107.4973
   -81.8878
```

最后，第三列对角元下方元素被零化，同时该反射也作用于 $y$。于是就生成三角
阵 R 以及变换后的右端量 z。

```
  R =
    -1.2516    -1.4382    -1.7578
          0    -0.3627    -1.3010
          0          0     1.1034
          0          0          0
          0          0          0
          0          0          0

  z =
  -449.3721
  -242.3136
   168.2334
    -1.3202
    -3.0801
     4.0048
```

方程组 $R\beta = z$ 与原方程规模相同，$R$ 仍是 $6 \times 3$ 矩阵。我们能对前三个方程
式精确求解，因为 R(1:3,1:3) 是非奇异。

```
beta = R(1:3,1:3)\z(1:3)

beta =
    5.7013
  121.1341
  152.4745
```

该结果 beta 和直接采用如下左除算符所得的结果相同：

```
beta=R\z
```

或

```
beta=X\y
```

不管 $\beta$ 如何选取，$R\beta = z$ 方程组的最后三个方程式都无法满足，所以 z 中的最后三个分量代表残差。事实上，以下两个量

```
norm(z(4:6))
norm(X*beta - y)
```

都等于 5.2219。提醒注意：尽管我们使用了 QR 分解，但我们从没有真正计算过 Q 阵。

2010 年的人口可以通过计算多项式

$$\beta_1 s^2 + \beta_2 s + \beta_3$$

在 $s = (2010 - 1950)/50 = 1.2$ 处的值进行预报。该计算由如下 polyval 函数实现。

```
p2010 = polyval(beta,1.2)
p2010 =
   306.0453
```

2010 年的实际人口普查数据是 308.748。

## 5.6　伪　逆

矩阵伪逆（pseudoinverse）的定义需要用到矩阵的弗罗贝尼乌斯范数（Frobenius norm）：

$$\|A\|_F = \left( \sum_i \sum_j a_{i,j}^2 \right)^{1/2}.$$

MATLAB 表达式 norm(X,'fro') 用于计算 Frobenius 范数。$\|A\|_F$ 的大小，与 $A$ 阵所有元素串接成的一根长向量的 2 范数相同，即

```
orm(A,'fro')==norm(A(:))
```

穆尔-彭罗斯伪逆（Moore-Penrose pseudoinverse）扩展和广义化了通常的矩阵逆。伪逆用匕首上标记述为

$$Z = X^{\dagger},$$

它可用 MATLAB 函数 pinv算得。

```
Z=pinv(X)
```

如果 $X$ 是方阵且非奇异，那么伪逆和逆相同，即

$$X^\dagger = X^{-1}.$$

如果 $X$ 是 $m > n$ 的 $m \times n$ 矩阵，且 $X$ 满秩，那么该伪逆是正规方程中所出现的那种矩阵：

$$X^\dagger = (X^T X)^{-1} X^T.$$

伪逆具有通常矩阵逆的部分性质但并非全部。$X^\dagger$ 是矩阵 $X$ 的左逆（left inverse），理由是

$$X^\dagger X = (X^T X)^{-1} X^T X = I$$

在此，$I$ 是 $n \times n$ 的单位阵。但 $X^\dagger$ 不是矩阵 $X$ 的右逆（right inverse），因为矩阵

$$XX^\dagger = X(X^T X)^{-1} X^T$$

的秩仅为 $n$，所以不可能是 $m \times m$ 的单位阵。

伪逆是在所有 $Z$ 阵中那个使下式最小化的、尽可能逼近矩阵右逆的那个矩阵。

$$\|XZ - I\|_F,$$

$Z = X^\dagger$ 还要求最小化下式

$$\|Z\|_F.$$

由此可知：即使 $X$ 不满秩，上述这些最小化属性也确保定义出唯一的伪逆。

考虑 $1 \times 1$ 的情形。一个实数（或复数）$x$ 的逆是什么？若 $x$ 非零，则显然 $x^{-1} = 1/x$。但若 $x$ 为零，$x^{-1}$ 就不存在。伪逆考虑了这些情形，因为在标量情况下，只有一个数能使下列两个量都最小化

$$|xz - 1| \text{ and } |z|$$

它就是

$$x^\dagger = \begin{cases} 1/x & : \quad x \neq 0, \\ 0 & : \quad x = 0. \end{cases}$$

伪逆的实际计算涉及奇异值分解，此内容在后面章节讨论。你可以通过运行命令 edit pinv或 type pinv，就能看到关于 pinv 函数的 MATLAB 代码。

## 5.7　秩　亏

若 $X$ 是秩亏（rank deficient）的，或 $X$ 的列数多于行数，那么方阵 $X^TX$ 奇异，其逆不存在。下列从正规方程导出的表达式将无法计算。

$$\beta = (X^TX)^{-1}X^Ty$$

在这类退化情形下，下列线性方程的最小二乘解不唯一：

$$X\beta \approx y$$

$X$ 的零向量（null vector）是下式的非零解。

$$X\eta = 0.$$

在 $\beta$ 向量上加任何零向量的任意倍，都不会改变 $X\beta$ 对 $y$ 近似的良好程度。

在 MATLAB 中，方程

$$X\beta \approx y$$

的解可以通过矩阵左除算符或伪逆求取，即

```
beta=X\y
```

或

```
beta=pinv(X)*y
```

在满秩情形下，这两个解相同，尽管 pinv 为此所做的计算更多。但在退化情形下，这两个解就不再相同。

由左除算符求得的解称为基本解（basic solution）。若 $r$ 是 $X$ 的秩，那么下列语句命令所算得的解中最多有 $r$ 个非零分量。

```
beta=X\y
```

即便如此，满足要求的基本解也不唯一。左除算符所得的特定基本解取决于 QR 分解的具体执行过程。

由 pinv 函数命令算出的解称之为最小范解（minimum norm solution）。在所有 $\beta$ 中使 $\|X\beta - y\|$ 最小的那个向量，可由以下语句算得。

```
beta=pinv(X)*y
```

该语句计算中还使 $\|\beta\|$ 最小化。最小范解是唯一的。

例如，令

$$X = \begin{pmatrix} 1 & 2 & 3 \\ 4 & 5 & 6 \\ 7 & 8 & 9 \\ 10 & 11 & 12 \\ 13 & 14 & 15 \end{pmatrix}$$

和

$$y = \begin{pmatrix} 16 \\ 17 \\ 18 \\ 19 \\ 20 \end{pmatrix}.$$

矩阵 $X$ 是秩亏的。中间列是第一、三两列的平均。向量

$$\eta = \begin{pmatrix} 1 \\ -2 \\ 1 \end{pmatrix}$$

是零向量。

此时，调用

```
beta=X\y
```

会给出如下警告：

```
Warning: Rank deficient, rank = 2  tol = 1.451805e-14.
```

同时给出所求的解

```
beta =
    -7.5000
         0
     7.8333
```

正如前面所述，这是基本解；该解向量只有两个非零分量。然而，向量

```
beta =
         0
   -15.0000
    15.3333
```

和

```
beta =
   -15.3333
    15.6667
         0
```

也都是基本解。

而运行以下语句

```
beta=pinv(X)*y
```

所得解则是

```
beta =
    -7.5556
```

```
    0.1111
    7.7778
```
而且也没有给出秩亏的警告。伪逆解的范数
```
norm(pinv(X)*y)=10.8440
```
略小于左除所得解的范数。
```
norm(X\y)=10.8449
```
在使 $\|X\beta - y\|$ 最小化的所有 $\beta$ 中，伪逆算法找出了最短的那个 $\beta$。请注意：这两个解之间的差
```
X\y - pinv(X)*y =
    0.0556
   -0.1111
    0.0556
```
是零向量 $\eta$ 的倍数。

　　假如小心处理，真正秩亏最小二乘问题尚能以比较满意的方式解决。但接近秩亏而非真正秩亏的问题更难处理。这类似于坏条件而非奇异的线性方程。这种问题在数值上不是适定的（well posed）。数据的微小变动会导致解的较大变化。无论左除还是伪逆算法都涉及线性独立和秩的判决。这些判决都用到多少带点任意性的容差，因此对于数据误差和计算舍入误差将是敏感的。

　　左除，伪逆，究竟哪个更好？在有些情况下，也许需要适当考量基本解准则和最小范数解准则之间的差异。但对于大多数问题，特别是那些曲线拟合问题，并不涉及如此微妙的差别。要牢记的重要事实是：所得解并不唯一存在，也不是能由数据完全确定的。

## 5.8  可分离最小二乘

　　Matlab 为解算非线性最小二乘问题（nonlinear least squares problems）提供了多个 M 函数。Matlab 的早期版本中有一个比较通用的多变量非线性极小值优化函数 fmins。在 Matlab 的较新版本中，fmins 被更新，并改名为 fminsearch。优化工具包提供了更多的优化函数，包括带约束极小值优化函数 fmincon，无约束极小值优化函数 fminunc，以及两个特别针对非线性最小二乘的函数 lsqnonlin 和 lsqcurvefit。曲线拟合工具包则提供了一个图形用户界面，以便于对多种不同的线性、非线性曲线拟合问题求解。

　　本节集中讨论 fminsearch 的使用。该 M 函数采用名为 Nelder-Meade 算法的直接搜索策略。它无需对任何梯度或偏导数进行近似计算尝试。该算法对于只有几个变量的小型优化问题相当有效。对于变量更多的大型优化问题，则最好使用优化工具包或曲线拟合工具包中的 M 函数求解。

　　可分离最小二乘曲线拟合问题（separable least squares curve-fitting problems）

既包含线性参数又包含非线性参数。我们可以不区分线性、非线性，而直接使用 `fminsearch` 对所有参数进行搜索。但若我们利用可分离结构的特点，就可得到更有效、更稳健的解算策略。在这种策略中，`fminsearch` 用于搜索使残差范数最小化的非线性参数；而在搜索过程的每一步中，采用左除算符求取线性参数值。

MATLAB 代码需要分成两部分。一部分代码可以是函数、脚本、甚或命令窗中直接键入的几行语句。这部分代码用于设定待解问题：给定非线性参数的初始值；调用 M 函数 `fminsearch`；处理解算结果；还常要生成图形。另一部分代码是被 `fminsearch` 调用的目标函数。该目标函数的功能是：接受由非线性参数值构成的向量 `lamda`；使用这些参数值计算设计矩阵 X；利用 X 及观测值通过矩阵左除算出线性参数 `beta`；输出所得残差的范数。

下面用 `expfitdemo` 进行举例说明。该示例涉及放射性衰变（radioactive decay）观测。示例的任务是：用两个带未知衰减率 $\lambda_j$ 的指数项的加权和，对放射性衰变建模

$$y \approx \beta_1 e^{-\lambda_1 t} + \beta_2 e^{-\lambda_2 t}.$$

在该示例模型中，有两个线性参数 $\beta_j$ 和两个非线性参数 $\lambda_j$。该演示能绘出非线性极小值优化过程中产生的不同拟合曲线。图 5.4 显示了数据点和最终拟合曲线。

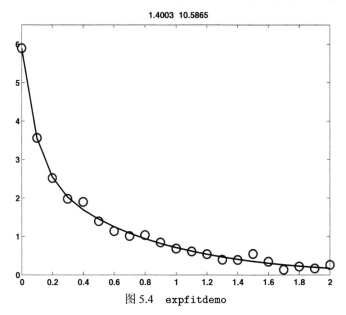

图 5.4  `expfitdemo`

外嵌套函数（outer function）首先给出 $t$ 和 $y$ 的 21 对观测值。

```
function expfitdemo
t = (0:.1:2)';
y = [5.8955 3.5639 2.5173 1.9790 1.8990 1.3938 1.1359 ...
     1.0096 1.0343 0.8435 0.6856 0.6100 0.5392 0.3946 ...
```

```
      0.3903 0.5474 0.3459 0.1370 0.2211 0.1704 0.2636]';
```

　　在初始绘制的图形中：观察数据用小圆圈表示；绘制出一条全零占位线（all-zero placeholder），用于此后表现不断改进的拟合曲线；创建一个用于动态显示衰减率 lamda 数值的图名。下面代码中的变量 h 用于保存三个图形对象的句柄。

```
clf
shg
set(gcf,'doublebuffer','on')
h = plot(t,y,'o',t,0*t,'-');
h(3) = title('');
axis([0 2 0 6.5])
```

向量 lamda0 用于指定非线性参数的初值。在本例中，任意选择的初值几乎都能收敛。然而在其他一些场合，尤其是非线性参数较多的场合，初值的选取就显得更为重要。调用 fminsearch 以完成主要的计算工作。观测值 t、y 及图柄 h 在计算进程中保持不变，并可被内嵌套函数（inner function）expfitfun 所获取。关于借助嵌套函数结构实现参数传递的更多描述，可参阅附录 A6.7。

```
lambda0 = [3 6]';
lambda = fminsearch(@expfitfun,lambda0)
set(h(2),'color','black')
```

　　内嵌目标函数名为 expfitfun。它能处理 $n$ 个指数基函数；在本例中，取 $n=2$。该内嵌目标函数的单输入量是由 fminsearch 提供的列或行向量，它包含 $n$ 个衰减率 $\lambda_j$。该内嵌函数的功能：计算设计矩阵；用左除法计算 $\beta$；计算结果模型；返回残差向量的范数。

```
function res = expfitfun(lambda)
m = length(t);
n = length(lambda);
X = zeros(m,n);
for j = 1:n
   X(:,j) = exp(-lambda(j)*t);
end
beta = X\y;
z = X*beta;
res = norm(z-y);
```

该内嵌目标函数还自动更新拟合曲线和图名，并暂留足够长时间以便观察计算进程。

```
set(h(2),'ydata',z);
set(h(3),'string',sprintf('%8.4f %8.4f',lambda))
pause(.1)
end
```

## 5.9 更多阅读

关于矩阵计算的参考书 [2,18,26,59,60,61] 都对最小二乘进行讨论。其他参考文献见 Björck [8]。

## 习 题

5.1. X 是由如下命令生成的 $n \times n$ 矩阵。

```
[I,J] = ndgrid(1:n);
X = min(I,J) + 2*eye(n,n) - 2;
```

请回答：

(a) X 的条件数是怎样随 n 的增长而变化的？

(b) 在 chol(X)、lu(X)、qr(X) 三个三角分解中，是否存在某个分解，能揭示矩阵条件数是否很差，又究竟是哪个分解呢？

5.2. 在 censusgui 程序中，把 1950 年的人口从 150.697 百万修改为 50.697 百万。这样就生成一个极端的离群点（outlier）。哪些模型受此离群点影响较大？哪些模型受此影响较小？

5.3. 若 censusgui 程序采用 8 阶多项式拟合美国人口普查数据，并把此拟合曲线对 2010 年后的人口进行外推，被预报的人口在 2030 年前会变成零。究竟在哪年哪月哪日会发生此灾难呢？

5.4. 本题列出一些讨论豪斯霍尔德反射时忽略的细节。与此同时，我们把相关描述推广到复数矩阵。在以下表述中，矩阵转置符 $u^T$ 替换成 MATLAB 复数矩阵共轭转置记述方式 $u'$。$x$ 为任意 $m \times 1$ 的非零向量；$e_k$ 为第 $k$ 个单位向量，即 $m \times m$ 单位向量的第 $k$ 列。$z = re^{i\theta}$ 复数的模 1 保角运算（sign of a complex number）为

$$\text{sign}(z) = z/|z| = e^{i\theta}.$$

再定义 $\sigma$ 为

$$\sigma = \text{sign}(x_k)\|x\|.$$

令

$$u = x + \sigma e_k.$$

即 $x$ 的第 $k$ 个分量加 $\sigma$ 就生成 $u$。

(a) 利用 $\sigma$ 的复数共轭量 $\bar{\sigma}$ 定义 $\rho$ 如下：

$$\rho = 1/(\bar{\sigma}u_k).$$

请证明

$$\rho = 2/\|u\|^2.$$

(b) 由向量 $x$ 生成的豪斯霍尔德反射是：

$$H = I - \rho u u'.$$

请证明

$$H' = H$$

和

$$H'H = I.$$

(c) 请证明：$Hx$ 除了第 $k$ 分量外，其余都是零，即

$$Hx = -\sigma e_k.$$

(d) 对任意向量 $y$，令

$$\tau = \rho u' y.$$

请证明

$$Hy = y - \tau u.$$

5.5.　令

$$x = \begin{pmatrix} 9 \\ 2 \\ 6 \end{pmatrix}.$$

(a) 请找出使 $x$ 变换为如下向量的豪斯霍尔德反射

$$Hx = \begin{pmatrix} -11 \\ 0 \\ 0 \end{pmatrix}.$$

(b) 找出非零向量 $u$ 和 $v$ 使以下表达式满足

$$Hu = -u,$$
$$Hv = v.$$

5.6.　令

$$X = \begin{pmatrix} 1 & 2 & 3 \\ 4 & 5 & 6 \\ 7 & 8 & 9 \\ 10 & 11 & 12 \\ 13 & 14 & 15 \end{pmatrix}.$$

(a)　请验证 $X$ 是秩亏的。

请注意，求取 $X$ 的伪逆有以下三种可能的选择。

```
Z = pinv(X)           % 伪逆
B = X\eye(5,5)        % 反斜杠矩阵左除逆
S = eye(3,3)/X        % 正斜杠矩阵右除逆
```

(b)　比较以下每组数值

$$\|Z\|_F, \quad \|B\|_F \quad \text{和} \quad \|S\|_F;$$

$$\|XZ - I\|_F, \quad \|XB - I\|_F, \quad \text{和} \quad \|XS - I\|_F;$$

$$\|ZX - I\|_F, \quad \|BX - I\|_F, \quad \text{和} \quad \|SX - I\|_F.$$

请验证：涉及 $Z$ 得到的值总小于或等于由另两种逆所得的值。实际上，表征伪逆特性的方法之一，就是比较以上各个量，并找出最小者。

(c)　请验证：$Z$ 满足以下四个条件的全部，而 $B$ 和 $S$ 至少有一个条件不满足。这些条件称为 Moore-Penrose 方程，是标注伪逆唯一性的另一种方式。

$$XZ 是对称阵.$$

$$ZX 是对称阵.$$

$$XZX = X.$$

$$ZXZ = Z.$$

5.7.　产生 11 个数据点，$t_k = (k-1)/10, y_k = erf(t_k), k = 1, \cdots, 11$。

(a)　分别用 $1 \sim 10$ 阶的多项式对数据进行最小二乘拟合。在拟合区间之间，对拟合多项式的值与 $\mathrm{erf}(t)$ 的实际函数值进行比较。问：最大误差与多项式阶次有何关系？

(b)　由于 $\mathrm{erf}(t)$ 是奇函数，即 $\mathrm{erf}(x) = -\mathrm{erf}(-x)$，因此采用 $t$ 的奇次幂的如下组合拟合数据比较合理：

$$\mathrm{erf}(t) \approx c_1 t + c_2 t^3 + \cdots + c_n t^{2n-1}.$$

问：拟合区间中的误差与 $n$ 之间的关系。

(c)　事实上，多项式不能较好近似 $\mathrm{erf}(t)$，因为随 $t$ 变大，多项式值无界，而 $\mathrm{erf}(t)$ 则趋于 1。所以，请对同一组数据采用如下拟合模型：

$$\mathrm{erf}(t) \approx c_1 + e^{-t^2}(c_2 + c_3 z + c_4 z^2 + c_5 z^3),$$

式中，$z = 1/(1+t)$。问：该模型的误差与多项式模型相比，情况如何？

5.8.   有 $t$ 等距取值点上的 25 个观测值 $y_k$ 如下。

```
t = 1:25
y = [ 5.0291    6.5099    5.3666    4.1272    4.2948
      6.1261   12.5140   10.0502    9.1614    7.5677
      7.2920   10.0357   11.0708   13.4045   12.8415
     11.9666   11.0765   11.7774   14.5701   17.0440
     17.0398   15.9069   15.4850   15.5112   17.6572]
y = y';
y = y(:);
```

(a)   用直线模型 $y(t) = \beta_1 + \beta_1 t$ 拟合数据，并绘出残差 $y(t_k) - y_k$。你一定
      可以观察到，有一个数据点处的残差特别大。它可能是一个离群点。

(b)   剔除离群点（discard the outlier），再用直线拟合，并再次绘出残差。你
      在残差曲线里看出什么模式了吗？

(c)   不考虑离群点，用下列模型拟合所给数据：

$$y(t) = \beta_1 + \beta_2 t + \beta_3 \sin t.$$

(d)   在 [0, 26] 区间更细分度点上，计算第三条拟合曲线值。用细实线型 '-'
      绘制拟合曲线，用 'o' 点形画出数据点，而离群点用 '*' 点形标出。

5.9.   **统计参考数据集**（Statistical Refernce Datasets）。国家标准与技术研究所
      NIST 是美国商务部负责制订国家标准和国际标准的一个分支组织。NIST
      维护的统计参考数据集 StRD，用于测试和认证统计软件。它在互联网上的
      主页见 [49]。最小二乘数据集在 "线性回归（Linear Regression）" 条目下。
      本习题要使用 NIST 的 2 个参考数据集

      ● Norris：用于校验臭氧监测仪（calibration of ozone monitors）的线性多
        项式；

      ● Pontius：用于校准载重传感器（calibration of load cells）的二次多项式。

      对于上述每个数据集，请根据如下标识的网页链接

      ● Data File (ASCII Format)；

      ● Certified Values；

      ● Graphics。

      请下载每个 ASCII 数据文件；萃取观测值；计算多项式系数；将算出的系
      数和认证值进行比较；绘制出与 NIST 类似的拟合曲线和残差曲线。

5.10.  Filip 数据集（data set）。它也是 NIST 统计参考数据集之一。该数据包含变
      量 $y$ 关于不同 $x$ 的几十个观测值。任务是：用 $x$ 的 10 阶多项式对 $y$ 建模。
      这是一个有争议的数据集。用 "filip strd" 在网上搜索，可以发现数十个帖
      子，其中包括 NIST [49] 自己的网页在内。有些数学统计软件能重新生成由
      NIST 颁布的多项式系数标准值，而另一些软件则会给出警告或错误提示信

息，认为该问题的条件数已坏到了无法求解的地步。还有少数软件会给出不同的系数而没有任何警告。互联网提供了关于该问题是否合理的几种不同观点。现在让我们来看看 MATLAB 怎样求解这个问题。

这个数据集可以从 NIST 网站上获得。在该数据集里，用行对应每个数据点。每行的第一个数是 $y$，第二个数是对应的 $x$。$x$ 值没有按单调次序排列，当然也不必排序。令 $n$ 是数据的点数，而多项式系数的个数是 $p = 11$。

(a) 第一个实验：将数据读进 MATLAB；用小黑点 '.' 绘制数据图形；调用图形窗 **Tools** 下拉菜单中的 **Basic Fitting** 菜单项。选用 10 阶多项式拟合。你将被警告：该多项式的条件很差。先请你忽略此警告。这样算得的系数和 NIST 网页上的标准值进行比较，结果会如何呢？所绘制的拟合曲线与 NIST 网页上的相比较，又如何呢？Basic Fitting 基本拟合工具还显示残差范数 $\|r\|$。请将残差范数按下式计算后与 NIST 给出的"残差标准偏差"相比较。

$$\frac{\|r\|}{\sqrt{n-p}}.$$

(b) 请借助六种不同方法进行多项式拟合（polynomial fit），对这组数据进行更仔细地研究，并解释在计算中你所见到的所有警告信息。

- 多项式拟合：调用函数 polyfit(x,y,10) 计算多项式系数。
- 矩阵左除算符：利用 X\y 计算系数，在此，$X$ 是由以下元素构成的 $n \times p$ 截断范德蒙德（Vandermonde）矩阵。

$$X_{i,j} = x_i^{p-j}, \ i = 1, \ldots, n, \ j = 1, \ldots, p.$$

- 伪逆：采用 pinv(X)*y 计算系数。
- 正规方程：采用 inv(X'*X)*X'*y 计算系数。
- 中心化处理（centering）：令 $\mu = mean(x), \sigma = std(x), t = (x-\mu)/\sigma$，然后再调用 polyfit(t,y,10) 计算系数。
- 认证系数（certified coefficients）：从 NIST 网页上获取认证过的多项式系数。

(c) 六种不同方法所得拟合曲线的残差范数各是多少？

(d) 哪种方法所给结果非常差？（网上因报告坏结果而被批评的软件包，也许用的就是这种方法。）

(e) 将五种较好拟合结果绘图。原始数据用 '.' 标识，拟合曲线应在 $x$ 取值范围内用拟合多项式计算数百个点。所画曲线应与图 5.5 类似。拟合曲线虽有 5 根，但视觉上只能看出两条不同的曲线。问：这两条可视曲线分别是什么方法产生的？

(f) 为什么 polyfit 和矩阵左除运算给出的结果不一样？

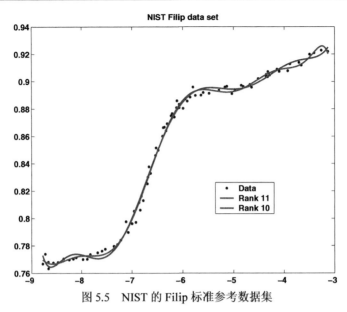

图 5.5  NIST 的 Filip 标准参考数据集

5.11. Longley 数据集是关于劳工的统计数据集,它是首批用于测试最小二乘计算的数据集之一。你不必为计算该问题而登录 NIST 网站,但若你对该问题的背景感兴趣,那你应该看看 Longley 网页 [49]。本题所需的数据集可在 NCM 目录的 `longley.dat` 文件中获得。运行以下命令可以把那些数据读入 MATLAB 。

```
load longley.dat
y = longley(:,1);
X = longley(:,2:7);
```

数据搜集于 1947—1962 年间,有 7 个变量 16 次观测。变量 $y$ 和构成数据阵 $X$ 各列的 6 个自变量分别如下:

  $y$    总驱动就业人数

  $x_1$   国民生产总值 GNP 的隐性价格通缩

  $x_2$   国民生产总值 GNP

  $x_3$   失业人数

  $x_4$   武装部队规模

  $x_5$   14 岁以上的非机构人口

  $x_6$   年份

目标是:通过一个常数和 6 个 $x$ 量的如下线性组合模型预测 $y$ 值。

$$y \approx \beta_0 + \sum_1^6 \beta_k x_k.$$

(a)  利用 MATLAB 的左除算符计算 $\beta_0, \beta_1, \cdots, \beta_6$。这涉及要使 $X$ 增广一列

对应常数项的全 1 列。

(b) 将你算出的 $\beta$ 值和认证标准值 [49] 作比较。

(c) 用 errorbar 函数来画出 $y$，以及标识 $y$ 与最小二乘拟合间误差的柱状图。

(d) 用 corrcoef 函数计算 $X$ 的、除全 1 列外的、其他各列间的相关系数。哪些变量是高度相关的？

(e) 对向量 $y$ 进行正态化处理（normalize），使其均值为 0、标准差为 1。实现命令如下。

```
y = y - mean(y);
y = y/std(y)
```

对 $X$ 的列也进行类似的处理。请将 7 个规范化变量画在同一个坐标轴上，并用 legend 画出图例。

5.12. 行星轨道（planetary orbit）[30]。表达式 $z = ax^2 + bxy + cy^2 + dx + ey + f$ 是著名的二次型（quadrtic form）。满足 $z = 0$ 的 $(x, y)$ 点集是圆锥（二次）曲线（conic section）。判别式 $b^2 - 4ac$ 的符号不同，决定了对应的圆锥曲线是椭圆、抛物线还是双曲线。圆和直线是圆锥曲线的特殊情形。通过二次型两边除以非零系数，可使方程 $z = 0$ 规范化。假如 $f \neq 0$，所有系数除以 $f$，就可以得到常数项为 1 的二次型。你可以用 MATLAB 的 meshgrid、contour 函数来绘制圆锥曲线。你可利用 meshgrid 函数来生成数组 X 和 Y，并进而计算二次型获得 Z。然后利用 contour 画出 $Z = 0$ 的点集。

```
[X,Y] = meshgrid(xmin:deltax:xmax,ymin:deltay:ymax);
Z = a*X.^2 + b*X.*Y + c*Y.^2 + d*X + e*Y + f;
contour(X,Y,Z,[0 0])
```

行星循沿椭圆轨道。下面是在 $(x, y)$ 平面上，行星位置的 10 个观测点：

```
x = [1.02 .95 .87 .77 .67 .56 .44 .30 .16 .01]';
y = [0.39 .32 .27 .22 .18 .15 .13 .12 .13 .15]';
```

(a) 在最小二乘意义上确定拟合所给数据点的二次型系数，实施时可通过将其中一个系数设为 1，然后由 $10 \times 5$ 超定方程解得其他 5 个系数。在 $(x, y)$ 坐标系中绘制拟合轨迹，并将 10 个数据点叠画在此图上。

(b) 该最小二乘问题接近秩亏。为了观察秩亏对解的影响，通过对各数据点的每个坐标值迭加一个 $[-0.005, 0.005]$ 区间均匀分布的随机数，使所给观察数据产生轻微扰动。请据受扰数据计算新的系数，在同一幅图上叠绘新轨迹，对新老系数集和新老轨迹给出比较性说明。

# 第6章 定积分

术语数值积分（numerical integration）涵盖积分数值计算和常微分方程数值求解等在内的多种不同任务。在此，我们使用一个多少有点过时的术语 quadrature（求面积，求定积分），特指最简单的定积分数值计算。现代定积分算法能自动地改变自适应步长的大小。

## 6.1 自适应定积分算法

令 $f(x)$ 为定义在有限区间 $a \leqslant x \leqslant b$ 上的实变量实函数。我们试图计算如下积分的值：

$$\int_a^b f(x)\mathrm{d}x.$$

英文单词 quadrature 使我们想起计算该面积的一个初级技术——在图纸上画出被积函数曲线，然后点数曲线下方小方块的数目。

在图 6.1 中，曲线下方有 148 个小方块。假设单个小方块的面积是 3/512，那么该积分的粗略估计值为 $148 \times 3/512 = 0.8672$。

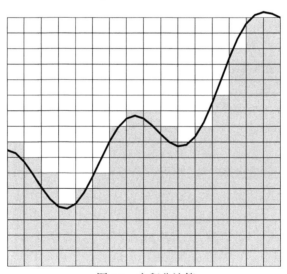

图 6.1 定积分计算

自适应定积分算法（adaptive quadrature）涉及对 $f(x)$ 采样点的仔细选取。我们希望在尽可能少的点上计算函数值，而又能得到在某指定精度上的近似积分。定积分的可加性是自适应定积分算法的基础。设 $c$ 是 $a$ 和 $b$ 之间的任意一点，那

么

$$\int_a^b f(x)\mathrm{d}x = \int_a^c f(x)\mathrm{d}x + \int_c^b f(x)\mathrm{d}x.$$

基本思想是：假若我们能使等式右边的每个积分在指定容差内近似算出，那么这两个积分的和就能给出整个积分的满意结果。假若每个积分近似程度不够，那么我们对 $[a,c]$ 和 $[c,b]$ 每个区间再次运用可加性。这样的算法会自动地适应于被积函数，把被积函数快变区间分割为间距细密的子区间，而被积函数慢变区间分割为间距较大的子区间。

## 6.2 定积分的基本法则

先从图 6.2 所示的中点法则（midpoint rule）和梯形法则（trapezoid rule）开始，讨论 Matlab 函数所用定积分算法的推导。令 $h = b - a$ 为区间的长度。按中点法则，定积分用"底为 $h$、高为中点处被积函数值"的矩形面积 $M$ 近似，即

$$M = hf\left(\frac{a+b}{2}\right).$$

按梯形法则，定积分用"底为 $h$、两边长分别为区间两端被积函数值"的梯形面积 $T$ 近似，即

$$T = h\frac{f(a) + f(b)}{2}.$$

定积分法则的精度在一定程度上可以通过研究该方法在多项式上的性状进行预报。定积分法则的阶数（order）就是该方法不能精准积分的最低多项式的阶次。假设用 $p$ 阶定积分法则对 $h$ 长度区间上的光滑函数进行积分，那么泰勒级数分析表明：该积分的误差与 $h^p$ 成正比。中点法则和梯形法则都能对 $x$ 的恒值函数和线性函数精准积分，但都不能对 $x$ 的二次函数精准积分，所以它们都是阶数为 2 的定积分法则。而用高度 $f(a)$ 或 $f(b)$ 代替中点函数值的矩形定积分法则的阶数仅为 1。

上述两种积分法则的精度比较可以通过研究它们在如下简单积分上的性状进行。

$$\int_0^1 x^2\mathrm{d}x = \frac{1}{3}.$$

中点法则给出

$$M = 1\left(\frac{1}{2}\right)^2 = \frac{1}{4}.$$

梯形法则给出

$$T = 1\left(\frac{0 + 1^2}{2}\right) = \frac{1}{2}.$$

结果，$M$ 的误差是 $1/12$，而 $T$ 的误差为 $-1/6$。这两个误差的正负号相反，更令人惊讶的是，中点法则的精度是梯形法则的两倍。

中点法则          梯形法则

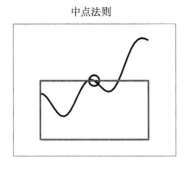

辛普森法则          复合辛普森法则

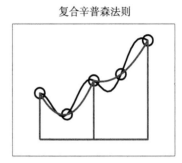

图 6.2 四种定积分法则

在更普遍意义上讲，上述结论也成立。对于不太长区间上的光滑函数而言，$M$ 积分大约比 $T$ 积分精度高两倍，且它们误差的正负号相反。对这两个误差估计的认知，引导我们把这两种积分法则组合成一种新的定积分法则，该新法则比原先两种法则中任何单独一种的计算精度更高。假设 $T$ 积分误差精准地等于 $M$ 积分误差的 $-2$ 倍，那么通过求解如下关于 S 的方程：

$$S - T = -2(S - M)$$

就可得到积分的精准值。在任何情况下，上述方程的解

$$S = \frac{2}{3}M + \frac{1}{3}T$$

通常总比 $M$ 或 $T$ 单独求积更精确。这就是著名的辛普森法则（Simpson's rule）。该积分法则也可以通过对一个二次插值函数的积分导出。该二次插值函数是对被积函数在区间两端 $a$、$b$ 及中点 $c = (a+b)/2$ 处的函数值插值产生的。于是

$$S = \frac{h}{6}\big(f(a) + 4f(c) + f(b)\big).$$

可以证明：$S$ 可精准算三次多项式的积分，但对四次多项式则不行，因此辛普生积分法则的阶数为 4。

我们可进一步把 $[a,c]$ 和 $[c,b]$ 区间再次各自对分成两个子区间。令 $d$ 和 $e$ 分别为这两个子区间的中点：$d=(a+c)/2$、$e=(c+b)/2$。在每个子区间上分别应用辛普森法则，可得到在 $[a,b]$ 整个区间上的定积分计算法则：

$$S_2 = \frac{h}{12}(f(a)+4f(d)+2f(c)+4f(e)+f(b)).$$

这就是复合定积分法则（composite quadrature rule）的一个示例。请参见图 6.2。

$S$ 和 $S_2$ 是同一积分的两个近似值，因此它们之间的差可以用于误差估计：

$$E=(S_2-S).$$

此外，这两个近似值还可以结合起来得到一个更加精确的近似值 $Q$。尽管这两个定积分计算法则的阶数都为 4，但由于 $S_2$ 的步长为 $S$ 的一半，因此 $S_2$ 的精度大约是 $S$ 的 $2^4$ 倍。于是，可写出如下方程

$$Q-S=16(Q-S_2).$$

解此方程可得 $Q$ 为

$$Q=S_2+(S_2-S)/15.$$

习题 6.2 请你把 $Q$ 表述为 $f(a)$ 到 $f(e)$ 的五个函数值之加权组合，并证明该定积分计算法则的阶数为 6。该法则被称为韦德尔法则（Weddle rule）或 6 阶牛顿 - 科茨法则（Newton-Cotes rule），也可认为是龙贝格积分（Romberg integration）法的第一步。我们将该求积法简称为外推辛普森法则（extrapolated Simpson's rule），理由是该法则对两个不同 $h$ 值使用辛普森法则，然后向 $h=0$ 的极限情况进行外推。

## 6.3  示教 M 文件 quadtx 和 quadgui

MATLAB 函数 quad 利用自适应递归形式的外推辛普森法则。本书配套函数 quadtx 是 quad 的简略版。

函数 quadgui 用于图形演示 quad 和 quadtx 的计算策略和行为。它能生成自适应算法计算被积函数值的动态曲线。同时，将函数的求值次数显示于图名位置。

quadtx 代码的起始部分对被积函数 $f(x)$ 计算三次，以给出第一个、非外推的辛普森法则估计值。递归子函数（recursive subfunction） quadtxstep 在完成整个计算中被调用。

```
function [Q,fcount] = quadtx(F,a,b,tol,varargin)
%QUADTX 数值计算定积分
% Q = QUADTX(F,A,B)        在1.e-6默认容差下，近似计算F(x)在[A,B]区间
```

```
%                              的定积分。
% Q = QUADTX(F,A,B,tol)     采用tol值替代默认容差1.e-6。
%
% 第一输入量F是用于定义被积函数F(x)的函数句柄或匿名函数。
%
% Q = QUADTX(F,A,B,tol,p1,p2,...)    调用格式中，从第5个起的其他输入量
%                                    用于传递被积函数F(x,p1,p2,..)所
%                                    需的参数p1,p2等。
%
% [Q,fcount] = QUADTX(F,...)    调用格式中，fcount是被积函数F(x)的
%                               计算次数。
%
% 参看QUAD, QUADL, DBLQUAD, QUADGUI.
%
% 默认容差
if nargin < 4 | isempty(tol)
    tol = 1.e-6;
end
% 初始化
c = (a + b)/2;
fa = F(a,varargin{:});
fc = F(c,varargin{:});
fb = F(b,varargin{:});
% 递归调用
[Q,k] = quadtxstep(F, a, b, tol, fa, fc, fb, varargin{:});
fcount = k + 3;
```

quadtxstep 的每次递归调用，除三个已算函数值外，还需另算两个新函数
值，以便算出指定区间上的两个辛普森近似积分。若这两个近似值之差足够小，
那么这两个近似值就被组合成为该区间上的外推辛普森近似积分而输出。如这两
个近似值之差大于容差，那么就对这两个现用的对分子区间再分别进行递归计算。

```
function [Q,fcount] = quadtxstep(F,a,b,tol,fa,fc,fb,varargin)
% 供quadtx递归调用的子函数
h = b - a;
c = (a + b)/2;
fd = F((a+c)/2,varargin{:});
fe = F((c+b)/2,varargin{:});
Q1 = h/6 * (fa + 4*fc + fb);
Q2 = h/12 * (fa + 4*fd + 2*fc + 4*fe + fb);
if abs(Q2 - Q1) <= tol
```

```
      Q = Q2 + (Q2 - Q1)/15;
      fcount = 2;
   else
      [Qa,ka] = quadtxstep(F, a, c, tol, fa, fd, fc, varargin{:});
      [Qb,kb] = quadtxstep(F, c, b, tol, fc, fe, fb, varargin{:});
      Q = Qa + Qb;
      fcount = ka + kb + 2;
   end
```

与误差估计进行比较的容差选择非常重要，但也有点棘手。假如 quadtxstep 函数的第四输入量不指定容差，那么 $10^{-6}$ 将被用作默认值。

最棘手的是，在递归调用中如何指定容差。为确保最终结果达到希望的精度，每次递归调用中的容差必须取多小？一个办法是，每递归一层，容差就减半。其想法是：若 Qa 和 Qb 的误差都小于 tol/2，则它们和之误差就一定小于 tol。如果我们真这样做，那么

```
[Qa,ka] = quadtxstep(F, a, c, tol, fa, fd, fc, varargin{:});
[Qb,kb] = quadtxstep(F, c, b, tol, fc, fe, fb, varargin{:});
```

这两条语句中的 tol 应该用 tol/2 替代。

然而，该方法过于保守。我们正在估计的是两个分立辛普森法则中的误差，而不是它们外推组合后的误差。所以，该实际误差几乎总是远小于这样的估计。更重要的是，实际误差（actual error）接近于估计误差（estimate error）的子区间相当罕见。我们可以允许两个递归调用中的某个误差接近容差，理由是在另一个子区间上的误差很可能小得多。基于以上这些理由，在每个递归调用中都使用相同的 tol 值。

本书示教函数 quadtx 确实有一个严重缺陷：没有应对失败的预案。所计算的积分有可能不存在。例如，

$$\int_0^1 \frac{1}{3x-1}\mathrm{d}x$$

就具有不可积的奇异性。用 quadtx 计算这个积分，将导致程序运行时间很长，并最终以最大递归限制的出错信息而中止。假如 quadtx 能提供积分奇异性诊断信息，就更完美了。

## 6.4   被积函数的表述

MATLAB 有多种不同方式表述求积程序所需的被积函数。对于简单的、表述长度不超过一行的公式，使用匿名函数最方便。例如，

$$\int_0^1 \frac{1}{\sqrt{1+x^4}}\mathrm{d}x$$

可用以下语句表述并计算

```
f = @(x) 1./sqrt(1+x^4)     %采用"数组除"算符
Q = quadtx(f,0,1)
```

假如我们想要计算

$$\int_0^\pi \frac{\sin x}{x}\mathrm{d}x,$$

可用下列语句进行尝试。

```
f = @(x) sin(x)./x          %采用"数组除"算符
Q = quadtx(f,0,pi)
```

不幸的是，这将导致计算 f(0) 时出现被 0 除的出错信息，并最终导致递归限制错误。一种补救办法是，将积分下限由 0 变为最小的正浮点数 realmin。具体如下：

```
Q = quadtx(f,realmin,pi)
```

由积分下限改变而造成的误差远比舍入误差小很多数量级，这是因为该被积函数界于 $-1$、$+1$ 之间，而被忽略的区间长度却小于 $10^{-300}$。

另一种补救措施是使用 M-文件代替匿名函数。创建名为 sinc.m 的文件，其代码如下：

```
function f = sinc(x)
if x == 0
   f = 1;
else
   f = sin(x)/x;
end
```

然后使用函数句柄写出以下语句

```
Q = quadtx(@sinc,0,pi)
```

该语句计算积分就不会出现任何问题。

依赖于参数的积分会经常遇到。下式定义的 $\beta$ 函数就是一例。

$$\beta(z,w) = \int_0^1 t^{z-1}(1-t)^{w-1}\mathrm{d}t.$$

MATLAB 有现成的 beta 函数。但我们要借此 $\beta$ 函数为例，说明被积函数中的参数如何处理。下面创建一个带三个输入量的匿名函数。

```
F = @(t,z,w) t^(z-1)*(1-t)^(w-1)
```

或者创建一个名为 betaf.m 的如下 M-文件。

```
function f = betaf(t,z,w)
f = t^(z-1)*(1-t)^(w-1)
```

像所有程序函数一样，输入量的次序很为重要。在供定积分计算程序调用的函数代码中，必须把积分变量设置为第一输入量。而其他输入量则由 quadtx 以参数形式向其传递。为计算 $\beta(8/3, 10/3)$，你应该先设置

```
    z = 8/3;
    w = 10/3;
    tol = 1.e-6;
```

然后运行以下命令

```
    Q = quadtx(F,0,1,tol,z,w);
```

或

```
    Q = quadtx(@betaf,0,1,tol,z,w);
```

MATLAB 自己提供的 M 泛函通常希望其第一输入量以数组化运算（vectorized）表述。这意味着，对于如下数学表达式：

$$\frac{\sin x}{1 + x^2}$$

就应该使用 MATLAB 数组运算表述（array notation）为

```
    sin(x)./(1 + x.^2)
```

如果没有那两个小黑点，而写成

```
    sin(x)/(1 + x^2)
```

那么该代码就会调用"不适用于此的、线性代数中的矩阵运算"。MATLAB 中的 `vectorize` 函数能将"标量表达式"代码转换为适用于泛函命令的那种"数组运算表达式"代码。

    MATLAB 中的许多 M 泛函（function functions）需要指定 $x$ 轴上的区间。从数学上看，区间有两种表达方式，$a \leqslant x \leqslant b$ 或 $[a, b]$。在 MATLAB 中，也有两种表示方式：可用两个分立的输入量 a 和 b，表述区间的两端；也可用二元向量（或称二元数组）型输入 [a,b] 表述区间。MATLAB 的定积分计算泛函 quad 和 quadl 就使用两个分立输入量。求函数零点的 M 泛函 fzero 则使用单一输入量，这是因为取单数值时表示搜索起始点，而取二元向量时能指定搜索区间。下一章我们将遇到的常微分方程解算程序也使用单输入量表述起始点，原因是一个多元向量可以表述一组求解的起始点。至于便捷绘图函数 ezplot，则采用单个输入量指定 $x$ 轴或 $x$-$y$ 轴区间；而该单输入量是由两个元素或四个元素构成的行数组。

## 6.5　性　能

    MATLAB 的 demos 目录上有一个名为 humps 的函数，它专用于演示绘图程序、定积分计算和求函数零点等程序的运行性状。该函数为

$$h(x) = \frac{1}{(x - 0.3)^2 + 0.01} + \frac{1}{(x - 0.9)^2 + 0.04} - 6.$$

运行如下语句

```
    ezplot(@humps,[0,1])
```

可以画出时 $h(x)$ 在 $0 \leqslant x \leqslant 1$ 之间的曲线图形。函数在 $x = 0.3$ 处有一较陡峭的峰，而在 $x = 0.9$ 处有一个比较平缓的峰。

quadgui函数的缺省调用，相当于运行以下命令。

```
quadgui(@humps,0,1,1.e-4)
```

在图 6.3 中，你可以看到：按所给容差，自适应算法对被积函数计算了 93 次，且在两个驼峰附近算点比较密集。

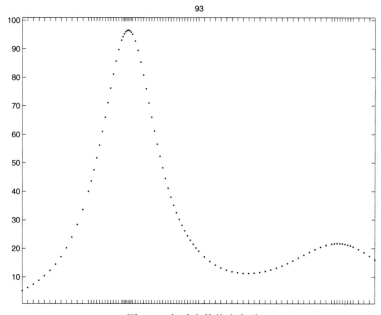

图 6.3　自适应数值定积分

借助符号工具包，可以对 $h(x)$ 进行解析积分。运行以下语句

```
syms x
h = 1/((x-.3)^2+.01) + 1/((x-.9)^2+.04) - 6
I = int(h)
```

可得到不定积分

```
I = 10*atan(10*x-3)+5*atan(5*x-9/2)-6*x
```

再运行下列语句

```
D = simple(int(h,0,1))
Qexact = double(D)
```

可给出定积分的符号数值表达式

```
D =
11*pi + atan(3588784/993187) - 6
```

以及它相应的浮点数值

```
Qexact = 29.858325395498674
```

一个定积分计算程序在指定精度内近似计算积分所消耗的计算量，可以通过被积函数的计算次数来衡量。下面是一个涉及 humps 和 quadtx 函数程序的实验。

```
for k = 1:12
    tol = 10^(-k);
    [Q,fcount] = quadtx(@humps,0,1,tol);
    err = Q - Qexact;
    ratio = err/tol;
    fprintf('%8.0e %21.14f %7d %13.3e %9.3f\n', ...
        tol,Q,fcount,err,ratio)
end
```

它的运行结果为

| tol | Q | fcount | err | err/tol |
|---|---|---|---|---|
| 1.e-01 | 29.83328444174863 | 25 | -2.504e-02 | -0.250 |
| 1.e-02 | 29.85791444629948 | 41 | -4.109e-04 | -0.041 |
| 1.e-03 | 29.85834299237636 | 69 | 1.760e-05 | 0.018 |
| 1.e-04 | 29.85832444437543 | 93 | -9.511e-07 | -0.010 |
| 1.e-05 | 29.85832551548643 | 149 | 1.200e-07 | 0.012 |
| 1.e-06 | 29.85832540194041 | 265 | 6.442e-09 | 0.006 |
| 1.e-07 | 29.85832539499819 | 369 | -5.005e-10 | -0.005 |
| 1.e-08 | 29.85832539552631 | 605 | 2.763e-11 | 0.003 |
| 1.e-09 | 29.85832539549603 | 1061 | -2.640e-12 | -0.003 |
| 1.e-10 | 29.85832539549890 | 1469 | 2.274e-13 | 0.002 |
| 1.e-11 | 29.85832539549866 | 2429 | -7.105e-15 | -0.001 |
| 1.e-12 | 29.85832539549867 | 4245 | 0.000e+00 | 0.000 |

我们可以看到：随容差的减小，被积函数的计算次数不断增加，而误差则不断减小。误差总比容差小得多。

## 6.6　积分离散数据

此前，本章一直关注的是，给定函数的定积分近似计算。我们一直假设：存在一个 MATLAB 程序能对给定区间上任意点的被积函数值进行计算。然而，在许多情况下，可能只知道有限点集上的被积函数值，例如 $(x_k, y_k)$，$k = 1, \ldots, n$。假设给定的 $x$ 值按升序排列，即

$$a = x_1 < x_2 < \cdots < x_n = b.$$

我们怎样近似计算积分

$$\int_a^b f(x)\mathrm{d}x?$$

既然不可能在给定点外的任何其他点计算 $y = f(x)$，此前所讲的自适应方法便无法应用。

最显然的方法是：对所给数据点插值的分段线性函数进行积分。这就引导出复合梯形积分法则（composite trapezoid rule）

$$T = \sum_{k=1}^{n-1} h_k \frac{y_{k+1} + y_k}{2},$$

其中，$h_k = x_{k+1} - x_k$。该梯形法则可用单行代码（one-liner）来实现。

```
T = sum(diff(x).*(y(1:end-1)+y(2:end))/2)
```

MATLAB 函数 trapz就提供这种运算。

图 6.4 画出了一个 $x$ 等间距分布的示例。

```
x = 1:6
y = [6 8 11 7 5 2]
```

对于这些数据，梯形法则可算得积分

```
T = 35
```

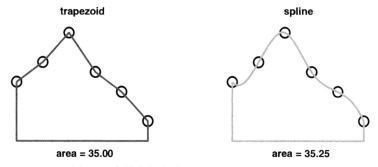

图 6.4　离散数据积分（Integrating discrete data）

在实际中，梯形法则常常就足够满意，而不需要考虑更复杂的方法。尽管如此，基于高阶插值的方法能给出积分的其他近似值。但若没有关于原始数据的更深入信息，就无法断言，它们是否"更精确"。

大家可能还记得，spline 和 pchip插值函数都基于埃米特插值公式：

$$P(x) = \frac{3hs^2 - 2s^3}{h^3} y_{k+1} + \frac{h^3 - 3hs^2 + 2s^3}{h^3} y_k$$
$$+ \frac{s^2(s-h)}{h^2} d_{k+1} + \frac{s(s-h)^2}{h^2} d_k,$$

其中，$x_k \leqslant x \leqslant x_{k+1}$，$s = x - x_k$，且 $h = h_k$。这是 $s$ 的三次多项式，因此也是 $x$ 的三次多项式。该多项式满足四个插值条件，两个函数值条件和两个导数值条件：

$$P(x_k) = y_k, \ P(x_{k+1}) = y_{k+1},$$

$$P'(x_k) = d_k, \ P'(x_{k+1}) = d_{k+1}.$$

斜率 $d_k$ 由 splinetx 或 pchiptx 计算。

习题 6.20 要请你证明

$$\int_{x_k}^{x_{k+1}} P(x)\mathrm{d}x = h_k \frac{y_{k+1} + y_k}{2} - h_k^2 \frac{d_{k+1} - d_k}{12}.$$

因此有

$$\int_a^b P(x)\mathrm{d}x = T - D,$$

其中 $T$ 是梯形法则算出的值,而

$$D = \sum_{k=1}^{n-1} h_k^2 \frac{d_{k+1} - d_k}{12}.$$

$D$ 是对梯形法则的高阶修正量,它需要使用由 splinetx 或 pchiptx 算出的斜率。

如果 $x$ 等间距分布,上述求和中的大多数项将相互抵消。于是,$D$ 就蜕变为只涉及区间首、末两个斜率的简单端点修正(end correction):

$$D = h^2 \frac{d_n - d_1}{12}.$$

对于图 6.4 的样本数据,由线性插值算得的面积为 35.00,而样条插值算得的面积为 35.25。图 6.4 没有表现保形埃米特插值的情况,由它算得的面积为 35.41667。积分过程削平了不同插值函数引起的差异,即便三幅插值函数的形状相当不同,但它们得到的积分近似值往往都非常接近。

## 6.7  更多阅读

关于 quad 和 quadl 泛函的背景,请参考 Gander 和 Gautschi 所著文献 [24]。

## 习  题

6.1.  在给定区间和给定容差下,利用 quadgui 计算下列各函数的积分。问:每个问题需要计算多少次函数值,算点位置又集中在哪里?

| $f(x)$ | $a$ | $b$ | tol |
|---|---|---|---|
| humps(x) | 0 | 1 | $10^{-4}$ |
| humps(x) | 0 | 1 | $10^{-6}$ |
| humps(x) | $-1$ | 2 | $10^{-4}$ |
| $\sin x$ | 0 | $\pi$ | $10^{-8}$ |
| $\cos x$ | 0 | $(9/2)\pi$ | $10^{-6}$ |
| $\sqrt{x}$ | 0 | 1 | $10^{-8}$ |
| $\sqrt{x}\log x$ | eps | 1 | $10^{-8}$ |
| $\tan(\sin x) - \sin(\tan x)$ | 0 | $\pi$ | $10^{-8}$ |
| $1/(3x-1)$ | 0 | 1 | $10^{-4}$ |
| $t^{8/3}(1-t)^{10/3}$ | 0 | 1 | $10^{-8}$ |
| $t^{25}(1-t)^2$ | 0 | 1 | $10^{-8}$ |

6.2. 请将 $Q$ 表述为 $f(a)$ 到 $f(e)$ 五个函数值的加权组合，并证明它的阶数为 6。（参见 6.2 节。）

6.3. $n$ 个等间距点上的复合梯形定积分法则为

$$T_n(f) = \frac{h}{2}f(a) + h\sum_{k=1}^{n-2} f(a+kh) + \frac{h}{2}f(b),$$

在此

$$h = \frac{b-a}{n-1}.$$

在不同 $n$ 值设置下，利用 $T_n(f)$ 对下式的近似积分而计算 $\pi$

$$\pi = \int_{-1}^{1} \frac{2}{1+x^2}\mathrm{d}x.$$

问：计算精度如何随 $n$ 变化？

6.4. 在不同的容差设置下，利用 quadtx 通过近似积分计算 $\pi$

$$\pi = \int_{-1}^{1} \frac{2}{1+x^2}\mathrm{d}x.$$

问：结果精度和函数值计算次数如何随容差的变化而改变？

6.5. 利用符号工具包求如下积分的精准值：

$$\int_0^1 \frac{x^4(1-x)^4}{1+x^2}\mathrm{d}x.$$

(a) 这个积分使你想起了什么著名近似？

(b) 这个积分的数值计算会有什么困难吗？

6.6.   误差函数 erf($x$) 用如下积分定义。

$$\mathrm{erf}(x) = \frac{2}{\sqrt{\pi}} \int_0^x e^{-x^2} \mathrm{d}x.$$

利用程序 quadtx 计算并列出 $x = 0.1, 0.2, \ldots, 1.0$ 所对应的 erf($x$) 数值表。
把此结果与 MATLAB 内建函数 erf(x) 进行比较。

6.7.   beta 函数计算的 $\beta(z, w)$ 定义如下：

$$\beta(z, w) = \int_0^1 t^{z-1}(1-t)^{w-1} \mathrm{d}t.$$

请你利用 quadtx 编写一个 M-文件 mybeta 用以计算 $\beta(z, w)$，并将计算结
果与 MATLAB 内建函数 beta(z,w) 作比较。

6.8.   函数 $\Gamma(x)$ 由如下积分定义。

$$\Gamma(x) = \int_0^\infty t^{x-1} e^{-t} \mathrm{d}t.$$

用定积分数值算法来计算 $\Gamma(x)$ 也许既效率低下又不可靠。困难是由积分区
间无限和被积函数值变化范围太大引起的。

请尝试利用 quadtx 编写一个 M-文件 mygamma 用以计算 $\Gamma(x)$。将它与
MATLAB 内建函数 gamma(x) 作比较。问：你编写的函数对于什么样的 $x$ 有
合理的计算速度和合理的精度？又对什么样的 $x$，你的函数会变得运算很
慢或结果不可靠？

6.9.   (a)  下列积分的精确值是什么？

$$\int_0^{4\pi} \cos^2 x \, \mathrm{d}x?$$

(b)  对于这个积分，quadtx 的计算结果又是什么？为什么是错的？

(c)  M 泛函 quad 是如何克服这个困难的？

6.10.  (a)  用 ezplot 绘制区间 $0 \leqslant x \leqslant 1$ 上 $x \sin \frac{1}{x}$ 的图形。

(b)  利用符号工具包求下列积分的精准值：

$$\int_0^1 x \sin \frac{1}{x} \mathrm{d}x.$$

(c)  假如你尝试运行以下命令，会发生什么现象？

```
quadtx(@(x) x*sin(1/x),0,1)
```

(d)  如何克服上述困难？

6.11.  (a)  用 ezplot 绘制 $x^x$ 在区间 $0 \leqslant x \leqslant 1$ 上的图形。

(b) 你若利用符号工具包计算下列积分的解析表达式，会发生什么现象？

$$\int_0^1 x^x \mathrm{d}x?$$

(c) 请你尽可能精确地求取该积分的数值结果。

(d) 你认为所得数值结果的误差是多少？

6.12. 令

$$f(x) = \log(1+x)\log(1-x).$$

(a) 用 ezplot 画 $-1 \leqslant x \leqslant 1$ 区间上 $f(x)$ 的图形。

(b) 用符号工具包求下列积分的解析表达式。

$$\int_{-1}^1 f(x)\mathrm{d}x.$$

(c) 求所得解析表达式的数值。

(d) 若你用下列命令尝试计算数值积分，会发生什么现象？

```
quadtx(@(x)log(1+x)*log(1-x),-1,1)
```

(e) 围绕上述困难，你该如何应对？并请证明你所得解的正确性。

(f) 利用 quadtx 和你围绕不同容差所做的工作，画出误差和容差关系曲线，画出函数计算次数与容差的关系曲线。

6.13. 令

$$f(x) = x^{10} - 10x^8 + 33x^6 - 40x^4 + 16x^2.$$

(a) 用 ezplot 绘制 $-2 \leqslant x \leqslant 2$ 区间上 $f(x)$ 的图形。

(b) 用符号工具包求下列积分的解析表达式。

$$\int_{-2}^2 f(x)\mathrm{d}x.$$

(c) 求积分解析表达式的数值。

(d) 假如你用以下命令求数值积分，会发生什么现象？为什么？

```
F = @(x) x^10-10*x^8+33*x^6-40*x^4+16*x^2
quadtx(F,-2,2)
```

(e) 围绕上述困难，你该如何处置？

6.14. (a) 利用 quadtx 函数计算

$$\int_{-1}^2 \frac{1}{\sin(\sqrt{|t|})}\mathrm{d}t.$$

(b) 在 $t = 0$ 处，你为什么不会遇到被零除的问题？

6.15. 有时，定积分有这样的性质：被积函数在一个或两个区间端点的值为无穷大，但定积分自身是有限的。换句话说，$\lim_{x \to a} |f(x)| = \infty$ 或 $\lim_{x \to b} |f(x)| = \infty$，但积分

$$\int_a^b f(x) \, \mathrm{d}x$$

存在且有限。

(a) 请对 quadtx 进行修改，使它在检测到 $f(a)$ 或 $f(b)$ 为无穷大时，显示适当的警告信息，然后在紧挨 $a$ 或 $b$ 的一个点处重新计算 $f(x)$。这样做使自适应算法可继续执行，并可能收敛。（你也许可以看看，quad 是如何处置这种问题的。）

(b) 请你自己找个算例，使之触发警告信息，但积分值是有限的。

6.16. (a) 请对 quadtx 进行修改，使它在函数值计算次数超过 10,000 时终止递归，并显示适当的警告信息。要确保警告信息仅显示一次。

(b) 设计一个引发此警告信息的算例。

6.17. MATLAB 泛函 quadl 采用比辛普森阶数更高的自适应定积分算法。因此缘故，对于光滑函数积分，quadl 只需较少的函数计算就能达到指定精度。函数名称中的 "l" 源于洛巴托定积分（Lobatto quadrature）算法，该算法采用不等间距而使其求积阶数更高。quadl 函数中所用的洛巴托定积分计算法则有以下形式

$$\int_{-1}^{1} f(x) \, \mathrm{d}x = w_1 f(-1) + w_2 f(-x_1) + w_2 f(x_1) + w_1 f(1).$$

该公式的对称性使它对于奇数阶首一多项式（monic polynomial）$f(x) = x^p$，$p = 1, 3, 5, \ldots$ 完全精准。使该公式对偶数阶的 $x^0$、$x^2$ 和 $x^4$ 也精准的要求，引出了含 $w_1$、$w_2$ 和 $x_1$ 三个参数的三个非线性方程。除了该基本的洛巴托法则外，quadl 还动用了更高阶数的 *Kronrod* 法则，它需要另外的坐标参数 $x_k$ 和权重 $w_k$。

(a) 请导出关于洛巴托参数 $w_1$、$w_2$ 和 $x_1$ 的方程，并解之。

(b) 请在 quadl.m 文件中找到这些参数值的出现位置。

6.18. 令

$$E_k = \int_0^1 x^k e^{x-1} \, \mathrm{d}x.$$

(a) 请证明

$$E_0 = 1 - 1/e$$

和

$$E_k = 1 - kE_{k-1}.$$

(b) 假设我们要计算 $E_1, \ldots, E_n$，$n = 20$，请问：下面哪种方法速度最快、精度最高？

- 对每个 $k$，用 quadtx 数值计算 $E_k$。
- 采用前向递推（forward recursion）：

$$E_0 = 1 - 1/e;$$

$$\text{for } k = 2, \ldots, n, \; E_k = 1 - kE_{k-1}.$$

- 采用反向递推（backward recursion），以一个完全不准的 $E_N$（$N = 32$）猜测值开始：

$$E_N = 0;$$

$$\text{for } k = N, \ldots, 2, \; E_{k-1} = (1 - E_k)/k;$$

$$\text{忽略 } E_{n+1}, \ldots, E_N.$$

6.19. SIAM News 2002 年 1-2 月那期上刊登了牛津大学 Nick Trefethen 教授的一篇文章，题目为 "A Hundred-dollar, Hundred-digit Challenge（百美元百位数字的挑战）" [62]。Trefethen 教授所说的挑战包括 10 个计算问题，每个答案是一个实数。他要求每个算出的解答有 10 位有效数字，并允诺向计算出最多正确数位的个人或团队提供 100 美元的奖金。来自 25 个国家的 94 支团队参于这项计算。远超 Trefethen 教授预料，20 支队伍得到了完美的 100 分，另 5 支以上的队伍得了 99 分。不久前，追述此事的专著已出版 [10]。Trefethen 教授的第一个问题是：求下列积分的值

$$T = \lim_{\epsilon \to 0} \int_\epsilon^1 x^{-1} \cos(x^{-1} \log x) \, dx.$$

(a) 为什么我们不能借助几行代码去调用 Matlab 的数值求积程序计算这个积分呢？

下面是能对 $T$ 算出几位有效数字的一种方法：将该积分表达为"无限个被积函数正负号不变子区间积分之和"，即

$$T = \sum_{k=1}^\infty T_k,$$

式中

$$T_k = \int_{x_k}^{x_{k-1}} x^{-1} \cos(x^{-1} \log x) dx.$$

在此 $x_0 = 1$，且对于 $k > 0$，$x_k$ 为 $\cos(x^{-1} \log x) = 0$ 按递减次序 $x_1 > x_2 > \cdots$ 排列的根。换句话说，对 $k > 0$，$x_k$ 满足方程

$$\frac{\log x_k}{x_k} = -\left(k - \frac{1}{2}\right)\pi.$$

你可以用 fzerotx 或 fzero 等函数零点解算命令计算 $x_k$。假如你有符号工具包可用，那么你可以用 lambertw 计算 $x_k$。然后对于每个 $x_k$，可用 quadtx、quad 或 quadl 计算数值积分 $T_k$。由于 $T_k$ 值随 $k$ 正负交替，因此该级数的"部分和"也交替地大于、小于那无限和。而且，两个接续部分和的平均值比任何单个部分和更精确地近似最终结果。

(b) 请用上述方法在可接受的计算耗时内尽可能精确地计算 $T$。请你试算出至少四位或五位有效数字。你也许能算得更多位数字。对于每个计算结果，请你指出所得结果的精度。

(c) 请你探究：如何采用艾特肯 $\delta^2$ 加速法（Aitken's $\delta^2$ acceleration）计算上述积分：

$$\tilde{T}_k = T_k - \frac{(T_{k+1} - T_k)^2}{T_{k+1} - 2T_k + T_{k-1}}.$$

6.20. 请证明埃米特插值多项式

$$P(s) = \frac{3hs^2 - 2s^3}{h^3} y_{k+1} + \frac{h^3 - 3hs^2 + 2s^3}{h^3} y_k$$
$$+ \frac{s^2(s-h)}{h^2} d_{k+1} + \frac{s(s-h)^2}{h^2} d_k$$

在一个子区间上的积分为

$$\int_0^h P(s)\mathrm{d}s = h\frac{y_{k+1} + y_k}{2} - h^2\frac{d_{k+1} - d_k}{12}.$$

6.21. (a) 通过对 splinetx 和 pchiptx 的修改，创建对离散数据实现样条和 pchip 插值积分的程序 splinequad 和 pchipquad。

(b) 用你创建的程序及 trapz，对如下离散数据进行积分：

```
x = 1:6
y = [6 8 11 7 5 2]
```

(c) 用你创建的程序及 trapz，求以下积分的近似值。

$$\int_0^1 \frac{4}{1+x^2} \, \mathrm{d}x.$$

请运行以下语句，生成随机离散数据集。

```
x = round(100*[0 sort(rand(1,6)) 1])/100
y = round(400./(1+x.^2))/100
```

假若用无限多个无限精准的数据点，那么该积分结果总等于 $\pi$。但本题只有 8 个数据点，且每个数据被圆整到只有 2 位十进制数字精度。

6.22. 下列程序利用了样条工具包中的几个函数，请问这段程序在做什么？

```
x = 1:6
y = [6 8 11 7 5 2]
for e = ['c','n','p','s','v']
    disp(e)
    ppval(fnint(csape(x,y,e)),x(end))
end
```

6.23. 你的手有多大？图 6.5 显示了计算习题 3.3 数据所围区域面积的三种不同方法。

Q = 0.3991　　　　Q = 0.4075　　　　Q = 0.4141

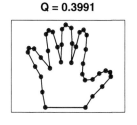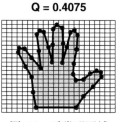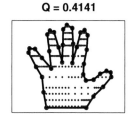

图 6.5　手掌形区域

(a) 多边形面积（area of a polygon）。用直线连接相邻数据点，并把最后点与第一点用线连接。若这些连线都不相交，那么就得到一个有 $n$ 个顶点 $(x_i, y_i)$ 的多边形。一个经典但鲜为人知的事实是：该多边形面积为

$$(x_1 y_2 - x_2 y_1 + x_2 y_3 - x_3 y_2 + \cdots + x_n y_1 - x_1 y_n)/2.$$

假如 x 和 y 都为列向量，那么该面积能用 Matlab 的单行代码算得：

```
(x'*y([2:n 1]) - x([2:n 1])'*y)/2
```

(b) 简易面积算法（simple quadrature）。Matlab 函数 inpolygon 能在平面上确定某"点集"中的哪些点落在某给定的多边形区域内。这个多边形可用其顶点坐标构成的 x 数组和 y 数组表述。那个点集可以是间距为 h 的二维正方网格点。

```
[u,v] = meshgrid(xmin:h:xmax,ymin:h:ymax)
```

运行以下语句

```
k = inpolygon(u,v,x,y)
```

可返回规模与 u、v 相同的数组，取值为 1 的元素对应多边形内的点，取值为 0 的元素对应多边形外的点。多边形内点总数也就是输出量 k 中的非零元素数，即 nnz(k)，于是多边形内网格面积为

```
h^2*nnz(k)
```

(c) 二元自适应定积分算法（two-dimensional adaptive quadrature）。区域特征函数（characteristic function of the region）$\chi(u,v)$：若点 $(u,v)$ 在区域内，$\chi(u,v)$ 等于 1；否则其值为 0。因此，区域面积为

$$\int\int \chi(u,v)\mathrm{d}u\mathrm{d}v.$$

若 u、v 都为标量或规模相同的行或列数组，函数 inpolygon(u,v,x,y) 可算出特征函数。但是求积函数工作时要求 u、v 中一个为标量而另一个为数组。为此，我们需要如下代码构成的 M-文件 chi.m。

```
function k = chi(u,v,x,y)
if all(size(u) == 1), u = u(ones(size(v))); end
if all(size(v) == 1), v = v(ones(size(u))); end
k = inpolygon(u,v,x,y);
```

二元自适应数值求积可由以下命令实现。

```
x = ..;
y = ..;
dblquad(@(u,v)chi(u,v,x,y),xmin,xmax,ymin,ymax,tol)
function k = chi(u,v,x,y)
```

这在三种方法中效率最低。自适应求积希望被积函数适度光滑，但 $\chi(u,v)$ 肯定不光滑。因此，小于 $10^{-4}$ 或 $10^{-5}$ 的 tol 容差值会需要大量的计算时间。

图 6.5 显示了这三种方法算得的面积估计，即便使用相当大的网格和较大的容差，三个估计也有两位数字相一致。请用你自己的数据，花费适当的计算时间，观察这三个估计彼此有多接近。

# 第 7 章　常微分方程

MATLAB 有许多求常微分方程数值解的函数。本章只对其中最简单的解算命令（solvers）进行阐述，然后比较所有解算命令的有效性、精度和特点。在性能比较中，刚性（stiffness）这一微妙概念有重要作用。

## 7.1　微分方程的积分

常微分方程初值问题（initial value problem）就是寻找函数 $y(t)$ 使之满足如下方程

$$\frac{\mathrm{d}y(t)}{\mathrm{d}t} = f(t, y(t))$$

和初始条件

$$y(t_0) = y_0.$$

该问题的数值解算是指：生成自变量序列 $t_0, t_1, \ldots$ 和对应的因变量序列 $y_0, y_1, \ldots$，使得每个 $y_n$ 近似等于 $t_n$ 处的函数值，即

$$y_n \approx y(t_n),\ n = 0, 1, \ldots.$$

现代数值方法都自动确定步长

$$h_n = t_{n+1} - t_n$$

以使数值解的估计误差控制在指定的容差内。

微积分基本定理给出了微分方程和积分之间的重要联系：

$$y(t + h) = y(t) + \int_t^{t+h} f(s, y(s))\mathrm{d}s.$$

我们不能使用数值求积法直接近似解算上述积分，因为我们不知道函数 $y(s)$，就不可能算得被积函数的值。尽管如此，基本思路是选择一个 $h$ 序列，使得该公式能给出我们所需的数值解。

要记住的一种特殊情况是：若 $f(t, y)$ 仅是 $t$ 的函数，那么这种简单微分方程的数值解就只是一个积分值序列。

$$y_{n+1} = y_n + \int_{t_n}^{t_{n+1}} f(s)\mathrm{d}s.$$

在本章中，我们将经常使用加"点"变量表示导数。如

$$\dot{y} = \frac{\mathrm{d}y(t)}{\mathrm{d}t},\ \ddot{y} = \frac{\mathrm{d}^2 y(t)}{\mathrm{d}t^2}.$$

## 7.2  微分方程组

许多动态数学模型不止包含一个未知函数，而且还有二阶及更高阶的导数。这些模型可以通过把 $y(t)$ 看成 $t$ 的向量值函数（vector-valued function）加以处理。每个分量或代表一个未知函数，或者代表函数的某阶次导数。MATLAB 的向量记述（vector notation）在此尤为方便。

例如，描述简谐振荡器（simple harmonic oscillator）的二阶微分方程

$$\ddot{x}(t) = -x(t)$$

可改写为两个一阶方程。先令向量 $y(t)$ 有两个分量，$x(t)$ 及其一阶导数 $\dot{x}(t)$：

$$y(t) = \left[\begin{array}{c} x(t) \\ \dot{x}(t) \end{array}\right].$$

用此向量，上述微分方程可表示为

$$\dot{y}(t) = \left[\begin{array}{c} \dot{x}(t) \\ -x(t) \end{array}\right]$$
$$= \left[\begin{array}{c} y_2(t) \\ -y_1(t) \end{array}\right].$$

MATLAB 定义微分方程的 M 函数以 $t$、$y$ 为输入量，以列向量形式输出 $f(t,y)$。对于谐波振荡器，其 M 函数可以是包含如下代码的 M-文件。

```
function ydot = harmonic(t,y)
ydot = [y(2); -y(1)]
```

更紧凑的表达形式是在匿名函数中使用矩阵乘，即

```
f = @(t,y) [0 1; -1 0]*y
```

在以上两种表述中，即便微分方程中并不显式地包含 $t$，这变量 $t$ 也必须被用作第一输入量。

稍微复杂些的示例，二体问题（two-body problem），描述一个物体在另一个重得多的物体引力作用下的运动轨道。利用以重物体中心为原点的直角坐标 $u(t)$ 和 $v(t)$，轨道方程为：

$$\ddot{u}(t) = -u(t)/r(t)^3,$$
$$\ddot{v}(t) = -v(t)/r(t)^3,$$

其中

$$r(t) = \sqrt{u(t)^2 + v(t)^2}.$$

设向量 $y(t)$ 含四个分量:

$$y(t) = \begin{bmatrix} u(t) \\ v(t) \\ \dot{u}(t) \\ \dot{v}(t) \end{bmatrix}.$$

于是微分方程可表示为

$$\dot{y}(t) = \begin{bmatrix} \dot{u}(t) \\ \dot{v}(t) \\ -u(t)/r(t)^3 \\ -v(t)/r(t)^3 \end{bmatrix}.$$

该示例的 M 函数可表达为

```
function ydot = twobody(t,y)
r = sqrt(y(1)^2 + y(2)^2);
ydot = [y(3); y(4); -y(1)/r^3; -y(2)/r^3];
```

更紧凑的 M 函数为

```
ydot = @(t,y) [y(3:4); -y(1:2)/norm(y(1:2))^3]
```

尽管第二个 M 函数采用了向量运算,但其有效性并不会显著地高于第一个 M 函数。

## 7.3 线性化的微分方程

一个微分方程解在任意一点 $(t_c, y_c)$ 附近的局域性状(local behavior)可以通过 $f(t, y)$ 的二元泰勒级数(two-dimensional Taylor series)展开加以分析:

$$f(t, y) = f(t_c, y_c) + \alpha(t - t_c) + J(y - y_c) + \cdots,$$

其中

$$\alpha = \frac{\partial f}{\partial t}(t_c, y_c), \quad J = \frac{\partial f}{\partial y}(t_c, y_c).$$

在该级数中,通常都有一个最重要项,雅可比(Jacobian)$J$。对于如下含 $n$ 个分量的微分方程组

$$\frac{\mathrm{d}}{\mathrm{d}t} \begin{bmatrix} y_1(t) \\ y_2(t) \\ \vdots \\ y_n(t) \end{bmatrix} = \begin{bmatrix} f_1(t, y_1, \ldots, y_n) \\ f_2(t, y_1, \ldots, y_n) \\ \vdots \\ f_n(t, y_1, \ldots, y_n) \end{bmatrix},$$

其雅可比是 $n \times n$ 偏导数矩阵：

$$J = \left[ \begin{array}{cccc} \frac{\partial f_1}{\partial y_1} & \frac{\partial f_1}{\partial y_2} & \cdots & \frac{\partial f_1}{\partial y_n} \\ \frac{\partial f_2}{\partial y_1} & \frac{\partial f_2}{\partial y_2} & \cdots & \frac{\partial f_2}{\partial y_n} \\ \vdots & \vdots & & \vdots \\ \frac{\partial f_n}{\partial y_1} & \frac{\partial f_n}{\partial y_2} & \cdots & \frac{\partial f_n}{\partial y_n} \end{array} \right].$$

雅可比对解的局域性状影响可由如下线性常微分方程组的解确定。

$$\dot{y} = Jy.$$

令 $J$ 的特征值为 $\lambda_k = \mu_k + i\nu_k$，$\Lambda = \mathrm{diag}(\lambda_k)$ 为特征值对角阵。假如存在一组相应的线性独立特征向量 $V$，使

$$J = V\Lambda V^{-1}.$$

那么，借助线性变换（linear transformation）

$$Vx = y$$

可把关于 $y$ 的局域方程组转换成一组关于 $x$ 的各分量解耦方程（decoupled equations）：

$$\dot{x}_k = \lambda_k x_k.$$

这组方程的解是

$$x_k(t) = e^{\lambda_k(t-t_c)} x(t_c).$$

若 $\mu_k$ 为正数，则分量 $x_k(t)$ 随时间 $t$ 变大而增大；若 $\mu_k$ 为负，则随时间而减小；若 $\nu_k$ 非零，则振荡。而局域解（local solution）$y(t)$ 的分量则是这三种性状的线性组合。

例如，谐波振荡器（harmonic oscillator）

$$\dot{y} = \left[ \begin{array}{cc} 0 & 1 \\ -1 & 0 \end{array} \right] y$$

是一个线性系统，其雅可比就是微分方程矩阵本身

$$J = \left[ \begin{array}{cc} 0 & 1 \\ -1 & 0 \end{array} \right].$$

$J$ 的特征值是 $\pm i$，因而微分方程解是 $e^{it}$ 和 $e^{-it}$ 纯振荡函数的线性组合。

非线性示例, 二体问题的方程为

$$\dot{y}(t) = \begin{bmatrix} y_3(t) \\ y_4(t) \\ -y_1(t)/r(t)^3 \\ -y_2(t)/r(t)^3 \end{bmatrix},$$

其中

$$r(t) = \sqrt{y_1(t)^2 + y_2(t)^2}.$$

在习题 7.8 中, 我们将请你证明该系统的雅可比是

$$J = \frac{1}{r^5}\begin{bmatrix} 0 & 0 & r^5 & 0 \\ 0 & 0 & 0 & r^5 \\ 2y_1^2 - y_2^2 & 3y_1y_2 & 0 & 0 \\ 3y_1y_2 & 2y_2^2 - y_1^2 & 0 & 0 \end{bmatrix}.$$

可以证明, $J$ 的特征值仅依赖于半径 $r(t)$:

$$\lambda = \frac{1}{r^{3/2}}\begin{bmatrix} \sqrt{2} \\ i \\ -\sqrt{2} \\ -i \end{bmatrix}.$$

我们可以看到: 一个特征值是正实数, 其对应的解分量不断渐增; 另一个特征值是负实数, 它对应衰减分量; 还有两个特征值为纯虚数, 对应振荡分量。然而, 该非线性系统整体的全域性状 (overall global behavior) 相当复杂, 那不是这种局域线性化分析 (local linearized analysis) 所能描述的。

## 7.4 单步法

解初值问题的最简数值方法是欧拉法 (Euler's method)。它采用固定步长 $h$, 通过以下算式产生近似解。

$$y_{n+1} = y_n + hf(t_n, y_n),$$
$$t_{n+1} = t_n + h.$$

MATLAB 代码需要使用: 起始点 t0、终点 tfinal、函数初值 y0、步长 h 以及函数 f。主循环较为简单:

```
t = t0;
y = y0;
```

```
while t <= tfinal
    y = y + h*f(t,y)
    t = t + h
end
```

假如 y0 是向量，且 f 也返回向量，那么该代码可以运行得很好。

作为对 $f(t)$ 的求积算法，欧拉法对应于仅在区间左端计算一次被积函数的矩形法则。若 $f(t)$ 为常数，则该法精准；若 $f(t)$ 为线性，则该法不准。所以，该法误差和 $h$ 成比例。即便想获得不多几位的数字精度，也需要把步长取得很小。但是，在我们看来，欧拉法的最大缺点是不提供误差估计。欧拉法无法自动确定取多大步长才能达到指定精度。

假若在欧拉法之后再算第二个函数值，那么我们就有可能得到一个可行的算法。对应于求积的中点法则和梯形法则，这里也有两种很自然的可能选择。模拟中点法（midpoint analogue）：先用欧拉法走半步，在中点处计算函数值，然后用那斜率进行一整步计算。

$$
\begin{aligned}
s_1 &= f(t_n, y_n), \\
s_2 &= f\left(t_n + \frac{h}{2}, y_n + \frac{h}{2}s_1\right), \\
y_{n+1} &= y_n + hs_2, \\
t_{n+1} &= t_n + h.
\end{aligned}
$$

模拟梯形法（trapezoid analogue）：先用欧拉法试探性向前一步，计算该外推点上的函数值，然后取两点斜率的平均，进行一整步计算。

$$
\begin{aligned}
s_1 &= f(t_n, y_n), \\
s_2 &= f(t_n + h, y_n + hs_1), \\
y_{n+1} &= y_n + h\frac{s_1 + s_2}{2}, \\
t_{n+1} &= t_n + h.
\end{aligned}
$$

假如我们同时使用这两个方法，它们就会产生两个不同的 $y_{n+1}$ 值。这两个值的差就能提供一个误差估计，并为步长选择提供基础。此外，这两个值的外推组合将比它们中任何一个更精确。

上述方法的连续使用，就是隐藏在常微分方程求积单步法（single-step methods）背后的主要思想。在 $t_n$ 和 $t_{n+1}$ 之间的几个时间点上，计算函数 $f(t,y)$，然后把这些 $f$ 值的线性组合加上 $y_n$ 就算得 $y$ 值。实际步长是采用函数值的另一组线性组合取定的。现代单步法还利用函数值的另一线性组合去估计误差，并进而计算下一步长。

单步法常称为龙格-库塔法（Runge-Kutta methods），该法取名于 1905 年左右首先提出此法的两位德国应用数学家。在数字计算机发明之前，经典龙格-库塔方法就已广泛应用于手工计算，而时至今天它依然深受欢迎。它每步用四个函数值：

$$s_1 = f(t_n, y_n),$$
$$s_2 = f\left(t_n + \frac{h}{2}, y_n + \frac{h}{2}s_1\right),$$
$$s_3 = f\left(t_n + \frac{h}{2}, y_n + \frac{h}{2}s_2\right),$$
$$s_4 = f(t_n + h, y_n + hs_3),$$
$$y_{n+1} = y_n + \frac{h}{6}(s_1 + 2s_2 + 2s_3 + s_4),$$
$$t_{n+1} = t_n + h.$$

假如 $f(t, y)$ 和 $y$ 无关，那么经典龙格-库塔法有 $s_2 = s_3$，于是该法蜕化为辛普森求积法则。

经典龙格-库塔方法不提供误差估计。该法有时也采用步长 $h$ 和 $h/2$ 去求取一个误差估计，不过我们现在知道有更有效的方法。

MATLAB 中的几个常微分方程解算命令（solvers），以及本章稍后要讲述的示教解算命令，都是单步或龙格-库塔解算命令。一般单步法都采用 $\alpha_i, \beta_{i,j}, \gamma_i$ 和 $\delta_i$ 等参数描述。在每一单步中，有 $k$ 个分级（stages）。每级计算一个斜率 $s_i$，即用特定 $t$ 值和由此前几级斜率线性组合算得的 $y$ 值计算 $f(t, y)$。具体如下：

$$s_i = f\left(t_n + \alpha_i h, y_n + h\sum_{j=1}^{i-1} \beta_{i,j} s_j\right), i = 1, \ldots, k.$$

每一整步所采用的斜率也是以上 $k$ 个斜率的线性组合，即有

$$y_{n+1} = y_n + h\sum_{i=1}^{k} \gamma_i s_i.$$

每整步可发生误差的估计则要用到以上 $k$ 个斜率的又一个线性组合，即

$$e_{n+1} = h\sum_{i=1}^{k} \delta_i s_i.$$

若该误差小于指定容差，那么这步试探成功并接受此 $y_{n+1}$；否则，这步失败并抛弃 $y_{n+1}$。无论出现哪种情况，该误差估计都用来计算下一步长 $h$。

以上方法中的参数 $\alpha_i, \beta_{i,j}, \gamma_i$ 和 $\delta_i$ 等，由这些斜率泰勒级数展开中的匹配项确定。而这些泰勒级数又涉及 $h$ 的若干幂次项和 $f(t, y)$ 的各种偏导数计算。单步

法的阶（order）是指：最低幂次不匹配项 $O(h^p)$ 中的 $p$（译注：关于"阶"的详细讨论，将参见第 7.13 节）。可以证明，一、二、三、四级单步法能分别是 1、2、3、4 阶泰勒近似算法。为达到 5 阶近似，单步法则需要 6 个分级。经典龙格 -库塔方法有 4 个分级，因此其为 4 阶近似算法。

Matlab 的常微分方程解算命令的名称都取 odennxx 命名格式：其中 nn 是数字，表示所用方法的阶；而 xx 是字母用于标注方法的专门特征，xx 也可能空缺。假如误差估计是通过不同阶的方法比较而得的，则数字 nn 就代表这些方法的阶。例如，ode45就是通过 4 阶和 5 阶公式间的比较而获得误差估计的。

## 7.5 BS23 算法

示教函数（textbook function）ode23tx是 Matlab 所提供函数 ode23 的简化版。该算法由 Bogachi 和 Shampine 提出 [9,54]。函数名中的"23"表明该算法同时使用了 2 阶、3 阶两个单步公式。

该算法有三个分级，但斜率 $s_i$ 有四个。原因是，除第一步外，其后每步的 $s_1$ 就是上一步的 $s_4$。其要点如下：

$$s_1 = f(t_n, y_n),$$
$$s_2 = f\left(t_n + \frac{h}{2}, y_n + \frac{h}{2}s_1\right),$$
$$s_3 = f\left(t_n + \frac{3}{4}h, y_n + \frac{3}{4}hs_2\right),$$
$$t_{n+1} = t_n + h,$$
$$y_{n+1} = y_n + \frac{h}{9}(2s_1 + 3s_2 + 4s_3),$$
$$s_4 = f(t_{n+1}, y_{n+1}),$$
$$e_{n+1} = \frac{h}{72}(-5s_1 + 6s_2 + 8s_3 - 9s_4).$$

图 7.1 显示了起始情况和三个分级阶段。从点 $(t_n, y_n)$ 处出发，以初始斜率 $s_1 = f(t_n, y_n)$ 和一个良好的步长估计 $h$，开始该算法。我们的目标是：计算 $t_{n+1} = t_n + h$ 处的近似解 $y_{n+1}$，使它在指定容差范围内与真解 $y(t_{n+1})$ 相一致。

第一分级使用初始斜率 $s_1$ 取欧拉法跨半步，并在那里计算函数值，以得到第二个斜率 $s_2$。该斜率被用于取欧拉法跨四分之三步，再在那里计算函数值以得到第三个斜率 $s_3$。这三个斜率的加权平均

$$s = \frac{1}{9}(2s_1 + 3s_2 + 4s_3),$$

被用于整步计算以求得 $y_{n+1}$ 的试探值，并再计算一次函数值以求得斜率 $s_4$。然

后，再用这四个斜率计算误差估计：

$$e_{n+1} = \frac{h}{72}(-5s_1 + 6s_2 + 8s_3 - 9s_4).$$

假如该误差在指定容差内，那么这一步计算成功，试探值 $y_{n+1}$ 被接受，而 $s_4$ 则成为下一步的 $s_1$；假如误差太大，则 $y_{n+1}$ 被抛弃，该步必须重做。无论出现哪种情况，误差估计 $e_{n+1}$ 都为确定下一步的长 $h$ 提供了基础。

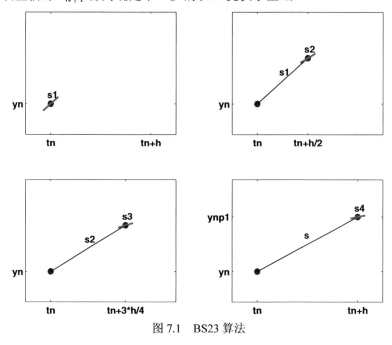

图 7.1　BS23 算法

ode23tx 泛函的第一个输入量用于指定函数 $f(t, y)$。该输入量可以取以下任何一种形式表示：
- 函数句柄；
- 匿名函数。

无论哪种表示形式通常都应接受两个输入量 $t$ 和 $y$，但并非必须；计算结果应是 $\mathrm{d}y/\mathrm{d}t$ 导数值构成的列向量。

ode23tx 的第二输入量 tspan 是一个向量，它包含 t0 和 tfinal 两个分量。积分过程在以下区间上进行：

$$t_0 \leqslant t \leqslant t_{final}.$$

本示教代码所作的简化之一就是 tspan 的形式。MATLAB 的常微分方程解算命令允许对积分区间进行更灵活的设置。

ode23tx 的第三输入量 y0 是列向量，用于提供初始值 $y_0 = y(t_0)$。y0 的长度使 ode23tx 函数知道该微分方程组中的方程数。

第四输入量是任选项，它可取两种不同形式。最简单、常用的形式是一个标量数值 rtol，被用作为相对容差，其缺省值是 $10^{-3}$。但如若你希望更高或更低精度，则可自行设定。该任选项的更复杂形式是由 MATLAB 的 odeset 生成的构架。函数 odeset 可接收多对输入量，对 MATLAB 常微分方程解算命令的多个选项进行设置。对于 ode23tx 而言，你可以改变三个属性的缺省值：相对误差的容差（relative error tolerance）、绝对误差的容差（absolute error tolerance）以及每个成功执行步后所调用的某 M-文件。以下语句

```
opts = odeset('reltol',1.e-5, 'abstol',1.e-8, ...
'outputfcn',@myodeplot)
```

创建一个构架，它把相对误差的容差设为 $10^{-5}$，绝对误差的容差设为 $10^{-8}$，并且把 'outputfcn' 属性设为 M-文件 myodeplot 的句柄。

ode23tx 的输出可以是图形或数值。不带输出量的调用格式

```
ode23tx(F,tspan,y0);
```

将绘出各解分量的动态曲线。而带两个输出量的调用格式

```
[tout,yout] = ode23tx(F,tspan,y0);
```

将生成各解分量的数值列表。

## 7.6   示教 M 文件 ode23tx

本节详察 ode23tx 函数的代码。下面是该函数的导言。

```
function [tout,yout] = ode23tx(F,tspan,y0,arg4,varargin)
%ODE23TX  解算非刚性微分方程。
%        MATLAB解算函数ODE23.M的示教文件
%
% ODE23TX(F,TSPAN,Y0)  调用格式
% 以y(T0) = Y0为初始条件，给出微分方程dy/dt = f(t,y) 在t = T0
% 到t = TFINAL之间的解。其中，输入量TSPAN = [T0 TFINAL]。
%
% 第一输入量F是定义 f(t,y)的函数句柄或匿名函数。
% 该定义f(t,y)的函数必须有两个输入量t和y，并且该函数的输出量必须是
% 导数dy/dt的列向量形式。
%
% [T,Y] = ODE23TX(...)  带两个输出量的调用格式
% 输出量T是列数组，而输出量Y是二维数组，且Y(k,:)是T(k)时刻的全部解。
%
% 不带输出量的ODE23TX调用格式，将画出全部解函数曲线。
%
% ODE23TX(F,TSPAN,Y0,RTOL)
% 该调用格式采用RTOL作为相对容差替代默认值1.e-3。
```

```
%
% ODE23TX(F,TSPAN,Y0,OPTS)
% 该调用格式中的第4输入量OPTS可由odeset加以设置,具体如下
% OPTS= ...
% ODESET('reltol',RTOL,'abstol',ATOL,'outputfcn',@PLTFN)
%    在此: 采用RTOL值设置相对容差, 替代默认值1.e-3;
%              采用ATOL值设置绝对容差, 替代默认值1.e-6;
%              采用函数PLTFN替代默认函数ODEPLOT, 供每步计算后调用。
%
% ODE23TX(F,TSPAN,Y0,OPTS,P1,P2,..)
% 该调用格式中, 从第5个起的输入量用于向F函数F(T,Y,P1,P2,..)
% 传递参数p1,p2等。
%
% ODE23TX 采用Bogacki和Shampine的龙格-库塔(2,3)法。
%
% 应用示例
% tspan = [0 2*pi];
% y0 = [1 0]';
% F = '[0 1; -1 0]*y';
% ode23tx(F,tspan,y0);
%
% 参看ODE23.
```

下列代码用于解析输入量和初始化内部变量。

```
rtol = 1.e-3;
atol = 1.e-6;
plotfun = @odeplot;
if nargin >= 4 & isnumeric(arg4)
    rtol = arg4;
elseif nargin >= 4 & isstruct(arg4)
    if ~isempty(arg4.RelTol), rtol = arg4.RelTol; end
    if ~isempty(arg4.AbsTol), atol = arg4.AbsTol; end
    if ~isempty(arg4.OutputFcn),
        plotfun = arg4.OutputFcn; end
end
t0 = tspan(1);
tfinal = tspan(2);
tdir = sign(tfinal - t0);
plotit = (nargout == 0);
threshold = atol / rtol;
hmax = abs(0.1*(tfinal-t0));
```

```
    t = t0;
    y = y0(:);
    % 计算结果的初始化
    if plotit
        plotfun(tspan,y,'init');
    else
        tout = t;
        yout = y.';
    end
```

初始步长的计算比较棘手，原因是它需要关于问题的整个规模上的某些知识。

```
    s1 = F(t, y, varargin{:});
    r = norm(s1./max(abs(y),threshold),inf) + realmin;
    h = tdir*0.8*rtol^(1/3)/r;
```

下面是主循环的开始部分。积分从 $t = t_0$ 处开始，增量为 t，直到抵达 $t_{final}$ 为止。"反向"计算，即 $t_{final} < t_0$，也是允许的。

```
    while t ~= tfinal
        hmin = 16*eps*abs(t);
        if abs(h) > hmax, h = tdir*hmax; end
        if abs(h) < hmin, h = tdir*hmin; end
        % 若t已经非常接近tfinal，则取(tfinal-t)作为最后步长。
        if 1.1*abs(h) >= abs(tfinal - t)
            h = tfinal - t;
        end
```

以下代码是实际计算过程。第一个斜率 s1 此前已经算得。再算三次定义微分方程的函数值用于计算另三个斜率。

```
    s2 = F(t+h/2, y+h/2*s1, varargin{:});
    s3 = F(t+3*h/4, y+3*h/4*s2, varargin{:});
    tnew = t + h;
    ynew = y + h*(2*s1 + 3*s2 + 4*s3)/9;
    s4 = F(tnew, ynew, varargin{:});
```

下面是误差估计。误差向量的范数被绝对容差和相对容差的比值进行定标处理。最小浮点数 realmin 的引入是为了避免 err 精准为零。

```
    e = h*(-5*s1 + 6*s2 + 8*s3 - 9*s4)/72;
    err = norm(e./max(max(abs(y),abs(ynew)),threshold),...
    inf) + realmin;
```

下列代码进行检测：看这一步是否成功。若成功，结果被绘图或者存入相应的输出数组 tout 和 yout；若不成功，该结果就被干脆地遗忘。

```
        if err <= rtol
```

```
        t = tnew;
        y = ynew;
        if plotit
            if plotfun(t,y,'');
                break
            end
        else
            tout(end+1,1) = t;
            yout(end+1,:) = y.';
        end
        s1 = s4; % 重用最终函数值开始新一步计算
    end
```

算得的误差估计被用来计算新的步长。若当前步成功，那么比值 rtol/err 大于 1；否则小于 1。由于 BS23 是 3 阶算法，所以会涉及立方根的计算。这意味着容差变化一个 8 因子数，就将使原步长和总步数发生一个 2 因子数的变化。下列命令中的因子 0.8 和 5 用于防止步长变化过度。

```
% 计算新步长
h = h*min(5,0.8*(rtol/err)^(1/3));
```

下面是程序中进行奇异性检测的唯一场所。

```
    if abs(h) <= hmin
        warning(sprintf( ...
        'Step size %e too small at t = %e.\n',h,t));
        t = tfinal;
    end
end
```

上述代码结束主循环。为完成整个解算，也许还需要使用如下绘图函数。

```
if plotit
    plotfun([],[],'done');
end
```

## 7.7 两个简单示例

请你在运行着 MATLAB 的计算机前坐定。确保 ode23tx.m 文件在当前目录或 MATLAB 搜索路径上。你实践本例的操作从键入以下代码开始：

```
F = @(t,y) 0 ; ode23tx(F,[0 10],1)
```

运行产生如下初值问题解的曲线图形。

$$\frac{\mathrm{d}y}{\mathrm{d}t} = 0,$$
$$y(0) = 1,$$

$$0 \leqslant t \leqslant 10.$$

当然，该解是恒值函数 $y(t) = 1$。

请你按一下键盘上的上箭头键，用于调回此前键入的那行代码，再使用左箭头键使光标移动到赋值号后的 0 处，然后把 0 修改为某些更有趣味的函数。下面提供几个算例。开始修改时，只改变那行最左边的 0，而让 [0 10] 和 1 保持不变。

```
F                      Exact solution
0                      1
t                      1+t^2/2
y                      exp(t)
-y                     exp(-t)
1/(1-3*t)              1-log(1-3*t)/3    (t=1/3为奇异点)
2*y-y^2                2/(1+exp(-2*t))
```

请你动手尝试：编写自己的一些算题；改变初始条件；用 1.e-6 作为 ode23tx 的第四个输入量以改变计算精度。

下面进行谐波振荡器试验。这是由两个一阶方程表述的二阶微分方程。首先，创建指定谐振方程的 M 函数

```
F = @(t,y) [y(2); -y(1)];
```
或
```
F = @(t,y) [0 1; -1 0]*y;
```
然后运行下列语句
```
ode23tx(F,[0 2*pi],[1; 0])
```
绘制出两条你应知晓的 $t$ 函数曲线。假如你想产生相平面（phase plane）图，那有两种可能的处理选择。一种处理方式是：在计算完成后，保存输出量，再绘制曲线图形。具体代码如下：

```
[t,y] = ode23tx(F,[0 2*pi],[1; 0])
plot(y(:,1),y(:,2),'-o')
axis([-1.2 1.2 -1.2 1.2])
axis square
```

另一种更有意思的处理方式是：利用一个能"边算边画"的 M 函数。MATLAB 就提供名为 odephas2.m 的这种函数。可借助 odeset 创建一个选项构架（options structure）。

```
opts = odeset('reltol',1.e-4,'abstol',1.e-6, ...
'outputfcn',@odephas2);
```
假如你想使用自己编写的绘图函数，那应类似于如下代码。

```
function flag = phaseplot(t,y,job)
persistent p
if isequal(job,'init')
```

```
    p = plot(y(1),y(2),'o','erasemode','none');
    axis([-1.2 1.2 -1.2 1.2])
    axis square
    flag = 0;
elseif isequal(job,'')
    set(p,'xdata',y(1),'ydata',y(2))
    pause(0.2)
    flag = 0;
end
```

然后再采用以下选项设置。

```
opts = odeset('reltol',1.e-4,'abstol',1.e-6, ...
'outputfcn',@phaseplot);
```

在你编写了自己的绘图函数及设置了自己的选项构架后，你就可以用以下命令
"边算边画"。

```
ode23tx(F,[0 2*pi],[1; 0],opts)
```

请你再用不同容差值试试。

运行 type twobody，观察 M-文件 twobody.m 是否在搜索路径上。假如没
此文件，那么请你从第 7.2 节末找到那几行代码，用来创建 twobody 函数。然后
再运行

```
ode23tx(@twobody,[0 2*pi],[1; 0; 0; 1]);
```

该代码中初始条件的长度表明，该解应有四个分量，但图中只显示了三条曲线。
为什么？提示：请用图形窗工具条上的放大图标 zoom in 对蓝线进行放大观察。

你可以通过第四个分量 chang_this 的不同赋值，使二体问题的初始条件发
生变化。

```
y0 = [1; 0; 0; change_this];
ode23tx(@twobody,[0 2*pi],y0);
```

以较重的物体为原点，用以下命令绘制轨迹。

```
y0 = [1; 0; 0; change_this];
[t,y] = ode23tx(@twobody,[0 2*pi],y0);
plot(y(:,1),y(:,2),'-',0,0,'ro')
axis equal
```

你也可以用其他数值来代替 $2\pi$ 作为 tfinal 的赋值。

# 7.8　洛伦茨吸引子

全世界最广泛研究的常微分方程之一是洛伦茨混沌吸引子（Lorenz chaotic
attractor）。它由对地球大气的流体流动模型感兴趣的麻省理工学院数学家和气象

学家 Edward Lorenz 于 1963 年最先提出。Colin Sparrow 的著作 [58] 是最精良的参考文献。

我们选择矩阵 -向量乘积这种有点异于寻常的方式表达洛伦茨方程。

$$\dot{y} = Ay.$$

式中，向量 $y$ 有三个均为 $t$ 函数的分量：

$$y(t) = \left( \begin{array}{c} y_1(t) \\ y_2(t) \\ y_3(t) \end{array} \right).$$

尽管我们采用了上述形式，但该方程不是线性微分方程组。$3 \times 3$ 矩阵 $A$ 的 9 个元素中，7 个为常量，但另 2 个与 $y_2(t)$ 相关。

$$A = \left[ \begin{array}{ccc} -\beta & 0 & y_2 \\ 0 & -\sigma & \sigma \\ -y_2 & \rho & -1 \end{array} \right].$$

该解的第一分量 $y_1(t)$ 和大气对流相关，另两个分量分别与温度的水平、垂直变化相关。参数 $\sigma$ 称为普朗特数，$\rho$ 是规范化瑞利数，$\beta$ 取决于域的几何形状。参数最常用的取值 $\sigma = 10$、$\rho = 28$、$\beta = 8/3$，它们都已超出地球大气相关范围之外。

由系统矩阵 $A$ 中 $y_2$ 引入的、貌似简单的非线性改变了系统的一切。这些方程中没有随机因素，因而解 $y(t)$ 理应由参数取值和初始条件完全确定，可是这些方程的性状却很难预测。对于参数的某些取值，$y(t)$ 在三维空间中的轨道就是著名的奇异吸引子（strange attractor）。它有界，但无周期不收敛。它决不会自交。它围绕着两个不同点，或称吸引子，混沌地来回运动。而对于参数的另一些取值，解可能会收敛于一个不动点、发散到无穷或周期性振荡。参见图 7.2 和 7.3。

让我们把 $\eta = y_2$ 想象成一个自由参数，又限定 $\rho$ 大于 1，研究如下矩阵

$$A = \left[ \begin{array}{ccc} -\beta & 0 & \eta \\ 0 & -\sigma & \sigma \\ -\eta & \rho & -1 \end{array} \right].$$

可以证明 $A$ 阵奇异的充要条件是

$$\eta = \pm\sqrt{\beta(\rho - 1)}.$$

此时，相应的零向量经将其第二分量取为 $\eta$ 的规范化处理后成为

$$\left( \begin{array}{c} \rho - 1 \\ \eta \\ \eta \end{array} \right).$$

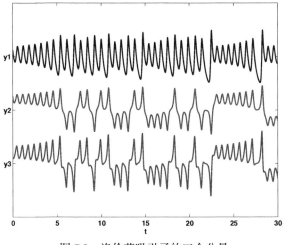

图 7.2 洛伦茨吸引子的三个分量

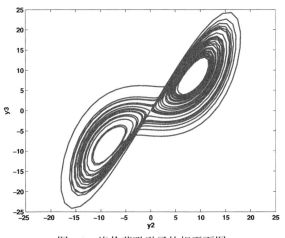

图 7.3 洛伦茨吸引子的相平面图

对 $\eta$ 取正号或负号,就定义了三维空间中的两个点,它们就是微分方程的不动点(fixed point)。若

$$y(t_0) = \begin{pmatrix} \rho - 1 \\ \eta \\ \eta \end{pmatrix},$$

那么对于此后的所有 $t$ 都成立

$$\dot{y}(t) = \begin{pmatrix} 0 \\ 0 \\ 0 \end{pmatrix},$$

因此,$y(t)$ 不会再改变。然而,这些点是不稳定不动点。如果 $y(t)$ 不是从这些点

中的某个出发，那么系统将永远不会到达其中任何一点；如果系统试图靠近它们某一点，那将受到排斥。

我们提供一个 M-文件 lorenzgui.m，以便于对洛伦茨方程进行试验。两个参数取定为 $\beta = 8/3$, $\sigma = 10$。有一个控件用于参数 $\rho$ 值的不同选择。对于 $\rho = 28$，该程序的简化形式的开始部分如下：

```
rho = 28;
sigma = 10;
beta = 8/3;
eta = sqrt(beta*(rho-1));
A = [ -beta        0       eta
        0       -sigma    sigma
       -eta       rho       -1 ];
```

初始条件被取得接近于两个吸引子之一。

```
yc = [rho-1; eta; eta];
y0 = yc + [0; 0; 3];
```

时间跨度设置为无限长，因此积分将不得不借助另一个控件来终止。

```
tspan = [0 Inf];
opts = odeset('reltol',1.e-6,'outputfcn',@lorenzplot);
ode45(@lorenzeqn, tspan, y0, opts, A);
```

矩阵 $A$ 作为额外参数传递进积分解算命令 ode45，然后再由 ode45 发送给定义微分方程的子函数 lorenzeqn。该包含在泛函中的额外参数可使 M 函数 lorenzqn 写得特别紧凑。

```
function ydot = lorenzeqn(t,y,A)
A(1,3) = y(2);
A(3,1) = -y(2);
ydot = A*y;
```

lorenzgui 中大部分较为复杂的代码都包含在绘图子函数 lorenzplot 中。该绘图子函数不仅管理用户界面的各种操作，而且还预估解的可能数值范围，以便对坐标轴进行适当的刻度。

## 7.9  刚  性

刚性是常微分方程数值解法中最微妙、困难而重要的概念。它取决于微分方程、初始条件及数值解算方法。"刚性（stiff）"的英文词条含义是"不容易弯曲（not easy bent）"、"坚硬（rigid）"、"难处理（stubborn）"。我们这里关心的是这些词性在计算中的涵义。

假如一个被求取的解变化缓慢，但隔不久又会突然快速变化，于是数值解算法必须取很小步长才能获得满意的结果，那么这种问题就是刚性问题。

刚性问题就是效率问题，假如我们不关心计算耗费时间的长短，就不必理会刚性。非刚性算法可以求解刚性问题，只不过需要花费很长时间。

火焰传播模型（model of flame propagation）可用作示例。我们是从 Larry Shampine 那里得知该模型的。Larry Shampine 是 MATLAB 微分方程系列程序的作者之一。假如你点燃一根火柴，火焰球迅速增大直至其某个临界体积。然后，维持这一体积不变，原因是火焰球内部燃烧耗费的氧气和从球表面所获氧气达到平衡。其简化模型为

$$\dot{y} = y^2 - y^3,$$
$$y(0) = \delta,$$
$$0 \leqslant t \leqslant 2/\delta.$$

标量 $y(t)$ 代表火焰球半径；$y^2$、$y^3$ 则分别源于球的面积和体积。关键参数是初始半径 $\delta$，它很小。我们求解所消耗的时间和 $\delta$ 成反比。

在此，我们建议读者启动 MATLAB，并动手运行我们的示例。这些示例的实际运行情况很值得一看。我们先用 ode45 进行解算。ode45是 MATLAB 常微分方程解算命令集里的主力解算命令。假如 $\delta$ 不是很小，那么问题就不很刚性。取 $\delta = 0.01$ 进行尝试，且要求相对误差为 $10^{-4}$。

```
delta = 0.01;
F = @(t,y) y^2 - y^3;
opts = odeset('RelTol',1.e-4);
ode45(F,[0 2/delta],delta,opts);
```

无输出调用格式，ode45 会在计算完成后自动绘制曲线。你得到的曲线从 $y = 0.01$ 处开始，以适度的速率增大直到 $t$ 为 100（即 $1/\delta$）之前，接着 $y$ 快速增大到接近 1，然后保持此值不变。

我们接下来观察刚性的作用。把 $\delta$ 减小 3 个数量级。（若读者只运行一个示例，请用以下设置。）

```
delta = 0.00001;
ode45(F,[0 2/delta],delta,opts);
```

你应能看到如图 7.4 上子图所示的图形，尽管绘制此图消耗了很长时间。假如你疲于观察这无聊难忍的过程，请单击图形窗左下角的停止按钮。启动变焦模式，然后用鼠标探勘 $y$ 刚抵达稳态处的形态。你应能看到如图 7.4 下子图所示的图形细节。注意：ode45 努力忠于职责。它尽力把解保持在稳态常值上下的 $10^{-4}$ 范围内，为此不得不做得很累。假如你想更形象地观察刚性影响，请把容差减小为 $10^{-5}$ 或 $10^{-6}$。

该问题起初并不刚性，而只是在解到达稳态时变成刚性。这是因为该稳态解实在太"坚硬"。在 $y(t) = 1$ 上下的解都会朝向 1 速减或速增。（我们应该指出：

在此，"快速"是相对非常长的时间尺度而言的。）

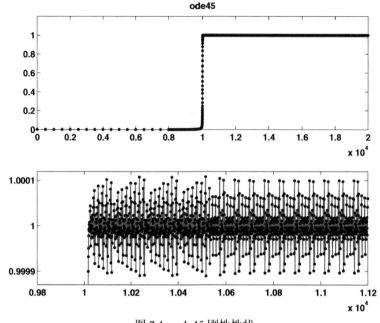

图 7.4　ode45 刚性性状

　　关于刚性问题能做些什么呢？你不能改变微分方程和初始条件，那么你就不得不改变数值解算法。专用于解刚性问题的算法，每步不仅能有效地做更多工作，而且所取步长也大得多。刚性算法都是隐式算法。在每一步中，算法利用 MATLAB 矩阵运算求解线性联立方程以帮助预测解的演变。对于我们所举的火焰示例，矩阵规模仅为 $1 \times 1$，即便如此，刚性算法每步仍然要比非刚性算法做更多的工作。

　　让我们再次针对火焰示例求解，这次采用 MATLAB 中以"s"结尾的常微分方程解算命令。这里"s"代表刚性（stiff）。

```
delta = 0.00001;
ode23s(F,[0 2/delta],delta,opts);
```

图 7.5 展示了所算得的结果和变焦放大后的细节。你可以看到，ode23s 所取的步数远比 ode45 少得多。本示例对刚性解算命令而言，实在太简单了。事实上，ode23s 只用了 99 步、计算了 412 次函数值，而 ode45 却用了 3040 步、计算了 20179 次函数值。刚性甚至还会影响图形输出。ode45 图形打印文件容量比 ode23s 的大得多。

　　请想象一下，你徒步登山后正在返回，身处两边陡峭的峡谷之中。显式算法总喜欢选取局部梯度以找到下山方向。但是，这样循着返程两侧斜坡的梯度走，会让你来回穿越峡谷，就像 ode45 那样。你虽然终将到家，但那已经天黑很久了。而隐式算法则让你紧盯返程，预测着每步将把你带到哪里，这种额外付出的专注是非常值得的。

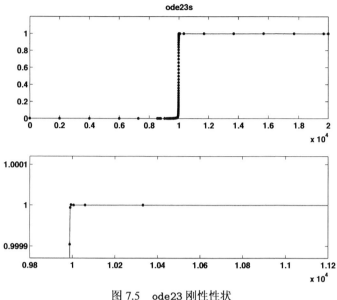

图 7.5    ode23 刚性性状

这个火焰问题还非常有趣，因为它涉及兰伯特 W 函数（Lambert W function）$W(z)$。这个微分方程是可分离的。积分一次就能得到关于 $t$ 函数 $y$ 的如下隐式方程。

$$\frac{1}{y} + \log\left(\frac{1}{y} - 1\right) = \frac{1}{\delta} + \log\left(\frac{1}{\delta} - 1\right) - t.$$

该方程关于 $y$ 可解。火焰模型的精准解析解就是

$$y(t) = \frac{1}{W(ae^{a-t}) + 1},$$

其中 $a = 1/\delta - 1$。兰伯特 W 函数，$W(z)$ 是下列方程的解。

$$W(z)e^{W(z)} = z.$$

利用 Matlab 及符号工具包，运行如下语句

```
y = dsolve('Dy = y^2 - y^3','y(0) = 1/100');
y = simplify(y);
pretty(y)
ezplot(y,0,200)
```

给出解析表达式和如图 7.6 所示的曲线。

```
                1
         -------------------------------
         lambertw(0, 99 exp(99 - t)) + 1
```

假如 1/100 的初始值被减小，$0 \leqslant t \leqslant 200$ 时间跨度被增加，那么过渡区就会变得更狭窄。

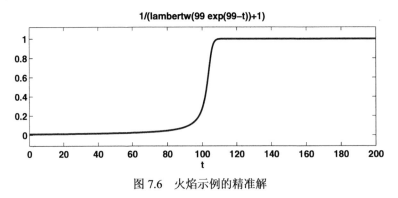

图 7.6　火焰示例的精准解

兰伯特 W 函数是以 J. H. Lambert（1728—1777）的名字命名的。兰伯特在柏林科学院期间曾是欧拉和拉格朗日的同事，其最著名的成就是照射定律以及证明 $\pi$ 为无理数。这个函数在几年前被从职于 Maple 的 Corless、Gonnet、Hare、Jeffey "重新发现"，并由 Don Knuth 发表于文献 [14]。

## 7.10　事　件

到目前为止，我们一直有这样的假定：表述 $t_0 \leqslant t \leqslant t_{final}$ 的 tspan 区间是问题已知给定条件的一部分；或者时间区间被设得无限长，然后采用图形用户界面上的按键加以终止。然而，在许多场合，$t_{final}$ 的确定恰正是问题的一个重要待解内容。

一个算例是：在重力和所遇空气阻力作用下的物体下落。物体什么时候碰撞地面呢？另一个算例是二体问题，一个物体在超其重量许多倍的另一物体引力作用下的运动轨道。轨道的周期是多长？MATLAB 常微分方程解算命令的事件检测功能可回答此类问题。

常微分方程中的事件检测（events detection）涉及 $f(t,y)$、$g(t,y)$ 两个函数，以及初始条件 $(t_0, y_0)$。问题的表述是：寻找函数 $y(t)$ 和终点值 $t_*$，使满足

$$\dot{y} = f(t,y),$$
$$y(t_0) = y_0,$$

且

$$g(t_*, y(t_*)) = 0.$$

落体（falling body）的简单模型为：

$$\ddot{y} = -1 + \dot{y}^2,$$

初始条件为 $y(0) = 1$，$\dot{y}(0) = 0$。待解问题是：$t$ 取何值时，有 $y(t) = 0$。函数 $f(t, y)$ 的编程代码为

```
function ydot = f(t,y)
ydot = [y(2); -1+y(2)^2];
```

它是用一阶微分方程组表示上述方程的。此时，$y$ 变化为含有两个分量的向量，于是有 $g(t, y) = y_1$。表述 $g(t, y)$ 的代码如下：

```
function [gstop,isterminal,direction] = g(t,y)
gstop = y(1);
isterminal = 1;
direction = [];
```

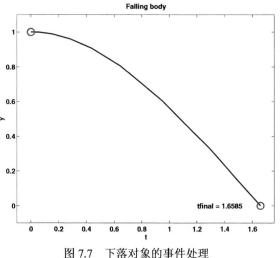

图 7.7　下落对象的事件处理

第一输出量 gstop，给出我们希望使其为零的值；第二输出量 isterminal 被置 1，标志常微分方程解算命令在 gstop 为零时应中止运行；第三输出量 direction 被置为空阵，标志可从任何方向抵达零。有了以上两个函数的代码，就可用以下语句实现计算，并绘制出如图 7.7 所示的轨迹。

```
opts = odeset('events',@g);
y0 = [1; 0];
[t,y,tfinal] = ode45(@f,[0 Inf],y0,opts);
tfinal
plot(t,y(:,1),'-',[0 tfinal],[1 0],'o')
axis([-.1 tfinal+.1 -.1 1.1])
xlabel('t')
ylabel('y')
title('Falling body')
text(1.2, 0, ['tfinal = ' num2str(tfinal)])
```

解得的终止时间 $t$ 值为 tfinal=1.6585。

上述算例的三段代码，可以分存为三个独立的 M-文件：两个函数 M-文件和一个脚本 M-文件。当然，这三段代码也可以存放在同一个函数 M-文件。在后一种情况下，f、g 变成子函数，而必须放置在主程序之后。

事件检测在涉及周期现象的问题中特别有用。二体问题就是很好的示例。下面是 orbit.m 函数 M-文件的第一部分。输入量 reltol 是期望的局部相对容差。

```
function orbit(reltol)
y0 = [1; 0; 0; 0.3];
opts = odeset('events',@(t,y)gstop(t,y,y0),'reltol',reltol);
[t,y,te,ye] = ode45(@(t,y)twobody(t,y,y0),[0 2*pi],y0,opts);
tfinal = te(end)
yfinal = ye(end,1:2)
plot(y(:,1),y(:,2),'-',0,0,'ro')
axis([-.1 1.05 -.35 .35])
```

ode45 被用于计算轨道。其第一输入量是函数句柄 @twobody，用于援引定义微分方程的子函数；第二输入量是对完整周期时长的过估值；第三输入量 y0，是 4 元向量，用于提供初始位置及速度。轻物体从 (1,0) 点出发，表示该点与重物体的距离为 1；轻物体的初始速度为 (0,0.3)，表示速度垂直于初始位置向量。第四输入量是由 odeset 创建的选项构架，用于覆盖 reltol 的缺省值，并指定由 gstop 函数表述所需定位的事件。

twobody 的代码必须加以修改，以便能够接受第三个输入量，尽管该量在子函数中未被使用。

```
function ydot = twobody(t,y,y0)
r = sqrt(y(1)^2 + y(2)^2);
ydot = [y(3); y(4); -y(1)/r^3; -y(2)/r^3];
```

常微分方程解算命令在积分过程的每一步中都要调用 gstop 子函数，用于告知解算命令是否该终止运行。

```
function [val,isterm,dir] = gstop(t,y,y0)
d = y(1:2)-y0(1:2);
v = y(3:4);
val = d'*v;
isterm = 1;
dir = 1;
```

在此，2 元向量 d 是当前位置和起始位置之差；2 元向量 v 是当前点的速度。数值 val 是这两个向量的内积。从数学上讲，终止函数（stopping function）为

$$g(t,y) = \dot{d}(t)^T d(t),$$

其中

$$d = (y_1(t) - y_1(0), y_2(t) - y_2(0))^T.$$

满足 $g(t, y(t)) = 0$ 的点是 $d(t)^T d(t)$ 的局部极值点。通过置 dir = 1，我们就指明：$g(t, y)$ 的零点必须是从其下方抵达的，使其对应极小值点。借助置 isterm = 1，我们就指明：解算过程应在第一极小值点处终止。假如轨道确实是周期性的，那么每当物体回到其起始点时，就会出现 $d$ 的极小值。

若以很宽松的容差调用

```
orbit(2.0e-3)
```

可产生

```
tfinal =
    2.350871977619482


yfinal =
    0.981076599011125          -0.000125191385574
```

并绘出如图 7.8 所示的轨迹。

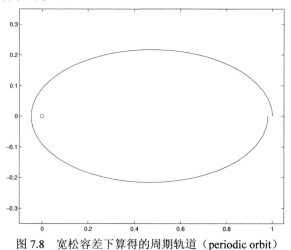

图 7.8    宽松容差下算得的周期轨道（periodic orbit）

你可以从 yfinal 的数值结果和轨道图看出，轻物体没有准确返回起始点。因此，我们需要更高的精度。

```
orbit(1.0e-6)
```

的运行结果为

```
tfinal =
    2.380258461717980
yfinal =
    0.999985939055197          0.000000000322391
```

于是，yfinal 数值可非常接近 y0，并定可使所画轨道很好闭合。

## 7.11　多步法

单步法的记忆较短。传给下一步的唯一信息是当前步的适当步长估计值，可能还有这两步公共点处的函数值 $f(t_n, y_n)$。

顾名思义，多步法（multistep methods）具有较长的记忆。经过初始启动阶段后，$p$ 阶多步法也许已经保存了十来个解值 $y_{n-p+1}, y_{n-p+2}, \ldots, y_{n-1}, y_n$，它们可用来计算 $y_{n+1}$。实际中，多步法既能改变阶数 $p$，又能改变步长 $h$。

对于那些待求解光滑和精度要求较高的问题，多步法往往比单步法更为有效。例如行星轨道和深空探测就都采用多步法计算。

## 7.12　Matlab 的 ODE 解算命令

本节内容来自关于常微分方程解算命令的 Matlab 帮助文件的算法部分。

ode45 基于 Dormand-Prince 提出的显式龙格-库塔（4,5）对。它是单步解算命令。在计算 $y(t_{n+1})$ 时，它只需要前一步时间点的 $y(t_n)$ 值。通常，ode45 是试解大多数问题的首选命令。

ode23 是 Bogacki 和 Shampine 提出的显式龙格-库塔（2,3）对。在容差粗放及存在适度刚性的情况下，它往往比 ode45 更为有效。与 ode45 一样，ode23 也是单步解算命令。

ode113 采用变阶 Adams-Bashforth-Moulton 预报校正算法。在容差严格、常微分方程文件函数求值代价高昂的情况下，它通常比 ode45 更有效。ode113 是多步法解算命令，为计算当前解点值通常需要此前多个时间点上解点值。

上述算法专用于解算非刚性系统。假如它们解算过慢，请用下列刚性解算命令（stiff solvers）再作尝试。

ode15s 是基于数值微分公式（NDFs）的变阶解算命令。此外，该算法还可选用反向微分公式（BDFs，也称吉尔法），不过通常不很有效。它和 ode113 一样，ode15s 也是多步解算命令。假如 ode45 失败，或效率低下，或你怀疑待解问题为刚性，那就请你试试 ode15s。此外，假如你正在解"微分 - 代数"问题（differential-algebraic problem），也可考虑使用 ode15s。

ode23s 基于阶数为 2 的 Rosenbrock 修改公式。因为它是单步解算命令，所以在容差粗放情况下，它比 ode15s 更有效。它能解算某种 ode15s 不能有效解决的刚性问题。

ode23t 是采用"自由"插值梯形法则的一种实现。假如问题的刚性适度，并且你若需要不带数值阻尼的解，那么采用 ode23t。该命令也能解算"微分 - 代数"方程。

ode23tb 是 TR-BDF2 的一种实现。TR-BDF2 是隐式的龙格库塔法，其第一分级是 TR 梯形法则，第二分级是阶数为 2 的 BDF 反向微分公式。通过某种设计，同一个迭代矩阵可适用于两个不同分级的计算。与 ode23s 类似，在容差粗放情况下，该方法比 ode15s 高效。

下面是帮助文档中的汇总表。该表列出了每个解算命令的适用问题类型、算法的典型精度以及推荐的应用场合。

- ode45    非刚性问题，中等精度；最常用，应作为你试解的首选。
- ode23    非刚性问题，低精度；用于容差较大或者刚性适度的问题。
- ode113    非刚性问题，精度不限；用于容差严格或函数计算代价较大的场合。
- ode15s    刚性问题，中、低精度；用于 ode45 计算（因刚性）很慢或有质量矩阵的场合。
- ode23s    刚性问题，低精度；用于容差较大的刚性系统或者存在定常质量矩阵的场合。
- ode23t    适度刚性问题，低精度；用于不带无数值阻尼的适度刚性问题。
- ode23tb    刚性问题，低精度；用于大容差刚性问题或存在质量矩阵的场合。

## 7.13  误  差

初值问题数值解的误差有两个来源：
- 离散误差（discretization error）；
- 舍入误差（roundoff error）。

离散误差是微分方程及数值算法的属性。假若运算能以无限精度实施，那么离散误差就是唯一存在的误差。舍入误差是计算机硬件及程序的属性。通常情况下，它的重要性远不如离散误差，除非我们企图获得很高精度。

离散化误差可从局部和全局两个角度加以评估。局部离散误差（local discretization error）是指在此前值精准且不存在舍入误差的条件下在一个计算步长中所产生的误差。设 $u_n(t)$ 是在 $t_n$ 处算得的微分方程解值，而不是由 $t_0$ 处原初始条件算得的微分方程解值。换句话说，$u_n(t)$ 是由以下表达式定义的 $t$ 函数

$$\dot{u}_n = f(t, u_n),$$
$$u_n(t_n) = y_n.$$

局部离散化误差 $d_n$ 是该理论解和由 $t_n$ 处同样数据（忽略舍入误差）算得解之间的差值，即

$$d_n = y_{n+1} - u_n(t_{n+1}).$$

忽略舍入误差时，全局离散误差（global discretization error）是所算解值和由 $t_0$ 处的原初始条件所算的真解之间的差值，即

$$e_n = y_n - y(t_n).$$

在 $f(t,y)$ 不依赖 $y$ 的特殊情况下，局部离散误差和全局离散误差间的区别很容易观察。此时的解只是简单积分 $y(t) = \int_{t_0}^{t} f(\tau)\mathrm{d}\tau$。欧拉法演变为一种数值求积，可称为"复合型懒汉矩形法则（composite lazy man's rectangle rule）"。它不用子区间中点函数值，而用子区间左端函数值求积：

$$\int_{t_0}^{t_N} f(\tau)\mathrm{d}\tau \approx \sum_{0}^{N-1} h_n f(t_n).$$

局部离散误差就是在一子区间上的误差：

$$d_n = h_n f(t_n) - \int_{t_n}^{t_{n+1}} f(\tau)\mathrm{d}\tau,$$

而全局离散误差为总误差：

$$e_N = \sum_{n=0}^{N-1} h_n f(t_n) - \int_{t_0}^{t_N} f(\tau)\mathrm{d}\tau.$$

在该特殊情况下，每个子积分都是独立的（即求和次序是任意的），于是全局误差（global error）就是所有局部误差（local errors）的和：

$$e_N = \sum_{n=0}^{N-1} d_n.$$

在真实的微分方程中，$f(t,y)$ 和 $y$ 相关，因此任何区间上的误差都与此前区间上的计算结果有关。因此，全局误差与局部误差的关系就和微分方程稳定性（stability of the differential equation）相关。对于单标量微分方程而言，若偏导数 $\partial f/\partial y$ 为正，那么解 $y(t)$ 随着 $t$ 变大而增加，因此全局误差将大于局部误差之和；若 $\partial f/\partial y$ 为负，那么全局误差将小于局部误差之和。若 $\partial f/\partial y$ 改变正负号，或系统为 $\partial f/\partial y$ 矩阵变化的非线性方程，那么全局误差 $e_N$ 与局部误差 $d_n$ 和之间的关系将非常复杂而难以预测。

你可以把局部离散误差想象成向某银行账户存款，而全局误差则对应着该帐户内的总余额。偏导数 $\partial f/\partial y$ 的作用就好像利率。若偏导数为正，那么总余额就大于存款总和；若偏导数为负，那么终极误差也许远小于每步存入误差的总和。

示教程序 ode23tx，与 MATLAB 的所有解算程序一样，只是力图控制局部离散误差。企图控制全局离散误差的解算程序，定将大为复杂、运行代价高昂及难以成功。

数值法精度评估（assessing the accuracy of a numerical method）的基本概念是"阶（order）"。阶是据算法应用于光滑问题时所得之局部离散误差定义的。某算法被说成阶的条件是，若存在某数 $C$ 使下式满足

$$|d_n| \leqslant Ch_n^{p+1}.$$

数 $C$ 也许和定义微分方程的那函数的偏导数有关，和待求解所在区间长度有关，但它应与解算步数 $n$、步长 $h_n$ 无关。上述不等式可以用"大写英文字母 $O$"记述为：

$$d_n = O(h_n^{p+1}).$$

例如，对于欧拉法：

$$y_{n+1} = y_n + h_n f(t_n, y_n).$$

假设局部解 $u_n(t)$ 具有连续二阶导数，那么点 $t_n$ 附近使用泰勒展开得

$$u_n(t) = u_n(t_n) + (t - t_n)u_n'(t_n) + O((t - t_n)^2).$$

再利用定义 $u_n(t)$ 的微分方程和初始条件，就可写出

$$u_n(t_{n+1}) = y_n + h_n f(t_n, y_n) + O(h_n^2).$$

因此

$$d_n = y_{n+1} - u_n(t_{n+1}) = O(h_n^2).$$

我们得知 $p = 1$，所以欧拉法是 1 阶法。按照 MATLAB 对常微分方程解算命令的命名规则，那种采用定步长、无误差估计的纯粹欧拉法写成的解算程序应当被称为 ode1。

下面考虑定点 $t = t_f$ 处的全局离散误差。随着精度要求的提高，步长 $h_n$ 将减小，而为达到 $t_f$ 所需总步数 $N$ 将增加。大体上有

$$N = \frac{t_f - t_0}{h},$$

在此 $h$ 是平均步长。此外，全局误差（global error）$e_N$ 可以表达为受方程稳定性描述因子影响的 $N$ 个局部误差之和。这些描述因子与步长的关系不紧密，所以我们可以粗略地说，若局部误差为 $O(h^{p+1})$，则全局误差将为 $N \cdot O(h^{p+1}) = O(h^p)$。这就是在关于"阶"的定义式中，为什么使用 $p+1$ 而不是 $p$ 作为指数的原因。

对于欧拉法，$p = 1$，若平均步长减小的除数因子为 2，那么将使局部误差减小的除数因子为 $2^{p+1} = 4$，但到达 $t_f$ 所需的步数约为原来的两倍，因此全局误差减小的除数因子为 $2^p = 2$。若用高阶算法，那么平滑解全局误差减小的除数因子将大得多。

　　应当指出，在讨论常微分方程的数值解法时，"阶"一词有多种不同的含义。微分方程的"阶"是指呈现最高阶导数的指数。比如 $\mathrm{d}^2 y/\mathrm{d}t^2 = -y$ 就是二阶微分方程。方程组的"阶"有时是指该方程组所含方程的个数。比如 $\dot{y} = 2y - yz, \dot{z} = -z + yz$ 也是一个二阶系统。而数值算法的"阶"则就是我们正在讨论的含义，即在全局误差表达式中所呈现的步长的幂次。

　　检测数值算法"阶"（checking the order of a numerical method）的一种方法是：在 $f(t, y)$ 与 $y$ 无关而仅是 $t$ 的多项式的假设下，观察该数值算法的表现。若该算法对 $t^{p-1}$ 精准，而对 $t^p$ 不准，那么该算法的阶数不会大于 $p$（倘若该算法对一般函数的表现与对多项式的表现不一致，那么阶数有可能小于 $p$）。欧拉法仅当 $f(t, y)$ 为常数时才精准，而对 $f(t, y) = t$ 不准，所以欧拉法的"阶"不会超过 1。

　　在采用 IEEE 双精度浮点运算的现代计算机上，仅当要求精度极高或积分区间极长的情况下，所得解中的舍入误差才会变得重要。假设我们在长度为 $L = t_f - t_0$ 的区间上积分，若每步计算的舍入误差规模为 $\epsilon$，那么在 $h = \frac{L}{N}$ 步长下，经 $N$ 步计算后，最坏情况下的舍入误差类似地有：

$$N\epsilon = \frac{L\epsilon}{h}.$$

对于全局离散误差规模为 $Ch^p$ 的算法而言，总误差大致是

$$Ch^p + \frac{L\epsilon}{h}.$$

为使舍入误差可与离散误差相比拟，就需要使

$$h \approx \left(\frac{L\epsilon}{C}\right)^{\frac{1}{p+1}}.$$

以这种步长完成计算所需的步数约为

$$N \approx L\left(\frac{C}{L\epsilon}\right)^{\frac{1}{p+1}}.$$

假设 $L = 20$，$C = 100$，$\epsilon = 2^{-52}$，不同阶 $p$ 所对应的总步数如下所列：

| $p$ | $N$ |
|---|---|
| 1 | $4.5 \cdot 10^{17}$ |
| 3 | 5,647,721 |
| 5 | 37,285 |
| 10 | 864 |

　　这些列出的 $p$ 值分别是欧拉法的阶，MATLAB 解算命令 ode23、ode45 的阶，以及 ode113 所用变阶算法的阶的典型取值。我们可以看到，为使舍入误差在最

坏情况下变得显著，低阶方法的计算总步数必须要多到不切实际。如若再假设每步舍入误差是随机变化的，那需要的计算总步数就还要更多。变阶多步法 ode113 能达到较高计算精度，此时与之相伴的舍入误差就有可能更为显著一点。

## 7.14　性　能

　　下面作一个实验，观察上节所讲内容如何实际应用。微分方程是谐波振荡器

$$\ddot{x}(t) = -x(t)$$

其初始条件为 $x(0) = 1, \dot{x}(0) = 0$，求解区间为 $0 \leqslant t \leqslant 10\pi$。该区间是周期解的五倍周期长度，所以全局误差可以简单地通过该解初值和终值之差算出。由于该解既不随 $t$ 增长也不随 $t$ 衰减，因此全局误差应大致与局部误差成比例。

　　下列的 Matlab 脚本使用 odeset 设置相对容差及绝对容差。精细因子设置为 1，让算法每步只输出一组 $y$ 值。

```
y0 = [1 0];
for k = 1:13
    tol = 10^(-k);
    opts = odeset('reltol',tol,'abstol',tol,'refine',1);
    tic
    [t,y] = ode23(@harmonic,[0 10*pi],y0',opts);
    time = toc;
    steps = length(t)-1;
    err = max(abs(y(end,:)-y0));
end
```

微分方程由 harmonic.m 定义：

```
function ydot = harmonic(t,y)
ydot = [y(2); -y(1)];
```

　　分别用 ode23、ode45、ode113 运行上面的脚本三次。图 7.9 的子图 1 显示三个解算命令的计算全局误差（global error）如何随设置容差（requested tolerance）而变化。我们可以看到，实际误差能很好地跟踪所设容差。ode23 的全局误差是容差的 36 倍；ode45 约为 4 倍；而 ode113 的全局误差是容差的 $1 \sim 45$ 倍不等。

　　图 7.9 的子图 2 显示了计算所需的步数。实验结果和我们的模型吻合得相当好。令 $\tau$ 表示容差 $10^{-k}$。ode23 所需步数约为 $10\tau^{-1/3}$，这是 3 阶法的期望表现；ode45 所需步数约为 $9\tau^{-1/5}$，也是 5 阶法的期望形态。ode113 的计算步数反映出方程解很光滑，使得该法常常能具有最大阶数 13。

　　图 7.9 的子图 3 显示在 800 兆主频奔腾 III 笔记本电脑上的运行时间，单位为秒。就本实验的问题而言，对于 $10^{-6}$ 及以上的容差，ode45 最快；对于严格小容

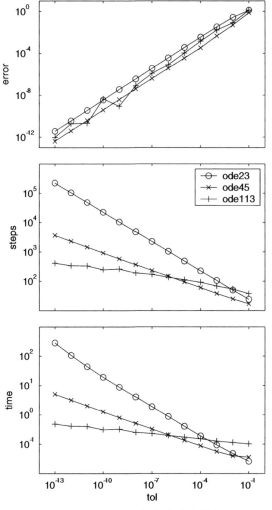

图 7.9　常微分方程解算命令的性能

差，ode113 速度最快；对于较高精度，作为低阶法的 ode23则需花费很长的计算时间。

这仅是一个实验，且被试问题的解非常光滑、稳定。

## 7.15　更多阅读

Matlab 常微分方程解算命令集在文献 [55] 中有详细描述。关于常微分方程数值解尤其是刚性问题数值解的其他论述可参考 Ascher 和 Petzold 的文献 [4]，Brennan、Campbell 和 Petzold 的文献 [11] 以及 Shampine 的文献 [54]。

# 习　题

7.1. 常微分方程 ODE 初值问题的标准形式为

$$\dot{y} = f(t, y),\ y(t_0) = y_0.$$

请把下述的常微分方程问题用标准形式表达:

$$\ddot{u} = \frac{v}{1 + t^2} - \sin r,$$
$$\ddot{v} = \frac{-u}{1 + t^2} + \cos r,$$

其中 $r = \sqrt{\dot{u}^2 + \dot{v}^2}$,初始条件为

$$u(0) = 1, v(0) = \dot{u}(0) = \dot{v}(0) = 0.$$

7.2. 你在年息为 6% 的某存储帐户内投入 \$100,设 $y(t)$ 为 $t$ 年后该帐户内的余额。又设利息按复利计算,那么 $y(t)$ 就是下列常微分方程初值问题的解。

$$\dot{y} = ry,\ r = .06$$
$$y(0) = 100.$$

在 $h$ 离散时间间隔上的复利,对应于用有限差分法来逼近微分方程的解。时间间隔 $h$ 表示为年的分数值。比如月复利时有 $h = 1/12$。$n$ 个时间间隔后的余额 $y_n$ 逼近连续复利余额 $y(nh)$。金融业有效地使用欧拉法计算复利(compute compound interest)。

$$y_0 = y(0),$$
$$y_{n+1} = y_n + hry_n.$$

本习题请你研究计算复利的高阶差分法。请用以下每种复利记息规则计算 10 年后该帐户的余额是多少?

　　欧拉法,按年度计算
　　欧拉法,按月计息
　　中点法则,按月计息
　　梯形法则,按月计息
　　B23 算法,按月计息
　　连续复利

7.3. (a) 请通过实验或代数方法证明:BS23 算法对 $f(t, y) = 1$、$f(t, y) = t$、$f(t, y) = t^2$ 而言,计算结果都精准,但对 $f(t, y) = t^3$ 则不精准。

(b)  问：ode23 算法的误差估计什么时候精准？

7.4.  误差函数 erf(x) 通常由一个积分定义，

$$\text{erf}(x) = \frac{2}{\sqrt{\pi}} \int_0^x e^{-x^2} \mathrm{d}x,$$

但它也可以定义为如下微分方程的解

$$y'(x) = \frac{2}{\sqrt{\pi}} e^{-x^2},$$

$$y(0) = 0.$$

请用 ode23tx 在区间 $0 \leqslant x \leqslant 2$ 上求解该微分方程，并把此结果与 MATLAB 内建函数 erf(x) 在 ode23tx 所取算点上的值进行比较。

7.5.  (a)  请按 ode23tx.m 样式编写名为 myrk4.m 的 M-文件，执行经典龙格 - 库塔固定步长算法。而且原来作为第 4 输入量的 rtol 或 opts，现改为步长 $h$。下面是建议采用的程序前导说明。

```
% function [tout,yout] = myrk4(F,tspan,y0,h,varargin)
% MYRK4 经典4阶龙格-库塔算法
% 除第4输入量为固定步长h外，该函数的调用方法与ODE23TX相同。
% MYRK4(F,TSPAN,Y0,H) 调用格式
% 以y(T0) = Y0为初始条件，给出微分方程y' = f(t,y)在t = T0到
% t = TFINAL之间的解。其中，输入量TSPAN = [T0 TFINAL]。
% 不带输出量的MYRK4调用格式，将画出全部解函数曲线。
% [T,Y] = MYRK4(..) 带两个输出量的调用格式,
% T是列数组，而Y是数组，且Y(k,:)是T(k)时刻的全部解。
% MYRK4(..,P1,P2,..) 4个以上输入量的调用格式,
% 从第5个起的输入量用于向F函数F(T,Y,P1,P2,..)
% 传递参数p1,p2等。
```

(b)  若经典龙格-库塔法步长 $h$ 减小一半，请问：误差大致应如何变化？(提示：myrk4 名称中，为什么有个 4？) 通过实验，举例说明这种表现。

(c)  假如你在 $0 \leqslant t \leqslant 2\pi$ 整周期上对简谐振荡器 $\ddot{y} = -y$ 进行积分，你能通过 $y$ 初始值和终值的比较，对全局精度进行度量吗？假如你使 myrk4 的步长为 $h = \pi/50$，你定能看到 myrk4 将需用 100 步才能计算出精度约为 $10^{-6}$ 的结果。请把此步数与 ode23、ode45、ode113 在相对误差为 $10^{-6}$、细化因子为 1 设置下算出结果所需步长数相比较。由于所讨论问题非常光滑，所以你应能发现，ode23 需要较多的步数，而 ode45、ode113 所需步数较少。

7.6.  常微分方程问题

$$\dot{y} = -1000(y - \sin t) + \cos t, \; y(0) = 1,$$

在区间 $0 \leqslant t \leqslant 1$ 上轻度刚性。

(a) 请通过手算或借助符号工具包中的 dsolve 函数，求该问题的精准解。

(b) 请用 ode23tx 求解。需要多少步？

(c) 请用刚性问题解算命令 ode23s 进行求解，它需要多少步？

(d) 请把以上两个计算结果绘制在同一张图上，ode23tx 的解用 '.' 小黑点标识，ode23s 的解用 'o' 小圆圈标识。

(e) 采用变焦放大或改变坐标刻度方法，显示问题解快速变化的部分。你应能看到，在那里这两个解算命令都取较小步长。

(f) 显示问题解变化较慢的部分，你可以看到 ode23tx 所取步长比 ode23s 小得多。

7.7. 下列各个问题在区间 $0 \leqslant t \leqslant \pi/2$ 上有相同的解：

$$
\begin{aligned}
&\dot{y} = \cos t,\ y(0) = 0, \\
&\dot{y} = \sqrt{1 - y^2},\ y(0) = 0, \\
&\ddot{y} = -y,\ y(0) = 0,\ \dot{y}(0) = 1, \\
&\ddot{y} = -\sin t,\ y(0) = 0,\ \dot{y}(0) = 1.
\end{aligned}
$$

(a) 它们的相同解 $y(t)$ 是什么？

(b) 有两个问题涉及二阶导数 $\ddot{y}$。把它们改写为由向量 $y$ 和 $f$ 构成的一阶微分方程组 $\dot{y} = f(t, y)$。

(c) 对于每个问题的 $J = \frac{\partial f}{\partial y}$ 雅可比矩阵各是什么？当 $t$ 趋向 $\pi/2$ 时，各个雅可比将发生什么现象？

(d) 龙格-库塔法求解初值问题 $\dot{y} = f(t, y)$ 所需付出的工作量，不仅与解的形态有关，而且与 $f(t, y)$ 函数性状有关。请用 odeset 把 reltol、abstol 都设为 $10^{-9}$。问：ode45 解算以上各问题各需要多少工作量？为什么有些问题比其他问题耗费更多的计算？

(e) 若把区间变为 $0 \leqslant t \leqslant \pi$，所得的解又会如何变化？

(f) 若第二个问题变为 $\dot{y} = \sqrt{|1 - y^2|}$，$y(0) = 0$，那么在区间 $0 \leqslant t \leqslant \pi$ 上的计算结果又是什么呢？

7.8. 利用符号工具包中的 jacobian 和 eig 函数，验证二体问题的雅可比矩阵为

$$
J = \frac{1}{r^5}
\begin{bmatrix}
0 & 0 & r^5 & 0 \\
0 & 0 & 0 & r^5 \\
2y_1^2 - y_2^2 & 3y_1 y_2 & 0 & 0 \\
3y_1 y_2 & 2y_2^2 - y_1^2 & 0 & 0
\end{bmatrix}
$$

且其特征值为

$$\lambda = \frac{1}{r^{3/2}} \begin{bmatrix} \sqrt{2} \\ i \\ -\sqrt{2} \\ -i \end{bmatrix}.$$

7.9. 请验证洛伦茨方程中矩阵

$$A = \begin{bmatrix} -\beta & 0 & \eta \\ 0 & -\sigma & \sigma \\ -\eta & \rho & -1 \end{bmatrix}$$

奇异的充要条件是

$$\eta = \pm\sqrt{\beta(\rho-1)}.$$

请验证此时相应的零向量为

$$\begin{pmatrix} \rho-1 \\ \eta \\ \eta \end{pmatrix}.$$

7.10. 洛伦茨方程的雅可比 $J$，并不是 $A$，但与 $A$ 密切相关。请求出 $J$，并在其一个不动点上计算特征值，还请证明该不动点是不稳定的。

7.11. 请找出使洛伦茨方程不动点稳定的最大 $\rho$ 值。

7.12. 用 lorenzgui 中所有可能的 $\rho$ 值（除 $\rho = 28$ 外）产生最终镇定于稳定周期轨道（periodic orbits）的轨迹。Sparrow 在其关于洛伦茨方程的书中借助符号签（signature）对周期轨道进行分类。符号签是由"＋"和"－"组成的序列，它标识在一个周期内轨迹所绕关键点的次序。单个"＋"或单个"－"是指围绕一个关键点的轨迹的符号签，只是没有这样的轨道存在。符号签"＋－"表示轨迹围绕关键点各一次。符号签"＋＋＋－＋－－－"表示在轨迹再次重复出现之前，它绕过 8 次关键点。

问：用 lorenzgui 产生的四个不同周期轨道的符号签各是什么？请注意：每个符号签都不同，并且 $\rho = 99.65$ 时，情况特别微妙。

7.13. 对于 lorenzgui 所提供的各不同 $\rho$ 值，它们产生的周期轨道的周期分别是多少？

7.14. MATLAB 的 demos 目录下，有一个名为 orbitode 的 M-文件，它使用 ode45 求解一个受限三体问题（restricted three-body problem）的实例。该问题涉及一个轻物体围绕两个重物体的运动轨道，比如在地球和月亮之间运动的阿波罗太空舱。运行该演示程序，然后利用以下语句确定源码文件位置。

```
orbitode
which orbitode
```

请你为自己做一个 orbitode.m 文件备份。然后在文件中，找到以下两行
语句。

```
tspan = [0 7];
y0 = [1.2; 0; 0; -1.04935750983031990726];
```

这两行语句设置了积分区间，以及轻物体的初始位置和速度。问题：这些
值来自何处？为了回答此问题，请你找到语句

```
[t,y,te,ye,ie] = ode45(@f,tspan,y0,options);
```

然后，删除命令末尾的分号，并在其后插入如下三条语句

```
te
ye
ie
```

再次运行该演示程序。请解释 te、ye、ie 的值和 tspan、y0 有什么关系。

7.15. Lotka-Volterra 捕食模型（predator-prey model）是数学生态学中的一个经典
模型。考虑一个简单的生态系统，它由有无数兔子和捕兔为食的狐狸组成。
该系统可建模为两个一阶非线性微分方程组：

$$\frac{\mathrm{d}r}{\mathrm{d}t} = 2r - \alpha rf, \; r(0) = r_0,$$
$$\frac{\mathrm{d}f}{\mathrm{d}t} = -f + \alpha rf, \; f(0) = f_0,$$

其中，$t$ 为时间；$r(t)$ 为兔子数量；$f(t)$ 为狐狸数量；$\alpha$ 为一个正常数。若
$\alpha = 0$，两个种群就不发生相互作用，兔子生存状态最好，而狐狸因饥饿而
死亡。若 $\alpha > 0$，狐狸以比例于自身数量的概率捕捉兔子。捕食导致兔子数
量减少，以及（不很显然的原因））狐狸数量的增加。

该非线性系统的解无法用其他已知函数表达，而必须数值求解。事实表明：
该系统解总具周期性，其周期取决于初始条件。也就是说，对于任意数量
的 $r(0)$ 和 $f(0)$，总存在一个时间 $t = t_p$，使这两个种群的数量回到初始值。
于是，对所有的 $t$，成立下列关系式

$$r(t + t_p) = r(t), \; f(t + t_p) = f(t).$$

(a) 请在 $r_0 = 300$、$f_0 = 150$、$\alpha = 0.01$ 的条件下，求该系统的解。你一定
会发现 $t_p$ 接近 5。请你绘制两幅图，一幅画 $r$ 和 $f$ 作为 $t$ 函数的曲线，
另一幅以 $r$ 和 $f$ 为坐标轴画相平面图。

(b) 计算并绘制 $r_0 = 15$、$f_0 = 22$、$\alpha = 0.01$ 时的解。你应该发现 $t_p$ 接近
6.62。

(c) 计算并绘制 $r_0 = 102$、$f_0 = 198$、$\alpha = 0.01$ 时的解。并请通过试探法或事件处理法确定周期 $t_p$。

(d) 点 $(r_0, f_0) = (1/\alpha, 2/\alpha)$ 是一个稳定平衡点。若依此为初值，那么种群数量不发生变化。若初值接近此平衡点，那么数量不会发生大的变化。令 $u(t) = r(t) - 1/\alpha$，$v(t) = f(t) - 2/\alpha$，那么函数 $u(t)$ 和 $v(t)$ 满足另一个非线性微分方程组，倘若忽略 $uv$ 项，则系统变为线性。问：该线性系统是什么样的？其周期解的周期是多少？

7.16. 人们已经提出了多种 Lotka-Volterra 捕食模型（Lotka-Volterra predatorprey model）的改型，用以更准确地反映自然界中的实际情况。例如，可通过对第一个方程的如下修改，防止兔子数量无限增长：

$$\frac{\mathrm{d}r}{\mathrm{d}t} = 2\left(1 - \frac{r}{R}\right)r - \alpha rf,\ r(0) = r_0,$$
$$\frac{\mathrm{d}f}{\mathrm{d}t} = -f + \alpha rf,\ y(0) = y_0,$$

其中，$t$ 为时间；$r(t)$ 为兔子数量；$t(t)$ 为狐狸数量；$\alpha$ 为正常数；$R$ 也是正常数。由于 $\alpha$ 为正数，所以每当 $r \geqslant R$, $\frac{\mathrm{d}r}{\mathrm{d}t}$ 就为负。于是，兔子数量就永远不会超过 $R$。

对于 $\alpha = 0.01$，请把原模型形态和 $R = 400$ 的修改模型的形态进行比较。比较时，方程在 $r_0 = 300$、$f_0 = 150$ 初始条件下的 50 个时间单位上求解。请绘制四幅不同的图形。

- 原模型下，狐狸数量和兔子数量的时间函数曲线；
- 修改模型下，狐狸数量和兔子数量的时间函数曲线；
- 原模型下，狐狸数量相对兔子数量的关系曲线；
- 修改模型下，狐狸数量相对兔子数量的关系曲线。

所有图上的曲线和坐标都要加以标识，并要给出图名。对后两幅图，对高宽比进行设置，保证 $x$ 和 $y$ 轴的刻度长度相同。

7.17. 80 kg（千克）的伞兵（paratrooper）在 600 m（米）高度从飞机跳落，5 s（秒）后降落伞打开，作为时间函数的伞兵高度 $y(t)$ 由如下方程给出：

$$\ddot{y} = -g + \alpha(t)/m,$$
$$y(0) = 600\ \mathrm{m},$$
$$\dot{y}(0) = 0\ \mathrm{m/s},$$

其中，$g = 9.81\ \mathrm{m/s}^2$ 为重力加速度；$m = 80\ \mathrm{kg}$ 为伞兵质量。空气阻力 $\alpha(t)$ 和速度平方成比例，但降落伞打开前后取不同的比例常数。

$$\alpha(t) = \left\{ \begin{array}{ll} K_1 \dot{y}(t)^2, & t < 5\ \mathrm{s}, \\ K_2 \dot{y}(t)^2, & t \geqslant 5\ \mathrm{s}. \end{array} \right.$$

(a) 在 $K_1 = 0, K_2 = 0$ 的假设下，求自由落体的解析解。问：降落伞在什么高度打开？需多长时间到达地面？着地的冲击速度是多少？绘出高度关于时间的曲线，并对图形做适当的标注。

(b) 在 $K_1 = 1/15, K_2 = 4/15$ 的情况下，问：降落伞在什么高度打开？需多长时间到达地面？着地的冲击是多少？绘出高度关于时间的曲线，并对图形做适当的标注。

7.18. 在以水平 $x$ 轴、垂直 $y$ 轴、发射点为原点的静态直角坐标系中，确定球形炮弹的轨迹（trajectory of a spherical cannonball）。在此坐标中，发射体初速度大小为 $v_0$，且和 $x$ 轴之间的角度为 $\theta_0$ 弧度。发射体仅受重力和空气阻力 $D$ 的影响。气动阻力取决于或许存在的任何风力。描述发射体运动的方程如下：

$$\dot{x} = v\cos\theta, \ \dot{y} = v\sin\theta,$$
$$\dot{\theta} = -\frac{g}{v}\cos\theta, \ \dot{v} = -\frac{D}{m} - g\sin\theta.$$

该问题的常数有：重力加速度 $g = 9.81\,\text{m/s}^2$，质量 $m = 15\,\text{kg}$，初速度 $v_0 = 50\,\text{m/s}$。假设风向为水平、风速为特定时间函数 $w(t)$。气动阻力正比于炮弹相对于风速之平方：

$$D(t) = \frac{c\rho s}{2}\left((\dot{x} - w(t))^2 + \dot{y}^2\right),$$

式中，阻力系数 $c = 0.2$；空气密度 $\rho = 1.29\,\text{kg/m}^3$；炮弹截面面积 $s = 0.25\,\text{m}^2$。考虑下面四种不同的风力条件：

- 无风，始终有 $w(t) = 0$。
- 稳定逆风，始终有 $w(t) = -10\,\text{m/s}$。
- 间歇顺风，时间 $t$ 的整数部分为偶数时，$w(t) = 10\,\text{m/s}$；否则为零。
- 阵风，$w(t)$ 是均值为 0、标准差为 10 m/s 的高斯随机变量。

实数 $t$ 的整数部分可记述为 $\lfloor t \rfloor$，在 MATLAB 中用 floor(t) 函数计算。0 均值 $\sigma$ 标准差的高斯随机变量可由 sigma*randn 产生（请参见第 9 章，随机数）。对于这四种风力条件的每种情况，进行如下计算：求 17 条运动轨迹，初始角为 5 度的倍数，即 $\theta_0 = k\pi/36$，$k = 1, 2, \ldots, 17$。把 17 条轨迹画在同一幅图上。请确定，哪条轨迹的射程最远，并说出该轨迹的初始角度、飞行时间、射程、落地速度以及求解该方程所需的计算步数。

四种风力条件中的哪个需要的计算量最多？为什么？

7.19. 在 1968 年墨西哥奥林匹克运动会上，Bob Beamon 创造了一项跳远（long jump）世界纪录 8.90 m。它比前世界纪录多了 0.80 m。从那以后，该记录仅在 1991 年于东京举行的比赛中被 Mike Powell 以 8.95 m 打破一次。在 Beamon 不可思议的一跳之后，有些人认为 2250 m 海拔的墨西哥城的较低空气阻力是贡献因素。本题就研究这种可能性。

本题的数学模型和此前的炮弹轨迹模型相同。固定的直角坐标系有水平 $x$ 轴、垂直 $y$ 轴，且以起跳板为原点。运动员起跳初速度的大小为 $v_0$，与 $x$ 轴的夹角为 $\theta_0$ 弧度。起跳后仅受重力和气动阻力 $D$ 作用。$D$ 正比于速度大小的平方。无风情况下，跳远运动描述方程（equations describing the jumper's motion）如下

$$\dot{x} = v\cos\theta, \quad \dot{y} = v\sin\theta,$$
$$\dot{\theta} = -\frac{g}{v}\cos\theta, \quad \dot{v} = -\frac{D}{m} - g\sin\theta.$$

气动阻力为

$$D = \frac{c\rho s}{2}\left(\dot{x}^2 + \dot{y}^2\right).$$

本题所用常数：重力加速度 $g = 9.81 \text{ m/s}^2$，质量 $m = 80 \text{ kg}$，阻力系数 $c = 0.72$，跳远运动员的截面积为 $0.50 \text{ m}^2$，起跳角度 $\theta_0 = 22.5° = \pi/8$ 弧度。

请用不同初速度 $v_0$ 和空气密度 $\rho$，计算四种不同的跳远。每次跳远长度为 $x(t_f)$，而腾空时长 $t_f$ 由条件 $y(t_f) = 0$ 决定。

(a) 高海拔处的标称跳远。$v_0 = 10 \text{ m/s}$，$\rho = 0.94 \text{ kg/m}^3$。

(b) 海平面处的标称跳远。$v_0 = 10 \text{ m/s}$，$\rho = 1.29 \text{ kg/m}^3$。

(c) 高海拔处短跑选手跳法。$\rho = 0.94 \text{ kg/m}^3$。请确定跳远长度达到 Beamon 的 8.90 m 纪录所需的初速度 $v_0$。

(d) 海平面处短跑选手跳法。$\rho = 1.29 \text{ kg/m}^3$，以及由 (c) 算得的 $v_0$ 初速度。

请用你的计算结果完成下列表格的填写。

| v0 | theta0 | rho | distance |
|---|---|---|---|
| 10.0000 | 22.5000 | 0.9400 | ??? |
| 10.0000 | 22.5000 | 1.2900 | ??? |
| ??? | 22.5000 | 0.9400 | 8.9000 |
| ??? | 22.5000 | 1.2900 | ??? |

空气密度和起跳初速度，哪个影响更大？

7.20. 钟摆是受无摩擦销栓支撑、长度为 $L$、无重杆件末端的点质量。假设重力是唯一作用于钟摆的力，那么钟摆运动 （pendulum oscillation）可建模如下：

$$\ddot{\theta} = -(g/L)\sin\theta.$$

在此，$\theta$ 是杆的角位置。若杆件吊垂于栓销之下，取 $\theta = 0$；若杆件不稳地平衡于栓销之上，则取 $\theta = \pi$。又设 $L = 30 \text{ cm}$，重力加速度 $g = 981 \text{ cm/s}^2$，初始条件为

$$\theta(0) = \theta_0,$$

$$\dot{\theta}(0) = 0.$$

若初始角度 $\theta_0$ 不很大，那么下列近似

$$\sin\theta \approx \theta$$

可导出一个较易求解的线性化方程（linearized equation）。

$$\ddot{\theta} = -(g/L)\theta$$

(a) 问：线性化方程的摆动周期是多少？

若不假设 $\theta_0$ 很小，不用 $\theta$ 替代 $\sin\theta$，那么可以证明，摆动周期 $T$ 为

$$T(\theta_0) = 4(L/g)^{1/2}K(\sin^2(\theta_0/2)),$$

其中 $K(s^2)$ 是第一类完全椭圆积分（complete elliptic integral of the first kind），由下式给出

$$K(s^2) = \int_0^1 \frac{\mathrm{d}t}{\sqrt{1-s^2t^2}\,\sqrt{1-t^2}}.$$

(b) 对于 $0 \leqslant \theta_0 \leqslant 0.9999\pi$，请用两种不同方法计算并绘制 $T(\theta_0)$ 曲线。可使用 MATLAB 函数 ellipke，以及借助 quadtx 进行数值积分。验证这两种方法所得结果在求积容差范围内相同。

(c) 请验证：对小角度 $\theta_0$，线性方程和非线性方程有近似相同的周期。

(d) 对于若干不同的 $\theta_0$ 取值，包括接近于 0 及 $\pi$ 处的取值，计算非线性模型一个周期内的解，并把解的相平面图叠绘在同一幅图上。

7.21. 燃烧矿物燃料对大气中二氧化碳有何影响？尽管今天二氧化碳数量只占大气的百万分之 350，但其任何增加都将对气候产生深远影响。内容详实的背景文章可在灯塔基金会（LightHouse Foundation）维护的网站 [39] 上找到。Eric Roden 使 J.C.G. Walker [66] 模型引起我们的关注。该模型模拟了大气、浅海、深海三个区域中多种不同形态碳之间相互作用。模型的五个主要变量都是时间的函数：

$p$,　　大气中二氧化碳的分压力

$\sigma_s$,　　浅海中溶解碳总浓度

$\sigma_d$,　　深海中溶解碳总浓度

$\alpha_s$,　　浅海碱浓度

$\alpha_d$,　　深海碱浓度

在浅海平衡方程中还有三个附加量：

$h_s$,　　浅海碳酸氢盐

$c_s$,　　浅海碳酸盐

$p_s$,　　浅海中气态二氧化碳的分压力

五个主要变量的变化速率由五个常微分方程给出。大气和浅海之间的交换涉及一个特征转移时间常数 $d$ 和释放源 $f(t)$：

$$\frac{\mathrm{d}p}{\mathrm{d}t} = \frac{p_s - p}{d} + \frac{f(t)}{\mu_1}.$$

浅海和深海之间的交换由如下方程描述，其中 $v_s$ 和 $v_d$ 分别为两个区域的容积：

$$\frac{\mathrm{d}\sigma_s}{\mathrm{d}t} = \frac{1}{v_s}\left((\sigma_d - \sigma_s)w - k_1 - \frac{p_s - p}{d}\mu_2\right),$$

$$\frac{\mathrm{d}\sigma_d}{\mathrm{d}t} = \frac{1}{v_d}\left(k_1 - (\sigma_d - \sigma_s)w\right),$$

$$\frac{\mathrm{d}\alpha_s}{\mathrm{d}t} = \frac{1}{v_s}\left((\alpha_d - \alpha_s)w - k_2\right),$$

$$\frac{\mathrm{d}\alpha_d}{\mathrm{d}t} = \frac{1}{v_d}\left(k_2 - (\alpha_d - \alpha_s)w\right).$$

二氧化碳和浅海中溶解碳酸盐之间的平衡由三个非线性代数方程描述：

$$h_s = \frac{\sigma_s - (\sigma_s^2 - k_3\alpha_s(2\sigma_s - \alpha_s))^{1/2}}{k_3},$$

$$c_s = \frac{\alpha_s - h_s}{2},$$

$$p_s = k_4\frac{h_s^2}{c_s}.$$

模型中涉及的常数值如下：

$$d = 8.64,$$
$$\mu_1 = 4.95 \cdot 10^2,$$
$$\mu_2 = 4.95 \cdot 10^{-2},$$
$$v_s = 0.12,$$
$$v_d = 1.23,$$
$$w = 10^{-3},$$
$$k_1 = 2.19 \cdot 10^{-4},$$
$$k_2 = 6.12 \cdot 10^{-5},$$
$$k_3 = 0.997148,$$
$$k_4 = 6.79 \cdot 10^{-2}.$$

释放源 $f(t)$ 用于描述现代工业时代矿物燃料的燃烧。我们采用的时间间隔为，从一千年前起一直延伸到未来几千年：

$$1000 \leqslant t \leqslant 5000.$$

在 $t = 1000$ 处的初始值

$$p = 1.00,$$
$$\sigma_s = 2.01,$$
$$\sigma_d = 2.23,$$
$$\alpha_s = 2.20,$$
$$\alpha_d = 2.26,$$

它表示工业化前的一种平衡，并几乎保持不变，只因 $f(t)$ 为零。

下列表格描绘了释放源 $f(t)$ 的演变情景。$f(t)$ 模型化了由矿物燃料特别是汽油燃烧所造成的二氧化碳释放。该数值在 1850 年后开始变得显著，峰值出现在本世纪末，然后逐渐减少直到燃料耗尽。

| year | rate |
|------|------|
| 1000 | 0.0 |
| 1850 | 0.0 |
| 1950 | 1.0 |
| 1980 | 4.0 |
| 2000 | 5.0 |
| 2050 | 8.0 |
| 2080 | 10.0 |
| 2100 | 10.5 |
| 2120 | 10.0 |
| 2150 | 8.0 |
| 2225 | 3.5 |
| 2300 | 2.0 |
| 2500 | 0.0 |
| 5000 | 0.0 |

图 7.10 显示了释放源及其对大气和海洋的影响。该图下子图中的三个曲线展示了大气、浅海、深海中的碳变化。（两个碱浓度值在整个仿真区间中几乎恒定不变，所以都没有绘出曲线。）开始时，三个区域中的碳接近平衡，所以它们的数量在 1850 年之前几乎不变。

当 $1850 \leqslant t \leqslant 2500$，图 7.10 的上子图显示，矿物燃料燃烧产生的碳进入系统，下子图则展现了该系统的反应。大气最先受到影响，500 年间增加到四倍多。然后，近一半的碳慢慢转移进浅海，并最终转入深海。

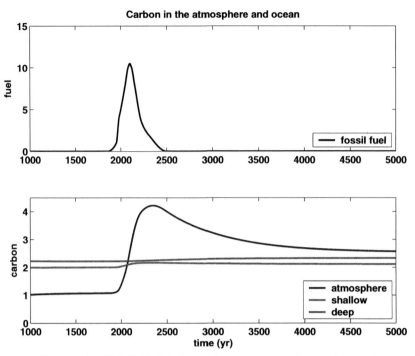

图 7.10  大气和海洋中碳含量（carbon in the atmosphere and ocean）

(a) 请重新绘制图 7.10。用 pchiptx 对燃料表进行插值，并在缺省容差设置下用 ode23tx 求解微分方程。

(b) 把三个区域中 5000 年时的含碳量与 1000 年时相比较，结果如何？

(c) 什么时候大气中的二氧化碳到达其最大值？

(d) 这些方程是适度刚性的，这是因为在很不相同的时间尺度上发生了多种化学反应。假如你变焦放大图形的某些部分，可以发现因 ode23tx 必须取较小步长而造成的特殊锯齿形态。请找到有这样特征的区段。

(e) 请用 MATLAB 的 ode23、ode45、ode113、ode23s、ode15s 等常微分方程解算命令进行本题的实验。可采用与下列类似的命令，对不同容差设置进行尝试，并告知相应的计算成本。

```
odeset('RelTol',1.e-6,'AbsTol',1.e-6,'stats','on');
```

问：哪个解算命令更适用于本问题？

7.22. 本习题利用定积分计算、常微分方程解算以及函数求零技术研究非线性边值问题（nonlinear boundary value problem）。定义在区间 $0 \leqslant x \leqslant 1$ 上的函数 $y(x)$ 如下：

$$y'' = y^2 - 1,$$
$$y(0) = 0,$$

$$y(1) = 1.$$

这个问题可通过四种方法求解。然后，借助 `subplot(2,2,1)`、...、`subplot(2,2,4)`，把所得的四个解分别绘制在各子图中。

(a) 打靶法（shooting method）。假设 $\eta = y'(0)$ 已知，那么我们可以利用诸如 `ode23tx`、`ode45` 等解算命令在 $0 \leqslant x \leqslant 1$ 区间上求解如下初值问题。

$$y'' = y^2 - 1,$$
$$y(0) = 0,$$
$$y'(0) = \eta.$$

每个 $\eta$ 值会确定出不同的解 $y(x; \eta)$ 及相应的 $y(1; \eta)$ 值。据期望边界条件 $y(1) = 1$ 可引出一个关于 $\eta$ 函数的如下定义：

$$f(\eta) = y(1; \eta) - 1.$$

编写一个以 $\eta$ 为输入量的 MATLAB 函数。该函数应是解常微分方程初值问题后返回的 $f(\eta)$。然后利用 `fzero` 或 `fzerotx` 寻找一个值 $\eta_*$ 满足 $f(\eta_*) = 0$。最后，在初值问题中利用该 $\eta_*$ 值进而算出期望的 $y(x)$。请给出你算得的 $\eta_*$ 值。

(b) 定积分法（quadrature）。观察到 $y'' = y^2 - 1$ 可写为

$$\frac{\mathrm{d}}{\mathrm{d}x} \left( \frac{(y')^2}{2} - \frac{y^3}{3} + y \right) = 0.$$

这意味着表达式

$$\kappa = \frac{(y')^2}{2} - \frac{y^3}{3} + y$$

为常量。因 $y(0) = 0$，所以我们可有 $y'(0) = \sqrt{2\kappa}$。因此，若我们能够找到常量 $\kappa$，那么边值问题就转化成了初值问题。对下式进行积分

$$\frac{\mathrm{d}x}{\mathrm{d}y} = \frac{1}{\sqrt{2(\kappa + y^3/3 - y)}}$$

可以得到

$$x = \int_0^y h(y, \kappa) \, \mathrm{d}y,$$

式中

$$h(y, \kappa) = \frac{1}{\sqrt{2(\kappa + y^3/3 - y)}}.$$

此表达式连同边界条件 $y(1) = 1$ 在一起就可以定义如下 $g(\kappa)$ 函数：

$$g(\kappa) = \int_0^1 h(y, \kappa)\, \mathrm{d}y \, - \, 1.$$

你需要两个 MATLAB 函数，一个计算 $h(y, \kappa)$，另一个计算 $g(\kappa)$。这两个函数可以是两个独立的 M-文件，但更好的做法是把 $h(y, \kappa)$ 放置在 $g(\kappa)$ 函数体内。函数 $g(\kappa)$ 应能使用 quadtx 计算 $h(y, \kappa)$ 的积分。$\kappa$ 则以 $g$ 函数附加输入量的形式，通过 quatdtx，传递给 $h$。然后，使用 fzerotx 算出使 $g(\kappa_*) = 0$ 满足 $\kappa_*$ 的值。最后，这个 $\kappa_*$ 值提供了常微分方程解算命令所需的第二个初值，进而可算出 $y(x)$。请给出你所算得的值 $\kappa_*$。

(c) 和 (d) 法的共同前期准备：非线性有限差分法（nonlinear finite differences）。用 $h = 1/(n+1)$ 间隔把区间分为 $n+1$ 个等长子区间：

$$x_i = ih, \ i = 0, \ldots, n+1.$$

把微分方程替换为含 $n$ 个未知量 $y_1, y_2, \ldots, y_n$ 的非线性差分方程组。

$$y_{i+1} - 2y_i + y_{i-1} = h^2(y_i^2 - 1), \ i = 1, \ldots, n.$$

边界条件为 $y_0 = 0$ 和 $y_{n+1} = 1$。

计算二阶差分向量的简便方法是借助 $n \times n$ 三对角矩阵 $A$。矩阵 $A$ 的主对角线元素均为 $-2$，上、下两个次对角线元素均为 $1$，其余元素都为 $0$。你可以采用以下代码生成该矩阵的稀疏形式：

```
e = ones(n,1);
A = spdiags([e -2*e e],[-1 0 1],n,n);
```

边界条件 $y_0 = 0$ 和 $y_{n+1} = 1$ 可用 $n$ 元向量 $b$ 来表示，其中 $b_i = 0$，$i = 1, \ldots, n-1$，而 $b_n = 1$。于是，非线性差分方程的向量形式为：

$$Ay + b = h^2(y^2 - 1),$$

式中，$y^2$ 是 $y$ 元素平方后构成的向量，它由 MATLAB 逐元执行的数组求幂命令 y.^2 算出。求解该差分方程组至少有以下两种方法。

(c) 线性迭代（linear iteration）。该法以下列形式的差分方程为出发点。

$$Ay = h^2(y^2 - 1) - b.$$

计算从解向量 $y$ 的一个初始猜测开始。迭代过程为：把当前 $y$ 代入方程右边，然后解此线性方程组算得新的 $y$。该迭代过程需要反复调用稀疏矩阵左除算符，并迭代地赋值。语句

```
y=A\(h^2*(y.^2-1)-b)
```

可以证明，该迭代过程线性收敛，并提供解算该非线性差分方程的一个稳健算法。请给出你所使用的 $n$ 值以及计算所用的迭代次数。

(d) 牛顿法（Newton's method）。该法以下列形式的差分方程为出发点。

$$F(y) = Ay + b - h^2(y^2 - 1) = 0.$$

为解 $F(y) = 0$，牛顿法需要 $F'(y)$ 导数的多变量模拟表达式。该模拟表达式就是雅可比，即偏导数矩阵。

$$J = \frac{\partial F_i}{\partial y_j} = A - h^2 \text{diag}(2y).$$

在 MATLAB 中，牛顿法的一步计算过程如下：

```
F = A*y + b - h^2*(y.^2 - 1);
J = A - h^2*spdiags(2*y,0,n,n);
y = y - J\F;
```

若初始猜测较好，牛顿法只要几次迭代就能收敛。请给出你所用的 $n$ 值以及所需的迭代次数。

7.23. 双摆（double pendulum）是一个经典物理模型。它在初始角足够大的条件下，展示混沌运动。模型如图 7.11 所示，两个重物或称球锤（bobs），由无重刚性杆互相连接并悬挂固定支点上。假设不存在摩擦力，所以一旦运动起来，就永不停止。运动完全可用刚性杆与负 $y$ 轴的夹角 $\theta_1$ 和 $\theta_2$ 描述。

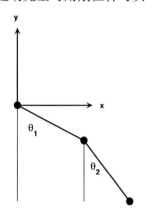

图 7.11　双摆

令 $m_1$ 和 $m_2$ 为两个球锤的质量，$\ell_1$ 和 $\ell_2$ 为杆的长度，那么球锤的位置为：

$$x_1 = \ell_1 \sin\theta_1, \ y_1 = -\ell_1 \cos\theta_1,$$

$$x_2 = \ell_1 \sin\theta_1 + \ell_2 \sin\theta_2, \ \ y_2 = -\ell_1 \cos\theta_1 - \ell_2 \cos\theta_2.$$

唯一的外力是重力，记为 $g$。由经典力学的拉格朗日公式（Lagrangian formulation）可以导出关于两个角度 $\theta_1(t)$ 和 $\theta_2(t)$ 的一对二阶非线性常微分方程：

$$(m_1+m_2)\ell_1\ddot\theta_1 + m_2\ell_2\ddot\theta_2 \cos(\theta_1-\theta_2) = -g(m_1+m_2)\sin\theta_1$$
$$- m_2\ell_2\dot\theta_2^2 \sin(\theta_1-\theta_2),$$
$$m_2\ell_1\ddot\theta_1 \cos(\theta_1-\theta_2) + m_2\ell_2\ddot\theta_2 = -gm_2\sin\theta_2 + m_2\ell_1\dot\theta_1^2 \sin(\theta_1-\theta_2).$$

引入一个 $4\times1$ 的如下列向量 $u(t)$，上述方程可重写为一阶微分方程组。

$$u = [\theta_1, \theta_2, \dot\theta_1, \dot\theta_2]^T.$$

设 $m_1 = m_2 = \ell_1 = \ell_2 = 1$、$c = \cos(u_1-u_2)$、$s = \sin(u_1-u_2)$，那么该方程组可写成

$$\dot u_1 = u_3,$$
$$\dot u_2 = u_4,$$
$$2\dot u_3 + c\dot u_4 = -g\sin u_1 - su_4^2,$$
$$c\dot u_3 + \dot u_4 = -g\sin u_2 + su_3^2.$$

又令 $M = M(u)$ 记述 $4\times4$ 质量矩阵（mass matrix）

$$M = \begin{pmatrix} 1 & 0 & 0 & 0 \\ 0 & 1 & 0 & 0 \\ 0 & 0 & 2 & c \\ 0 & 0 & c & 1 \end{pmatrix}$$

再用 $f = f(u)$ 记述 $4\times1$ 非线性驱动力函数

$$f = \begin{pmatrix} u_3 \\ u_4 \\ -g\sin u_1 - su_4^2 \\ -g\sin u_2 + su_3^2 \end{pmatrix}.$$

采用矩阵向量符号，可把方程组简写成如下形式。

$$M\dot u = f.$$

这是一个包含非定常非线性质量矩阵的隐式微分方程组。双摆问题通常不采用质量矩阵描述，而拥有更多自由度的较大型问题本身常常以隐式呈现。在某些情形下，质量矩阵是奇异的，从而导致方程不可能用显式表达。

NCM 目录上的 M-文件 swinger 提供这类问题的交互式图形实现。初始位置由第二球锤的起始坐标 $(x_2, y_2)$ 确定。而该坐标值，或以 swinger 函数输入量的方式给定，或借助鼠标指定。在大部分情形下，这并不能唯一确定第一个球锤的起始位置，但也只存在两种可能，且可任选其中之一。初始速度 $\dot{\theta}_1$ 和 $\dot{\theta}_2$ 都为零。

数值解用 ode23 求取，因为示教的 ode23tx 不能处理隐式方程。在调用 ode23 前，要先用 odeset 为解算命令设置质量矩阵和图形输出属性：

```
opts = odeset('mass',@swingmass,'outputfcn',@swingplot);
ode23(@swingrhs,tspan,u0,opts);
```

质量矩阵的 M 函数为

```
function M = swingmass(t,u)
c = cos(u(1)-u(2));
M = [1 0 0 0; 0 1 0 0; 0 0 2 c; 0 0 c 1];
```

驱动力函数为

```
function f = swingrhs(t,u)
g = 1;
s = sin(u(1)-u(2));
f = [u(3); u(4); -2*g*sin(u(1))-s*u(4)^2;
    -g*sin(u(2))+s*u(3)^2];
```

在此编写两个 M 函数是因为我们想强调隐式调用方法。否则，我们也可以只编写一个 M 函数，它表述经 M\f 运算后所生成的那个常微分方程。

在 swinger 函数内，还有一个 swinginit 函数，它能把给定的 $(x,y)$ 起始点转化为一对角度 $(\theta_1, \theta_2)$。若 $(x,y)$ 位于圆之外，即

$$\sqrt{x^2+y^2} > \ell_1 + \ell_2,$$

那么双摆不可能设置在该指定点。此时，我们将使 $\theta_1 = \theta_2$，把两杆拉直指向所给定的方向。若 $(x,y)$ 在半径为 2 的圆内，那么我们将返回实现该设置点的两种可能结构之一。

下列十个问题将有助于你对 swinger 的研究使用。

(a) 当初始点在半径为 2 的圆之外时，两杆就像一根杆那样开始运动。若初始角不大，那么双摆的运动形态就仍像单摆那样运动。但若初始角足够大，混沌运动（chaotic motion）就随之发生。问：大致多大的初始角会导致混沌运动？

(b) 默认初始条件为：

```
swinger(0.862,-0.994)
```

为什么这个轨道比较有趣？你能找到类似的轨道吗？

(c) 让 swinger 运行一会儿，然后单击 stop 按钮。再在 MATLAB 命令窗中，键入 get(gcf,'userdata')。问：返回了什么值？

(d) 对 swinginit 函数进行修改，使它：对半径为 2 圆内的初始点，所存在的两种双摆结构中的另一种也可被选择。

(e) 修改 swinger 函数，使质量能够取异于 $m_1 = m_2 = 1$ 的值。

(f) 修改 swinger 函数，使杆长能够取异于 $\ell_1 = \ell_2 = 1$ 的值。这项修改比改变质量困难些，因为它们与初始几何形状有关。

(g) 重力的作用是什么？假如把双摆放到月球上，双摆的运动形态会如何变化？swingrhs 函数中 g 值的改变如何影响图形显示的速度、常微分方程解算命令的步长选择以及所算得的 t 值？

(h) 把 swingmass 和 swingrhs 组合成一个 swingode 函数。请尝试：删除 opts 中的 mass 属性，然后用 ode23tx 替代 ode23。

(i) 这些方程是刚性的吗？

(j) 本题比较困难。命令 swinger(0,2) 企图让倒立在支点上方的双摆精妙地平衡。这双摆也确实在那位置上停留了一会儿，但随后就失去了平衡。在 swinger(0,2) 运行中，注意观察图形窗图名处显示的 t 值。究竟是什么力使双摆偏离垂直倒立位置的？t 为何值时，该力就变得显著呢？

# 第8章　傅里叶分析

我们天天都用着傅里叶分析，却毫不知晓。手机、磁盘驱动器、DVD、JPEG都涉及快速有限傅里叶变换（fast finite Fourier transforms）。这一章讨论快速有限傅里叶变换的计算和解释。

FFT 是含糊不清的缩略词。第一个 F 既表示快速，又表示有限。更准确的缩写可以是 FFFT，但没有人这样用。在 MATLAB 里，M 码表达式 fft(x) 计算任意向量 x 的有限傅里叶变换。假若向量长度 n=length(x) 是小质数幂的乘积，那么变换可快速计算。

## 8.1　按键拨号

按键电话拨号（touch-tone telephone dialing）是每天使用傅里叶分析的一个示例。按键拨号的基础是双音多频（Dual Tone Multi-Frequency, DTMF）系统。程序 touchtone 用于演示 DTMF 音调如何产生和解码。电话拨号盘的作用类似 4 × 3 矩阵（见图 8.1）。

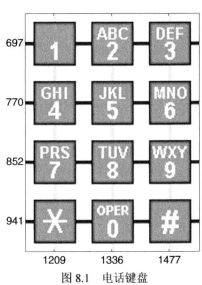

图 8.1　电话键盘

与拨号盘每行每列关联的是一个频率。它们的基本频率为

```
fr = [697 770 852 941];
fc = [1209 1336 1477];
```

若 s 是一个标识号盘按键的字母，其对应的行号 k 和列号 j 可由以下代码找到。

```
switch s
   case '*', k = 4; j = 1;
   case '0', k = 4; j = 2;
   case '#', k = 4; j = 3;
   otherwise,
   d = s-'0'; j = mod(d-1,3)+1; k = (d-j)/3+1;
end
```

数字声音的关键参数是采样（频）率（sampling rate）。

```
Fs = 32768
```

以此采样率，时间间隔 $0 \leqslant t \leqslant 0.25$ 上的采样点行数组为

```
t = 0:1/Fs:0.25
```

$(k,j)$ 位置按键产生的声音是由频率为 $fr(k)$ 和 $fc(j)$ 的两个基本音调叠加而成。

```
y1 = sin(2*pi*fr(k)*t);
y2 = sin(2*pi*fc(j)*t);
y = (y1 + y2)/2;
```

假如你的电脑装备有声卡，那么运行以下 MATLAB 语句

```
sound(y,Fs)
```

就能放出该音调。

图 8.2 显示了由程序 touchtone 产生的按键 '1' 音调的曲线图形。上子图画出了两个所用频率，下子图显示了这两个频率正弦波所合成信号的一部分。

数据文件 touchtone.mat 包含了一段被拨电话的录音（recording）。仔细听这发出的信号，能确定电话号码吗？下列命令

```
load touchtone
```

把一个构架（structure）y 装载到 MATLAB 工作空间。运行

```
y
```

给出

```
y =
 sig: [1x74800 int8]
  fs: 8192
```

它表示构架 y 有两个域（field）：y.sig 域包含信号，是一个长度为 74800 的整数型数据的行数组；y.fs 域包含采样率，其值为 8192。

```
max(abs(y.sig))
```

该命令结果可揭示，信号数组的元素取值范围是 $-127 \leqslant y_k \leqslant 127$。运行语句

```
Fs = y.fs;
y = double(y.sig)/128;
```

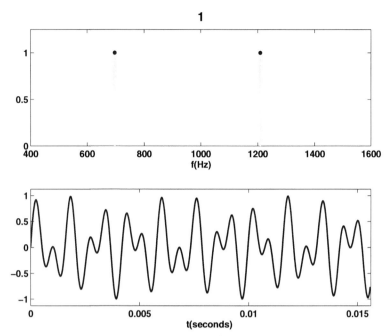

图 8.2 按键"1"产生的波形

保存采样率于 Fs，对信号重新进行比例定标，并将其转换为双精度。运行以下语句

```
n = length(y);
t = (0: n-1)/Fs
```

重新生成录音的采样时间。t 的最后一个元素是 9.1307，说明录音持续 9 s 多一点。图 8.3 是整个信号的曲线图形。

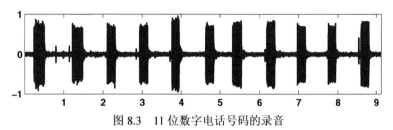

图 8.3 11 位数字电话号码的录音

该信号是含噪声的。你甚至能在图形上看到按钮点触时的小毛刺。一眼就能看出拨了 11 个数字，但就此层面而言，还不可能确定具体数字是什么。

图 8.4 显示了该录音信号 FFT 的幅值，这是确定各数字的关键。

这幅图形是由以下代码生成的。

```
p = abs(fft(y));
f = (0:n-1)*(Fs/n);
plot(f,p);
```

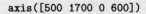

```
axis([500 1700 0 600])
```

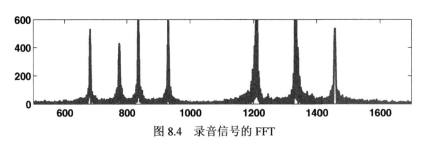

图 8.4   录音信号的 FFT

x 轴对应频率。坐标轴的设置限制了 DTMF 频率范围的显示。图上有 7 个峰值，对应着 7 个基频（basic frequencies）。这整幅 FFT 图形表明，7 个频率都出现在信号的某个位置，但这仍无助于确定各具体数字。

程序 touchtone 能让你把信号等分成 11 段，再对每段分别进行分析。图 8.5 显示了对第一个段的分析。

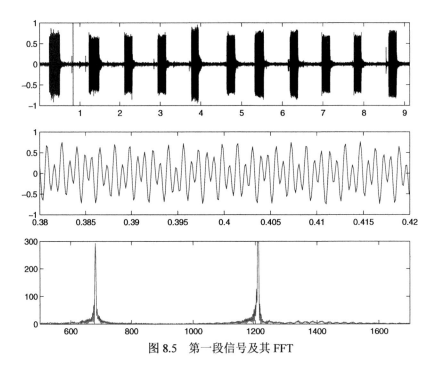

图 8.5   第一段信号及其 FFT

在这个段中，只有两个峰值，它们分别指示出这段信号中仅有的两个基频。而这两个频率就来自按钮 '1'。你还可以看到，这一短段的波形类似于为按钮 '1' 所合成的波形。因此我们可以断言：在 touchtone 所保存的拨号以数字 '1' 开头。习题 8.1 将请你继续分析，并辨识出完整的电话号码。

## 8.2 有限傅里叶变换

一个 $n$ 元复数向量 $y$ 的有限（或离散）傅里叶变换（finite, or discrete, Fourier transform）是另一个 $n$ 元复数向量 $Y$

$$Y_k = \sum_{j=0}^{n-1} \omega^{jk} y_j,$$

在此，$\omega$ 是单位 1 的第 $n$ 个方根：

$$\omega = e^{-2\pi i/n}.$$

在本章中，数学符号遵循信号处理文献通用惯例。$i = \sqrt{-1}$ 是复数虚单位，$j$ 和 $k$ 是在 $0 \sim (n-1)$ 中取值的序号。

傅里叶变换可用矩阵-向量形式表达为

$$Y = Fy,$$

式中，傅里叶矩阵（Fourier matrix）$F$ 的元素为

$$f_{k,j} = \omega^{jk}.$$

可以证明：$F$ 几乎是自身的逆。更精确地说，矩阵 $F$ 的共轭阵 $F^H$ 满足

$$F^H F = nI,$$

所以

$$F^{-1} = \frac{1}{n} F^H.$$

这允许我们实施傅里叶变换的反变换如下：

$$y = \frac{1}{n} F^H Y.$$

因此

$$y_j = \frac{1}{n} \sum_{k=0}^{n-1} Y_k \bar{\omega}^{jk},$$

式中，$\bar{\omega}$ 是 $\omega$ 的共轭复数。

$$\bar{\omega} = e^{2\pi i/n}.$$

应该指出：这不是有限傅里叶变换常用的唯一记述方式。有时，本节第一等式后的 $\omega$ 定义中不出现负号，而出现在反变换所用 $\bar{\omega}$ 的定义中。反变换所带的比例因子 $1/n$，有时也可改写为正、反变换都带比例因子 $1/\sqrt{n}$。

在 MATLAB 中，傅里叶矩阵 $F$ 在任何给定的 $n$ 下，可由以下代码生成

```
omega = exp(-2*pi*i/n);
j = 0:n-1;
k = j'
F = omega.^(k*j)            %在此 ".^" 是 "标量的数组幂" 算符
                            %而 "*" 是 "矩阵乘" 算符
```

量 k*j 是一个 $n \times n$ 外积（outer product），它的元素是这两个向量元素的乘积。但是，MATLAB 内建函数 fft 是取矩阵输入量的每一列实施有限傅里叶变换，所以，生成 $F$ 的更简便方法是运行

```
F=fft(eye(n))
```

## 8.3　交互界面 fftgui

图形用户接口（GUI）fftgui能让你研究有限傅里叶变换的性质。假如 y 是包含数十个元素的向量，

```
fftgui(y)
```

会生成具有如下图名的四幅曲线子图

```
real(y)          imag(y)
real(fft(y))  imag(fft(y))
```

你可以用鼠标移动任一子图中的任意点，而其他子图中的点将发生相应变化。

请运行 fftgui 并试做下面的算例。每个算例都图示说明傅里叶变换的某些性质。假如你以不带输入量的下列格式开始，

```
fftgui
```

那么四幅子图都用 zeros(1,32) 初始化。用鼠标单击左上子图的左上角，那么你就对第一根单位向量，即除第一元素为 1、其余元素都为零的向量，实施 fft 变换，并产生图 8.6。

所得结果的实部为常数而虚部为零。你可由以下定义

$$Y_k = \sum_{j=0}^{n-1} y_j e^{-2ijk\pi/n}, \; k = 0, \dots, n-1$$

看出：若 $y_0 = 1$ 而 $y_1 = \dots = y_{n-1} = 0$，于是有

$$Y_k = 1 \cdot e^0 + 0 + \dots + 0 = 1 \qquad \forall k.$$

再次单击 $y_0$，按住鼠标向下垂直移动。那常数的大小将相应改变。

接下来试验第二根单位向量。用鼠标使 $y_0 = 0$，$y_1 = 1$。它应生成图 8.7。你所看到图形是

$$Y_k = 0 + 1 \cdot e^{-2ik\pi/n} + 0 + \dots + 0.$$

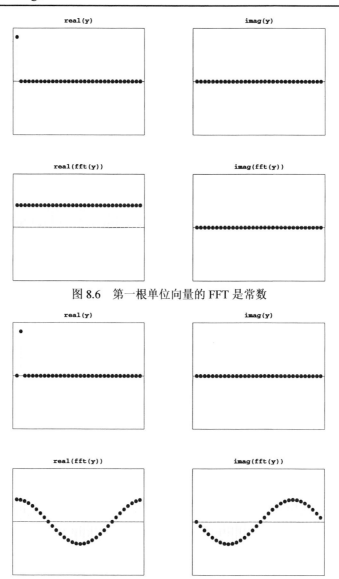

图 8.6 第一根单位向量的 FFT 是常数

图 8.7 第二根单位向量的 FFT 是纯正弦

单位 1 的第 $n$ 次方根也可以写为

$$\omega = \cos\delta - i\sin\delta, \text{ where } \delta = 2\pi/n.$$

结果，对于 $k = 0, \ldots, n-1$ 有

$$\text{real}(Y_k) = \cos k\delta, \ \text{imag}(Y_k) = -\sin k\delta.$$

我们在区间 $0 \leqslant x < 2\pi$ 的 $n$ 个等分点上对两个三角函数采样。第一采样点为 $x = 0$，最后采样点为 $x = 2\pi - \delta$。

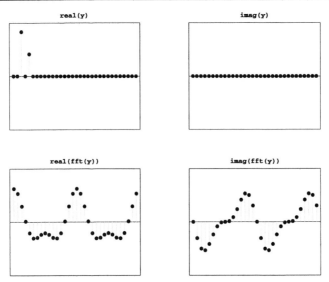

图 8.8　二、四两根向量的 FFT 是两正弦之和

现设置 $y_2 = 1$，再用鼠标改变 $y_4$。图 8.8 是鼠标移动于某点时的一张截图。对于鼠标所取 $\eta = y_4$，两个下子图分别为

$$\cos 2k\delta + \eta \cos 4k\delta \quad \text{和} \quad -\sin 2k\delta - \eta \sin 4k\delta$$

$x$ 轴中点右边那点特别重要。这就是著名的奈奎斯特点（Nyquist point）。对于 $n$ 为偶数、点从 0 到 $n-1$ 编序时，该点的序号为 $\frac{n}{2}$。比如 $n = 32$ 时，该点的序号为 16。图 8.9 显示，奈奎斯特点处单位向量的 fft 是 +1、−1 交替的序列。

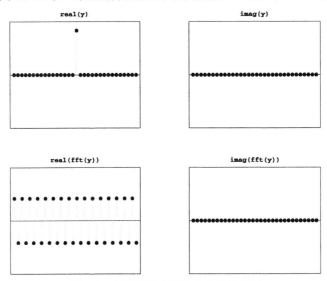

图 8.9　奈奎斯特点处单位向量的 FFT

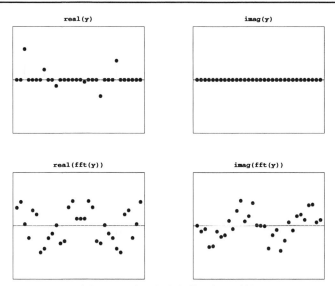

图 8.10 关于奈奎斯特点的对称性

下面再来看看 FFT 的对称性。在 real(y) 子图上随机单击几下，而使 imag(y) 保持为零。图 8.10 给出了一个示例。仔细观察那两幅 fft 子图，忽略每张子图的第一个点，实部关于奈奎斯特点对称，而虚部关于奈奎斯特点反对称。更准确地说，若 $y$ 是长度为 $n$ 的任意向量，又 $Y = \mathrm{fft}(y)$，那么

$$\mathrm{real}(Y_0) = \sum y_j, \ \mathrm{imag}(Y_0) = 0,$$

$$\mathrm{real}(Y_j) = \mathrm{real}(Y_{n-j}), \ \mathrm{imag}(Y_j) = -\mathrm{imag}(Y_{n-j}), \ j = 1, \ldots, n/2.$$

## 8.4 太阳黑子

几个世纪以来，人们已经注意到太阳表面外观并不是恒定不变的，也不是均匀的，而是某些暗色区域以某个周期出现在随机位置上。该活动与天气以及其他具有重要经济意义的地球现象有关。在 1848 年，Rudolf Wolfer 提出一个规则，把太阳黑子数目和规模组合为一个单一指数。借助文献记录，天文学家应用 Wolfer 规则已确定出自 1700 年以来太阳黑子的活动情况。现在，许多天文学家都在测量太阳黑子指数（sunspot index），并由比利时皇家天文台太阳影响数据中心协调这些数据在世界范围内的发布 [57]。

MATLAB demos 目录下的 sunspot.dat 文本文件中有两列数字。第一列表示从1700—1987 年间的年份，第二列是每年 Wolfer 太阳黑子指数的平均值。为获取文件数据，请运行以下命令。

```
load sunspot.dat
t = sunspot(:,1)';
wolfer = sunspot(:,2)';
```

```
n = length(wolfer);
```

该数据有稍微上升的趋势。以下语句实施最小二乘拟合，并给出了趋势线
（trend line）。

```
c = polyfit(t,wolfer,1);
trend = polyval(c,t);
plot(t,[wolfer; trend],'-',t,wolfer,'k.')
xlabel('year')
ylabel('Wolfer index')
title('Sunspot index with linear trend')
```

你可以清楚地看到该黑子现象的周期本质（见图 8.11）。峰 -谷组合的一跨，
大约 10 年多一点。

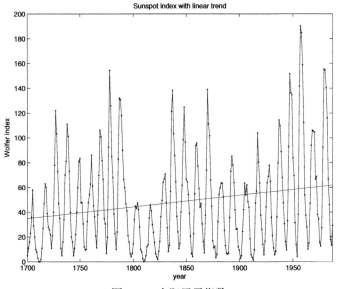

图 8.11    太阳黑子指数

下面减去线性趋势，然后进行傅里叶变换。

```
y = wolfer - trend;
Y = fft(y);
```

$|Y|^2$ 行数组是信号的功率谱。功率谱关于频率的曲线图就是周期图（peri-
odogram）（见图 8.12）。我们宁愿画 $|Y|$，而不画 $|Y|^2$，以使比例因子不至于过大。
这些数据的采样频率是每年观察一次，所以频率 f 的单位是次/年。

```
Fs = 1;                      % Sample rate
f = (0:n/2)*Fs/n;
pow = abs(Y(1:n/2+1));       % abs对数组每个元素求绝对值
pmax = 5000;
plot([f; f],[0*pow; pow],'c-', f,pow,'b.', ...
```

```
'linewidth',2,'markersize',16)
axis([0 .5 0 pmax])
xlabel('cycles/year')
ylabel('power')
title('Periodogram')
```

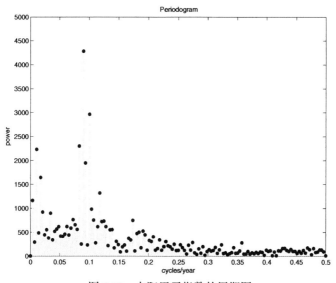

图 8.12 太阳黑子指数的周期图

最大功率出现在频率等于 0.09 次/年附近。你也许想知道以年为单位的周期。那就对曲线图进行放大，再利用 $x$ 轴的频率标度的倒数计算。具体如下：

```
k = 0:44;
f = k/n;
pow = pow(k+1);
plot([f; f],[0*pow; pow],'c-',f,pow,'b.', ...
'linewidth',2,'markersize',16)
axis([0 max(f) 0 pmax])
k = 2:3:41;
f = k/n;
period = 1./f;                  % 1被行数组f除
periods = sprintf('%5.1f|',period);
set(gca,'xtick',f)
set(gca,'xticklabel',periods)
xlabel('years/cycle')
ylabel('power')
title('Periodogram detail')
```

正如预料的那样，存在一个长度约为 11.1 年的主周期（见图 8.13）。这说明，在过去的 300 年里，太阳黑子的周期稍大于 11 年。

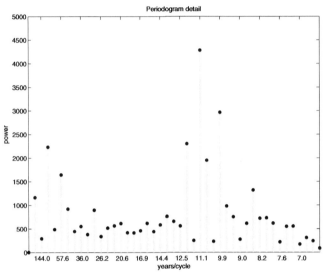

图 8.13　局部放大周期图显示周期为 11 年

## 8.5　周期时间序列

按键拨号电话产生的音调和 Wolfer 太阳黑子指数是两个周期时间序列（periodic time series）的示例。周期时间函数是展现（或至少近似展现）周期性状的时间函数。傅里叶分析能用于估计以固定速率采样的离散数值集的周期。下列表格展示了在傅里叶分析中所涉各量之间的关系。

| | |
|---|---|
| y | 数据 |
| Fs | 采样（频）率（采样数/单位时间） |
| n = length(y) | 采样总数 |
| t = (0:n-1)/Fs | 总时间 |
| dt = 1/Fs | 时间增量（time increment） |
| Y = fft(y) | 有限傅里叶变换 FFT |
| abs(Y) | FFT 的幅值 |
| abs(Y).^2 | 功率谱 |
| f = (0:n-1)*(Fs/n) | 频率（周期数/单位时间） |
| (n/2)*(Fs/n) = Fs/2 | 奈奎斯特频率（Nyquist frequency） |
| p = 1./f | 周期（单位时间/周期数） |

周期图是 FFT 幅值 abs(y) 或者功率 abs(y).^2 相对于频率 f 的曲线图。你只需画出图的前半部分，因为后半部分是前半部分关于奈奎斯特频率的镜像。

## 8.6 快速有限傅里叶变换

上百万点的一维傅里叶变换（FFT）和 $1000 \times 1000$ 的二维 FFT 十分常见。现代信号和图像处理的关键是这些计算的快速实施。

直接利用定义

$$Y_k = \sum_{j=0}^{n-1} \omega^{jk} y_j, \ k = 0, \dots, n-1,$$

$Y$ 每个元素的计算需要 $n$ 次乘法和 $n$ 次加法，因此 $Y$ 总共需要 $2n^2$ 次浮点运算。这还不包括 $\omega$ 幂的生成。每微秒能做一次乘法和加法的计算机，为计算百万点的傅里叶变换（FFT），就可能需要上百万秒，即大约 11.5 天。

有好几个人独立发现了快速傅里叶变换（fast FFT）算法，此后也有许多人致力于这种算法的发展，但是人们通常认为：FFT 的现代应用起点是普林斯顿大学 John Tukey 和 IBM 研究中心 John Cooley 于 1965 所发表的论文 [13]。

现代快速 FFT 算法的计算复杂度是 $O(n \log_2 n)$，而不再是 $O(n^2)$。若 $n$ 是 2 的幂，那么长度为 $n$ 的一维 FFT 只需小于 $3n \log_2 n$ 次的浮点运算。对于 $n = 2^{20}$ 的情况，现代算法比 $2n^2$ 快 35000 倍。即使在 $n = 1024 = 2^{10}$ 情况下，现代算法也快 70 倍左右。

用 MATLAB 6.5 和奔腾 700 MHz 手提电脑，长度 length(x) 为 $2^{20} = 1048576$ 时，fft(x) 运算需要约 1s 时间。内建函数 fft 代码的基础是 FFTW，"The Fastest Fourier Transform in the West"。它由 M.I.T 的 Matteo Frigo 和 Steven G.Johnson 开发 [21]。

快速 FFT 算法的关键是单位 1 的第 $2n$ 次方根的平方等于单位 1 的第 $n$ 次根。采用复数记号

$$\omega = \omega_n = e^{-2\pi i/n},$$

我们有

$$\omega_{2n}^2 = \omega_n.$$

快速算法的推导从有限傅里叶变换的定义着手：

$$Y_k = \sum_{j=0}^{n-1} \omega^{jk} y_j, \ k = 0, \dots, n-1.$$

假设 $n$ 是偶数，且 $k \leqslant n/2 - 1$。把求和式中的偶下标项和奇下标项分写如下：

$$Y_k = \sum_{even \ j} \omega^{jk} y_j + \sum_{odd \ j} \omega^{jk} y_j$$

$$= \sum_{j=0}^{n/2-1} \omega^{2jk} y_{2j} + \omega^k \sum_{j=0}^{n/2-1} \omega^{2jk} y_{2j+1}.$$

该式右边的两个求和项分别是长度为 $n/2$ 的向量 $y$ 偶下标和奇下标部分的 FFT 的元素。为了求取长度为 $n$ 的整个 FFT，我们必须做两次长度为 $n/2$ 的 FFT，并将其中之一乘 $\omega$ 的幂，然后再把这两部分结果拼串起来。

长度为 $n$ 和长度为 $n/2$ 的傅里叶变换之间的关系可以用 MATLAB 简洁地表达。假设 n=length(y) 是偶数，

```
y=y(:);                          %保证y为列数组
omega = exp(-2*pi*i/n);
k = (0:n/2-1)';                  %n/2长度的列数组
w = omega .^ k;                  %标量的列数组幂得到的w也是n/2长度列数组
u = fft(y(1:2:n-1));             %奇下标序列的fft
v = w.*fft(y(2:2:n));            %偶下标序列的fft
```

然后

```
Y=fft(y);                        %n长完整序列的fft列数组
uv=[u+v;u-v];                    %n/2长奇、偶序列合成的全序列fft
max(abs(Y-uv))<n*max(abs(Y))*eps %两者之差在容差范围内,则结果为1
```

若 $n$ 不仅是偶数，而且是 2 的幂，那么这个过程可以被反复实施。长度为 $n$ 的 FFT 可用 2 个长度为 $n/2$ 的 FFT 表达，然后用 4 个长度为 $n/4$ 的 FFT 表达，再可用 8 个长度为 $n/8$ 的 FFT 表达，以此类推，直至它可用 $n$ 个长度为 1 的 FFT 表达。长度为 1 的 FFT 就是它自身。若 $n = 2^p$，那么递归的步数为 $p$。每一步的时间复杂度为 $O(n)$，所以总的时间复杂度为

$$O(np) = O(n \log_2 n).$$

若 $n$ 不是 2 的幂，长度为 $n$ 的 FFT 仍然可用几个较短的 FFT 表达。长度为 100 的 FFT 可表达为 2 个长度为 50 的 FFT，或 4 个长度为 25 的 FFT。长度为 25 的 FFT 可以表达为 5 个长度为 5 的 FFT。假设 $n$ 不是质数，那么长度为 $n$ 的 FFT，可以用 $n$ 能被整除的那个长度的若干个 FFT 表达。即便 $n$ 是质数，也能把它的 FFT 嵌在另一个可因子分解的长度的 FFT 中。在此，我们不讨论这些算法的细节。

MATLAB 早期版本只对可分解为小质数乘积的长度，fft 函数采用快速算法。从 MATLAB 6 开始，即使对于质数长度，fft函数也都采用快速算法（参见 [21]）。

## 8.7　示教 M 文件 ffttx

本示教函数 ffttx 整合了本章的两个基本思想。若 $n$ 是 2 的幂，就用 $O(n \log_2 n)$ 快速算法。若 $n$ 含奇数因子，则用快速递归直至抵达某个奇数长度，然后建立离散傅里叶矩阵并使用矩阵-向量乘法运算。

```
function y = ffttx(x)
%FFTTX 快速有限傅里叶变换的示教版。
% FFTTX(X) 给出与FFT(X)相同的有限傅里叶变换结果。
```

```
% 该程序对偶数长度x采用递归分治算法（recursive divide and conquer
% algorithm），对奇数长度x则采用矩阵-向量乘法。假如length(X)是m*p,
% 在此m为奇数而p是2的幂，该方法的计算复杂度是O(m^2)*O(p*log2(p))。

x = x(:);
n = length(x);
omega = exp(-2*pi*i/n);
if rem(n,2) == 0
    % 递归分治法
    k = (0:n/2-1)';
    w = omega .^ k;
    u = ffttx(x(1:2:n-1));
    v = w.*ffttx(x(2:2:n));
    y = [u+v; u-v];
else
    % 傅里叶矩阵
    j = 0:n-1;
    k = j';
    F = omega .^ (k*j);
    y = F*x;
end
```

## 8.8 fftmatrix 绘制傅里叶矩阵的图

$n \times n$ 的 $F$ 矩阵可由以下 MATLAB 语句产生

```
F = fft(eye(n,n))
```

它是一个复数矩阵，其元素为单位 1 的 $n$ 次方根的幂。

$$\omega = e^{-2\pi i/n}$$

语句

```
plot(fft(eye(n,n)))
```

把矩阵 $F$ 每一列的元素连接起来，从而生成 $n$ 点图（graph）的一个子图（subgraph）。假如 $n$ 是质数，那么连接所有列元素就生成 $n$ 点的完全图（complete graph）。假如 $n$ 不是质数，所有列的图的稀疏性与 FFT 算法的计算速度有关。图 8.14 显示了 $n = 8, 9, 10, 11$ 所对应的图。因为 $n = 11$ 是质数，所有可能的连接都已显示在图中。而另三个 $n$ 点不是质数，在它们的图中缺少某些连接，从而表明：含这三个 $n$ 点的向量的 FFT 可被计算得更快。

程序 fftmatrix 可用来研究这些图。

```
fftmatrix(n)
```

画出 n 阶傅里叶矩阵所有列的图。

```
fftmatrix(n,j)
```

仅画出第 j+1 列对应的图。

```
fftmatrix
```

输入量缺省时，按 `fftmatrix(10,4)` 执行。在任何情况下，图形界面上的按键可用于改变 n、j 的值，而且通过点击 j 键可在任选一列或者选中所有列之间切换。

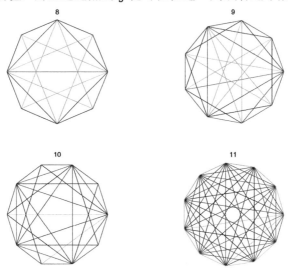

图 8.14　FFT 矩阵的图（Graphs of FFT matrix）

## 8.9　其他傅里叶变换与级数

我们已经学习了有限傅里叶变换，它将一个有限系数序列转换为另一个长度也为 $n$ 的序列。该变换是

$$Y_k = \sum_{j=0}^{n-1} y_j e^{-2ijk\pi/n},\ k = 0,\dots,n-1.$$

其反变换为

$$y_j = \frac{1}{n} \sum_{k=0}^{n-1} Y_k e^{2ijk\pi/n},\ j = 0,\dots,n-1.$$

傅里叶积分变换（Fourier integral transform）将一个复变函数转换为另一个复变函数。该积分变换为

$$F(\mu) = \int_{-\infty}^{\infty} f(t)e^{-2\pi i\mu t}\mathrm{d}t.$$

其反变换为

$$f(t) = \int_{-\infty}^{\infty} F(\mu)e^{2\pi i\mu t}\mathrm{d}\mu.$$

变量 $t$ 和 $\mu$ 定义于整个实数轴。若 $t$ 的单位为秒,那么 $\mu$ 的单位为弧度每秒。$f(t)$ 和 $F(\mu)$ 函数均为复数值,但在大多数应用场合,$f(t)$ 的虚部为 0。

还可以把 $\nu = 2\pi\mu$ 用作单位,其单位为周期(或者转数)每秒。由于变量的这种改变,指数中就不含 $2\pi$ 因子,但在每个积分号前就出现一个因子 $1/\sqrt{2\pi}$,或者在反变换中出现一个单因子 $1/(2\pi)$。MATLAB 符号工具包就采用反变换单因子记述法。

傅里叶级数(Fourier series)将周期函数转换为傅里叶系数的无限序列。令 $f(t)$ 为周期函数,$L$ 为周期,于是

$$f(t+L) = f(t) \qquad \forall t.$$

傅里叶系数(Fourier coefficients)可由一个周期上的积分给出

$$c_j = \frac{1}{L}\int_{-L/2}^{L/2} f(t)e^{-2\pi ijt}\mathrm{d}t,\ j = \ldots, -1, 0, 1, \ldots.$$

利用这些系数,傅里叶级数的复数形式为

$$f(t) = \sum_{j=-\infty}^{\infty} c_j e^{2\pi ijt/L}.$$

离散时间傅里叶变换(discrete time Fourier transform)将一个无限数据值序列转换为周期函数。令 $x_k$ 为序列,序号 $k$ 取所有整数,包括正、负整数。

离散时间傅里叶变换是一个复数周期函数

$$X(e^{i\omega}) = \sum_{k=-\infty}^{\infty} x_k e^{ik\omega}.$$

序列可以表示为

$$x_k = \frac{1}{2\pi}\int_{-\pi}^{\pi} X(e^{i\omega})e^{-ik\omega}\mathrm{d}\omega,\ k = \ldots, -1, 0, 1, \ldots.$$

傅里叶积分变换只涉及积分。有限傅里叶变换涉及的仅是系数的有限和。傅里叶级数和离散时间傅里叶变换既涉及积分又涉及序列。通过取极限或限制定义域,一种变换就可能蜕变为另一种变换。

从傅里叶级数着手。令周期长度 $L$ 变为无穷大,并令系数序号除以周期长度 $j/L$ 变成连续变量 $\mu$。那么,傅里叶系数 $c_j$ 就变成傅里叶变换 $F(\mu)$。

再从傅里叶级数说起。若把周期函数和系数无限序列的角色进行互换,就可以得到离散傅里叶变换。

再从傅里叶级数开始。把 $t$ 限定为有限个积分值 $k$,并把 $j$ 限定在同样的有限个值上。那么,傅里叶级数就变成了有限傅里叶变换。

在傅里叶积分变换中，帕塞瓦尔定理（Parseval's theorem）为

$$\int_{-\infty}^{+\infty} |f(t)|^2 dt = \int_{-\infty}^{+\infty} |F(\mu)|^2 d\mu.$$

这个量被称为信号的总功率。

## 8.10  更多阅读

Van Loan [65] 描述了快速变换的计算框架。FFTW 网站 [22] 上的一链接页也提供了有用信息。

---

## 习  题

8.1.  `touchtone.mat` 所记录的电话号码是什么？是用 `touchtone.m` 分析的吗？

8.2.  修改 `touchtone.m`，使之能拨打由输入量指定的电话号码，例如 `touchtone ('1-800-555-1212')`。

8.3.  我们提供的 `touchtone.m` 将记录分割为固定数目的等长段，每段相应一个单位数。请你对 `touchtone` 进行修改，使之能自动确定分段数目和各段可能不等的长度。

8.4.  研究 MATLAB 的 `audiorecorder` 和 `audioplayer` 函数，或者其他制作数字录音的系统。请你制作一个电话号码录音，并用你自己修改的 `touchtone.m` 对它进行分析。

8.5.  请回忆一下，傅里叶矩阵 $F$ 是一个 $n \times n$ 的复数矩阵，其元素为

$$f_{k,j} = \omega^{jk},$$

其中

$$\omega = e^{-2\pi i/n}.$$

请证明：$\frac{1}{\sqrt{n}} F$ 是酉阵。换句话说，请证明：$F$ 的复共轭转置矩阵 $F^H$ 满足

$$F^H F = nI.$$

在此，所用矩阵记号与一般情况稍有不同，因为此处的下标 $j$ 和 $k$ 在 $0 \sim (n-1)$ 之间取值，而不是在 $1 \sim n$ 之间。

8.6.  当 $n$ 和 $j$ 满足什么关系时，`fftmatrix(n,j)` 产生五角星状？当 $n$ 和 $j$ 满足什么关系时，会产生正五边形？

8.7.  厄尔尼诺（*El Niño*）。厄尔尼诺气候现象 （climatological phenomenon *El Niño*）是由南太平洋大气压力变化引起的。"南部涛动指数"是，同一时刻在复活节岛和澳大利亚达尔文港海平面所测得的大气压力之差。文本文件 `elnino.dat` 包含了从 1962—1975 这 14 年间每月所测的涛动指数。

你的任务是：对厄尔尼诺现象进行类似太阳黑子示例的分析。时间单位为月而不是年。你应能发现，存在一个时长为 12 个月的主周期，和一个时间更长的次主周期。这次主周期显露在三个傅里叶系数里，因此其长度很难测量。不过，你倒可以试试，看是否能给个估计。

8.8. 火车汽笛声（train whistle）。MATLAB 的 demos 目录上有几个声音示例。其中一个是火车汽笛声。输入命令

```
load train
```

就能生成较长的向量 y 和其值为每秒采样数的标量 Fs。时间增量是 1/Fs s。若你的计算机具有放声能力，输入

```
sound(y,Fs)
```

就能播放此信号，但是对于本问题，你不需要那样做。

该数据没有显著的线性趋向。有两个汽笛声脉冲，但这两个脉冲的谐波成分相同。

(a) 请用单位为秒的时间作为自变量，画出数据曲线图。

(b) 请用单位为周期/秒的频率为自变量，画出周期图。

(c) 请在周期图上辨识 6 个峰值的频率。你应能发现这 6 个频率间的比值，接近于小的整数比值。例如，其中一个频率为另一个的 5/3。是其他频率整数倍的频率称为泛音（overtones）。问：有多少个峰值是基频，又有多少个峰值是泛音？

8.9. 鸟叫声（bird chirps）。请分析 MATLAB 的 demos 目录上的 chirp 声音。忽略末尾的一小段，就可将声音分为 8 个等长段，每段包含一个鸟的叽喳声。请画出每段 FFT 的幅值。请在 k=1:8 下，调用 subplot(4,2,k)，并且每幅子图使用相同的坐标刻度。400 ～ 800 Hz 是比较合适的频率范围。你应该注意：这叽喳声中有一、两段的曲线图很独特。假如你仔细听，应能听出不同的声音。

# 第 9 章　随机数

本章描述均匀分布和正态分布伪随机数的生成算法。

## 9.1　伪随机数

这里有一个有趣的数

0.814723686393179

是 MATLAB 随机数发生器缺省设置下产生的第一个数。启动 MATLAB 程序，先用 format long 设置长数位显示格式，然后输入 rand 命令，就可以得到这个数。

假如全世界所有的 MATLAB 用户，在各种不同的计算机上，都能得到这同样的数，那么该数真是"随机"的吗？不是，它确实不是。计算机本质上是确定性的机器，因此不应该展现出随机行为。假如你的计算机没有接入诸如 $\gamma$ 射线计数器或时钟之类的外部设备，那么它确实只能算出伪随机数（pseudorandom）。计算及计算数论先驱、伯克利分校 D.H. Lebmer 教授于 1951 年给出了迄今仍最被人接受的定义：

> 随机序列是一个模糊的概念 …… 该序列中的每一项对于不明机理的人来说是不可预测的，序列的数字能通过一定数量的经典统计学测试 ……

## 9.2　均匀分布

Lebmer 发明了乘同余算法（multiplicative congruential algorithm），它迄今仍是我们所用多种随机数发生器的基础。Lebmer 发生器有 3 个整数参数 $a$、$c$、$m$，以及一个称为种子（seed）的初始值 $x_0$。由下式定义一个整数序列：

$$x_{k+1} = ax_k + c \bmod m.$$

式中，"$\bmod m$" 运算的含义是：被 $m$ 除后，取其余数。例如，在 $a = 13$、$c = 0$、$m = 31$、$x_0 = 1$ 情况下，生成序列的起始部分如下：

$$1, 13, 14, 27, 10, 6, 16, 22, 7, 29, 5, 3, \cdots\cdots$$

在 3 后面的下一个数值是什么呢？它看似相当难以预测。然而，你已经有了初始值 3，因此你可通过 $(13 \cdot 3 + 0) \bmod 31$ 算出，3 后面的数是 8。这个序列的前 30 项是整数 1~30 的一个排列，并且此后重复该序列。它的周期是 $m - 1$。

若一个在 $0 \sim m$ 之间取值的伪随机整数序列除以 $m$，结果就是在 $[0,1]$ 区间均匀分布的浮点数。于是，那简单示例序列的起始部分就是

$$0.0323, \ 0.4194, \ 0.4516, \ 0.8710, \ 0.3226, \ 0.1935, \ 0.5161, \ \ldots\ldots$$

这样的数很有限，本例只有 30 个。最小值为 1/31，最大值为 30/31。在该序列的长时间运行中，每个数值出现的可能性相等。

在 20 世纪 60 年代，IBM 大型计算机的科学子程序包（Scientific Subroutine Package）含有一个名为 RND 或 RANDU 的随机数发生器 [20]。它是参数为 $a = 65539$，$c = 0$，$m = 2^{31}$ 的乘同余算法程序。用 32 比特位字长，$2^{31}$ 的模运算可算得很快。此外，因为 $a = 2^{16} + 3$，所以乘 $a$ 运算可通过一次移位和一次加法实现。对于那个时代的计算机，这些考虑非常重要，但这使得所生成序列的性质很不理想。接续的模 $2^{31}$ 运算的结果具有如下关系：

$$
\begin{aligned}
x_{k+2} &= (2^{16} + 3)x_{k+1} = (2^{16} + 3)^2 x_k \\
&= (2^{32} + 6 \cdot 2^{16} + 9)x_k \\
&= [6 \cdot (2^{16} + 3) - 9]x_k.
\end{aligned}
$$

进而有

$$x_{k+2} = 6x_{k+1} - 9x_k \qquad \forall k.$$

结果，由 RANDU 产生的序列中三个接续随机整数间，存在着特别高的相关性。

我们用 M-文件 randssp 实现了这个有缺陷的发生器。演示程序 randgui 试图通过在立方体内生成的随机点数和实际位于其内切球中的点数，计算 $\pi$。若下列被运行文件在搜索路径上，那么运行

```
randgui(@randssp)
```

将显示出三个接续项强相关的后果。所生成点的分布模式与随机相差甚远，但是它仍可由立方体与球体所含点数的比计算 $\pi$。

曾有多年，MATLAB 均匀随机数函数 rand，也是一个乘同余发生器，其采用的参数为

$$
\begin{aligned}
a &= 7^5 = 16807, \\
c &= 0, \\
m &= 2^{31} - 1 = 2147483647.
\end{aligned}
$$

这些参数值是 1988 年 Park 和 Miller 的论文 [52] 所推荐的。

MATLAB 曾用过的最早版乘同余发生器存放在本书的 NCM 文档的 randmcg.m 文件中。运行语句

### randgui(@randmcg)

后表明，所生成的点不再呈现 SSP 发生器那样的强相关。这些点在立方体内形成好得多的"随机"烟云。

randmcg 和 MATLAB 最早版的 rand 函数，就好像发生器玩具一样，它们产生的都是形如 $k/m$ 的实数，其中 $k = 1, \ldots, m-1$。其最小值和最大值分别为 0.00000000046566 和 0.9999999953434。该序列在第 $m-1$ 个数后就重复其自身，该序列数字的总个数约 20 亿多一点。若干年前，那还被认为是足够大的数目。但是今天，一台 800 MHz 奔腾手提电脑在半小时内就可遍历尽这个周期。诚然，用 20 亿个数做任何有用的事需要花费更多的时间，但我们还是期望有更长周期的随机数。

在 1995 年，MATLAB 5 引入了一个类型完全不同的随机数发生器。该算法基于佛罗里达州立大学 George Marsaglia 教授的工作，他也是随机数发生器经典分析论文 "Random numbers fall mainly in the planes" [40] 的作者。

Marsaglia 随机数发生器（Marsaglia's random number generator）[43] 不采用 Lehmer 同余算法。其实，Marsaglia 发生器完全不用乘或除运算。它被专门设计来生成浮点数值。它们不仅仅是被比例因子定标处理过的整数。新发生器不采用单个"种子"，而有一个 35 个字长的内存记忆或状态（state）。其中 32 个字用于形成一个在 0~1 之间取值的浮点数 $z$ 的高速缓存器。其余 3 个字用于：在 0~31 之间取值的整数序号 $i$、单个随机整数 $j$、"借位"标记 $b$。在初始化阶段，整个状态向量的建立是一个比特一个比特进行的。不同的 $j$ 给定不同的初始状态。

序列中第 $i$ 个浮点数的产生涉及"借位减法"步骤，即缓存器中的一个数被另外两个数之差所替代：

$$z_i = z_{i+20} - z_{i+5} - b.$$

式中的三个下标 $i$、$i+20$、$i+5$ 应解释为模 32 运算（只用它们最后 5 个比特）。量 $b$ 是由前一步遗留下来的，它可为 0 或某小的正值。若算得的 $z_i$ 为正，那么 $b$ 就被设置为 0，以供下一步使用。若 $z_i$ 为负值，那么在保存前通过加 1.0 使其变正，并将 $b$ 设置为 $2^{-53}$，以供下一步使用。$2^{-53}$ 是 MATLAB 常数 eps 值的一半。$2^{-53}$ 被称为"一个 *ulp*"的理由在于：它是稍小于 1 的浮点数的最后一数位上的一个单位。

就其自身而言，该发生器已几乎完全令人满意。Marsaglia 已经证明：该随机序列有一个超长的周期——在序列重复之前几乎可产生出 $2^{1430}$ 个数值。但是，该随机数序列还有一个小缺陷。序列中的所有数字都是缓冲器初值进行浮点数加、减的结果，因此它们都是 $2^{-53}$ 的整数倍。这必然使得区间 [0,1] 中的很多浮点数无法被产生。

在 1/2 到 1 之间的浮点数以 *ulp* 为单位等距分布，因此借位减法发生器终究能生成该区间内的全部浮点数。但是，由于小于 1/2 的浮点数之间间隔更小，发生器就会跳漏该区间中的很多浮点数。在 1/4 和 1/2 之间，发生器仅能生成一半数量浮点数，在 1/8 到 1/4 之间则只能生成 1/4 数量的浮点数。依此类推。这里正是 $j$ 量的用武之地。它由基于比特位逻辑运算的独立随机数发生器产生。每个 $z_i$ 浮点数中一小部分需要与 $j$ 进行异或（XOR）运算后，才能作为结果输出。这样就突破了对小于 1/2 数进行等距分度的藩篱。从理论上讲，发生器就能发出 $2^{-53}$ 到 $1-2^{-53}$ 之间的所有浮点数。我们不敢确定，所有浮点数是否真的由此产生，但我们也不知道，哪个数不可能产生。

　　图 9.1 显示了该新型发生器所尽力生成的均布浮点数。在此图中，$ulp$ 单位取 $2^{-4}$ 而不是 $2^{-53}$。

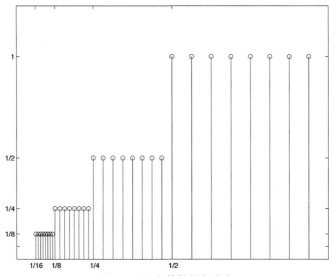

图 9.1　浮点数的均匀分布

　　该图描述了每个浮点数出现的相对频数。显示的浮点数共 32 个。8 个在 1/2 和 1 之间，且它们出现的次数相同。8 个数在 1/4 和 1/2 之间，但因它们间距仅为 1/2 宽度，所以每个数的出现频度也仅为一半。随着我们向左关注，每个子区间仅为其右边子区间宽度之半，但其依然包含同等数目的浮点数，因此对应频度必定减半。请你想象 $2^{32}$ 个子区间中每个子区间有 $2^{53}$ 个数的情景，你就能明白新发生器正做着什么了。

　　若再采用附加的比特位摆动措施，该新随机数生成器的周期可长达 $2^{1492}$。也许，我们应该称之谓 Christopher Clumbus 随机数发生器（Christopher Clumbus random number generator）。无论如何，在它重复自身之前，它将运行漫长的时间。

## 9.3 正态分布

几乎所有生成正态分布（normal distribution）随机数的算法都基于对均匀分布（uniform distribution）随机数的转换。生成元素呈近似正态分布的 $m \times n$ 矩阵的最简单办法是利用如下 M 表达式：

```
sum(rand(m,n,12),3) - 6
```

之所以这样做，是因为 R = rand(m,n,p) 形成一个三维均匀分布数组，而 sum(R,3) 沿第 3 维度求和。该表达式的运行结果是一个二维数组，其元素随 $p$ 增大而趋向均值为 $p/2$ 标准差为 $p/12$ 的正态分布。若我们取 $p = 12$，那么就可相当好地近似正态分布，其方差为 1 而不需要任何附加的比例定标处理。然而，该方法存在两个问题：它需要 12 个均布随机数才能生成一个正态随机数，因此速度较慢；采用有限 $p$ 进行近似，会导致分布末端的性状较差。

MATLAB 5 之前的较老版本采用极法（polar algorithm）。该算法一次生成 2 个值。该算法涉及，在 $[-1,1] \times [-1,1]$ 正方形生成均匀分布的随机点，寻找落在内接单位圆中的随机点，以及摒弃单位圆外的任何点。正方形中的点用具有两个分量的向量表示。摒弃代码如下：

```
r = Inf;
while r > 1
   u = 2*rand(2,1)-1
   r = u'*u
end
```

对于每个被接受的点，极变换

```
v = sqrt(-2*log(r)/r)*u
```

生成由两个独立正态分布元素构成的向量。该算法不包含任何近似，所以在分布曲线末端有恰当的性状。但是，该算法的计算代价偏高。有 21％ 以上的均匀分布随机数因落在单位圆外而被摒弃，此外平方根运算和对数运算也显著增加计算开销。

从 MATLAB 5 起，正态随机数发生器 randn 采用精巧的查表算法。该算法也是 George Marsaglia 导出的。Marsaglia 把该算法称谓金字塔算法（ziggurat algorithm）。巴比伦金字塔是古代美索不达米亚的层叠土墩，数学上称之为二维阶梯函数。一维金字塔算法是 Marsaglia 算法的基础。

这些年来，Marsaglia 一直在改进他的金字塔算法。其早期版本在 Knuth 所著经典著作 *The Art of Computer Programming* [35] 中有所描述。MATLAB 所用版本的阐述可参见 Marsaglia 和 W. W. Tsang 所著文献 [42]。而著作 [34] 第 10.7 节描述了一个 Fortran 版本。更新一点的版本可以从网上电子期刊 *Journal of Statistical Software*[41] 中找到。因为该新版算法最为精良，下面将对其进行阐述。MATLAB 所用版本更为复杂，不过仍基于同样的思想，也同样有效。

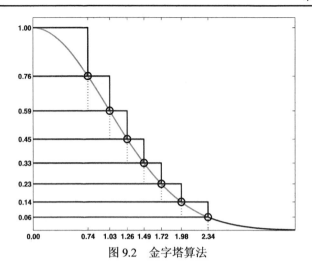

图 9.2  金字塔算法

正态分布的概率密度函数（probability density function, pdf）是钟形曲线（bell-shaped curve）：

$$f(x) = ce^{-x^2/2},$$

在此，$c = 1/(2\pi)^{1/2}$ 是我们可以忽略的归一化常数。假设我们产生的随机点 $(x, y)$ 均匀分布在平面上，摒弃钟形曲线上方的任何点，所剩余点的 $x$ 就形成我们冀望的正态分布。金字塔算法用包括 $n$ 块略大面域覆盖概率密度函数下方的面域。图 9.2 有 $n = 8$；而在实际编码中也许 $n = 128$。上面的 $n - 1$ 块面域都是矩形。最底层那块面域是矩形连同 $f(x)$ 曲线下的无限长拖尾。矩形的右边界点为 $z_k$，$k = 2, \ldots, n$，在图中用小圆圈标记。设 $f(z_1) = 1$、$f(z_{n+1} = 0)$，于是，第 $k$ 块面域的高度为 $f(z_k) - f(z_{k+1})$。金字塔算法的关键思想是：选择各 $z_k$，使包含底层无界块在内的 $n$ 块面域的面积都相同。事实上，还有一些算法也用矩形近似概率密度函数下方面积。但 Marsaglia 算法的特点是：矩形块是水平铺放的，且每块面积相同。

对于给定面域块数 $n$，可通过求解超越方程找到 $z_n$ 点，此处是无限长拖尾与最下块矩形域的交汇点。在我们这 $n = 8$ 的图中，可求得 $z_n = 2.34$。在取 $n = 128$ 的实际编码中，$z_n = 3.4426$。一旦知道 $z_n$，就很容易算出面积相同的各块矩形，以及它们右边界点 $z_k$，也就能计算出上下块矩形长度之比 $\sigma_k = z_{k-1}/z_k$。我们把下块与上块的等长部分称为金字塔的塔核（core of the ziggurat）。塔核的右边界在图中用虚点线标示。$z_k, \sigma_k$ 的计算在只运行一次的初始化代码中完成。

初始化后，正态分布随机数可计算得很快。代码的关键部分是：计算在 1 和 $n$ 之间的单个随机整数 $j$，以及在 $-1$ 和 1 之间的单个均匀分布随机数 $u$。然后，检查 $u$（的绝对值）是否在第 $j$ 块塔核内。若是，则 $uz_j$ 是概率密度函数下方某点的 $x$ 轴坐标，其值可作为正态分布的一个采样点返回。对应代码大致如下：

```
j = ceil(128*rand);
u = 2*rand-1;
if abs(u) < sigma(j)
    r = u*z(j);
    return
end
```

$\sigma_j$ 的大多数都大于 0.98，因此检测为"真"的情况超出 97%。因此，通常产生一个正态随机数需要：一个随机整数、一个均布随机数、一次条件判断以及一次乘运算。平方根或对数运算都不需要。由 $j$、$u$ 所定之点落在塔核外的情况不足 3%。其可能发生的情况是：若 $j = 1$，此时顶部矩形块没有塔核；若 $j$ 在 2 和 $n - 1$ 之间，而那随机点又正好落在包含 $f(x)$ 曲线的小方块内；若 $j = n$，于是那点位于无限长拖尾之内。在以上这些情况下，就还需要进行附加的对数、指数运算，需要更多均布随机数样本。

应该记住：金字塔阶梯函数虽只是近似于概率密度函数，但由它所生成的分布恰是精准的正态分布。减小 $n$ 值，可减少数据表存储量，会增加额外运算所占的时间比例，但不影响分布的精确度。即使在取 $n = 8$ 的情况下，我们虽将不得不花费约 23% 的时间（已不再是那小于 3% 的时间）进行更多的修正运算，但我们却依然可得到精确的正态分布。

借助这一算法，MATLAB 6 产生正态分布随机数的速度和产生均匀分布随机数一样快。事实上，在奔腾 800 MHz 的手提电脑上，MATLAB 可在不足一秒的时间内，产生出一千多万个正态或均匀分布的随机数。

## 9.4 示教 M 文件 randtx 和 randntx

本书 NCM 目录 M-文件汇集包含 randtx 和 tandntx 两个示教 M 函数。对于这两个函数，我们作出了完全重现 MATLAB 5.0 版内建函数 rand 和 randn 功能的选择。这两个示教函数采用与两个内建函数相同的算法，并产生（在舍入误差范围内）相同的计算结果。不管 rand 之后是否带 n、是否带 tx，这四个函数都有相同的调用方式。不含输入量时，命令 randtx 或 randntx 生成单个均匀或正态分布的伪随机数。含一个输入量时，命令 randtx(n) 或 randntx(n) 生成 $n \times n$ 的随机矩阵。含两个输入量时，randtx(m,n) 或 randntx(m,n) 生成 $m \times n$ 的随机矩阵。

在新版 MATLAB 中，调用 5.0 版随机发生器的方法之一是运行如下语句：

```
rand('state',0)
```

当然也可以通过 rng 函数实现对 5.0 版随机发生器的调用。更详细的说明，请查看 rng 的帮助文件。

一般情况下，既无需获知也无需设置随机数发生器的任何内部状态。但是，你若想用同一个伪随机序列重复某个计算,你就要对发生器的状态进行重置操作。在默认情况下,发生器是以 randtx('state',0) 或 randntx('state',0) 所设置的状态作为起始点的。在计算过程的任何位置,你总能借助 s=randtx('state') 或 s=randntx('state') 获知当前的状态。此后,你也能用命令 randtx('state',s) 或 randntx('state',s) 进行重置以便回到那种状态。你也可以用 $[0, 2^{31} - 1]$ 中的任何单个整数 j 借助 randtx('state',j) 或 randntx('state',j) 对状态进行设置。通过占 32 比特位的任意整数所能设置的发生器状态数仅仅是状态总数的很小份额。

对于均布随机数发生器 randtx 而言,其状态 s 是一个 35 元的向量。其中 32 个元素是 $2^{-53}$ 和 $1 - 2^{-53}$ 之间的浮点数。s 向量中的另外 3 个元素是 eps 的小整数倍。尽管从 randtx 缺省初始状态出发,所有可能的状态模式不能被历遍,但 randtx 中所有可能的比特位模式的总数仍是有限的,其值为 $2 \cdot 32 \cdot 2^{32} \cdot 2^{32 \cdot 52}$,即 $2^{1702}$。

对于正态随机数生成器 randntx,状态 s 是由两个 32 比特位整数元素构成的向量,因此其可能状态总数为 $2^{64}$。

这两个发生器程序在首次调用或重置时,都需要进行相关的计算配置。对 randtx 来说,该配置每次一比特地生成状态向量中的初始浮点数。对 randntx 而言,配置就是计算金字塔阶梯函数中的关键点。

在经配置之后,均布发生器 randtx 的主要代码为

```
U = zeros(m,n);
for k = 1:m*n
   x = z(mod(i+20,32)+1) - z(mod(i+5,32)+1) - b;
   if x < 0
      x = x + 1;
      b = ulp;
   else
      b = 0;
   end
   z(i+1) = x;
   i = i+1;
   if i == 32, i = 0; end
   [x,j] = randbits(x,j);
   U(k) = x;
end
```

该段代码的功用是:计算状态向量中两个元素的差;减去上次计算造成的借位 b;若此数为负,则调整该数;将所得之数插入状态向量。randbits 辅助函数命令执行浮点数 x 和随机整数 j 之间的异或(XOR)运算。

在配置后，正态随机发生器 randntx 主要代码为

```
R = zeros(m,n);
for k = 1:m*n
    [u,j] = randuni;
    rk = u*z(j+1);
    if abs(rk) < z(j)
        R(k) = rk;
    else
        R(k) = randntips(rk,j,z);
    end
end
```

这段代码的功能是：调用子函数 randuni 产生一个均布随机数 u 和一个随机整数 j；经单次乘运算生成候选结果 rk；检测 rk 是否处在塔核内，因绝大多数都在塔核内，故 rk 就成为最终结果；若 rk 在塔核外，就必须再借助辅助函数 randtips 执行附加运算。

## 9.5  Twister 算法

用本章所述、并由 randtx 实现的均布随机数发生器，做接续长度测试（run length test）。

```
rand('state',0)
x = rand(1,2^24);
delta = .01;
k = diff(find(x<delta));
t = 1:99;
c = histc(k,t);
bar(t,c,'histc')
```

这段代码的作用是：设置发生器的初始状态；生成数百万个均匀分布随机数。变量 delta 是截止容差，变量 k 是向量，其元素为大于容差 delta 的接续随机数所构成子序列的长度。最后三条语句勾画关于序列长度的频数直方图（参见图 9.3）。一般而言，该图符合我们预期：较长子序列出现得较少。但令人惊讶的是，在该实验中，长度为 27 的子序列的出现次数约仅是拟应有次数之半。你可以用其他初始状态和不同截止容差进行实验，并可以验证这种异常现象始终存在。

原因在哪里？图 9.3 显示的裂隙是借位减算法的属性。该算法应用了长度为 32 的缓存器和带偏移量 20 及 5 的发生器：

$$z_i = z_{i+20} - z_{i+5} - b.$$

32 和 5 的共同作用消耗了一些长度为 27 的子序列。这是该算法的怪异之处，且也很可能是严重问题所在。

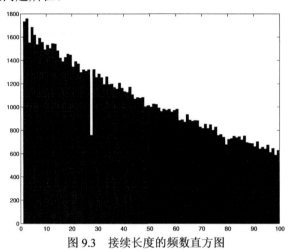

图 9.3   接续长度的频数直方图

不管怎样，从 2007 年的 Matlab 7.4 起，默认的均匀分布随机数发生器（default uniform random number generator）已经采用由 M. Matsumoto 和 T. Nishimura 开发的 Mersenne Twister 算法[46]。该发生器使用长度为 624 比特的缓存器，且有着 $2^{19937} - 1$ 惊人长度的周期。它能生成如下闭区间中的浮点数：

$$[2^{-53}, 1 - 2^{-53}]$$

换句话说，它并不会生成精准的 0 或 1。欲知更多细节，请运行以下命令

```
help rand
```

并阅读 Mersenne Twister 网页上的参考论文 [46]。

## 习 题

9.1.  数字 13 常被视为不吉利。但是

```
rand('state',13)
randgui(@rand)
```

会生成惊人的幸运数字，结果是什么呢？

9.2.  请对 randgui 进行修改，使它能利用正方形内接圆替代原先的正方体内接球计算 $\pi$。

9.3.  在 rangui 代码中，把语句

```
X = 2*randfun(3,m)-1;
```

修改成

```
X = 2*randfun(m,3)'-1;
```

这样，我们把 3 与 m 进行互换，又增添了矩阵转置算符。由于这些改变

```
rangui(@randssp)
```

就不再显现出 randssp 原有的缺陷。请解释原因。

9.4.　以诸如下列黄金分割比等无理数为基础，构造一个快速随机数发生器。

$$\phi = \frac{1 + \sqrt{5}}{2}.$$

$0 < x_n < 1$ 区间中的 $x_n$ 可简单地由下式产生：

$$x_n = \text{取小数部分}(n\phi).$$

在 MATLAB 中反复执行以下语句，就可生成这个序列。

```
x = rem(x + phi,1)
```

该随机数发生器可通过若干统计测试，但多数情况下结果不好。

(a)　请编写一个 randssp、randmcg 式样的 MATLAB 函数 randphi，实现以
　　　上算法。

(b)　比较 randmcg, randssp 和 randgui 的频数直方图（histogram）。采用
　　　10000 个样本，50 个分段（料仓）。哪个发生器有最好的均匀分布？

(c)　运行以下代码

```
randgui(@randphi)
```

　　　问：计算 $\pi$ 的效果如何？为什么？

9.5.　M-文件 randtx.m 和 randntx.m 都有一个内含子函数 randint。它采用一
　　　系列的比特移位产生随机整数。

(a)　请编写一个 randmcg 样式的 MATLAB 函数 randjsr，使用移位寄存整
　　　数发生器产生均匀分布浮点数。

(b)　把你的 randjsr 频数直方图与 randmcg 的直方图进行比较。你应该发
　　　现这两个直方图有相同的形态。

(c)　请验证

```
randgui(@randjsr)
```

　　　能很好地计算 $\pi$。

9.6.　请利用第 9.3 节所描述的极法（polar algorithm）编写一个能发生正态分布
　　　随机数的 M-文件 randnpolar.m。请验证你写的函数能产生出像 randn、
　　　randntx 那样的钟形频数直方图。

9.7.　NCM M-文件 brownian 描绘了粒子云的演变，即气体分子的布朗运动
　　　（Brownian motion）模型。该演变从原点开始，以二维随机游走方式弥散。

(a)　请对 brownian.m 文件进行修改，使之跟踪粒子离原点的平均距离和
　　　最大距离。采用 loglog 双对数坐标轴，画出这两种距离关于步数 n 的

函数曲线。在双对数坐标上，你可观察到，这两条曲线都接近于线性。请用 $cn^{1/2}$ 类型的函数对这两组距离数据进行拟合。请用线性刻度坐标画出观察距离数据和拟合曲线。

(b) 请对 brownian.m 进行修改，使之能对三维空间的随机游走建模。粒子弥散距离的形态还像 $n^{1/2}$ 吗？

9.8.　蒙特卡罗仿真（Monte Carlo simulation）是指：在计算随机或概率现象的模型中，使用伪随机数。NCM M- 文件 blackjack 提供的正是这样一种仿真算例。程序模拟纸牌游戏，可以每次一手或上千手，收集盈利统计。

在二十一点纸牌（blackjack）中，花牌为 10 点，A 牌为 1 点或 11 点，其他牌即为本身点数。目标是达到但不能超过 21 点。若你在庄家之前超过 21，则爆了，你就输了这一手赌注。若你前两张牌就得到 21 点，而庄家不是，那么这就是 "21 点"，你就赢得 1.5 倍赌注。若你前两张牌是一对，你可以通过加倍赌注把这对牌拆开，然后用这两张牌开始独立的两手。你可在看了前两张牌后把赌注翻倍，并追加一张牌。"Hit" 和 "draw" 表示再要一张牌。"stand" 表示停止要牌。"Push" 表示两手牌有相同点数。

二十一点纸牌的首次数学分析由 Baldwin、Cantey、Maisel、Mcdermott 等公开发表于 1956 年 [5]。他们基本的策略，近期的书籍也有描述，是使得二十一点牌更接近于公平游戏。用此基本策略，每手的期望输或赢小于 1% 赌注。核心思想是避免在庄家之前爆牌。庄家必须有固定策略：16 点或更少，继续要牌；17 点或更多，不再要牌。因为差不多 1/3 的牌都是 10 点，你可在庄家牌为 10 点的假设下，把你手上的牌与庄家进行比较。若庄家明示牌是 6 或更小，庄家肯定会再要牌。因此，策略是，当庄家明示牌等于小于 6，而你的点数大于 11 时，就不要牌。可以分拆一对 A，也可以分拆一对 8。不要分拆其他点数的对。若庄家的明牌是 6 或更小，而你有 11 或 10，就双倍下注。该程序用红色显示对于每种情况所推荐的基本策略玩法。完整的基本策略由代码中的 HARD、SOFT、SPLIT 这三个数组定义。称为算牌的更精良策略有明确的数学优势。算牌玩家跟踪前几手已经出现的牌，然后利用这些信息，随着台面牌的消耗，改变赌注和玩法。我们的仿真程序不涉及算牌。

我们的 blackjack 程序有两个模式。每手的起始赌注为 $10。"Play" 模式用颜色标识基本策略，但也允许你作其他选择。"Simulate" 模式采用基本策略，玩指定的 "手数"，并收集统计数据。一幅图显示在仿真期间的总投注。另一幅图显示对于每手那十个盈利可能的观察概率。这些盈利收益包括：同点得 $0；21 点得 $15；既没有分拆也不翻倍加注那手的输或赢 $10；分拆或翻倍加注一次那手的输或赢 $20；分拆后再翻倍加注那手的输或赢 $30 或 $40。$30 和 $40 盈利只是偶尔出现（且在某些赌场不被允许），但在确定基本策略的预期回报中却很重要。第二幅图还用 0.xxxx ± 0.xxxx 格式显示每手赢或输的比例数及置信区间。注意：期望回报在置信区间内通常为负。在任何少于几百万手的赌局中，结果更多地确定于牌运，而不是期望回报。

(a) 在我们的 blackjack 程序中使用了多少幅纸牌？纸牌如何表示又如何洗牌？怎么发牌？rand 扮演了什么角色？

(b) 从刚洗过的牌中得到 blackjack 的理论概率是多少？也就是玩家的前两张牌为 21 点而庄家不是。如何把这概率与仿真中观察到的概率作比较？

(c) 请对 blackjack 加以修改，使 21 点不再付 1.5 倍的赌注，而是付等量的钱。这又会怎样影响期望回报呢？

(d) 在有些赌场中，"push" 也被认为是输。请用该规则修改 blackjack。这又会如何影响期望回报呢？

(e) 请对 blackjack 进行修改，使之采用四副人为的 56 张纸牌，该牌多四张 A，是通常的 2 倍。这又会如何影响期望的回报？

(f) 请对 blackjack 进行修改，使之采用四副人为的 48 张纸牌，该牌没有 K 牌。这又会如何影响期望的回报？

# 第 10 章　特征值和奇异值

本章内容是矩阵的特征值与奇异值。各种算法及其对扰动的灵敏度都将被讨论。

## 10.1　特征值与奇异值分解

方阵 $A$ 的特征值（eigenvalue）及特征向量（eigenvector），分别是满足下式的标量 $\lambda$ 及非零向量 $x$

$$Ax = \lambda x.$$

方阵或非方矩阵 $A$ 的奇异值（singular value）及奇异向量（singular vectors）对，分别是满足以下两式的非负标量 $\sigma$ 以及非零向量 $u$ 和 $v$：

$$Av = \sigma u,$$
$$A^H u = \sigma v.$$

在此，$A^H$ 的上标代表矩阵的埃尔米特转置（Hermitian transpose），即表示对复矩阵的共轭转置。若矩阵为实矩阵，那么 $A^T$ 表示矩阵 $A$ 的转置。在 MATLAB 中，这些转置矩阵都用 A' 表示。

术语特征值（eigenvalue）是德文 "eigenvert" 的非完整译意。完整译意拟应是本征值（own value）或特征性的值（characteristic value），但这些说法罕被采用。术语奇异值（singular value）涉及一个矩阵与一组奇异矩阵间的距离。

在矩阵被看作其所在向量空间向自身变换的场合，特征值起着重要作用。线性常微分方程组就是主要事例。$\lambda$ 值可以对应于振动频率、稳定性（stability）参数的临界值或原子的能量等级。在矩阵是从某向量空间到另一可能不同维空间变换的场合，奇异值就起重要作用。超定或欠定代数方程组就是主要事例。

特征向量和奇异值向量的定义都没有对它们的规范化给出具体要求。一个特征向量 $x$ 或一对奇异值向量 $u$ 和 $v$，可以乘以任何非零因子而不改变任何别的重要性质。对称矩阵的特征向量通常被规范化为欧几里得长度为 1 的向量，即 $\|x\|_2 = 1$。另一方面，非对称矩阵的特征向量则不同场合采用不同的规范化法则。奇异值向量几乎总能规范化为其欧几里得长度为 1 的向量，即 $\|u\|_2 = \|v\|_2 = 1$。你可以用 $-1$ 乘以特征向量或奇异值向量对，而不会改变它们的长度。

方阵的特征值-特征向量方程可以写成

$$(A - \lambda I)x = 0, \ x \neq 0.$$

这意味着 $A - \lambda I$ 奇异，并因此有

$$\det(A - \lambda I) = 0.$$

这种不直接涉及相应特征向量的特征值定义，就是矩阵 $A$ 的特征方程（characeristic equation）或特征多项式（characteristic polynomial）。特征多项式的次数（degree）就是矩阵的阶（order）。这意味着 $n \times n$ 矩阵有 $n$ 个特征值（考虑相同特征值的重复数在内）。和行列式本身一样，特征多项式在理论研究和手工计算中有用，但并没有为稳健的数值计算软件提供良好的基础。

令 $\lambda_1, \lambda_2, \ldots, \lambda_n$ 为矩阵 $A$ 的特征值，$x_1, x_2, \ldots, x_n$ 为对应的特征向量组，又令 $\Lambda$ 是以 $\lambda_j$ 为对角元的 $n \times n$ 对角阵，再令矩阵 $X$ 是由 $x_j$ 为其第 $j$ 列的 $n \times n$ 矩阵。那么，就有

$$AX = X\Lambda.$$

将 $\Lambda$ 放在等号右侧表达式的右边是为了使 $X$ 的每列向量与其对应的特征值相乘。于此，做一个并非对所有矩阵都成立的关键性假设——所有特征向量线性无关。非奇异阵 $X$ 的逆 $X^{-1}$ 存在，且有

$$A = X\Lambda X^{-1},$$

这称为矩阵 $A$ 的特征值分解（eigenvalue decomposition）。若这种分解存在，那么它就能让我们可以通过分析对角阵 $\Lambda$ 去研究 $A$ 的性质。例如，矩阵的整数次幂可以借助标量幂表达

$$A^p = X\Lambda^p X^{-1}.$$

若 $A$ 的特征向量不是线性无关，那么这样的对角阵分解不存在，因此 $A$ 的幂将呈现出更为复杂性状。

设 $T$ 是任意非奇异矩阵，那么

$$A = TBT^{-1}$$

被称作相似变换（similar transformation），而 $A$ 和 $B$ 被说成是相似（similar）的。若 $Ax = \lambda x$ 且令 $x = Ty$，那么 $By = \lambda y$。换句话说，相似变换保持特征值不变。特征值分解就是力图寻找一个能变换为对角阵的相似变换。

采用矩阵形式，奇异值和奇异值向量的定义方程可写为

$$AV = U\Sigma,$$
$$A^H U = V\Sigma^H.$$

在此，$\Sigma$ 是与 $A$ 规模相同的、除主对角元素外均为零的矩阵。可以证明：奇异向量总可被选择得彼此正交，以使其列为规范奇异向量的矩阵 $U$ 和 $V$ 满足 $U^H U = I$

和 $V^H V = I$。换句话说，$U$ 和 $V$ 为实阵时，它们都是正交矩阵（orthogonal matrix）；为复阵时，它们都是酉矩阵（unitary matrix）。于是，采用对角阵 $\Sigma$、正交或酉阵 $U$ 和 $V$，可写出

$$A = U\Sigma V^H,$$

这被称为矩阵 $A$ 的奇异值分解（sigular value decomposition），或记为 SVD。

　　在抽象线性代数术语中，若 $n \times n$ 方阵 $A$ 被看作在 $n$ 维空间中向自身的映射，则特征值就有特别重要的意义。我们试图找到该空间的基使那矩阵变成对角阵。即使矩阵 $A$ 是实矩阵，该基向量也可以是复的。事实上，若特征向量不是线性无关的，那么这样基就根本不存在。假若 $m \times n$ 矩阵 $A$ 被看成 $n$ 维空间向 $m$ 维空间的映射（mapping），那么 SVD 就十分重要。我们力图找到定义域中基的一种变形和值域（range）中基的一种变形（两者一般不同）使得那矩阵变为对角阵。若矩阵 $A$ 是实矩阵，那么这样的基始终存在且总是实的。事实上，由于变换矩阵是正交阵或酉矩阵，所以它们将保持长度和角度不变，因此不会使误差放大。

　　若 $A$ 是一个 $m \times n$ 矩阵，且 $m$ 大于 $n$，那么在完整型奇异值分解 SVD 中，$U$ 是 $m \times m$ 的大方阵。$U$ 的后 $m - n$ 列是"额外的"，它们不是重建矩阵 $A$ 所必需的。若 $A$ 是高矩阵，节省内存的 SVD 形式被称为紧凑型（economy-sized）SVD。在紧凑型 SVD 中，只计算 $U$ 的前 $n$ 列和 $\Sigma$ 的前 $n$ 行。在这两种分解中，矩阵 $V$ 是同一个 $n \times n$ 矩阵。图 10.1 显示了 SVD 两种型式中各种矩阵的形状。这两种分解都可以写为 $A = U\Sigma V^H$，只不过紧凑型分解中的 $U$ 和 $\Sigma$ 只是完整型分解的子阵。

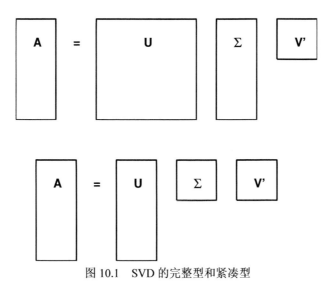

图 10.1　SVD 的完整型和紧凑型

## 10.2　小规模矩阵分解示例

用作特征值和奇异值分解算例的小规模方阵由 Matlab 的 gallery 测试矩阵（test matrices）库提供。运行

```
A = gallery(3)
```

产生矩阵

$$A = \begin{pmatrix} -149 & -50 & -154 \\ 537 & 180 & 546 \\ -27 & -9 & -25 \end{pmatrix}.$$

该矩阵被构造得使其特征多项式能简明地分解如下：

$$\begin{aligned} \det(A - \lambda I) &= \lambda^3 - 6\lambda^2 + 11\lambda - 6 \\ &= (\lambda - 1)(\lambda - 2)(\lambda - 3). \end{aligned}$$

因此，三个特征值为 $\lambda_1 = 1$、$\lambda_2 = 2$、$\lambda_3 = 3$ 以及

$$\Lambda = \begin{pmatrix} 1 & 0 & 0 \\ 0 & 2 & 0 \\ 0 & 0 & 3 \end{pmatrix}.$$

特征向量矩阵被规范化（normalized）得使其元素都为整数：

$$X = \begin{pmatrix} 1 & -4 & 7 \\ -3 & 9 & -49 \\ 0 & 1 & 9 \end{pmatrix}.$$

可以证明，$X$ 逆阵也由整数元素构成：

$$X^{-1} = \begin{pmatrix} 130 & 43 & 133 \\ 27 & 9 & 28 \\ -3 & -1 & -3 \end{pmatrix}.$$

以上三个矩阵就构成该算例的特征值分解：

$$A = X \Lambda X^{-1}.$$

这个矩阵的 SVD 不可能借助小整数简洁表达。矩阵奇异值是以下方程的正数根

$$\sigma^6 - 668737\sigma^4 + 4096316\sigma^2 - 36 = 0,$$

但该方程不能被简明地分解。运行如下符号工具包命令

```
svd(sym(A))
```
可以得到三个奇异值的精准数字表达式,不过该结果的总长度为 992 个字符。因此,我们还得运用如下的 SVD 数值分解:
```
[U,S,V] = svd(A)
```
可得
```
U =
   -0.2691   -0.6798    0.6822
    0.9620   -0.1557    0.2243
   -0.0463    0.7167    0.6959

S =
  817.7597         0         0
        0    2.4750         0
        0         0    0.0030

V =
    0.6823   -0.6671    0.2990
    0.2287   -0.1937   -0.9540
    0.6944    0.7193    0.0204
```
表达式 U*S*V' 可以生成在舍入误差范围内的原矩阵。

请注意:在 gallery(3) 的特征值 1、2、3 和该阵奇异值 817, 2.47, 0.03 之间,有巨大差别。这种差别的产生与本算例矩阵对称性很差有关。关于此,本章稍后将作更仔细的讨论。

## 10.3  分解演示界面 eigshow

函数 eigshow 可在 MATLAB 的 demos 目录上找到。eigshow 的输入是一个 $2\times2$ 的实数矩阵 $A$,或许你也可以在界面下拉菜单中自选一个矩阵。默认矩阵 $A$ 为

$$A = \begin{pmatrix} 1/4 & 3/4 \\ 1 & 1/2 \end{pmatrix}.$$

运行的初始,eigshow 画出绿色的单位向量 $x = [1,0]'$,以及蓝色的向量 $Ax$,即矩阵 $A$ 的第一列。然后,你可以用鼠标沿着单位圆移动绿色的 $x$(绿色)。在你移动 $x$ 的同时,蓝色的 $Ax$ 也跟着移动。图 10.2 中的前四幅子图显示了 $x$ 在画出绿色单位圆过程中的中间步骤。由 $Ax$ 产生的轨迹是什么形状呢?线性代数中的一个重要且非平凡的定理告诉我们这蓝色曲线是椭圆。eigshow 提供了该定理的"图形用户界面 GUI 式的证明"。

eigshow 界面上写着这样的文字 "使 $Ax$ 平行于 $x$"。对于该方向的 $x$，算子 $A$ 只是个缩放因子 $\lambda$。换句话说，$x$ 是特征向量，而 $Ax$ 的长度就是对应的特征值。

图 10.2 的后两幅子图显示该 $2 \times 2$ 矩阵示例的特征值以及特征向量。第一个特征值是正的，所以 $Ax$ 位于特征向量 $x$ 的上方。$Ax$ 的长度就是对应的特征值，在本例中恰为 5/4。第二个特征值是负的，所以 $Ax$ 与 $x$ 平行，端点在反方向上。此 $Ax$ 的长度是 1/2，所以对应的特征值是 $-1/2$。

你兴许已经注意到，这两根特征向量并非椭圆的长、短轴。它们能作为长、短轴的条件是矩阵对称。eigshow 采用的默认矩阵比较接近但非真的对称。对于其他矩阵来说，也可能根本找不到一个实数向量 $x$ 使得 $Ax$ 与之平行。在练习中将继续的那些算例，可演示 $2 \times 2$ 矩阵的实特征向量数可能少于 2。

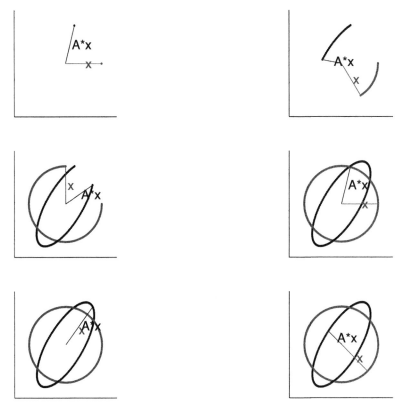

图 10.2　eigshow 界面默认的 eig 工作模式

在 SVD 中椭圆的长短轴确实扮演着重要的角色。图 10.3 显示了由 eigshow 界面的 svd 模式所生成的结果。同样，鼠标沿着单位圆移动 $x$，但这次有另一根始终与 $x$ 垂直的单位向量 $y$ 将跟着 $x$ 移动。生成的 $Ax$ 和 $Ay$ 绕椭圆旋转，但是它们之间通常不垂直。我们的目标是使它们相互垂直。若它们相互垂直了，那么此时的它们就构成了椭圆的轴。

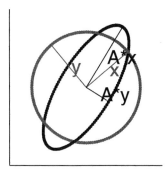

图 10.3　eigshow 界面的 svd 工作模式

向量 $x$ 和 $y$ 就是 SVD 中 $U$ 的列向量，而向量 $Ax$ 和 $Ay$ 是 $V$ 的列向量的正乘数倍，且轴的长度就是对应的奇异值。

## 10.4　特征多项式

令 $A$ 是对角元依次为 1、2、...、20 的 $20 \times 20$ 对角矩阵。显然，$A$ 的特征值就是其对角元素。然而，其特征多项式$\det(A - \lambda I)$ 给出的结果是

$$\lambda^{20} - 210\lambda^{19} + 20615\lambda^{18} - 1256850\lambda^{17} + 53327946\lambda^{16}$$
$$-1672280820\lambda^{15} + 40171771630\lambda^{14} - 756111184500\lambda^{13}$$
$$+11310276995381\lambda^{12} - 135585182899530\lambda^{11}$$
$$+1307535010540395\lambda^{10} - 10142299865511450\lambda^{9}$$
$$+63030812099294896\lambda^{8} - 311333643161390640\lambda^{7}$$
$$+1206647803780373360\lambda^{6} - 3599979517947607200\lambda^{5}$$
$$+8037811822645051776\lambda^{4} - 12870931245150988800\lambda^{3}$$
$$+13803759753640704000\lambda^{2} - 8752948036761600000\lambda$$
$$+2432902008176640000.$$

其中 $-\lambda^{19}$ 的系数为 210，正是所有特征值的和。$\lambda^0$ 的系数，即常数项，为 20!，它是所有特征值的积。其他系数是各特征值不同乘积的求和组合。

我们列出多项式的全部系数是为了强调：用此多项式做任何浮点运算都可能引入大的舍入误差。仅仅是把这些系数用 IEEE 浮点数表示这一操作就会使系数中的五个值发生变化。例如，$\lambda^4$ 项系数的后三位数字就会从 776 变为 392。对于 16 位有效数字而言，由浮点表示多项式根系数所求得的精准根如下所示：

```
1.000000000000001
2.000000000000960
2.999999999866400
```

```
       4.000000004959441
       4.999999914734143
       6.000000845716607
       6.999994555448452
       8.000024432568939
       8.999920011868348
      10.000196964905369
      10.999628430240644
      12.000543743635912
      12.999380734557898
      14.000547988673800
      14.999626582170547
      16.000192083038474
      16.999927734617732
      18.000018751706040
      18.999996997743892
      20.000000223546401
```

我们可以看到，仅仅是特征多项式系数储存为双精度浮点数这一操作，就使得算出的某些特征根的第 5 位有效数字发生了变化。

这个特别的多项式是 J. H. Wilkinson 于 1960 年左右引入的。他对多项式的扰动与我们不同，但他的观点与我们相同，无论对多项式求根、还是对相应矩阵特征值计算而言，这种幂型多项式都不是令人满意的应循解题路径。

## 10.5　对称矩阵和埃尔米特矩阵

若实矩阵与其自身的转置相等，即 $A = A^T$，那么该矩阵是对称的。若复矩阵与其自身的共轭转置相等，即 $A = A^H$，则称它是埃尔米特矩阵（Hermitian matrix）。实对称矩阵（symmetric matrix）的特征值和特征向量都是实的。此外，特征向量矩阵可被选择为正交阵。因此，若实矩阵 $A$ 有 $A = A^T$，那么其特征值分解为

$$A = X \Lambda X^T,$$

其中，$X^T X = I = X X^T$。尽管复数埃尔米特矩阵的特征向量一定是复数向量，但其特征值可以证明是实数。此外，特征向量矩阵可被选择为酉矩阵。若复矩阵 $A$ 有 $A = A^H$，那么其特征值分解为

$$A = X \Lambda X^H,$$

其中，$\Lambda$ 是实矩阵，而且 $X^H X = I = X X^H$。

对称矩阵和埃尔米特矩阵的特征值和奇异值显然是密切相关的。非负特征值 $\lambda \geqslant 0$ 也就是奇异值，$\sigma = \lambda$。相应向量彼此相等，即 $u = v = x$。负特征值 $\lambda < 0$ 必须改变其符号而成为奇异值，$\sigma = |\lambda|$。对应的两根奇异向量的正负号相反，即 $u = -v = x$。

## 10.6 特征值的灵敏度和精度

有些矩阵的特征值对扰动（perturbation）很敏感。矩阵元素的微小变化就可能引起特征值的很大改变。由浮点算法计算特征值时所引进的舍入误差对原矩阵的影响与扰动一样。结果，这些舍入误差在算得的敏感特征值中会被放大。

为了粗略理解灵敏度（sensitivity），假设矩阵 $A$ 具有线性无关特征向量完备集（full set of eigenvectors），并有特征值分解

$$A = X \Lambda X^{-1}.$$

重写该表达式得

$$\Lambda = X^{-1} A X.$$

记 $\delta A$ 为由舍入误差或其他扰动引起的 $A$ 的变化量。于是有

$$\Lambda + \delta \Lambda = X^{-1}(A + \delta A)X.$$

因此

$$\delta \Lambda = X^{-1} \delta A X.$$

两边取矩阵范数，

$$\|\delta \Lambda\| \leqslant \|X^{-1}\| \|X\| \|\delta A\| = \kappa(X) \|\delta A\|,$$

式中，$\kappa(X)$ 是第 2 章线性方程组中引入的矩阵条件数。注意：关键因素是特征向量矩阵 $X$ 的条件，而非 $A$ 自身的条件。

借助矩阵范数术语，以上的简单分析表明：扰动 $\|\delta A\|$ 在将被放大 $\kappa(X)$ 倍表现在 $\|\delta \Lambda\|$ 中。然而，由于 $\delta \Lambda$ 通常不是对角阵，所以这种分析不能直截了当地表明特征值可能受到了多大的影响。尽管如此，还是可以由此导出如下大体正确的结论：

> 特征值的灵敏度可以用特征向量矩阵的条件数进行估计。

可以利用函数 condest 估计特征向量矩阵的条件数。例如

```
A = gallery(3)
[X,lambda] = eig(A);
condest(X)
```

结果是

```
1.2002e+003
```

gallery(3)中的一个扰动可能会被放大 $1.2 \cdot 10^3$ 倍后构成其特征值扰动。这说明，gallery(3) 的特征值为轻微坏条件（badly conditioned）。

更细致的分析涉及左特征向量（left eigenvectors），它是满足下式的行向量 $y^H$。

$$y^H A = \lambda y^H.$$

为了研究某特征值的灵敏度，假设矩阵 $A$ 随着某扰动参数变化，并用 $\dot{A}$ 表示 $A$ 关于该参数的导数。对如下方程

$$Ax = \lambda x$$

两边求导，可得

$$\dot{A}x + A\dot{x} = \dot{\lambda}x + \lambda\dot{x}.$$

用左特征向量左乘上式两边：

$$y^H \dot{A}x + y^H A\dot{x} = y^H \dot{\lambda}x + y^H \lambda\dot{x}.$$

因为方程两边的第二项相等，所以有

$$\dot{\lambda} = \frac{y^H \dot{A}x}{y^H x}.$$

两边取范数，

$$|\dot{\lambda}| \leqslant \frac{\|y\|\|x\|}{y^H x}\|\dot{A}\|.$$

定义特征值条件数（eigenvalue condition number）为

$$\kappa(\lambda, A) = \frac{\|y\|\|x\|}{y^H x}.$$

那么

$$|\dot{\lambda}| \leqslant \kappa(\lambda, A)\|\dot{A}\|.$$

换句话说，$\kappa(\lambda, A)$ 就是矩阵 $A$ 扰动与特征值 $\lambda$ 中被引发扰动之间的放大因子。注意：$\kappa(\lambda, A)$ 与左右特征向量 $y$ 和 $x$ 的规范化无关，并且

$$\kappa(\lambda, A) \geqslant 1.$$

假设你已经计算出了右特征向量构成的矩阵 $X$，那么计算左特征向量的一种方法是令

$$Y^H = X^{-1}.$$

因为
$$Y^H A = \Lambda Y^H,$$

所以 $Y^H$ 的行就是左特征向量。在该示例中左特征向量是规范化的，所以有
$$Y^H X = I,$$

因此，$\kappa(\lambda, A)$ 的分母 $y^H x = 1$，于是有
$$\kappa(\lambda, A) = \|y\|\|x\|.$$

又因 $\|x\| \leqslant \|X\|$ 和 $\|y\| \leqslant \|X^{-1}\|$，所以我们有
$$\kappa(\lambda, A) \leqslant \kappa(X).$$

特征向量矩阵的条件数是各特征值条件数的上界。

MATLAB 函数 condeig 用于计算特征值条件数。继续以 gallery(3) 为例：

```
A = gallery(3)
lambda = eig(A)
kappa = condeig(A)
```
结果为
```
lambda =
 1.0000
 2.0000
 3.0000

kappa =
 603.6390
 395.2366
 219.2920
```
这表明：$\lambda_1 = 1$ 比 $\lambda_2 = 2$ 或 $\lambda_3 = 3$ 更灵敏些。gallery(3) 中扰动可能会导致其特征值中的扰动被放大 $200 \sim 600$ 倍。该结果与前面由 condest(X) 算得的粗糙估计 $1.2 \cdot 10^3$ 相一致。

为了测试以上分析，让我们在 A = gallery(3) 中制造一个小的随机扰动，然后观察特征值会发生什么现象。

```
format long
delta = 1.e-6;
lambda = eig(A + delta*randn(3,3))

lambda =
   0.999992726236368
```

```
     2.000126280342648
     2.999885428250414
```

特征值中的扰动为

```
   lambda - (1:3)'
   ans =
     1.0e-003 *
     -0.007273763631632
      0.126280342648055
     -0.114571749586290
```

这些结果虽都小于 `condeig` 提供的估计和如下的扰动分析的结果，但量级大致相同。

```
   delta*condeig(A)
   ans =
     1.0e-003 *
     0.603638964957869
     0.395236637991454
     0.219292042718315
```

若 $A$ 是实对称矩阵或复埃尔米特矩阵，那么它的左、右特征向量是相同的。在这种情况下，

$$y^H x = \|y\|\|x\|,$$

所以对于对称矩阵和埃尔米特矩阵有

$$\kappa(\lambda, A) = 1.$$

这就是说，对称矩阵和埃尔米特矩阵的特征值有最完美的好条件（well conditioned）。这种矩阵的扰动所导致的特征值扰动大致在同一量级上。该结论即使对多重特征值（multiple eigenvalues）也同样成立。

考虑另一个极端情况，若 $\lambda_k$ 是一个不存在线性无关特征向量完备集的多重特征值，那么此前的分析就不能应用。在这种情况下，$n \times n$ 矩阵的特征多项式可以写成

$$p(\lambda) = \det(A - \lambda I) = (\lambda - \lambda_k)^m q(\lambda),$$

其中，$m$ 是 $\lambda_k$ 的重复次数；$q(\lambda)$ 是一个在 $\lambda_k$ 处非零的 $n - m$ 次多项式。规模为 $\delta$ 的矩阵扰动使特征多项式从 $p(\lambda) = 0$ 变为

$$p(\lambda) = O(\delta).$$

也就是

$$(\lambda - \lambda_k)^m = O(\delta)/q(\lambda).$$

该方程的根是

$$\lambda = \lambda_k + O(\delta^{1/m}).$$

其中的 $m$ 次方根表明：特征向量完备集不存在时，$m$ 重特征值对扰动特别敏感。

为便于说明，人为设计一个 $16 \times 16$ 矩阵：其主对角线元素均为 2，上次对角线元素都为 1，左下角元素为 $\delta$，其余元素全为 0。

$$A = \begin{pmatrix} 2 & 1 & & & \\ & 2 & 1 & & \\ & & \ddots & \ddots & \\ & & & 2 & 1 \\ \delta & & & & 2 \end{pmatrix}.$$

其特征方程为

$$(\lambda - 2)^{16} = \delta.$$

若 $\delta = 0$，该矩阵在 $\lambda = 2$ 处有 16 重根，但只有一个特征向量与这重根对应。若 $\delta$ 为浮点舍入误差量级，即 $\delta \approx 10^{-16}$，那么特征值分布在复平面的一个圆上。其圆心为 2，半径为

$$(10^{-16})^{1/16} = 0.1.$$

舍入误差大小的扰动使特征值从 2.0000 变成了包括 1.9000、2.1000、2.0924+0.0383$i$ 等在内的 16 个不同值。矩阵元素的微小变异会引发特征值的很大变化。

形式较隐蔽但本质相同的现象也可由 MATLAB 测试矩阵库 gallery 中的另一个例子的性状给以说明。

```
A = gallery(5)
```

该矩阵为

```
A =

      -9          11         -21          63        -252
      70         -69         141        -421        1684
    -575         575       -1149        3451      -13801
    3891       -3891        7782      -23345       93365
    1024       -1024        2048       -6144       24572
```

由 lambda = eig(A) 算得如下特征值

```
lambda =

  -0.0408

  -0.0119 + 0.0386i

  -0.0119 - 0.0386i

   0.0323 + 0.0230i

   0.0323 - 0.0230i
```

这些算得的特征值的准确度如何呢？

gallery(5) 矩阵是以如下特征多项式构造的。

$$\lambda^5 = 0.$$

在没有舍入误差情况下可算得 $A^5$ 为零矩阵。通过此，我们可以确认以上特征方程。这个特征方程能比较容易地手算求解。所用 5 个特征值确实全部是 0。但是浮点算得的特征值几乎没有一点"准确值为 0"的迹象。我们不得不承认浮点算得的特征值不是很准确。

事实上，MATLAB 的 eig 函数在解算上述算例时已经做得像我们所能预期的那样好了。所算特征值的不准确是由特征值自身的灵敏度造成的，而不是由 eig 的任何错误引起的。下面的实验可证明这一点。请先运行以下代码

```
A = gallery(5)
e = eig(A)
plot(real(e),imag(e),'r*',0,0,'ko')
axis(.1*[-1 1 -1 1])
axis square
```

算出的特征值是如图 10.4 所示的复平面上正五边形的顶点。其中心在原点，而半径约为 0.04。

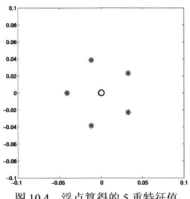

图 10.4　浮点算得的 5 重特征值

使矩阵的每个元素受独立随机舍入误差扰动后，重复以上实验。由于gallery(5) 矩阵中元素大小相差 4 个量级，所以扰动应校正比例因子如下：

```
e = eig(A + eps*randn(5,5).*A)
```

将这语句连同 plot、axis 等命令一起，写成一个单行，然后按键盘的上箭头，使其反复运行多次。你将看到，五边形会改变朝向，其半径在 $0.03 \sim 0.07$ 之间变动。但由扰动矩阵所算得的特征值的性状与由原矩阵算得的特征值十分相像。

这个实验证实了以下事实：所算得的特征值就是矩阵 $A + E$ 的精准特征值，其中 $E$ 的元素处于 $A$ 元素的相对舍入误差量级。这已经是我们能期望浮点运算达

到的最好结果。

## 10.7　奇异值的灵敏度和精度

奇异值灵敏度比特征值灵敏度容易表征得多。奇异值问题总有较好的条件。扰动分析涉及下式所示的方程：

$$\Sigma + \delta\Sigma = U^H(A + \delta A)V.$$

由于 $U$ 和 $V$ 是正交阵或酉阵，所以它们的范数不变，结果为 $\|\delta\Sigma\| = \|\delta A\|$。任何矩阵中的任何大小的扰动会引起奇异值中"大小相仿"的扰动。没必要为奇异值定义条件数，原因是它们总等于 1。Matlab 的 svd 计算出的奇异值总能达到"满精度（full accuracy）"水平。

我们必须小心谨慎地理解"大小相仿"和"满精度"用词的含义。扰动和精度是相对于矩阵范数或如下最大奇异值测度的：

$$\|A\|_2 = \sigma_1.$$

那些较小奇异值的精度都是相对于最大奇异值测度的。若奇异值大小的变化幅度有几个量级，经常如此，那么较小奇异值就不会有相对于自身的满精度。特别是，若矩阵奇异，那么其中若干 $\sigma_i$ 就必定是 0。这些 $\sigma_i$ 的计算值就往往与 $\epsilon\|A\|$ 同阶，其中 $\epsilon$ 为浮点运算的相对精度 eps。

这可以通过 gallery(5) 的奇异值加以说明。下列语句

```
A = gallery(5)
format long e
svd(A)
```

算得

```
1.010353607103610e+05
1.679457384066493e+00
1.462838728086173e+00
1.080169069985614e+00
4.944703870149949e-14
```

$A$ 的最大元素是 93365，而我们看到最大奇异值还要大一些，约 $10^5$。另有 3 个奇异值在 $10^0$ 附近。还记得，该矩阵的所有特征值为 0，因此该矩阵奇异，它的最小奇异值应为 0。而算得的最小奇异值理应位于 $\epsilon$ 和 $\epsilon\|A\|$ 之间。

在此，对矩阵施加扰动，并采用无限循环使如下代码运行一段时间。

```
while 1
  clc
  svd(A + eps*randn(5,5).*A)
```

```
    pause(.25)
end
```

这段代码生成与下类似的不断变动的输出结果。

```
    1.010353607103610e+05
    1.67945738406****e+00
    1.46283872808****e+00
    1.08016906998****e+00
    *.**************e-**
```

其中，星号表示由随机扰动引起那些变化数字的位置。在 16 位数字格式下，$\sigma_1$ 都不会发生变化；$\sigma_2$、$\sigma_3$、$\sigma_4$ 的变化都小于约为 $10^{-11}$ 的 $\epsilon \|A\|$；$\sigma_5$ 的计算值总是小于 $10^{-11}$ 舍入误差。

gallery(5) 矩阵是专门构造来展示特征值问题特性的。而对于奇异值问题而言，该矩阵的性状是任何奇异矩阵的典型。

## 10.8　约当型和舒尔型

特征值分解力图找到一个对角阵 $\Lambda$ 和一个非奇异矩阵 $X$ 使得

$$A = X\Lambda X^{-1}.$$

在此，特征值分解存在两个困难。理论困难是：这种分解并非始终存在。数值困难是：即使这种分解存在，也可能找不到可供稳健计算的基。

分解不存在的那种困难的解决办法是，找尽可能接近对角阵的矩阵替代。这就引出了约当标准型（Jordan canonical form，JCF）。稳健性困难的解决办法是，用"三角阵（triangular matix）"替代"对角阵"，并使用正交或酉变换。这就引出了舒尔型（Schur form）。

退化矩阵（defective matrix）是：至少包含一个线性无关特征向量集不完备的多重特征值的矩阵。例如，gallery(5) 矩阵就是退化的，0 是其五重特征值，且只有唯一的一个特征向量。

约当标准型 JCF 如下：

$$A = XJX^{-1}.$$

若 $A$ 不退化，那么 JCF 就与特征值分解相同。$X$ 的列由特征向量构成，而 $J = \Lambda$ 是对角阵。若 $A$ 退化，那么 $X$ 则由特征向量和广义特征向量（generalized eigenvectors）构成。矩阵 $J$ 的对角线上是特征值，而对应 $X$ 中广义特征向量位置的 $J$ 的上次对角元为 1，其余元素都为 0。

MATLAB 符号工具包中的函数 jordan 采用无限精度有理算法力图算出小规模矩阵的 JCF。小矩阵的元素或为小值整数，或为小值整数比。假如特征多项式无有理根，那么符号工具包就认为特征值各不相同，并生成一个对角 JCF。

JCF 是矩阵的非连续函数。退化矩阵所受的几乎任何扰动都能使多重特征值变成各不相同的几个值，从而消去了 JCF 上次对角线的 1。接近退化的矩阵有条件很差的特征向量集，因而由它们产生的相似变换不能用于可靠的数值计算。

JCF 的数值满意替代是舒尔型。任何矩阵都可以通过酉相似变换而成为上三角形式：

$$B = T^H A T.$$

矩阵 $A$ 的特征值位于舒尔型 $B$ 的对角线上。由于酉变换具有最完美的条件，所以它们不会放大任何误差。

例如

```
A = gallery(3)
[T, B] = schur(A)
```

生成

```
A =
   -149    -50   -154
    537    180    546
    -27     -9    -25
T =
     0.3162    -0.6529     0.6882
    -0.9487    -0.2176     0.2294
     0.0000     0.7255     0.6882
B =
     1.0000    -7.1119  -815.8706
          0     2.0000   -55.0236
          0          0     3.0000
```

$B$ 的对角线元素就是 $A$ 的特征值。若 $A$ 是对称矩阵，那么 $B$ 理应是对角阵。因此，舒尔型 $B$ 中非对角线上的大值元素可衡量 $A$ 阵对称性的缺失程度。

## 10.9 QR 算法

QR 算法是重要性最高、应用最广泛、最成功的工程计算工具之一。在 MATLAB 的数学内核中，包含了采用不同实施方法的 QR 算法的几个变种。它们分别用于计算实数对称、非对称矩阵的特征值，计算复数矩阵的 Q 酉阵和 R 上三角阵，用于计算一般矩阵的奇异值。这些 M 函数分别被用于多项式的求根、特殊线性方程组的求解、稳定性评估，还被用于解决各工具包的许多其他任务。

数十人为发展各式各样的 QR 算法做出了贡献。QR 首次完整实现以及收敛性重要分析应归功于 J.H.Wilkinson。Wilkinson 的 *The Algebraic Eigenvalue Problem* 著作 [69] 以及两个奠基性论文发表于 1965 年。

　　QR 算法（QR algorithm）的基础是：反复使用 QR 分解（QR factorization）。该分解在第五章最小二乘中讲述过。字母"Q"表示正交或酉阵；字母"R"表示右或上三角矩阵。MATLAB 中的 qr 函数能把任何矩阵，实或复的、方或非方的，分解成正交规范列矩阵 $Q$ 和上三角阵 $R$ 的乘积。

　　可以利用 qr 函数，把 QR 算法最简单变种"单步位移法（single-shift algorithm）"编写成 MATLAB 的单行码（one-liner）。设 $A$ 为任何方阵，先运行命令

```
n = size(A,1)
I = eye(n,n)
```

此后，单步位移 QR 迭代的每步可执行如下

```
s = A(n,n); [Q, R] = qr(A - s*I); A = R*Q + s*I
```

　　假如你把这些命令编写于一行之中，那么你就可以利用上箭头反复调用进行迭代。s 就是位移量，它可加速收敛。QR 分解使矩阵三角化：

$$A - sI = QR.$$

然后，进行 RQ 反序相乘就可恢复出特征值，原因是

$$RQ + sI = Q^T(A - sI)Q + sI = Q^TAQ,$$

所以新 $A$ 阵正交相似于原 $A$ 阵。每次迭代都能有效地把下三角的一些"质量（mass）"转移到上三角，而同时保持特征值不变。随着迭代的反复进行，该矩阵就不断逼近上三角矩阵，而使特征值恰好显示于对角线上。

　　例如，开始时在命令窗中输入 A = gallery(3) 可得

```
A =
  -149   -50  -154
   537   180   546
   -27    -9   -25
```

第一次迭代使 A 变成

```
  28.8263 -259.8671  773.9292
   1.0353   -8.6686   33.1759
  -0.5973    5.5786  -14.1578
```

这已使最大元素位处上三角。再经过五次迭代，A 就变成

```
   2.7137  -10.5427 -814.0932
  -0.0767    1.4719  -76.5847
   0.0006   -0.0039    1.8144
```

正如我们所知，该原矩阵是把 1、2、3 作为其特征值而设计的。现在，我们已经依稀可见这三个值在对角线上。再进行五次迭代，A 就成为

```
   3.0716   -7.6952  802.1201
   0.0193    0.9284  158.9556
```

```
   -0.0000     0.0000     2.0000
```

其中一个特征值已被满精度地算出，并且对角线下紧挨它的元素已经为 0。至此，问题范围已被缩小，而只需对 $2 \times 2$ 左上子矩阵继续执行迭代。

实际中，QR 算法并不以这种简单形式执行。它总是先把矩阵简约成海森伯格型（Hessenberg form），使下次对角线以下的元素都为 0。迭代以这种简约形式维系，因此分解要快得多。此外，移位策略也更为完善，并且对于不同应用，QR 算法的移位策略也不同。

QR 算法的最简单变种用于处理实对称矩阵。这种情况下的简约形式是三对角矩阵（tridiagonal matrix）。Wilkinson 给出了一种位移策略，并证明了一个全局收敛定理（global convergence theorem）。即使在舍入误差存在的环境中，我们至今还不知道有哪个算例导致 MATLAB 计算失败。

用于 SVD 奇异值分解的那种 QR 算法，总先把矩阵简约为可保持奇异值不变的双对角矩阵（bidiagonal matrix）。如此使用的 QR 算法，像对称特征值迭代一样可以保证收敛性质。

对于实非对称矩阵，QR 算法要复杂得多。在这种情况下，虽然矩阵元素是实的，但它的特征值可能是复的。实矩阵自始至终都使用两步位移策略（double-shift strategy），该策略可同时处理两个实特征值或一共轭复数对。事实上早在 30 年前，人们就发现了基本迭代的一些反例。为处理它们，Wilkinson 引入了一个专门设计的移位（ad hoc shift）策略。但是至今没人能够给出收敛定理的完整证明。从原理上讲，MATLAB 的 eig 函数运行失败是可能的，那时会同时给出关于缺乏收敛性的出错信息。

## 10.10    QR 算法演示界面 eigsvdgui

图 10.5 和 10.6 是 eigsvdgui 生成的输出图形的抓拍截图，它们分别显示了非对称阵、对称阵特征值的计算步骤。而图 10.7 则显示了非对称阵奇异值计算步骤的 eigsvdgui 输出图形的截图。

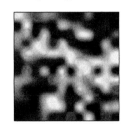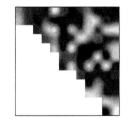

图 10.5    eigsvdgui 演示非对称矩阵特征值分解过程

图 10.5 显示了 $n \times n$ 实非对称矩阵特征值计算的第一阶段。在该阶段中实施一系列的 $n - 2$ 个正交相似变换。第 $k$ 次变换使用豪斯霍尔德反射（Householder

reflections）使得第 $k$ 列次对角线下方的元素变为 0。该第一阶段的结果是所谓的
海森伯格矩阵，该矩阵第一次对角线下方的元素都为 0。

```
for k = 1:n-2
    u = A(:,k);
    u(1:k) = 0;
    sigma = norm(u);
    if sigma ~= 0
        if u(k+1) < 0, sigma = -sigma; end
        u(k+1) = u(k+1) + sigma;
        rho = 1/(sigma*u(k+1));
        v = rho*A*u;
        w = rho*(u'*A)';
        gamma = rho/2*u'*v;
        v = v - gamma*u;
        w = w - gamma*u;
        A = A - v*u' - u*w';
        A(k+2:n,k) = 0;
    end
end
```

第二个阶段利用 QR 算法在第一次对角线上引入 0。实非对称矩阵一般都有
一些复特征值，所以不可能被变换成上三角舒尔型。代之以产生的是由 $1 \times 1$ 和
$2 \times 2$ 子阵构成的实舒尔型。那每个 $1 \times 1$ 矩阵就是原矩阵的某实特征值，而每个
$2 \times 2$ 块给出原矩阵的共轭复特征值对。

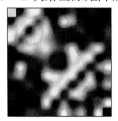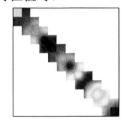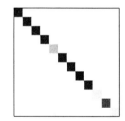

图 10.6   `eigsvdgui` 演示对称矩阵特征值分解过程

图 10.6 显示的对称矩阵特征值计算也有两个阶段。第一阶段的结果是对称海
森伯格阵，也是三对角阵。此后，既然实对称矩阵所有特征值都是实的，所以第二
个阶段的 QR 迭代能完全零化次对角元素，而生成一个由特征值构成的实对角阵。

图 10.7 显示了 `eigsvdgui` 计算非对称阵奇异值所生成的输出图形。因为与任
何正交矩阵的乘运算都保持特征值不变，所以无需使用相似变换。第一个阶段先
用豪斯霍尔德反射使每列的对角线下方为 0，然后再用另一个不同的豪斯霍尔德
反射把相应行的第一上次对角线右侧变成 0。这样就生成一个和原矩阵有相同奇
异值的上双对角矩阵。再用 QR 迭代零化上次对角线，生成包含奇异值的对角阵。

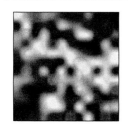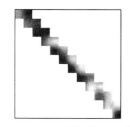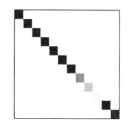

图 10.7  **eigsvdgui** 演示 *SVD* 分解过程

## 10.11   主成分分析

主成分（或主分量）分析（principal component analysis，PCA）就是用很少几个"简单矩阵之和"近似一个一般矩阵。在此"简单"意指秩 1（rank one），行中所有元素都有同一倍数因子，列的情况也一样。设 $A$ 是任意 $m \times n$ 实矩阵，紧凑型 SVD

$$A = U\Sigma V^T$$

可以写为

$$A = E_1 + E_2 + \cdots + E_p,$$

其中 $p = \min(m, n)$。分量矩阵 $E_k$ 是秩 1 外积（outer products）：

$$E_k = \sigma_k u_k v_k^T.$$

$E_k$ 的每一列是 $U$ 阵第 $k$ 列 $u_k$ 的因子倍，每一行是 $V$ 阵第 $k$ 列转置 $v_k^T$ 的因子倍。这些分量矩阵在如下意义上彼此之间正交。

$$E_j E_k^T = 0, \ j \neq k.$$

每个分量矩阵的 2-范数是对应的奇异值

$$\|E_k\| = \sigma_k.$$

因此，每个分量矩阵 $E_k$ 对重建 $A$ 阵的贡献取决于奇异值 $\sigma_k$。

假如把第 $r < p$ 项后的部分截去，且记

$$A_r = E_1 + E_2 + \cdots + E_r,$$

那么，结果 $A_r$ 是原矩阵 $A$ 的秩 $r$ 近似阵。事实上，$A_r$ 是最接近 $A$ 的秩 $r$ 近似阵。可以证明，该近似的误差是

$$\|A - A_r\| = \sigma_{r+1}.$$

因为奇异值按降序排列，所以这种近似阵的精度随秩的增加而增加。

　　PCA 被用于广泛的领域，包括统计学、地球科学和考古学等。它的描述和记写形式多种多样。借助叉积矩阵（cross-product matrix）$A^T A$ 特征值、特征向量的表述恐怕最常用。由于

$$A^T A V = V \Sigma^2,$$

$V$ 阵的列就是 $A^T A$ 的特征向量。而受奇异值比例因子作用了的 $U$ 阵的列，可由下式获得

$$U\Sigma = AV.$$

数据阵 $A$ 通常都经过标准化处理（standardized），即每个元素减去列的平均值后再除以标准差。假如真被标准化过，那么叉积矩阵就是相关阵。

　　与此密切相关的一个技术是因子分析（factor analysis）。它对 $A$ 的元素给以附加的统计假设，并在计算特征值和特征向量之前对 $A^T A$ 对角元素进行修正。

　　以未经修改矩阵 $A$ 的 PCA 为简单示例，假设我们测量了六个物体的高度和重量并且得到如下数据：

```
A =
        47  15
        93  35
        53  15
        45  10
        67  27
        42  10
```

图 10.8 中的深蓝色直方柱表示这些数据。

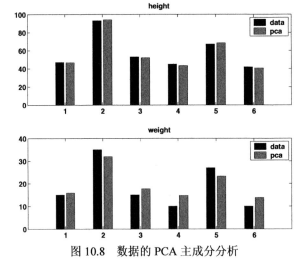

图 10.8　数据的 PCA 主成分分析

　　我们预计高度和重量是强相关的。我们认为，存在一个基本量——姑且称它为"规模（size）"——它既能预测高度又能预测重量。下列语句

```
[U, S, V] = svd(A, 0)
sigma = diag(S)
```

产生

```
U =
    0.3153     0.1056
    0.6349    -0.3656
    0.3516     0.3259
    0.2929     0.5722
    0.4611    -0.4562
    0.2748     0.4620

V =
    0.9468     0.3219
    0.3219    -0.9468

sigma =
   156.4358
     8.7658
```

注意：$\sigma_1$ 远大于 $\sigma_2$。

A 的秩 1 近似为

```
E1 = sigma(1)*U(:,1)*V(:,1)'
E1 =
    46.7021    15.8762
    94.0315    31.9657
    52.0806    17.7046
    43.3857    14.7488
    68.2871    23.2139
    40.6964    13.8346
```

换句话说，该单一的潜在主成分是

```
size = sigma(1)*U(:,1)
size =
   49.3269
   99.3163
   55.0076
   45.8240
   72.1250
   42.9837
```

因此，高度及重量都可用以下两式很好地近似：

```
height  ≈  size*V(1,1)
weight  ≈  size*V(2,1)
```

图 10.8 中的浅绿色直方柱就表达了这些近似。

一个更大些的示例涉及数字图像处理（digital image processing）。运行以下语句

```
load detail
subplot(2,2,1)
image(X)
colormap(gray(64))
axis image, asix off
r = rank(X)
title(['rank = ' int2str(r)])
```

rank = 359

rank = 1

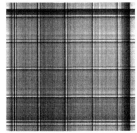

rank = 20

rank = 100

图 10.9　魔方的主分量近似图像

生成图 10.9 的第一幅子图。由 load 命令得到 $359 \times 371$ 的矩阵 X，它是数值上满秩的。它的元素在 $1 \sim 64$ 之间，用作灰色色图的灰度值。这幅图是 *Albrecht Dürer* 版画 "忧郁人" 的局部细节图，显示 $4 \times 4$ 的魔方。以下语句

```
[U,S,V] = svd(X,0);
sigma = diag(S);
semilogy(sigma,'.')
```

给出如图 10.10 所示的 X 阵奇异值的对数曲线图（logarithmic plot of the singular values）。我们可以看到奇异值快速下降。大于 $10^4$ 的奇异值只有一个，大于 $10^3$

的也只有三个。

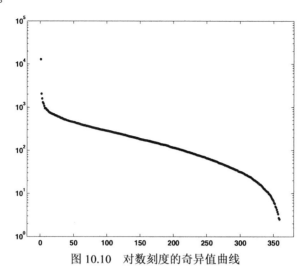

图 10.10 对数刻度的奇异值曲线

图 10.9 中另三副子图分别是 $r = 1$，$r = 20$ 和 $r = 100$ 时 X 的主分量近似图像。秩 1 近似显示了由单一外积 $E_1 = \sigma_1 u_1 v_1^T$ 生成的水平线和纵直线。这种棋盘状结构是对图像进行单一主分量近似所产生的典型结果。在 $r = 20$ 近似中，各个数字已可识别。而在 $r = 100$ 近似与满秩图像之间视觉差异已很难发现。

虽然与满秩图像相比，低秩矩阵近似（low-rank matrix approximations）确实所需计算机存储更少和传输时间更省，但是现在已经有了更有效的数据压缩技术。在图像处理中，PCA 的首要应用还是特征识别（feature recognition）。

## 10.12 成圆算法

下面的算法曾被应用于带图像显示仪的主机画圆。在那时，既没有 MATLAB 也没有浮点算法。程序是用机器语言写的，运算是用经比例因子定标的（scaled）整数进行的。圆的生成程序大致形式如下。

```
      x = 32768
      y = 0
L: load y
   shift right 5 bits
   add x
   store in x
   change sign
   shift right 5 bits
   add y
   store in y
   plot x y
```

```
     go to L
```

以上程序为什么能画圆呢？它画的真是圆吗？在这代码中，没有三角函数，没有平方根，也没有乘除法。它全靠移位和加法来执行。

　　该算法的关键是：在计算新 y 值时，使用新 x 值。对于那时的计算机来说，这很方便。原因是：这种算法只需要两个存储位，一个存 x，另一个存 y。不仅如此，正如我们将看到的那样，这正是该算法能非常接近于画出真圆的原因。

　　下面给出以上算法的 MATLAB 代码：

```
h = 1/32;
x = 1;
y = 0;
while 1
    x = x + h*y;
    y = y - h*x;
    plot(x,y,'.');
    drawnow
end
```

　　M-文件 circlegen 能让我们用不同的步长值 h 进行试验。该程序在背景上画了个真圆。图 10.11 显示了，对于精细选定的缺省值 h = 0.20906，所绘出的结果。它不是很圆。然而，用较小的 h 值，circlegen(h) 可以生成更好的圆。请你自己用不同的 h 值，试试 circlegen(h) 画的圆。

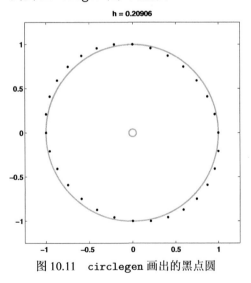

图 10.11　circlegen 画出的黑点圆

　　假如我们用 $(x_n, y_n)$ 表示生成的第 $n$ 点位置，那么迭代的过程就是

$$x_{n+1} = x_n + hy_n,$$
$$y_{n+1} = y_n - hx_{n+1}.$$

关键在于：第二个方程右端的 $x_{n+1}$。把第一个方程代入第二个之中，可有

$$x_{n+1} = x_n + hy_n,$$
$$y_{n+1} = -hx_n + (1 - h^2)y_n.$$

把它转换成矩阵-向量表示方式。用 $x_n$ 记述第 $n$ 点处的 2 维向量，用 $A$ 记述成圆（circle generator）矩阵

$$A = \begin{pmatrix} 1 & h \\ -h & 1-h^2 \end{pmatrix}.$$

采用这种记述符号，迭代可简单地写为

$$x_{n+1} = Ax_n.$$

由此式，可写出

$$x_n = A^n x_0.$$

于是，问题变成为：对于不同 $h$ 值，成圆矩阵幂的性状如何呢？

对于大多数矩阵 $A$ 来说，$A^n$ 的性状由它的特征值（eigenvalues）决定。MATLAB 语句

```
[X,Lambda] = eig(A)
```

可生成对角 (diagonal) 特征值矩阵 $\Lambda$ 及对应的特征值矩阵 $X$，使得

$$AX = X\Lambda.$$

若 $X^{-1}$ 存在，那么

$$A = X\Lambda X^{-1}$$

并且有

$$A^n = X\Lambda^n X^{-1}.$$

因此，$A^n$ 有界的条件是：特征向量矩阵非奇异，并且作为 $A$ 阵对角线元的特征值 $\lambda_k$ 都满足

$$|\lambda_k| \leqslant 1.$$

在此，有一个简单试验。运行以下单行代码

```
h = 2*rand, A = [1 h; -h 1-h^2], lambda = eig(A),abs(lambda)
```

然后反复执行以下操作：按键盘的上箭头键可调回这行代码，然后按回车键使其执行。你经试验后一定会相信如下结论：

对于 $0 < h < 2$ 区间内的任何 $h$，成圆矩阵 A 的特征值都是模为 1 的复数。

符号工具包能为证明该结论提供某些帮助。

```
syms h
A = [1 h; -h 1-h^2]
lambda = eig(A)
```

以上命令创建迭代矩阵的符号表述，并给出其特征值。

```
A =
[  1,      h]
[ -h, 1-h^2]


lambda =
 1 - h^2/2 - (h*(h^2 - 4)^(1/2))/2
 (h*(h^2 - 4)^(1/2))/2 - h^2/2 + 1
```

使用语句

```
abs(lambda)
```

不会起任何作用，其部分原因是：我们还没给符号变量 h 做任何假设。

注意：若 $|h| < 2$，那平方根中的量就是负值，于是特征值将为复数。矩阵行列式应是其特征值的积。这可验证如下。

```
d = det(A)
```

或

```
d = simple(prod(lambda))
```

都能给出

```
d =
1
```

结果表明：若 $|h| < 2$，特征值 $\lambda$ 就是复数而且它们的乘积为 1，所以一定有 $|\lambda| = 1$。

因为

$$\lambda = 1 - h^2/2 \pm h\sqrt{-1 + h^2/4},$$

该结果有那么点似是而非。但若我们把 $\theta$ 定义为

$$\cos\theta = 1 - h^2/2$$

或

$$\sin\theta = h\sqrt{1 - h^2/4},$$

那么就有

$$\lambda = \cos\theta \pm i\sin\theta.$$

借助以下代码，符号工具包可以确认以上分析。

```
assume(h,'real')              %把符号变量h限定为实数
assumeAlso(h>0 & h<2)         %再进一步把h限定在(0,2)开区间内
theta = acos(1-h^2/2);
Lambda = [cos(theta)-i*sin(theta); cos(theta)+i*sin(theta)]
diff = simple(lambda-Lambda)
```

就产生如下一对共轭复数特征值，并验证了之前两种表达形式的一致性。

```
Lambda =
  1 - h^2/2 - (1 - (h^2/2 - 1)^2)^(1/2)*i
  (1 - (h^2/2 - 1)^2)^(1/2)*i - h^2/2 + 1


diff =
  0
  0
```

在此，顺便指出：对于符号变量的限制性假设，可使符号计算更加细腻，结果表达更明晰。但也要提醒读者注意，关于符号变量施加的限制性假设，应在完成计算工作后，及时加以清除。否则，在此后包含那同名变量的其他符号运算中，上述限制性假设将继续起作用，从而有可能导致意外的错误结果。关于限定性假设及其影响的更多描述，可参阅附录 A7.4 到 A7.6 节。

总之，以上符号计算结果证明了：$|h| < 2$ 时，成圆矩阵的特征值为

$$\lambda = e^{\pm i\theta}.$$

这两个特征值各异，因此 $X$ 阵必定非奇异，进而有

$$A^n = X \begin{pmatrix} e^{in\theta} & 0 \\ 0 & e^{-in\theta} \end{pmatrix} X^{-1}.$$

若步长 $h$ 取值恰使 $\theta$ 为 $2\pi/p$，在此 $p$ 是整数，那么该算法只生成 $p$ 个离散点，此后就重复这些点。

我们的成圆代码如何才能接近产生真圆呢？事实上，成圆代码生成的是椭圆。随着步长 $h$ 的减小，椭圆就愈来愈接近真圆。椭圆的纵横比（aspect ratio）是它的主、次轴之比。可以证明：由成圆代码所生成椭圆的纵横比，等于特征向量矩阵 $X$ 的条件数（condition number）。而这矩阵条件数可以借助 MATLAB 函数 cond(X) 计算，更详细的讨论见第 2 章线性方程。

如下 $2 \times 2$ 常微分方程组

$$\dot{x} = Qx,$$

其中

$$Q = \begin{pmatrix} 0 & 1 \\ -1 & 0 \end{pmatrix},$$

的解为一个圆

$$x(t) = \begin{pmatrix} \cos t & \sin t \\ -\sin t & \cos t \end{pmatrix} x(0).$$

所以迭代矩阵

$$\begin{pmatrix} \cos h & \sin h \\ -\sin h & \cos h \end{pmatrix}$$

可以生成真圆。$\cos h$ 和 $\sin h$ 的泰勒级数表明：我们成圆算法的迭代矩阵

$$A = \begin{pmatrix} 1 & h \\ -h & 1-h^2 \end{pmatrix},$$

会随 $h$ 减小而逼近真圆。

## 10.13    更多阅读

矩阵计算参考文献 [2, 18, 26, 59, 60, 61] 讨论了特征值问题。此外，Wilkinson 的经典著作 [69] 仍然很有意义、值得阅读。作为 eigs 稀疏矩阵特征值函数基础 的 ARPACK 软件包的讨论见文献 [38]。

## 习    题

10.1.    仔细观察下面左列的各矩阵和右列的各种矩阵属性。为每个矩阵选择最具 描述性的属性。每种属性可能与一个或多个矩阵相匹配。

| | |
|---|---|
| magic(4) | 对称 (Symmetric) |
| hess(magic(4)) | 退化 (Defective) |
| schur(magic(5)) | 正交 (Orthogonal) |
| pascal(6) | 奇异 (Singular) |
| hess(pascal(6)) | 三对角 (Tridiagonal) |
| schur(pascal(6)) | 对角 (Diagonal) |
| orth(gallery(3)) | 海森伯格型 (Hessenberg form) |
| gallery(5) | 舒尔型 (Schur form) |
| gallery('frank', 12) | 约当型 (Jordan form) |
| [1 1 0; 0 2 1; 0 0 3] | |
| [2 1 0; 0 2 1; 0 0 2] | |

10.2.    (a)  矩阵 magic(n) 的最大特征值是多少？为什么？

(b)  矩阵 magic(n) 的最大奇异值是多少？为什么？

10.3.    作为 $n$ 的函数，求 $n \times n$ 傅里叶矩阵 fft(eye(n)) 的特征值。

10.4.    运行下面的代码

```
n = 101;
d = ones(n-1,1);
A = diag(d,1) + diag(d,-1);
e = eig(A)
plot(-(n-1)/2:(n-1)/2,e,'.')
```

你能辨认出所画的曲线吗？你能猜出该矩阵的特征值公式吗？

10.5. 在复平面上画出矩阵 $A$ 的特征值轨迹（trajectories of eigenvalues）。$A$ 阵元素按下式取值

$$a_{i,j} = \frac{1}{i - j + t}$$

而 $t$ 在 $(0,1)$ 之间变化。你画的轨迹看起来应与图 10.12 相像。

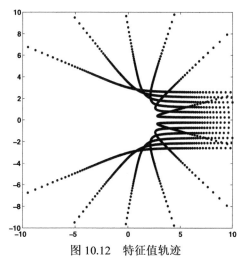

图 10.12　特征值轨迹

10.6. (a) 理论上，由下列命令所得向量的元素值应是无穷大，为什么？

```
condeig(gallery(5))
```

(b) 实际中，所算得的值只有 $10^{10}$ 左右，为什么？

10.7. 本练习使用符号工具包研究一个经典特征值测试矩阵（eigenvalue test matrix）——Rosser 矩阵。

(a) 你可用以下代码精准计算 Rosser 矩阵的特征值并使之按升序排列。

```
R = sym(rosser)
e = eig(R)
[ignore, k] = sort(double(e))
e = e(k)
```

为什么不能使用 e = sort(eig(R)) 达到排序目的？

(b) 你可用以下代码来计算并显示 R 的特征多项式。

```
p = charpoly(R,'x')
f = factor(p)
pretty(f)
```

f 中的哪项对应 e 中哪个特征值？

(c) 以下代码中的每条语句各做了什么？

```
e = eig(sym(rosser))
r = eig(rosser)
double(e) - r
double(e - r)
```

(d) 为什么 (c) 的结果在 $10^{-12}$ 数量级，而不是 eps？

(e) 把 R(1,1) 元素由 611 改为 612，再计算修改后矩阵的特征值。为什么结果的形式不同了？

10.8. 下面两个矩阵

```
P = gallery('pascal',12)
F = gallery('frank',12)
```

有相同的性质：如 $\lambda$ 是特征值，那么 $1/\lambda$ 也一定是。计算结果在多大程度上保留了该性质？用 condeig 来解释这两个矩阵的不同表现。

10.9. 比较矩阵奇异值的下列三种计算方法。

```
svd(A)
sqrt(eig(A'*A))
Z = zeros(size(A)); s = eig([Z A; A' Z]); s = s(s>0)
```

10.10. 利用 eigsvdgui 对随机对称和非对称矩阵 randn(n) 进行试验。根据你计算机的速度选择适当的 n 值，并研究在 eig、symm、svd 三种不同类型下的试验结果。eigsvdgui 的图名（位置）显示所需的迭代次数。粗略地说出，三种不同类型的迭代次数与矩阵阶数有何关系？

10.11. 请选择一个 n 值，利用以下命令生成一个矩阵

```
A = diag(ones(n-1,1),-1) + diag(1,n-1);
```

请解释以下每条命令运行时你所观察到的不同寻常的表现。

```
eigsvdgui(A,'eig')
eigsvdgui(A,'symm')
eigsvdgui(A,'svd')
```

10.12. NCM 文件 imagesvd.m 可以帮助你研究 PCA 在数字图像处理中的应用。若你有自己的照片，那就用你自己的照片。假设你能访问 MATLAB 的图像处理工具包，你就可以用一些较高级的处理功能。然而，即使不用图像处理工具包，仍可以进行基本的图像处理。

对于 JPEG 格式的 $m \times n$ 彩色图像，语句

```
X = imread('myphoto.jpg');
```

生成一个 $m \times n \times 3$ 的三维数组 X，也就是用三个 $m \times n$ 整数型子数组分别表示红、绿和蓝色的饱和度（intensity）。对表示不同颜色的三个 $m \times n$ 矩阵分别进行 SVD 是一种处理方法。另一种工作量较少的方法，需要先采用如下命令对 X 进行维数变换。

```
X = reshape(X,m,3*n)
```

然后再计算一个 $m \times 3n$ 矩阵的 SVD。

(a) imagesvd 中的主要计算是

```
[V,S,U] = svd(X',0)
```

若与以下命令比较，结果如何呢？

```
[V,S,U] = svd(X,0)
```

(b) 近似秩数的选择对图像可视质量的影响如何？这没有准确答案。你的结果将取决于你所选择的图像以及你作出的判断。

10.13. 本练习研究由德国波鸿鲁尔大学生物运动实验室 Nikolaus Troje 导出的人类步态模型（model of the human gait）。他们的网页上提供了一个互动演示 [7]。论述该研究的两篇论文也可以在网页 [63, 64] 上找到。Troje 的数据是从穿反光标记的主体在跑步机上行走时捕获的。他的模型是一个带向量值系数的五项傅里叶级数，这些系数由试验数据的主分量分析求得。被称作体态（postures）或特征体态（egienpostures）的那些分量，对应于静态位置、前向运动、侧向摇摆以及两种弹跳运动。弹跳运动的区别在于人体上、下身部分间的关系不同。这个模型纯粹是描述性的，它没有使用任何物理运动定律。

人体运动位置 $v(t)$ 由三维空间 15 个节点的 45 个时间函数描述。图 10.13 是一幅静态截图。其模型如下：

$$v(t) = v_1 + v_2 \sin \omega t + v_3 \cos \omega t + v_4 \sin 2\omega t + v_5 \cos 2\omega t.$$

假如把体态 $v_1, v_2, \ldots, v_5$ 看作 $45 \times 45$ 矩阵 $V$ 的列向量，那么对于任何 $t$ 时间的 $v(t)$ 的计算就涉及矩阵-向量乘运算。所得的结果向量可以被重组成 $15 \times 3$ 的数组，以清晰地给出节点空间坐标。例如 $t = 0$ 时，时变系数形成向量 w = [1 0 1 0 1]'。于是，reshape(V*w,15,3) 就生成初始位置的坐标。个体的五种体态是组合应用主分量和傅里叶分析得到的。个体特征频率 $\omega$ 是一个独立的速度参数。假若对具有特定特征的受试人群的体态取平均值，那么所得的结果就是具有那特征的典型步行人的模型。这些在网页演示中提供的特征包括：男性/女性，体重/体轻，紧张/放松，以及高兴/沮丧等。我们所提供的 M 文件 walker.m 的编写基础是：典型女

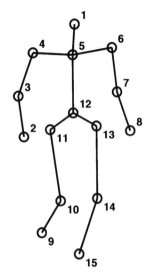

图 10.13   休息状态的行走者

性步行人体态 $f_1, f_2, \ldots, f_5$；典型男性步行人体态 $m_1, m_2, \ldots, m_5$。滑动
条 $s_1$ 用于改变时间增量，并进而改变行走速度。$s_2, \ldots, s_5$ 滑动条用于改
变每分量对整个人体运动的贡献。滑动条 $s_6$ 用于改变女性、男性步行人
的线性组合。若某滑动条设置大于 1.0，就表示其相应特征得到过分强调。
下面是包括滑动条系数的完整模型：

$$f(t) = f_1 + s_2 f_2 \sin \omega t + s_3 f_3 \cos \omega t + s_4 f_4 \sin 2\omega t + s_5 f_5 \cos 2\omega t,$$

$$m(t) = m_1 + s_2 m_2 \sin \omega t + s_3 m_3 \cos \omega t + s_4 m_4 \sin 2\omega t + s_5 m_5 \cos 2\omega t,$$

$$v(t) = (f(t) + m(t))/2 + s_6(f(t) - m(t))/2.$$

(a)   请描述女性步行人步态和男性步行人步态的区别。

(b)   文件 walkers.mat 包含 4 个数据集。F 和 M 是通过分析所有个体而得
      到的典型女性体态和典型男性体态。A 和 B 是两个独立个体的体态，
      问：A 和 B 是男性还是女性呢？

(c)   请对 walker.m 进行修改，使之添加一个挥手动作作为附加的、人为
      设计出来的体态。

(d)   下面这段程序执行什么？

```
load walkers
F = reshape(F, 15, 3, 5);
M = reshape(M, 15, 3, 5);
for k = 1:5
   for j = 1:3
      subplot(5,3,j+3*(k-1))
```

```
        plot([F(:,j,k) M(:,j,k)])
        ax = axis;
        axis([1 15 ax(3:4)])
    end
end
```

(e) 请对 walker.m 进行修改，使之采用由幅值和相位参数化的模型。此时，女性步行人的模型为

$$f(t) = f_1 + s_2 a_1 \sin(\omega t + s_3 \phi_1) + s_4 a_2 \sin(2\omega t + s_5 \phi_2).$$

请将与此类似的表达式应用于男性步行人。两类步行人的线性组合仍由滑动条 $s_6$ 实施。幅值和相位的定义如下：

$$a_1 = \sqrt{f_2^2 + f_3^2},$$
$$a_2 = \sqrt{f_4^2 + f_5^2},$$
$$\phi_1 = \tan^{-1}(f_3/f_2),$$
$$\phi_2 = \tan^{-1}(f_5/f_4).$$

10.14. 在英语和其他许多语言中，元音通常后接辅音，然后再接元音。这个事实也可通过对文书样本的有向图频率矩阵（digraph frequency matrix）的主分量分析加以揭示。英语文本使用 26 个字母，所以通过计算字母的成对数，其有向图频率矩阵应是 $26 \times 26$ 的矩阵 $A$。文本中的空格和其他标点已被删除，而且整个文书样本被认为是循环或周期的，因此第一个字母跟在最后一个字母之后。矩阵元素 $a_{i,j}$ 表示文本中第 $j$ 个字母紧跟在第 $i$ 个字母后面的次数。$A$ 的行和、列和相同；它们记录了每个字母在样本中出现的次数。所以，第 5 行及第 5 列通常都有最大和，这是因为第 5 个字母是"E"，它通常使用最频繁。

$A$ 阵主分量分析产生的第一个分量

$$A \approx \sigma_1 u_1 v_1^T,$$

反映了各字符的使用频度。右、左第一奇异向量 $u_1$、$v_1$ 的所有元素符号相同，且它们大体上与使用频度成比例。我们主要的兴趣在第二主分量上。

$$A \approx \sigma_1 u_1 v_1^T + \sigma_2 u_2 v_2^T.$$

这第二项在元音-辅音和辅音-元音位置有正值，在元音-元音和辅音-辅音位置有负值。NCM 汇集中的 digraph.m 函数实施这个分析。图 10.14 给出了使用以下命令分析林肯葛底斯堡演讲的分析结果。

```
digraph('gettysburg.txt')
```

字母表中第 $i$ 个字母被画在 $(u_{i,2}, v_{i,2})$ 坐标位置。每个字母到零点的距离大体上与其出现频度成正比，并且由于正负号分类，元音画在某个象限，而辅音被画在其相反的象限。更具体地说，字母"N"通常在元音之后，而其后又跟一个"D"或"G"之类的辅音，所以会呈现出：字母"N"几乎独占一个象限。还有，字母"H"的前面经常是辅音"T"，而后面又跟元音"E"，所以字母"H"也有自己独占的象限。

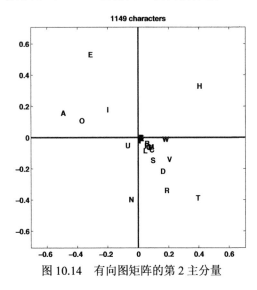

图 10.14　有向图矩阵的第 2 主分量

(a) 请你解释 digraph 如何使用 sparse 计算"字母对"数目，并且创建矩阵。运行 help sparse 命令应该会对你有所帮助。

(b) 请你尝试应用 digraph 分析其他文本。大约需要多少字母才能看出元 - 辅音的使用频度的形态？

(c) 你能找到不显示这种典型形态的至少几百个字符的文本吗？

(d) 请你用 digrpah 对 M-文件或其他源代码进行分析尝试。计算机程序也有像散文一样的元-辅音形态吗？

(e) 请你用 digraph 对其他语言样本进行分析尝试。夏威夷语和法语会特别有趣。你也许需要对 digraph 进行修改，以适应多于或少于 26 个字母的情况。其他的语言也表现出像英语那样的元-辅音形态吗？

10.15. 请解释 circlegen 使用下面所列 $h$ 步长的不同取值后，circlegen 画出的轨迹形态。假如对于这些特殊取值造成轨迹形态特殊的话，那么请回答：形态特殊在哪里？轨迹是离散点集吗？轨迹始终有界吗，是线性增长还是指数增长呢？若有必要的话，可在 circlegen 文件中增大坐标轴范围，以便显示出整条轨迹。回忆一下，$\phi = (1+\sqrt{5})/2$ 是黄金分割比：

$$h = \sqrt{2 - 2\cos(2\pi/30)} \quad \text{（默认）},$$
$$h = 1/\phi,$$
$$h = \phi,$$
$$h = 1.4140,$$
$$h = \sqrt{2},$$
$$h = 1.4144,$$
$$h < 2,$$
$$h = 2,$$
$$h > 2.$$

(a) 请对 circlegen 进行修改，使得新生点的坐标都由旧点决定，即

$$x_{n+1} = x_n + hy_n,$$
$$y_{n+1} = y_n - hx_n.$$

（这是求解圆常微分方程的显式欧拉方法）这"圆"会是什么样？迭代矩阵是什么？它的特征值是什么？

(b) 请对 circlegen 进行修改，使得新生点由如下 $2 \times 2$ 联立方程组确定。

$$x_{n+1} - hy_{n+1} = x_n,$$
$$y_{n+1} + hx_{n+1} = y_n.$$

（这是求解圆常微分方程的隐式欧拉方法）这"圆"会是什么样？迭代矩阵是什么？它的特征值是什么？

10.16. 请对 circlegen 进行修改，使它能跟踪迭代过程中的最大和最小半径，并将两半径的比值作为该函数输出。在不同的 $h$ 取值下，将半径比和特征值向量条件数 cond(X) 加以比较。

# 第 11 章　偏微分方程

工程计算中有各种各样的偏微分方程。本书不可能个个涉及。我们把本章内容限制于一维或二维空间中二阶偏微分方程的三个模型问题。

## 11.1　模型问题

本章讨论的问题都将用到拉普拉斯算子（Laplacian operator）。该算子在一维空间中的形式为

$$\triangle = \frac{\partial^2}{\partial x^2}$$

而在二维空间中，其形式为

$$\triangle = \frac{\partial^2}{\partial x^2} + \frac{\partial^2}{\partial y^2}$$

符号 $\vec{x}$，既表示一维空间中的单变量 $x$，又表示二维空间中的变量对 $(x, y)$。

第一个模型问题是泊松方程（Poisson equation）。这个椭圆方程（elliptic equation）不涉及时间变量，因此它用于描述单模型变量的稳态、静止行为。这个问题没有初始条件。

$$\triangle u = f(\vec{x}).$$

第二个模型问题是热方程（heat equation）。该抛物方程（parabolic equation）出现在涉及扩散和衰变的模型（models involving diffusion and decay）中。具体方程和初始条件如下：

$$\frac{\partial u}{\partial t} = \triangle u - f(\vec{x}).$$
$$u(\vec{x}, 0) = u_0(\vec{x}).$$

第三个模型问题是波动方程（wave equation）。该双曲方程（hyperbolic equation）描述扰动通过物质如何传播。若单位选择得使波的传播速度等于 1，那么波幅度满足

$$\frac{\partial^2 u}{\partial t^2} = \triangle u.$$

典型的初始条件是：指定波的初始幅度，并取初始速度为 0。

$$u(\vec{x}, 0) = u_0(\vec{x}), \frac{\partial u}{\partial t}(\vec{x}, 0) = 0.$$

在一维空间中，所有问题都发生在 $x$ 轴的一个有限区间（finite interval）内。在二维及更高维空间中，几何形状起着至关重要的作用。在二维情况下，所有问

题都发生在 $(x, y)$ 平面的有界域（bounded region）$\Omega$ 中。在无论哪种问题中，$f(\vec{x})$ 和 $u_0(\vec{x})$ 都是 $\vec{x}$ 的给定函数。所有问题都涉及边界条件（boundary conditions），即在 $\Omega$ 边界上指定 $u$ 值或 $u$ 的某些偏导数值。除非另有专门说明，我们将总取 $u$ 的边界值为 0。

## 11.2　有限差分法

用于近似解算这些问题的基本有限差分方法（finite difference methods）采用间距为 $h$ 的均匀网格（uniform mesh）。在一维情况下，对于 $a \leqslant x \leqslant b$ 区间，间距 $h = (b - a)/(m + 1)$，因而网格点为

$$x_i = a + ih, \, i = 0, \ldots, m + 1.$$

对 $x$ 的二阶导数（second derivative）用三点中心二阶差分（3-point centered second difference）近似：

$$\triangle_h u(x) = \frac{u(x + h) - 2u(x) + u(x - h)}{h^2}.$$

在二维情况下，网格是位于区域 $\Omega$ 中的如下点集。

$$(x_i, y_j) = (ih, jh)$$

用中心二阶差分近似偏导数得到五点离散拉普拉斯算子（5-point discrete Laplacian）：

$$\begin{aligned}
\triangle_h u(x, y) = {} & \frac{u(x + h, y) - 2u(x, y) + u(x - h, y)}{h^2} \\
& + \frac{u(x, y + h) - 2u(x, y) + u(x, y - h)}{h^2}.
\end{aligned}$$

另一种记述方法采用 $P = (x, y)$ 表示某个网点，而用 $N = (x, y + h)$、$E = (x + h, y)$、$S = (x, y - h)$、$W = (x - h, y)$ 分别表示该网点东西南北方向上的四个邻点。于是离散拉普拉斯算子记述为

$$\triangle_h u(P) = \frac{u(N) + u(W) + u(E) + u(S) - 4u(P)}{h^2}.$$

有限差分泊松问题（finite difference Poisson problem）就是：寻找 $u$ 值，使下式在网格上每点 $\vec{x}$ 处都成立的。

$$\triangle_h u(\vec{x}) = f(\vec{x})$$

若外源 $f(\vec{x})$ 项为 0，那么该泊松方程就称为拉普拉斯方程（Laplace's equation）：

$$\triangle_h u(x) = 0.$$

在一维情况下，拉普拉斯方程只有平凡解。网点 $x$ 处的 $u$ 值是它左、右邻点处 $u$ 值的平均值，因此 $u(x)$ 就一定是 $x$ 的线性函数。考虑边界条件意味着，$u(x)$ 是连接两边界值的线性函数。假若边界值为 0，则 $u(x)$ 恒等于 0。在超过一维的情况下，拉普拉斯方程的解被称为调和函数（harmonic functions），而不是 $\vec{x}$ 的简单线性函数。

有限差分热方程和波动方程，还要利用 $t$ 方向的一阶和二阶差分。用 $\delta$ 记述时间步长，则对于热方程，我们采用与常微分方程欧拉法相应的如下差分格式。

$$\frac{u(\vec{x}, t + \delta) - u(\vec{x}, t)}{\delta} = \triangle_h u(\vec{x}).$$

从初始条件 $u(\vec{x}, 0) = u_0(\vec{x})$ 出发，对于区域内任一网点 $\vec{x}$，我们利用下列算式可以从任何 $t$ 步进到 $t + \delta$。

$$u(\vec{x}, t + \delta) = u(\vec{x}, t) + \delta \triangle_h u(\vec{x}, t)$$

边界条件提供边界上或域外的解值。这种方法是显式算法，原因是新 $u$ 值能直接由前一时间步的 $u$ 值算得。更复杂的方法是隐式算法，原因是每一步都要解算方程组。

对于波动方程，我们可以利用 $t$ 的如下中心二阶差分。

$$\frac{u(\vec{x}, t + \delta) - 2u(\vec{x}, t) + u(\vec{x}, t - \delta)}{\delta^2} = \triangle_h u(\vec{x}, t).$$

这需要"两层（layers）"解值，$t - \delta$ 时刻的一层，和 $t$ 时刻的一层。在我们讨论的简单模型问题中，初始条件

$$\frac{\partial u}{\partial t}(\vec{x}, 0) = 0$$

允许我们以 $u(\vec{x}, 0) = u_0(\vec{x})$ 和 $u(\vec{x}, \delta) = u_0(\vec{x})$ 开始。我们可以用下式对域内的所有网点 $\vec{x}$ 计算后续的各层。

$$u(\vec{x}, t + \delta) = 2u(\vec{x}, t) - u(\vec{x}, t - \delta) + \delta^2 \triangle_h u(\vec{x}, t)$$

边界条件提供了边界上或域外的解值。波动方程的求解方法，与热方程的求解模式类似，也是显式的。

## 11.3　离散拉普拉斯算子矩阵

假如一维的网格函数用向量来表示，那么一维差分算符 $\triangle_h$ 就变成三对角矩阵：

$$\frac{1}{h^2}\begin{pmatrix} -2 & 1 & & & & \\ 1 & -2 & 1 & & & \\ & 1 & -2 & 1 & & \\ & & \ddots & \ddots & \ddots & \\ & & & 1 & -2 & 1 \\ & & & & 1 & -2 \end{pmatrix}.$$

这个矩阵是对称的，也是负定的（negative definite）。最为重要的是：即使内网点成千上万，该矩阵的每行、每列最多也只有三个非零元。这种矩阵是稀疏矩阵（sparse matrix）的本源性实例。当采用稀疏矩阵计算时，重要的是采用只存储非零元位置和数值的数据结构。

若把 $u$ 表示成向量，把 $h^2\triangle_h$ 表示成矩阵 $A$，那么泊松问题可表示为

$$Au = b,$$

式中，$b$ 是与 $u$ 同规模的向量，它包含了 $h^2 f(x)$ 在内网点上的值。$b$ 的第一和最后一个元素还包含着任何非零边界值。

Matlab 中的反斜杠矩阵左除算符能充分利用矩阵 $A$ 为稀疏的有利条件。于是，离散泊松问题的解可借助反斜杆左除算符求得。具体如下：

```
u = A\b
```

二维网格情况要复杂得多。设我们对 $\Omega$ 内网格点的编号自上而下、自左至右进行。例如，一个 L 形域（L-shaped region）的编号为

```
L =
    0    0    0    0    0    0    0    0    0    0    0
    0    1    5    9   13   17   21   30   39   48    0
    0    2    6   10   14   18   22   31   40   49    0
    0    3    7   11   15   19   23   32   41   50    0
    0    4    8   12   16   20   24   33   42   51    0
    0    0    0    0    0    0   25   34   43   52    0
    0    0    0    0    0    0   26   35   44   53    0
    0    0    0    0    0    0   27   36   45   54    0
    0    0    0    0    0    0   28   37   46   55    0
    0    0    0    0    0    0   29   38   47   56    0
    0    0    0    0    0    0    0    0    0    0    0
```

零元素代表边界上或域外的点。借助这种编号，定义在域内点上的任意函数值都可以被重组成一根长列向量。在本例中，该向量长度为 56。

假如二维网格函数（mesh function）表示成向量，那么有限差分拉普拉斯算子就成为一个矩阵。例如，在第 43 号点上，

$$h^2 \triangle_h u(43) = u(34) + u(42) + u(44) + u(52) - 4u(43).$$

若 $A$ 是对应的矩阵，那么它的第 43 行就有 5 个非零元：

$$a_{43,34} = a_{43,42} = a_{43,44} = a_{43,52} = 1, \text{ and } a_{43,43} = -4.$$

靠近边界的网点只有两、三个内邻点，因此 $A$ 中相应行也就只有三、四个非零元。

完整矩阵 $A$ 的对角线的元素全为 $-4$，大多数行有 4 个 1 在非对角元位置，还有些行只有 2、3 个 1 在非对角位置，其余元素均为 0。对上述示例的 L 域来说，$A$ 为 $56 \times 56$ 矩阵。

下面的 $16 \times 16$ 矩阵 $A$ 是在 L 形域只有 16 个内点的假设下写出的。

```
A =
  -4  1  1  0  0  0  0  0  0  0  0  0  0  0  0  0
   1 -4  0  1  0  0  0  0  0  0  0  0  0  0  0  0
   1  0 -4  1  1  0  0  0  0  0  0  0  0  0  0  0
   0  1  1 -4  0  1  0  0  0  0  0  0  0  0  0  0
   0  0  1  0 -4  1  1  0  0  0  0  0  0  0  0  0
   0  0  0  1  1 -4  0  1  0  0  0  0  0  0  0  0
   0  0  0  0  1  0 -4  1  0  0  0  1  0  0  0  0
   0  0  0  0  0  1  1 -4  1  0  0  0  1  0  0  0
   0  0  0  0  0  0  1 -4  1  0  0  0  1  0  0  0
   0  0  0  0  0  0  0  1 -4  1  0  0  0  1  0  0
   0  0  0  0  0  0  0  0  1 -4  0  0  0  0  1  0
   0  0  0  0  0  0  0  0  1 -4  0  0  0  0  0  1
   0  0  0  0  0  0  1  0  0  0 -4  1  0  0  0  0
   0  0  0  0  0  0  0  1  0  0  0  1 -4  1  0  0
   0  0  0  0  0  0  0  0  1  0  0  0  1 -4  1  0
   0  0  0  0  0  0  0  0  0  1  0  0  0  1 -4  1
   0  0  0  0  0  0  0  0  0  0  1  0  0  0  1 -4
```

该矩阵对称、负定、稀疏。每行、每列最多只有 5 个非零元（参看第 8 行）。

MATLAB 的两个函数 del2、delsq 与离散拉普拉斯算子有关。假若 u 是表示函数 $u(x, y)$ 的二维数组，那么函数命令 del2(u) 就在内点上计算含 $h^2/4$ 因子的 $\triangle_h u$，而在邻近边界点上则用单边公式计算。例如，对于函数 $u(x, y) = x^2 + y^2$ 有 $\triangle u = 4$。以下代码

```
h = 1/20;
```

```
[x,y] = meshgrid(-1:h:1);
u = x.^2 + y.^2;
d = (4/h^2) * del2(u);
```

就生成规模与 x 或 y 相同，而其元素均为 4 的数组 d。

　　假设 G 是二维网格编号数组（array specifying the numbering of a mesh），那么 A = -delsq(G) 就是该网格上的 $h^2 \Delta h$ 算子的矩阵表示。几种特定域的网格编号可由函数 numgrid 产生。例如，

```
m = 5
L = numgrid('L',2*m+1)
```

就生成前面已显示过的含 56 个内点的 L 形网格编号数组。而

```
m = 3
A = full(-delsq(numgrid('L', 2*m+1)))
```

则能生成如前所示的 $16 \times 16$ 矩阵 A。

　　函数 inregion 也能生成网格编号（mesh numbering）。例如，若 L 形域的顶点坐标为

```
xv = [0  0  1  1 -1 -1  0];
yv = [0 -1 -1  1  1  0  0];
```

那么下列语句

```
[x,y] = meshgrid(-1:h:1);
```

就生成宽度为 h 的方格。而

```
[in,on] = inregion(x,y,xv,yv);
```

可生成元素取值为 0 和 1 的两个数组，分别标记含区域内网点，以及严格位于边界上的网点。以下代码

```
p = find(in-on);
n = length(p);
L = zeros(size(x));
L(p) = 1:n;
```

对 $n$ 个内点自上而下、自左至右进行编号。进而，由语句

```
A = -delsq(L);
```

生成离散拉普拉斯算子在此网格上的 $n \times n$ 稀疏矩阵表示。

　　用 $u$ 示 $n$ 元向量，则泊松问题可表示为

$$Au = b,$$

式中，$b$ 是规模与 $u$ 相同的、包含内网点 $h^2 f(x,y)$ 值的向量。对应邻边界点或域外点的 $b$ 元素也可包含任何非零边界值。

　　与一维情况相同，离散泊松问题的解也是利用如下左除算符计算的：

```
u = A\b
```

## 11.4 数值稳定性

时变的热方程和波动方程会生成向量序列 $u^{(k)}$，其中 $k$ 代表第 $k$ 时步。对于热方程而言，递推关系为

$$u^{(k+1)} = u^{(k)} + \sigma A u^{(k)},$$

式中

$$\sigma = \frac{\delta}{h^2}.$$

递推式也可写成

$$u^{(k+1)} = M u^{(k)},$$

其中

$$M = I + \sigma A.$$

在一维情况下，迭代矩阵 $M$ 对角元为 $1 - 2\sigma$，并且每一行的非对角元素中有 1、2 个取 $\sigma$ 值。在二维情况下，$M$ 对角元为 $1 - 4\sigma$，并且每一行的非对角元素中有 $2 \sim 4$ 个取 $\sigma$ 值。$M$ 阵中大多数行元素和等于 1，少量的行元素和小于 1。$u^{(k+1)}$ 的每个元素都是 $u^{(k)}$ 元素在权系数下的线性组合，而所有权系数之和等于或小于 1。在此有一点极为关键：若 $M$ 元素都非负，则递推是稳定的。事实上，它就是耗散的。$u^{(k)}$ 中的任何误差或噪声在 $u^{(k+1)}$ 都不会被放大。但若 $M$ 的对角元为负数，则递推关系可能是不稳定的。在此情况下，包括初始条件中的舍入误差和噪声在内的所有误差和噪声，在每一时步中都能被放大。对 $1 - 2\sigma$ 或 $1 - 4\sigma$ 为正数的要求，就可导出热方程显式解法的稳定性条件（stability condition）。在一维情况下，稳定性条件为

$$\sigma \leqslant \frac{1}{2}.$$

而在二维情况下为

$$\sigma \leqslant \frac{1}{4}.$$

假若该条件满足，那么迭代矩阵的对角元为正，且该算法稳定。

因为波动方程与 $u^{(k+1)}$、$u^{(k)}$、$u^{(k-1)}$ 三层变量都有关，所以波动方程的分析要复杂些。波动方程的递推关系为

$$u^{(k+1)} = 2u^{(k)} - u^{(k-1)} + \sigma A u^{(k)},$$

其中

$$\sigma = \frac{\delta^2}{h^2}.$$

迭代矩阵的对角元为 $2 - 2\sigma$ 或 $2 - 4\sigma$。在一维情况下，稳定性条件为

$$\sigma \leqslant 1.$$

而在二维情况的稳定性条件是

$$\sigma \leqslant \frac{1}{2}.$$

这些稳定性条件被称为 CFL 条件（CFL condition）。该条件的称呼是据 Courant、Friedrichs 和 Lewy 命名的。这三位学者撰写于 1928 年的论文利用有限差分方法证明了，数理偏微分方程解的存在性。稳定性条件是对时间步长 $\delta$ 大小的限制。任何通过增大时步而加快计算速度的企图都可能招致大错。对于热方程而言，稳定性条件尤为苛刻——时间步长必须小于网格间距的平方。较完善的算法，往往每步都要解一个带隐性的方程，从而使其稳定性条件限制较少，甚或完全没有。

M-文件 pdegui 举例说明了本章所讨论的概念。该程序提供了几种不同域、几种不同模型偏微分方程的选择。对于泊松方程来说，pdegui 采用左除算符在指定域内求解如下方程。

$$\triangle_h u = 1$$

对于热方程和波动方程而言，稳定性参数 $\sigma$ 是不同的。如若 $\sigma$ 超出热方程的临界值 0.25，或波动方程的临界值 0.50，哪怕只是很小一点，不稳定性就会很快地变得很显著。

你可以在 Matlab 的偏微分方程工具包中找到更强有力的 M 函数。

## 11.5　L 形薄膜波动

把波动方程中的周期性时间性状分离出来，就可导出如下形式的解：

$$u(\vec{x}, t) = \cos\left(\sqrt{\lambda}\, t\right) v(\vec{x}).$$

式中，函数 $v(\vec{x})$ 依赖于 $\lambda$。它们满足

$$\triangle v + \lambda v = 0$$

并且在边界上为 0。引出非零解的 $\lambda$ 称为特征值（eigenvalue），而与之对应的函数 $v(\vec{x})$ 就是特征函数（eigenfunction）或模态（mode）。它们由每个特定场合的物理性质及几何形状决定。特征值的平方根就是谐振频率。某一谐振频率的周期性外驱动力会在介质中引发无限强度的响应。

波动方程的任何解都可以表达为特征函数的线性组合。而组合系数可从其初始条件算得。

在一维情况下，特征值和特征函数较容易确定。最简单的例子是，固定在 $\pi$ 长度区间两端的提琴弦（violin string）。其特征函数为

$$v_k(x) = \sin(kx).$$

特征值由边界条件 $v_k(\pi) = 0$ 决定。因此，$k$ 必须为整数，且

$$\lambda_k = k^2.$$

若将初始条件 $u_0(x)$ 用傅里叶正弦级数展开如下：

$$u_0(x) = \sum_k a_k \sin(kx),$$

那么该波动方程的解为

$$u(x,t) = \sum_k a_k \cos(kt) \sin(kx)$$
$$= \sum_k a_k \cos(\sqrt{\lambda_k}\, t)\, v_k(x).$$

在二维情况下，出于多种原因，由三个正方形构成的 L 形域最具研究价值。该 L 形域是使波动方程解不能解析表达的最简几何图形之一，于是只得采用数值解法。其次，270° 的凹角使解产生奇异性。从数学上说，第一特征函数在凹角附近的梯度是无界的。从物理上讲，延展这种形状的薄膜会在凹角处产生裂缝。该奇异性限制了均布网格有限差分法的精度。MathWorks 公司把该 L 形域第一特征函数的曲面图用作公司的标志。该特征函数的计算涉及本书已介绍的若干数值计算技术。

与 L 形域上波动相关的简单模型问题包括：L 形薄膜（L-shaped membrane），L 形手鼓，以及被野餐篮压住四分之一的、被风吹拂着的沙滩毛巾。一个更具实用性的示例是脊形微波波导管（ridged microwave waveguides）。图 11.1 所示的这种装置是同轴-波导转换器（waveguide-to-coax adapter）。其实际工作区是横截面为 H 形的导管。H 形横截面如图 11.1 侧面所示。以较高衰减率和较低功率处理能力为代价，背脊可增加波导的带宽。H 截面关于电场等位线图中虚点线对称。这意味着：只需要研究该截面的四分之一就可，而这四分之一的几何形状正是 L 形域。诚然，其边界条件不同于我们讨论过的 L 形薄膜问题，但是它们的微分方程和解算技术是相同的。

L 形域的特征值和特征函数可由有限差分法算出。MATLAB 语句

```
m = 200
h = 1/m
A = delsq(numgrid('L',2*m+1))/h^2
```

在 L 形域的三个正方形的每个 $200 \times 200$ 网格上，建立拉普拉斯算子的 5 点有限差分近似。所得稀疏矩阵 A 的阶数为 119201，有非零元素 594409 个。语句

```
lambda = eigs(A,6,0)
```

采用 MATLAB 中源自 ARPACK 软件包的 Arnoldi 算法，计算出矩阵 A 的前 6 个特征值。主频为 1.4 GHz 的奔腾笔记本电脑用不到 2 min 的时间就可算出

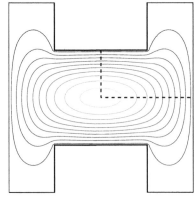

图 11.1  双脊的同轴 -波导转换器及其 H 形区域

（图片由 Advanced Technical Materials 公司提供 [1]）

```
lambda =
    9.64147
   15.19694
   19.73880
   29.52033
   31.91583
   41.47510
```

而准确值应是

```
    9.63972
   15.19725
   19.73921
   29.52148
   31.91264
   41.47451
```

你可以看到，即便采用了如此细的网格和这么大的矩阵，所算得到的特征值也只能精准到 3、4 位数字。假若你想通过更细网格、更大矩阵以期达到更高精度，那么计算所需的内存将多得使总运行时间会极长。

对于 L 形域以及类似问题，那些利用基本微分方程解析解的方法比有限差分方法更为有效、精确。这种算法涉及极坐标和分数阶贝塞耳函数（fractional-order Bessel functions）。运用参数 $\alpha$ 和 $\lambda$，函数

$$v(r, \theta) = J_\alpha(\sqrt{\lambda}\, r) \sin{(\alpha\,\theta)}$$

是如下极坐标形式特征方程的精准解：

$$\frac{\partial^2 v}{\partial r^2} + \frac{1}{r}\frac{\partial v}{\partial r} + \frac{1}{r^2}\frac{\partial^2 v}{\partial \theta^2} + \lambda v = 0.$$

对于任意 $\lambda$ 值，函数 $v(r,\theta)$ 在圆心角为 $\pi/\alpha$ 的扇形两条直边上满足如下边界条件：

$$\begin{cases} v(r,0) = 0 \\ v(r,\pi/\alpha) = 0 \end{cases}$$

假如选择 $\sqrt{\lambda}$ 为贝塞耳函数的一个零点，即 $J_\alpha(\sqrt{\lambda}) = 0$，则在 $r = 1$ 的圆上，$v(r,\theta)$ 也为零。图 11.2 显示了 $3\pi/2$ 圆心角扇形的几个特征函数。如此选择是为了举例说明这些特征函数关于 $3\pi/4$ 和 $\pi/2$ 的对称性。

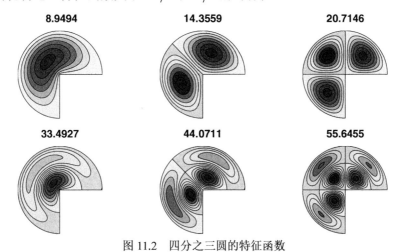

图 11.2　四分之三圆的特征函数

我们可以用扇形解的线性组合去近似 L 形域和其他带凹角区域的特征函数：

$$v(r,\theta) = \sum_j c_j J_{\alpha_j}(\sqrt{\lambda}\, r) \sin(\alpha_j\,\theta).$$

在 L 形域中，270° 凹角就是 $3\pi/2$ 或 $\pi/(2/3)$，因此 $\alpha$ 的值是 2/3 的整数倍：

$$\alpha_j = \frac{2j}{3}.$$

函数 $v(r,\theta)$ 是特征函数微分方程的精准解，在此不涉及有限差分网格。这些函数也满足交汇成凹角的两条边上的边界条件。剩下要做的就只是选择参数 $\lambda$ 和系数 $c_j$，使它也满足其余边上的边界条件。

借助 SVD 的最小二乘法用于确定参数 $\lambda$ 和 $c_j$。在边界的其他边上选择 $m$ 个点 $(r_i,\theta_i)$。令 $n$ 为将被采用的基本解数目，构成各元素按如下关系式依赖 $\lambda$ 的 $m \times n$ 矩阵 $A$。

$$A_{i,j}(\lambda) = J_{\alpha_j}(\sqrt{\lambda}\, r_i)\sin(\alpha_j\,\theta_i),\ i=1,\ldots,m,\ j=1,\ldots,n.$$

那么，对于任意向量 $c$，$Ac$ 就是由边界值 $v(r_i,\theta_i)$ 组成的向量。在 $\|c\|$ 不变小的情况下，我们希望使范数 $\|Ac\|$ 较小。SVD 提供了求解方法。

用 $\sigma_n(A(\lambda))$ 记述矩阵 $A(\lambda)$ 的最小奇异值，又用 $\lambda_k$ 表示生成最小奇异值的局域最小值的 $\lambda$，即

$$\lambda_k = k\text{th minimizer}(\sigma_n(A(\lambda))).$$

那么，每个 $\lambda_k$ 近似于域的特征值，对应的右奇异向量提供了线性组合的系数 c = V(:,n)。

对称性很值得利用。可以证明，特征函数分属以下三种对称类（symmetry classes）：

- 关于 $\theta = 3\pi/4$ 中心线的对称，于是有 $v(r,\theta) = v(r, 3\pi/2 - \theta)$；
- 关于 $\theta = 3\pi/4$ 中心线的反对称，于是有 $v(r,\theta) = -v(r, 3\pi/2 - \theta)$；
- 正方形的特征函数，于是有 $v(r, \pi/2) = 0$ 和 $v(r, \pi) = 0$。

这些对称性使我们有可能对每个展开式中的 $\alpha_j$ 值加以限制：

- $\alpha_j = \frac{2j}{3}$，$j$ 为奇数且是 3 的倍数；
- $\alpha_j = \frac{2j}{3}$，$j$ 为偶数且不是 3 的倍数；
- $\alpha_j = \frac{2j}{3}$，$j$ 是 3 的倍数。

NCM 目录上的 M-文件 membranetx，利用对称性并通过对 $\sigma_n(A(\lambda))$ 局部最小值的搜索，计算 L 形薄膜的特征值和特征函数。MATLAB 在 demos 目录下分布的 M-文件 membrane 采用基于 QR 分解的老版算法，而不采用 SVD。图 11.3 显示了 L 形域的 6 个特征函数，每种对称类分别有 2 个。可把它们与图 11.2 所示扇形的特征函数进行比较。若取扇形半径为 $2/\sqrt{\pi}$，那么这两个域有相同的面积，并且它们的特征值相差无几。

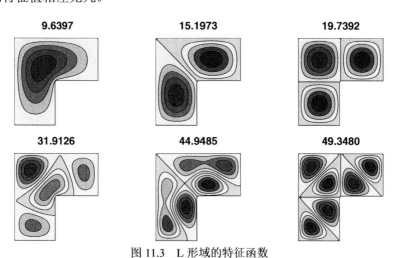

图 11.3   L 形域的特征函数

demos 目录中的 M-文件 logo 绘制出第一特征函数的 surf 曲面图，然后再使用光照和阴影修饰，从而实现 MathWorks 徽标的创建。在非常仔细地满足边界条

件后，该徽标仅由扇形展开式的前两项构成。该艺术执照使徽标的边沿更具引人遐想的流线外形。

## 习 题

11.1. 令 $n$ 为整数，请用以下语句产生 $n \times n$ 矩阵 $A$、$D$ 和 $I$。

```
e = ones(n,1);
I = spdiags(e,0,n,n);
D = spdiags([-e e],[0 1],n,n);
A = spdiags([e -2*e e],[-1 0 1],n,n);
```

(a) 对于 $h$ 的适当取值，矩阵 $(1/h^2)A$ 在区间 $0 \leqslant x \leqslant 1$ 内逼近 $\triangle_h$。问：$h$ 值等于 $1/(n-1)$、$1/n$ 还是 $1/(n+1)$？

(b) $(1/h)D$ 近似于什么？。

(c) $D^{\mathrm{T}}D$ 和 $DD^{\mathrm{T}}$ 都是什么？

(d) $A^2$ 是什么？

(e) kron(A,I)+kron(I,A) 的结果是什么？

(f) 请描述 plot(inv(full(-A))) 所产生的结果。

11.2. (a) 请用有限差分近似计算下列一维泊松问题在区间 $-1 \leqslant x \leqslant 1$ 内的 $u(x)$ 数值解。

$$\frac{\mathrm{d}^2 u}{\mathrm{d}x^2} = \exp\left(-x^2\right)$$

边界条件为 $u(-1) = 0$ 和 $u(1) = 0$。并请画出你所得的解。

(b) 若你可以访问符号工具包的 dsolve，或你有较好的微积分功底，请给出上述问题的解析解，并将它与数值解作比较。

11.3. 请重新画出图 11.1 中由 4 个 L 形域构成的 H 脊形波导管第一特征函数的等位线图。

11.4. 设 $h(x)$ 是 M-文件 humps(x) 定义的函数。在 $0 \leqslant x \leqslant 1$ 区间内，求解与 $h(x)$ 有关的四个不同问题。

(a) 以 humps 为外源的一维泊松问题：

$$\frac{\mathrm{d}^2 u}{\mathrm{d}x^2} = -h(x),$$

其边界条件为

$$u(0) = 0, \; u(1) = 0.$$

请画出类似图 11.4 的 $h(x)$ 和 $u(x)$ 曲线，并将 diff(u,2) 与 humps(x) 作比较。

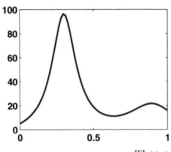 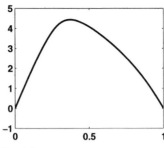

图 11.4  $h(x)$ 和 $u(x)$

(b)  以 humps 为外源的一维热方程:

$$\frac{\partial u}{\partial t} = \frac{\partial^2 u}{\partial x^2} + h(x),$$

初值为

$$u(0, x) = 0$$

边界条件为

$$u(0, t) = 0,\ u(1, t) = 0.$$

请画出问题解作为时间函数的动画曲线图（animated plot）。又问:
$t \to \infty$ 时 $u(x, t)$ 的极限是什么?

(c)  以 humps 为初值的一维热方程:

$$\frac{\partial u}{\partial t} = \frac{\partial^2 u}{\partial x^2},$$

初值为

$$u(x, 0) = h(x)$$

边界条件为

$$u(0, t) = h(0),\ u(1, t) = h(1).$$

请画出问题解作为时间函数的动画曲线图。又问: $t \to \infty$ 时 $u(x, t)$
的极限是什么?

(d)  以 humps 为初值的一维波动方程:

$$\frac{\partial^2 u}{\partial t^2} = \frac{\partial^2 u}{\partial x^2},$$

初值为

$$u(x, 0) = h(x),$$
$$\frac{\partial u}{\partial t}(x, 0) = 0,$$

边界条件为

$$u(0,t) = h(0),\ u(1,t) = h(1).$$

请画出问题解作为时间函数的动画曲线图。又问：对于什么 $t$ 值，$u(x,t)$ 变回其初值 $h(x)$？

11.5. 令 $p(x,y)$ 为 M-文件 peaks(x,y) 定义的函数，在正方形区域 $-3 \leqslant x \leqslant 3$、$-3 \leqslant y \leqslant 3$ 内求解与 $p(x,y)$ 有关的下列四个不同问题。

(a) 以 peaks 为外源的二维泊松问题：

$$\frac{\partial^2 u}{\partial x^2} + \frac{\partial^2 u}{\partial y^2} = p(x,y),$$

边界条件为

$$u(x,y) = 0\ \text{如果}\ |x| = 3\ \text{或}\ |y| = 3.$$

请画出类似图 11.5 的 $p(x,y)$ 和 $u(x,y)$ 等位线图（contour plot）。

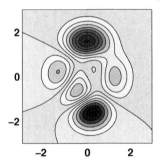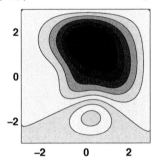

图 11.5　$p(x,y)$ 和 $u(x,y)$

(b) 以 peaks 为外源的二维热方程：

$$\frac{\partial u}{\partial t} = \frac{\partial^2 u}{\partial x^2} + \frac{\partial^2 u}{\partial y^2} - p(x,y),$$

初值为

$$u(x,y,0) = 0$$

边界条件为

$$u(x,y,t) = 0\ \text{如果}\ |x| = 3\ \text{或}\ |y| = 3.$$

请画出问题解作为时间函数的动画等位线图（animated contour plot）。又问：$t \to \infty$ 时 $u(x,t)$ 的极限是什么？

(c) 以 peaks 为初值的二维热方程：

$$\frac{\partial u}{\partial t} = \frac{\partial^2 u}{\partial x^2},$$

初值为

$$u(x,y,0) = p(x,y)$$

边界条件为

$$u(x,y,t) = p(x,y) \text{ 如果} |x| = 3 \text{ 或} |y| = 3.$$

请画出问题解作为时间函数的动画等位线图。又问：$t \to \infty$ 时 $u(x,t)$ 的极限是什么？

(d) 以 peaks 为初值的二维波动方程：

$$\frac{\partial^2 u}{\partial t^2} = \frac{\partial^2 u}{\partial x^2},$$

初值为

$$u(x,y,0) = p(x,y),$$
$$\frac{\partial u}{\partial t}(x,y,0) = 0$$

边界条件为

$$u(x,y,t) = p(x,y) \text{ 如果} |x| = 3 \text{ 或} |y| = 3.$$

请画出作为时间函数的动画等位线图。又问：$t \to \infty$ 时 $u(x,t)$ 的极限存在吗？

11.6. 线法（method of lines）是求解时变偏微分方程（time-dependent partial differential equations）的一种简便方法。该方法将所有关于空间的导数用有限差分代替，而仅保留对时间的导数。然后，对所得的微分方程组采用常微分刚性方程解算命令进行求解。从本质上讲，这是一种隐式时间节拍有限差分算法（time-stepping finite difference algorithm），其时间步长由 ODE 解算命令自适应地确定。对于本章讨论的热方程和波动方程的模型问题，ODE 方程组可简单表述为

$$\dot{\mathbf{u}} = (1/h^2)A\mathbf{u}$$

和

$$\ddot{\mathbf{u}} = (1/h^2)A\mathbf{u}.$$

矩阵 $(1/h^2)A$ 代表 $\triangle_h$，$\mathbf{u}$ 是由网点上所有 $u(x_i,t)$ 或 $u(x_i,y_j,t)$ 元素值组成 $t$ 的向量函数。

(a) MATLAB 的 pdepe函数执行的是一般设置下的直线法。请研究其对一维和二维模型热方程的应用。

(b) 假如你有偏微分方程工具包，请研究该工具包对于二维模型热方程和波动方程的使用。

(c) 请用你自己编写的直线法来求解本章的模型方程。

11.7. 围绕 pdegui 回答下列问题：

(a) 对于不同域，网点数目如何依赖于网格间距 h？

(b) 对于热方程和波动方程，时间步长是如何依赖于网格间距 h？

(c) 泊松问题和 index = 1 的特征值问题的解等位线图为什么类似？

(d) 将 pdegui 画出的 L 形域特征函数的等位线图与由以下命令生成的等位线图作比较。

```
contourf(membranetx(index))
```

(e) Drum1 和 Drum2 域，为什么那么引人关注？请用 "isospectral" 和 "Can you hear the shape of a drum?" 搜索网页。你应该能找到许多文章和论文，其中会包括 Gordon、Webb 和 Wolpert [28] 和 Driscoll [19] 写的一些文章。

11.8. 将在习题 3.4 中所得的你的手轮廓作为一个域添加到 pdegui 中。图 11.6 显示了本书作者的手的一个特征函数。

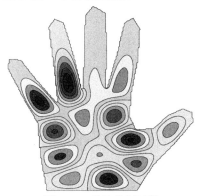

图 11.6　手的特征函数

11.9. Ω 域的静电电容（electrostatic capacity）为

$$\int\int_{\Omega} u(x,y)\mathrm{d}x\mathrm{d}y,$$

其中，$u(x,y)$ 是泊松问题的解。该泊松问题在 Ω 域中满足

$$\triangle u = -1$$

而在 Ω 边界上有 $u(x,y) = 0$。

(a) 单位正方形的电容是什么？

(b) L 形域的电容是什么？

(c)　你的手形域的电容又是什么？

11.10.　下述语句

```
load penny
P = flipud(P)
contour(P,1:12:255)
colormap(copper)
axis square
```

调用 MATLAB demos 目录上一个文件，并生成图 11.7。该图相关数据是
1984 年美国国家标准管理局（National Bureau of Standards）对 1 美分硬币
铸模的深度进行精确测量得到的。

图 11.7　1 美分硬币注模深度

NCM 函数 pennymelt 用这枚硬币数据作为热方程的初始条件 $u(x,y,0)$，
并产生方程解 $u(x,y,t)$ 的演化动画。你可以选择一幅带光照处理的曲面
图或一个等位线图；你也可以通过控件或者 pennymelt(delta) 格式命
令选择时间步长 $\delta$；你还可以选择被称为交替向隐式（alternating direction
implicit，ADI）时间节拍算法。该算法的每个时间步长分成两个半步长，
半步在 $x$ 方向隐式，另半步在 $y$ 方向隐式。

$$-\sigma u^{(k+1/2)}(N) + (1+2\sigma)u^{(k+1/2)}(P) - \sigma u^{(k+1/2)}(S)$$
$$= \sigma u^{(k)}(E) + (1-2\sigma)u^{(k)}(P) + \sigma u^{(k)}(W),$$
$$-\sigma u^{(k+1)}(E) + (1+2\sigma)u^{(k+1)}(P) - \sigma u^{(k+1)}(W)$$
$$= \sigma u^{(k+1/2)}(N) + (1-2\sigma)u^{(k+1/2)}(P) + \sigma u^{(k+1/2)}(S).$$

这些 $m \times n$ 网格上的隐式方程求解：在前半步需要解 $m$ 个 $n$ 阶三对角矩
阵，而在后半步则解 $n$ 个 $m$ 阶三对角矩阵。

回答关于 pennymelt 的以下问题：

(a)　$t \to \infty$ 时 $u(x,y,t)$ 的极限形态是什么？

(b) $\delta$ 取什么值，显式时间节拍算法是稳定的？

(c) 演示验证 ADI 法对于任意 $\delta$ 值都稳定。

11.11. 令 $p(x, y)$ 为上题所说的由硬币数据定义在 $128 \times 128$ 正方形上的函数。

    (a) 用 `pennymelt.m` 中的部分代码画出 $p(x, y)$ 的等位线图，及带光照修饰的曲面图。

    (b) 利用正方形外 $u(x, y) = 0$ 的条件，求解下列离散泊松问题：

$$\triangle_h u = p$$

并请画出解 $u(x, y)$ 的图。

    (c) 利用 `del2` 计算

$$f = \triangle_h u,$$

并将 $f(x, y)$ 与 $p(x, y)$ 作比较。

11.12. 修改 `pennymelt.m`，使之用于求解波动方程，而不是热方程。

11.13. 修改 `waves.m`，使之采用的特征函数是 9 个，而不是 4 个。

11.14. 单位正方形的特征值和特征函数是

$$\lambda_{m,n} = (m^2 + n^2)\pi^2,$$

$$u_{m,n} = \sin mx \sin ny.$$

假如 $\lambda_{m,n}$ 采用单下标标识，并以递增顺序排列，那么可得

$$\lambda_k = (2, 5, 5, 8, 10, 10, 13, 13, 17, 17, 18, 20, 20, \ldots)\pi^2.$$

可以看到：$\lambda_1$、$\lambda_4$、$\lambda_{11}$ 是单重特征值，而其余大多数特征值是双重的。

    (a) 单位正方形的最小三重特征值是什么，它们的单下标又是什么？换句话说，可以用三种不同方式写成两个小正方形之和的最小整数是什么？

    (b) 单位正方形的最小四重特征值是什么？

11.15. 将单位正方形的特征函数反射两次，我们可以得到 L 形域的部分特征函数。但它们的序号不同，这是因为 L 形域还有些特征函数是不能由正方形导出的。例如，L 形域的 $\lambda_3$ 是 $2\pi^2$，因为它等于正方形的 $\lambda_1$；又 L 形域的 $\lambda_8 = \lambda_9$ 是双重特征值 $5\pi^2$，它们对应于正方形的 $\lambda_2 = \lambda_3$。

    (a) 粗略地说，L 形域中哪部分特征值也是正方形的特征值？

    (b) L 形域的最小三重特征值及它们的下标分别是什么？

    (c) L 形域的最小四重特征值是什么？

    (d) `membranetx` 和 `pdegui` 都不用 $\sin mx \sin ny$ 表示正方形的特征函数。这样之所以可行，是因为特征函数不唯一，因此可以采用其他表示方

式。问：membranetx 和 pdegui 如何计算特征函数？对于重数大于 1
的特征值，它们如何获得一组线性无关的特征函数？

11.16. 输入如下命令

```
ncmlogo
cameratoolbar
```

或者只输入命令 ncmlogo，然后从图形窗的 View 下拉菜单中选中 Camera
Toolbar 工具栏。请你用该工具条上的各个图标进行试验。知道它们都派
什么用吗？

11.17. 复制 ncmlogo 文件，对其进行修改，使之用于创建你自己书或公司徽标。

# 参考文献

[1] Advanced Technical Materials, Inc.
http://www.atmmicrowave.com

[2] E. Anderson, Z. Bai, C. Bischof, S. Blackford, J. Demmel, J. Dongarra, J. Du Croz, A. Greenbaum, S. Hammarling, A. McKenney, and D. Sorensen, LAPACK Users' Guide, Third Edition, SIAM, Philadelphia, 1999.
http://www.netlib.org/lapack

[3] A. Arasu, J. Novak, A. Tomkins, and J. Tomlin, PageRank Computation and the Structure of the Web: Experiments and Algorithms.
http://www2002.org/CDROM/poster/173.pdf

[4] U. M. Ascher and L. R. Petzold, Computer Methods for Ordinary Differential Equations and Differential-Algebraic Equations, SIAM, Philadelphia, 1998.

[5] R. Baldwin, W. Cantey, H. Maisel, and J. McDermott, The optimum strategy in blackjack, Journal of the American Statistical Association, 51 (1956), pp. 429–439.

[6] M. Barnsley, Fractals Everywhere, Academic Press, Boston, 1993.

[7] Bio Motion Lab, Ruhr University.
http://www.biomotionlab.ca

[8] A. Björck, Numerical Methods for Least Squares Problems, SIAM, Philadelphia, 1996.

[9] P. Bogacki and L. F. Shampine, A 3(2) pair of Runge-Kutta formulas, Applied Mathematics Letters, 2 (1989), pp. 1–9.

[10] F. Bornemann, D. Laurie, S. Wagon, and J. Waldvogel, The SIAM 100-Digit Challenge: A Study in High-Accuracy Numerical Computing, SIAM, Philadelphia, 2004.

[11] K. E. Brenan, S. L. Campbell, and L. R. Petzold, Numerical Solution of Initial Value Problems in Differential-Algebraic Equations, SIAM, Philadelphia, 1996.

[12] R. P. Brent, Algorithms for Minimization Without Derivatives, Prentice–Hall, Englewood Cliffs, NJ, 1973.

[13] J. W. Cooley and J. W. Tukey, An algorithm for the machine calculation of complex Fourier series, Mathematics of Computation, 19 (1965), pp. 297–301.

[14] R. M. Corless, G. H. Gonnet, D. E. G. Hare, D. J. Jeffrey, and D. E. Knuth, On the Lambert W function, Advances in Computational Mathematics, 5 (1996), pp.

329–359.

http://www.apmaths.uwo.ca/~rcorless/frames/PAPERS/LambertW

[15] G. Dahlquist and A. Björck, Numerical Methods, Prentice–Hall, Englewood Cliffs, NJ, 1974.

[16] C. de Boor, A Practical Guide to Splines, Springer-Verlag, New York, 1978.

[17] T. J. Dekker, Finding a zero by means of successive linear interpolation, in Constructive Aspects of the Fundamental Theorem of Algebra, B. Dejon and P. Henrici (editors), Wiley-Interscience, New York, 1969, pp. 37–48.

[18] J. W. Demmel, Applied Numerical Linear Algebra, SIAM, Philadelphia, 1997.

[19] T. A. Driscoll, Eigenmodes of isospectral drums, SIAM Review, 39 (1997), pp. 1–17.

http://www.math.udel.edu/ driscoll/pubs/drums.pdf

[20] G. Forsythe, M. Malcolm, and C. Moler, Computer Methods for Mathematical Computations, Prentice–Hall, Englewood Cliffs, NJ, 1977.

[21] M. Frigo and S. G. Johnson, FFTW: An adaptive software architecture for the FFT, in Proceedings of the 1998 IEEE International Conference on Acoustics Speech and Signal Processing, 3 (1998), pp. 1381–1384.

http://www.fftw.org

[22] M. Frigo and S. G. Johnson, Links to FFT-related resources.

http://www.fftw.org/links.html

[23] F. N. Fritsch and R. E. Carlson, Monotone Piecewise Cubic Interpolation, SIAM Journal on Numerical Analysis, 17 (1980), pp. 238-246.

[24] W. Gander and W. Gautschi, Adaptive Quadrature|Revisited, BIT Numerical Mathematics, 40 (2000), pp. 84–101.

http://www.inf.ethz.ch/personal/gander

[25] J. R. Gilbert, C. Moler, and R. Schreiber, Sparse matrices in MATLAB: Design and implementation, SIAM Journal on Matrix Analysis and Applications, 13 (1992), pp. 333–356.

[26] G. H. Golub and C. F. Van Loan, Matrix Computations, Third Edition, The Johns Hopkins University Press, Baltimore, 1996.

[27] Google, Google Technology.

http://www.google.com/technology/index.html

[28] C. Gordon, D. Webb, and S. Wolpert, Isospectral plane domains and surfaces via Riemannian orbifolds, Inventiones Mathematicae, 110 (1992), pp. 1–22.

[29] D. C. Hanselman and B. Littlefield, Mastering MATLAB 6, A Comprehensive Tutorial and Reference, Prentice–Hall, Upper Saddle River, NJ, 2000.

[30] M. T. Heath, Scientic Computing: An Introductory Survey, McGraw–Hill, New York, 1997.

[31] D. J. Higham and N. J. Higham, MATLAB Guide, SIAM, Philadelphia, 2000.

[32] N. J. Higham, and F. Tisseur, A block algorithm for matrix 1-norm estimation, with an application to 1-norm pseudospectra, SIAM Journal on Matrix Analysis and Applications, 21 (2000), pp. 1185–1201.

[33] N. J. Higham, Accuracy and Stability of Numerical Algorithms, SIAM, Philadelphia, 2002.

[34] D. Kahaner, C. Moler, and S. Nash, Numerical Methods and Software, Prentice–Hall, Englewood Cliffs, NJ, 1989.

[35] D. E. Knuth, The Art of Computer Programming: Volume 2, Seminumerical Algorithms, Addison–Wesley, Reading, MA, 1969.

[36] J. Lagarias, The 3x +1 problem and its generalizations, American Mathemat-ical Monthly, 92 (1985), pp. 3–23.
http://www.cecm.sfu.ca/organics/papers/lagarias

[37] A. Langville, and C. Meyer, Deeper Inside PageRank,
http://meyer.math.ncsu.edu/Meyer/PS_Files/DeeperInsidePR.pdf

[38] R. B. Lehoucq, D. C. Sorensen, and C. Yang, ARPACK Users' Guide: Solution of Large-Scale Eigenvalue Problems with Implicitly Restarted Arnoldi Methods, SIAM, Philadelphia, 1998.
http://www.caam.rice.edu/software/ARPACK

[39] Lighthouse Foundation.
http://www.lighthouse-foundation.org/lighthousefoundation.org/eng/explorer/artikel00294eng.html

[40] G. Marsaglia, Random numbers fall mainly in the planes, Proceedings of the National Academy of Sciences, 61 (1968), pp. 25–28.

[41] G. Marsaglia and W. W. Tsang, The ziggurat method for generating random variables, Journal of Statistical Software, 5 (2000), pp. 1–7.
http://www.jstatsoft.org/v05/i08

[42] G. Marsaglia and W. W. Tsang, A fast, easily implemented method for sampling from decreasing or symmetric unimodal density functions, SIAM Journal on Scientific and Statistical Computing 5 (1984), pp. 349–359.

[43] G. Marsaglia and A. Zaman, A new class of random number generators, Annals of Applied Probability, 3 (1991), pp. 462–480.

[44] The MathWorks, Inc., Getting Started with MATLAB.
http://www.mathworks.com/access/helpdesk/help/techdoc/learn_matlab/learn_

matlab.shtml

[45] MathWorks, Inc., List of Matlab-based books.
http://www.mathworks.com/support/books/index.jsp

[46] M. Matsumoto and T. Nishimura, Mersenne Twister : a 623-dimensionally equidistributed uniform pseudo-random number generator, ACM Transactions on Modeling and Computer Simulation (1998) 8(1): 3–30.
http://www.math.sci.hiroshima-u.ac.jp/~m-mat/MT/emt.html

[47] C. Moler, Numerical Computing with MATLAB,
Electronic edition: The MathWorks, Inc., Natick, MA, 2004, and revised by 2008 and 2013. http://www.mathworks.cn/moler
Print edition: SIAM, Philadelphia, 2004, and revised by 2008.
http://www.ec-securehost.com/SIAM/ot87.html

[48] C. Moler, Experiments with MATLAB,
Electronic edition 2013: http://www.mathworks.cn/moler/exm
Print edition 2013: BUAA press, Beijing, 2013.

[49] National Institute of Standards and Technology, Statistical Reference Datasets.
http://www.itl.nist.gov/div898/strd
http://www.itl.nist.gov/div898/strd/lls/lls.shtml
http://www.itl.nist.gov/div898/strd/lls/data/Longley.shtml

[50] M. Overton, Numerical Computing with IEEE Floating Point Arithmetic, SIAM, Philadelphia, 2001.

[51] L. Page, S. Brin, R. Motwani, and T. Winograd, The PageRank Cita-tion Ranking: Bringing Order to the Web.
http://dbpubs.stanford.edu:8090/pub/1999-66.

[52] S. K. Park and K. W. Miller, Random number generators: Good ones are hard to nd, Communications of the ACM, 31 (1988), pp. 1192–1201.

[53] I. Peterson, Prime Spirals, Science News Online, 161 (2002).
http://www.sciencenews.org/20020504/mathtrek.asp

[54] L. F. Shampine, Numerical Solution of Ordinary Differential Equations, Chapman and Hall, New York, 1994.

[55] L. F. Shampine and M. W. Reichelt, The MATLAB ODE suite, SIAM Journal on Scientific Computing, 18 (1997), pp. 1–22.

[56] K. Sigmon and T. A. Davis, MATLAB Primer, Sixth Edition, Chapman and Hall/CRC, Boca Raton, FL, 2002.

[57] Solar Influences Data Center, Sunspot archive and graphics.
http://sidc.oma.be

[58] C. Sparrow, The Lorenz Equations: Bifurcations, Chaos, and Strange Attractors, Springer-Verlag, New York, 1982.

[59] G. W. Stewart, Introduction to Matrix Computations, Academic Press, New York, 1973.

[60] G. W. Stewart, Matrix Algorithms: Basic Decompositions, SIAM, Philadel-phia, 1998.

[61] L. N. Trefethen and D. Bau, III, Numerical Linear Algebra, SIAM, Philadelphia, 1997.

[62] L. N. Trefethen, A hundred-dollar, hundred-digit challenge, SIAM News, 35(1)(2002).
     http://www.siam.org/pdf/news/388.pdf
     http://www-m3.ma.tum.de/m3old/bornemann/challengebook/index.html
     http://web.comlab.ox.ac.uk/oucl/work/nick.trefethen/hundred.html

[63] N. Troje.
     http://journalofvision.org/2/5/2

[64] N. Troje.
     http://www.biomotionlab.ca/Text/WDP2002_Troje.pdf

[65] C. Van Loan, Computational Frameworks for the Fast Fourier Transform, SIAM, Philadelphia, 1992.

[66] J. C. G. Walker, Numerical Adeventures with Geochemical Cycles, Oxford University Press, New York, 1991.

[67] E. Weisstein, World of Mathematics, Prime Spiral,
     http://mathworld.wolfram.com/PrimeSpiral.html

[68] E. Weisstein, World of Mathematics, Stirling's Approximation.
     http://mathworld.wolfram.com/StirlingsApproximation.html

[69] J. Wilkinson, The Algebraic Eigenvalue Problem, Clarendon Press, Oxford, 1965.

# 附录 A　MATLAB 功用释要

出于帮助读者较快掌握和应用 MATLAB 的目的，根据本书正文所涉 MATLAB 内容，并结合 MATLAB 主要特点，而编写本附录。本附录共分 7 节。前 3 节，用于描述如何构建学习本书的 MATLAB 环境、如何使用 MATLAB 提供的帮助工具、如何理解和掌握 MATLAB 的基本编码操作。A4、A5 节集中介绍 MATLAB 特有的数组运算和矩阵运算体系。A7 节详细阐述 MATLAB 泛函、函数句柄、匿名函数、嵌套函数的概念、创建方法以及它们之间的参数传递。A8 节摘要叙述了符号计算的若干注意事项。

## A.1　MATLAB 工作界面简介

使用 MATLAB，就先要了解 MATLAB 平台是什么；要学会如何把本书示教 M 文件所在的 NCM 文件夹设置为当前文件夹；要知道在哪里输入所需运行的命令，命令的运行结果又显示在哪里、保存在哪里等。本节将分若干小节，逐个回答这些问题。

### A.1.1　MATLAB 的启动和工作界面简介

（1）MATLAB 工作界面的引出

你要用 MATLAB 进行计算，首先要启动 MATLAB，引出 MATLAB 桌面。假若你的电脑上安装有 MATLAB 软件，那么有如下两种方法启动 MATLAB：

- 方法一：在 Windows 桌面上直接双击 图标，启动 MATLAB 引擎，引出如图 A1-1 所示的 MATLAB 工作界面（Desktop）。
- 方法二：在 MATLAB \bin 目录下，双击 matlab.exe 文件，启动 MATLAB。

（2）MATLAB 工作界面简介

MATLAB R2014a 版操作桌面（Desktop），是高度集成的 MATLAB 交互工作界面。其中文版的默认形式，如图 A1-1 所示。整个桌面沿袭中文 Windows7 风格。

该桌面最上方有三个通栏工具带：主页（HOME）、绘图（PLOTS）和应用程序（APPS）。

桌面的中下部分包含体现 MATLAB 特征的三个功能窗口：

- 命令行窗口（简称命令窗，Command Window）：MATLAB 最重要的交互工作窗。该窗口用于输入各种 MATLAB 代码（简称 M 码或命令）；显示计算所得的数字、字符串等非图形结果；给出运行警告或出错信息提示。
- 当前文件夹（Current Folder）：显示该夹上的各种文件、子文件夹。

- 工作区（即工作内存，Workspace）：罗列 MATLAB 运行后在内存中所保存变量的名称、类型、规模等信息；该内存中的变量与其他桌面工具图标配合，可实现诸如变量内容图形化、输入或编辑数组等操作。
- 历史命令窗（Command History）：当在命令输入提示符处按键盘上的"上箭头"键时，就会引出历史命令窗。该窗保存着历史上在命令窗中输入的所有命令，可供复制调用。

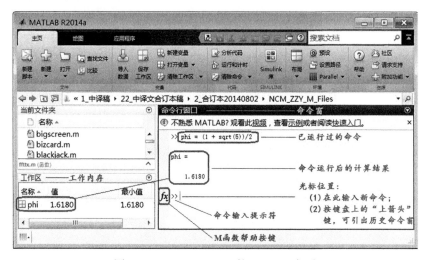

图 A1-1　MATLAB R14a 的 Desktop 桌面

## A.1.2　MATLAB 的工作机理

MATLAB 作为一种"逐句解释执行"的程序语言，每当它执行一条用户输入的 M 代码时，就要对代码中所包含的变量、算符、标点、关键词和文件名进行搜索。而这种搜索是按照 MATLAB 出厂时设计好的默认规则进行的。假如搜索不到目标内容，那么 MATLAB 就会报错，并停止工作。

MATLAB 的搜索规则是：最先搜索 MATLAB 工作内存；然后搜索当前文件夹；再后来，就按照 MATLAB 出厂设置好的先后次序对各文件夹进行全面搜索。

适配于本书的所有文件都汇集在 NCM 目录上，它们可以从相应的网站下载获得。然而，下载到用户电脑上的 NCM 目录，若不经过 MATLAB 工具或命令的专门设置，那么该目录上的文件是无法被 MATLAB 调用的。

## A.1.3　NCM 文件的两种使用方案

读者要学习本书，就必须对本书涉及的命令和文件亲自动手操作。为此，就需要对适配于本书的 NCM 文件夹、用户自己的工作文件夹等进行设置。在此，向读者推荐如下两种设置方案：

- 方案一：

- 由于 Matlab 每次启动后，所自动呈现的当前文件夹（Current Folder）往往是 Matlab 根目录下的 bin 文件夹。所以，为保证 NCM 文件能正常调用，用户起码应该把 NCM 目录设置为当前文件夹。
- 该方案比较简单，但缺点是不能保护 NCM 文件的完整性。
- 方案二：
  - 先创建一个用户自己的（如名称为 MyWork 的）工作目录，用于存放自己在学习中形成的 M、MAT 等文件。
  - 把 MyWork 目录设置为当前文件夹。
  - 将 NCM 目录设置在 Matlab 搜索路径上。
  - 该方案比较完善。它不但可保证 Matlab 根文件的完整性，而且可保证 NCM 文件的完整性。

## A.1.4　如何设置当前文件夹

由于 Matlab 每次启动后，所自动呈现的当前文件夹（Current Folder）往往是 Matlab 根目录下的 bin 文件夹。所以，为保证 NCM 文件能正常调用，用户起码应该把 NCM 目录设置为当前文件夹。

假设用户已经下载了 NCM 文件夹，那么把 NCM 目录设置为当前文件夹的操作步骤如下：

- 单击 Matlab 工作界面上的文件夹浏览器图标 🖾，引出 Windows 标准的文件夹选择设置对话窗。
- 在 Windows 标准的文件夹选择设置对话窗中，借助典型的 Windows 操作，选中 NCM 目录，然后按 [选择文件夹] 键，就能完成当前文件夹的设置。

完成设置后，可在当前文件夹显示栏中，看到 NCM 目录的完整路径名称（参见图 A1-1）。同时，在当前文件夹窗中，看到适配于本书的 NCM 全部文件（参见图 A1-1）。

值得指出：

- 假如历史上 NCM 目录曾被设置为过当前文件夹，那么用户只要单击 Matlab 桌面当前文件夹设置区的历史记录按键 ▾，然后从弹出的记录菜单中点选关于 NCM 的菜单项，即可完成设置目的。
- 当前文件夹的设置仅在本次开启的 Matlab 环境中有效。一旦退出 Matlab，这种设置也就失效。换句话说，每开启一次 Matlab，就应该设置一次当前文件夹。

## A.1.5　如何设置搜索路径

假如用户想在较长时间里，方便地阅读和调用 NCM 目录上的文件，那么最好将 NCM 目录设置在 Matlab 的搜索路径上。具体方法是：

- 首先引出设置路径对话窗
  - 方法一：在 MATLAB 命令窗中运行 pathtool，引出设置路径对话窗。
  - 方法二：在 MATLAB 桌面主页（HOME）工具带的环境（EVIROMENT）功能区中单击"设置路径（Set Path）"图标 ▣，引出设置路径对话窗。
- 利用路径设置对话窗把 NCM 目录设置在搜索路径上，并保存此次路径设置。这样的设置操作，可保证 NCM 永久驻留在 MATLAB 的搜索路径上，供以后 MATLAB 再次开启时使用。

## A.2    如何获取帮助信息

MATLAB 帮助信息非常丰富和完整。读者利用本节介绍的方法，就能从这些帮助信息中找到大多数所遇问题的解决途径。MATLAB 有三种常用求助法：命令求助法、浏览器求助法和现场菜单求助法。这三种求助法各有所长，并不能完全相互替代。基于篇幅考虑，本附录只介绍前两种求助法。

### A.2.1    如何利用 help 命令求助法

（1）借助 help 可以获取的帮助信息

- 各种算术运算符、关系运算符、逻辑运算符
  - 调用格式为：help #
  - 注意：在实际使用时，格式中的 #，应该用待查的具体算符替代。还值得指出：对算符直接求助的功能是 help 所独具的，浏览器或现场菜单求助法都不能直接对算符进行求助搜索。
  - 举例：在命令窗中，运行 help ./ 命令，就能在命令窗中显示出关于"数组除"的用法说明。
- 非 MATLAB 自带 M 文件的帮助性注释内容
  - 调用格式：help UserFileName
  - 注意：在实际使用中，该格式中的 UserFileName，应该用待查文件的具体名称替换。还应指出：浏览器或现场菜单求助法不可能对"非 MATLAB 自带文件"进行求助搜索。
  - 举例 1：倘若 NCM 目录已经被设置在 MATLAB 搜索路径上，或被设置为当前文件夹，那么在命令窗中，运行 help lutx，就能获得关于 lutx.m 的帮助信息。
  - 举例 2：倘若 NCM 目录已经被设置在 MATLAB 搜索路径上，或被设置为当前文件夹，又因为在 NCM 目录上有事先制作的 Contents.m，那么在命令窗中，运行 help NCM，就可显示出 NCM 目录上的所有文件的名称和功用简介。
- 名称准确已知的命令或文件

■ 调用格式为：`help KeyWordName`
■ 注意：在实际使用时，该格式中的 `KeyWordName`，应该用待查命令或文件的具体名称替代。顺便提醒：对近些年版本的 MATLAB 而言，该项功能的使用价值已经显著减弱。这是因为浏览器求助法，可以对不完整、准确的命令、文件名实施模糊搜索；而现场菜单求助法，则更灵活便捷。
■ 举例：在本书正文第 1.4 节，获知魔方矩阵创建命令 magic 帮助信息的调用格式是 `help magic`。

（2）help 命令求助法的局限性

■ 名称事先不能准确已知的命令及文件信息，无法借助 help 求助。
■ MATLAB 的 Getting Started 入门信息、MATLAB 基本语言特点、数学、图形、编程等系统的分类描述内容无法通过 help 命令获取。

## A.2.2 如何利用帮助浏览器求助

（1）开启帮助浏览器的几种方法

选用以下任何一种方法都可以开启帮助浏览器。

● 单击命令窗上方的入门信息条上的 [快速入门（Getting Started）] 超链接。
● 单击 Desktop 桌面最顶端工具条上的 ❓ 图标。
● 在命令窗中运行 doc 命令。
● 在 Desktop 界面上选择"主页（HOME）"→"资源（RESOURCES）"→"帮助（HELP）"菜单图标。

（2）关于中文帮助资源

从 2013 年秋开始，MATLAB 有了部分中文化的版本。该版本的包括桌面在内的许多图形界面已经采用中文标识，也有了关于 MATLAB 的、但并非完整的帮助资源。MATLAB 正式用户向 MathWorks 提出申请并获得许可后，据 MathWorks 授予的登录口令，可访问中文资源网站。但不管什么版本，用户总可获得 MATLAB 自带的英文帮助资源。

（3）英文帮助浏览器的使用方法

● 帮助内容的系统浏览和阅读法
对于 MATLAB 初学者，建议通读 Getting Started with MATLAB 目录中的全部内容；对于深入学习或使用的读者，建议浏览 Language Fundamentals、Mathematics、Graphics、Programming Scripts and Functions，然后选择所需内容精读。

● 关键词模糊搜索法
如果用户能提供求助内容的某个关键词，或关键词的片断词头，就可把它们输入到"搜索词输入框"，经浏览器搜索，就可在"内容展示窗"中看到搜索内容。例如，在输入 `roots` 的前 3 个字母后，就能给出候选搜索结果。

这种方法特别适用于，待寻求命令名称未知或比较模糊的场合。值得指出：本书正文中所含的许多英文词汇，都可以用作初次搜索的试探性词汇。比如，本书第 2 页上 polynomial 的片断词头 polyn，就可用作搜索关键词，并由此获得涉及 polynomial 的许多命令。用户可以根据展示的命令及该命令所属目录，进行一步得到更详细的帮助信息。

- 帮助浏览器的局限性
  - ■ 各种运算符、标点符都不能直接用于搜索，因为搜索框中输入的第一个字符必须是英文字母。但算符、标点可分别通过 oprations 和 special characters 关键词（组）间接搜索而得。
  - ■ 用户自建专用目录上的 M 文件帮助信息都不可能通过 MATLAB 的帮助浏览器搜索和展示。这也是本书正文中，较多使用 help 命令求助的原因所在。

## A.3   入门要旨

无论是命令窗中直接输入的内容，还是 M 文件每行内容，都是由 MATLAB 代码构成的。MATLAB 代码，或称 M 码，或称命令。

### A.3.1   如何在命令窗中输入命令

（1）命令窗是允许 M 命令输入及运行的主要界面

- 只能在命令窗"提示符 >>"所在行，且在该行的"提示符 >>"后，输入用户命令。
- 允许在同一物理行中，输入多条命令。各命令间用分号或逗号。
- 命令若以"（英文）分号;"结尾，那么该命令的计算结果只保存于内存，而不在命令窗中显示；如果命令不以"分号;"结尾，那么计算结果不但保存于内存而且显示于命令窗。

（2）输入 M 命令所需的语言环境

使用中文 Windows 平台的用户，要特别注意：

- 除字符串内容和注释文字外，任何可执行命令中的变量、数字、算符、标点都应在"英文、半角"状态下输入。
- 假如在输入的 MATLAB 命令中，包含"中文标点"，那必定导致运行错误。

【例 A3-1】本例演示：在命令窗中输入、运行 MATLAB 命令的完整操作步骤。

1）在"英文、半角"状态下，在命令窗的"提示符 >>"后从键盘输入以下代码（参见图 A1-1）。

```
phi = (1 + sqrt(5))/2
```

2）完成该行输入后，按下电脑键盘上的 [Enter] 键，把命令送给 MATLAB 引擎实施计算。

3）运行结束，在输入命令下方给出运行结果（参见图 A1-1）。

4）计算所得结果 phi 被保存在工作内存中（参见图 A1-1），并可供随时调用。

〖说明〗

- 对输入单条命令或更多条命令，本例所述步骤同样适用。
- 命令窗的大小可通过鼠标拖拉调节，也可通过单击 MATLAB 桌面命令窗右上角的 ⊙ 图标，在弹出的菜单中，选择所需的菜单项实现。

## A.3.2　如何输入数值和定义变量名

（1）常用的数值表达

　　MATLAB 关于实数的表达方式与其他程序语言没有什么区别。但 MATLAB 有其特别之处：MATLAB 的所有运算是定义在复数域上的，而其他程序语言的计算是定义在实数域的。因此，读者要掌握正确的复数输入方法。

　　下面列出 MATLAB 若干常用的数值表达方式：

```
3, -99, 7/3, 0.001, 9.456, +4.5e33          % 实数表述示例
i*0.13e-2, 3+5i, 4-7j, -5/3+i*6/7, 0.11-1j*0.79    % 复数表述示例
```

值得指出：

- 在以上表述中，i 和 j 是 MATLAB 默认的虚单元 $\sqrt{-1}$"。
- 虚单元 i 和 j 与前后数字或算符之间一定不要有空格，以免误读。
- 数值不论采用哪种方式输入，它们经 MATLAB 处理后，都默认地采用 64 比特位存储为双精度浮点数，其相对精度为 $2^{-52}$，即保持 16 位有效数字。

（2）用户变量的命名规则

- 变量名必须是以英文字母为第一字符，最多可含 63 个字符（英文字母、数字和下连符），并且 MATLAB 是区分英文大小写的。例如 abc_12 和 Abc_12 可表示不同的变量名。
- 变量名中不得包含空格、标点、运算符。
- 用户变量名应尽量不同于 MATLAB 自用的变量名（如 eps, pi 等）、函数命令名（如 sin, eig 等），以免导致难以觉察的运行错误。更详细的说明，请见 A3.4 节。

## A.3.3　如何控制双精度浮点数的显示格式

　　在默认情况下，MATLAB 浮点运算产生的结果总是以 64 比特位存储的双精度浮点数。但该双精度数是否显示和如何显示，用户可根据需要加以控制。上节已经讲过，是否显示的控制符是"分号;"，而显示格式的控制命令是 format。以 phi10=10*(1+sqrt(5))/2 命令的运行结果为例，表 A3-1 列出了几种常用格式命令控制下的不同显示。

**表 A3-1    在不同控制格式作用下 phi10 数值显示的对照比较**

| 显示格式命令 | 实例显示 | 说　明 |
|---|---|---|
| format | 16.1803 | 恢复默认设置。它等价于：运行 format short 和 format loose |
| format short | 16.1803 | 最多显示 4 位有效小数 |
| format short e | 1.6180e+01 | 科学记述短形式 |
| format short Eng | 16.1803e+000 | 工程记述短形式 |
| format long | 16.180339887498949 | 定点记述长形式 |
| format long e | 1.618033988749895e+01 | 科学记述长形式 |
| format long Eng | 16.1803398874989e+000 | 工程表述长形式 |

## A.3.4  如何正确地表述复数

与 C、FORTRAN 等程序语言不同，MATLAB 的运算设计在复数域。MATLAB 根据经典数学中的表述习惯，把英文小写字母 i 和 j 默认地被赋值为 $\sqrt{-1}$，即 $i=j=\sqrt{-1}$。换句话说，i 和 j 是 MATLAB 默认的"虚单元"。

基于以上原因，MATLAB 建议用户，不要把 i 和 j 用作 for 循环的循环变量。细心的读者也许已经发现：在本书正文的所有 for 循环中，循环变量只使用 k，m，n 等字母，而不使用 i 或 j。假如把 i 或 j 用作循环变量，会产生什么后果呢？该问题将通过下面示例回答。

【例 A3-2】本例演示：数值和变量的表达；把 i 用作循环变量后所产生的影响；最可靠表达虚单元的方式；如何判断用户变量名是否同名于 MATLAB 专用名（包括自用变量名、函数命令名等）。

1）在命令窗中输入并运行以下命令

```
clear all        % 使内存完全清空，保证读者可重现以下结果
a1=3+5i          % 数字在前，i紧跟其后的虚部表达方式最可靠           <2>
A1=pi/4-j*5/3    % j与*之间即使有空格，运行也正确
```

可显示出

```
a1 =
   3.0000 + 5.0000i
A1 =
   0.7854 - 1.6667i
```

2）再运行一组以 i 为循环指数的 M 码

在命令窗中运行以下命令：

```
p='1';for i=1:6;p=['1+1/(',p,')'];end;p
                        %该行命令的运行，在内存中产生2个变量：i和p   <4>
```

则显出与本书 P6 相同的结果如下：

```
p =
1+1/(1+1/(1+1/(1+1/(1+1/(1+1/(1))))))
```

3）运行以下命令，希望再次生成复数 $3+5i$

```
aa1=3+5i      % 数字后紧接的i，任何时候都被默认作虚单元。结果正确      <5>
aA1=3+1i*5    % 1i在任何情况下都代表虚单元。运算结果正确             <6>
Aa1=3+i*5     % 由于循环结束前i被赋为6，所以Aa1意外地算得33           <7>
```

结果显示为

```
aa1 =
   3.0000 + 5.0000i
aA1 =
   3.0000 + 5.0000i
Aa1 =
    33
```

4）借助 exist 函数命令判断所用变量名是否同名于 Matlab 的专用名

在命令窗运行如下检查命令

```
YNa=exist('aa1','builtin');  %若返回0，aa1就不是 MATLAB 内建函数名    <8>
YNi=exist('i','builtin');    %若返回非0，i则是 MATLAB 内建函数名      <9>
```

可得

```
YNa =
     0
YNi =
     5
```

〖说明〗

- 在 MATLAB 中，有一组如表 A3-2 所列的被赋予特殊值（Special Values）的预定义变量名。i 和 j 就属于这类预定义变量。

- 在第 <4> 行命令中，由于采用 i 为循环变量，所以该循环结束时，i 的数值为 6。这就导致第 <8> 行命令运作的结果为 33。

- 1i 或 1j 是虚单元最可靠的表达方式。采用了这种表达方式，你就可以不必理会 i 或 j 是否被你赋值过。仔细观察本例的命令 <2><5><6>，就不难看出：不管 i 是否被用户重新赋过值，在"数字后紧接 i 或 j"的表述模式中，i 或 j 总能正确地代表虚单元。

- 关于判断命令 exist 的说明：

  为避免预定义变量名、MATLAB 自建函数名被用户变量名"重用"，MATLAB 提供了 exist 判断命令。该命令的应用方式如下：

  - 若用户想采用 UsersName 作为新变量名，那么可借助 exist('UsersName') 格式命令判断"UsersName 是否崭新"。该命令若返回非 0 值，则说明 UsersName 不崭新，而同名于 MATLAB 内存中已有的变量名、MATLAB 自建的预定义表量名和函数名等。

■ 若用户在 MATLAB 内存中创建了 UsersName，那么可借助格式命令 exist( 'UsersName','builtin') 判断"UsersName是否同名于 MATLAB 自建的预定义表量名和函数名"。

表 A3-2    赋予特殊值的预定义变量名

| 预定义变量名 | 默认特殊值 | 预定义变量名 | 默认特殊值 |
|---|---|---|---|
| eps | 浮点数相对精度 $2^{-52}$ | NaN 或 nan | 不是一个数（Not a Number），如 $0/0$、$0*\infty$、$\infty/\infty$ |
| i 或 j | 虚单元 $i=j=\sqrt{-1}$ | | |
| Inf 或 inf | 无穷大，如 1/0 | pi | 圆周率 $\pi$ |
| intmax | 可表达的最大正整数，默认（2147483647） | realmax | 最大正实数，默认 1.7977e+308 |
| intmin | 可表达的最小负整数，默认（-2147483648） | realmin | 最小正实数，默认 2.2251e-308 |

注意：假如本表中的某个预定义变量被用户进行过赋值操作，那么这个变量的默认值将被用户新赋值"临时"覆盖。所谓"临时"是指：假如使用clear命令清除 MATLAB 内存中的该变量，或 MATLAB 命令窗被关闭后重新启动，那么所有的专用变量名将被重置为默认值，而不管这些专用变量名在历史上曾被用户赋过什么值。

## A.3.5   如何正确地理解复数运算结果

本小节将以算例形式，再次强调：MATLAB 的复数域运算特点及影响。

【例 A3-3】本例通过两种方式计算 $\sqrt[3]{-8}$，观察所得方根是否 -2，进而理解 MATLAB 运算设计在复数域的实质。

1）假如读者希望通过运行以下命令求取三次实数根

```
a=-8;          %分号结尾，抑制结果的显示
r_a=a^(1/3)    %该计算表达式怎样求a的3次根?                          <2>
```

结果显示却不是 -2，而是如下复数

```
r_a =
    1.0000 + 1.7321i
```

2）假如读者想获得 $\sqrt[3]{-8}$ 的全部方根，请运行以下命令

```
p=[1,0,0,-a];  %p以降幂次序记述多项式p(r)=r³-a的系数行数组        <3>
R=roots(p)     %求多项式p(r)=r³-a=0的根
```

就获得如下全部方根

```
R =
   -2.0000 + 0.0000i
    1.0000 + 1.7321i
    1.0000 - 1.7321i
```

〖说明〗

● 只有在实数域中讨论时，$\sqrt[3]{-8}=-2$ 才能被认为是正确的。在复数域中，$\sqrt[3]{-8}$ 对应着复平面上的三个根（见命令 <3> 的运行结果）。而命令 <2> 所给出的是 $\sqrt[3]{-8}$ 所对应的复平面第一象限的根，也称"主根"。

- 本例要强调的是：MATLAB 运算是定义在"复数域"上的。这是 MATLAB 与其他经典程序语言 C、FORTRAN 等的根本区别之一。在编程时，读者应充分注意该特点。

### A.3.6 如何清空窗口、内存和恢复默认设置

在使用 MATLAB 的过程中，命令窗中可能会写满许多曾输入过的命令和运行后的显示结果，图形窗中可能留有修改了某些默认设置的图形，在内存中可能会有不需要的变量、函数以及假设等。这些历史遗留，或影响观感，或误导其后命令运行，甚或导致难以察觉的运行后果，因此需要在运行过程中进行清空命令窗、图形窗、内容，恢复默认设置等操作。

为清窗和恢复默认设置，MATLAB 提供了交互和命令两类操作方式：

- 交互操作方式是借助 MATLAB 工作界面的一些工具图标、工具菜单实现的。这种操作直观简单，适宜于用 MATLAB 进行试探性、调试性工作的阶段，但不能应用于自动执行的程序之中。
- 命令操作方式是借助如表 A3-3 所列的专用命令实施的。命令法的历史悠久、适应性强，可用于自动执行的程序中。

表 A3-3 常用的清窗、清内存、恢复默认设置命令

| 命令格式 | 功 用 | 参考页码 |
|---|---|---|
| clc | 清空命令窗 | 291, 371, 372, 374 |
| clear | 清空内存中所有变量 | 350, 351, 362, 381, 383, 384, 386 |
| clear all | 清除内存中所有变量；<br>清除所有此前产生的编译脚本、函数；<br>清除所有关于符号变量的限制性假设 | 348, 383, 386 |
| clear x1 x2 | 清除内存中名为 x1、x2 的变量 | 383, 385 |
| clf | 清空已有图形窗；<br>或开启新的空白图形窗 | 164, 358, 372, 374 |
| clf reset | 清空已有图形窗；<br>并使其恢复除位置、单位外的所有默认设置 | 15, 16, 33, 116, 351 |
| rng('default') | 恢复全局随机流的默认设置 | 360, 362 |

## A.4 数组及其运算

在我国，最早由数学界明确地把"Matrix（Vector）"翻译成"矩阵（向量）"，并由此影响于整个学术和教学界。在我国，术语"矩阵（向量）"总与线性方程求解、向量空间、空间变换等相联系。定义在"矩阵（向量）"上的"加"及"乘"运算规则总是要求"矩阵规模相同"及"矩阵内维规模相同"。而"Array"被翻译成"数组"早期多见于计算机文献，"数组"只与数据的存储、援引等操作有关。由于经典的 FORTRAN、C 等程序语言中，只有一组定义在标量形态上的代数运算符和函数，矩阵、向量运算都是依靠定义在循环体内的标量运算实现的，因此

在涉及经典语言编程的数学计算科技文献翻译中，"矩阵（向量）"与"数组（行或列数组）"术语间的区分是自然而清晰的。

然而，在本书英文原版和 MATLAB 英文帮助文档中，"Matrix（Vector）"具有比较宽泛的涵义。在不同的场合，"Matrix（Vector）"有时其涵义对应中文的"矩阵（向量）"，而有时又对应中文的"二维数组（行或列数组）"。在英语语境中，这种表述并不会导致读者理解困难，而反倒体现了 Cleve Moler 以及他所创立的 MATLAB 的独特风格——不以"标量"为运算单元，而以"数组"或"矩阵"为运算单元。

考虑到我国学术和教学语境中的"矩阵（向量）"和"数组（行或列数组）"术语的涵义差别，本中译版将英文原版中使用在"对应元素间执行同一种代数运算"场合的"Matrix（Vector）"翻译成"数组（行或列数组）"。

为使读者更好地理解本书及 MATLAB 中所特有的两套运算体系"定义在数组上的算符、函数"和"定义在矩阵上的算符和函数"，也为帮助拥有"标量编程经验"的读者，更好地应用 MATLAB 的这两套运算体系，编写出简明有效的 M 程序，特设 A4 和 A5 两节。

## A.4.1  数组结构和元素标识

MATLAB 的 $K$ 维"数组（Array）"概念是指：沿行、列、页等 $K$ 个"方向"、呈"超长方体"形式、编排在一起的数据集合。而行、列、页等 $K$ 个排列方向分别被称做行维、列维、页维，直至第 $K$ 维。二维、三维数组在实际中应用较多。而其中尤以二维数组最为基础和常用。三维数组可以看作是由若干同规模二维数组沿页维方向排放而成。

（1）数组规模及由此引出的相关术语

数组沿某维度（dimension）排放的元素总数，称为该维度的规模（size）。所有维度规模的集合，构成数组规模（size of arrays）。

MATLAB 中的 $K$ 维数组可记述为 $A_D$。其中 $D = d_1, \times d_2 \times \cdots \times d_k$，$d_k$ 是数组在第 $K$ 维度上的规模，且 $\{d_k = 0, 1, 2, \ldots \mid K = 1, 2, \ldots, K\}$。

三维数组可用 $A_{M \times N \times K}$ 记述，$M$、$N$、$K$ 分别表示三个维度的规模。三维数组的应用虽不如二维数组那样广泛，但在多元数据采集、多元统计、复杂姿态参数等方面也不少见。如本书正文 P310 的男女行走步态模型，就使用三维数组 F、M。

二维数值数组最常用。下面采用图 A4-1 解释：数组结构、维度、规模和全下标序号标识。

- $A_{M \times N}$ 是行、列规模分别为 $M$、$N$ 的二维数组（Aaary）。在有些场合被称为矩阵（Matrix）。就数据的排列、标识和存放而言，二维数组和矩阵这两者没有任何区别。

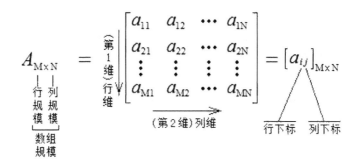

图 A4-1 二维数组的结构及相关术语

- 行数组（row array）：行规模为 1 的二维数组。如 $A_{1 \times N}$ 表示有 N 个元素的行数组，或称为行向量（row vector）。
- 列数组（column array）：列规模为 1 的二维数组。如 $A_{N \times 1}$ 表示有 N 个元素的列数组，或称为列向量（column vector）。
- 标量（scalar）：行、列规模均为 1 的二维数组。如 $A_{1 \times 1}$ 就是标量。
- 空数组（empty array）：
  - 至少有一个维规模为 0 的数组。如 $A_{0 \times N}$、$A_{N \times 0}$、$A_{0 \times 0}$ 都表示二维空数组（或称空阵）。
  - 表示空阵的最常用 M 码是 [ ]。
  - [ ] 空阵可用于缩减数组的规模。示例见本书 P34。
  - [ ] 空阵可用于为循环中规模不定的二维数组进行预定义。示例见本书 P50。
  - [ ] 空阵用作 Matlab 函数的输入量时，表示采用该函数内定的默认参数。示例见本书 P205。
  - [ ] 空阵可用于表示某种特殊情况。示例见本书 P215。

（2）获取数组结构参数的 M 命令

Matlab 提供了获取数组结构参数的以下命令。它们主要应用于编写的 M 程序中。从交互操作角度说，Desktop 界面的工作内存窗则更便于观察数组结构。

| | |
|---|---|
| Nd=ndims(A) | 获知数组 A 的维度数目 Nd |
| S=size(A) | 获知数组 A 各维度的规模 S |
| Snd=size(A, nd) | 获知数组 A 第 nd 维度的规模 Snd |
| L=length(A) | 获知数组 A 的（所有维度规模中的最大值）长度 L |
| Ne=numel(A) | 给出数组 A 所含元素的总数目 Ne |

（3）数组元素的标识

标识数组元素最常见方法有：全下标标识、单序号标识以及逻辑数标识。与 C、FORTRAN 等程序语言不同，Matlab 的三种标识方法都可以标识、援引子数组，而不仅仅是单个元素。

- 全下标（Subscripts）标识
  - 标识方法：各下标用"正整数"序号数组或"冒号"标识。例如 A(2,5) 表示二维数组 A 第 2 行第 5 列元素；而 A(:,2) 表示 A 数组第 2 列的全部元素。正文示例见 P23、P51、P58、P158、P170、P311 等。
  - 可标识任何矩形子数组。如 A([2,3],[1,5]) 标识由 A 数组在第 2、3 行第 1、5 列上的四个元素构成的子数组。正文示例见 P63、P158等。
- 单序号（Single Index）标识
  - 标识方法：以二维数组为例，沿列维把各列自左至右首尾相接成为长串，然后再自上而下编序。例如对于 $A_{3\times5}$ 数组而言，A(7) 就表示第 4 个元素，其全下标形式为 A(1,3)。
  - 可标识由任意几何位置上任意个元素构成的子数组。如 A([2,7,15]) 就表示由 A(1,2)、A(1,3)、A(3,5) 三个元素构成的子数组；而 A(:) 表示排成长串的 A 数组元素全体。正文示例见 P168、P204、P257等，或参见 P357本附录 A 中例 A4-1 中的 M 码。
  - 当采用由单序号构成的序号数组 K，运用 B=A(K) 命令，由已知 A 数组产生新数组 B 时，新数组元素 B(i) 一定等于 A(K(i))，而新数组 B 的规模一定等于序号数组 K 的规模，即 size(B) 与 size(K) 相同。值得指出：序号数组 K 的规模与数组 A 的规模完全无关。例如当 A 为 $(1\times n_A)$ 的行数组时，序号数组 K 可以设计成 $(1\times n_K)$ 的行数组，由 B=A(K) 所生成的数组也必定是 $(1\times n_K)$ 行数组，且 B(i)=A(K(i))。注意：设计序号数组 K 时，一定要保证 $K(i)\in[1,2,\cdots,n_A]$。相关示例见 P103第 3.2 节中的 piecelin.m 文件。
- 逻辑数组（Logical Array Index）标识
  - 标识方法：采用 A(L) 格式命令。在此，L 必须是规模与 A 相同的逻辑数组（如本附录 A4.3 节 ZA0401_2.m 文件中的 L1、L2、L3 就是这种数组）。L 数组中的各元素，或是逻辑"1"，或是逻辑"0"。那些取值为 1 元素就标识了对应的 A 数组元素。（参见本附录 A4.3 节 ZA0401_2 函数中第 <10><11><12> 行的 M 码。）
  - 可用于程序中，据逻辑、关系自动援引符合条件的数组元素。（参见本附录 A4.3 节 ZA0401_2 函数。）

### A.4.2  数组运算通则

前小节简述了 MATLAB 独特的数据组织形式"数组"。本小节将概括地介绍建立在数组基础上的、独特的 MATLAB 算符和函数所执行的数组运算（Array Operations）。这种独特的数组运算将大大减少 M 编程中的"标量循环＋条件分支"结构，使得 M 码更加简洁易读。

（1）算符的数组运算规则

出于叙述简洁考虑，以下讨论以二维数组为例展开，但所得结论适用于任何 $K$ 维数组。此外，在算符通则表述中，采用 # 作为通则符，用于统一地代表表 A4-1 所列的 MATLAB 实际算符，如加、乘、大于、小于、与、或等。

表 A4-1　服从算符数组运算通则的 MATLAB 实际算符

| 算术运算 (Arithmetic Operations) | 算符 | + | - | .* | .\ 或 ./ | .^ |
|---|---|---|---|---|---|---|
| | 名称 | 加 | 减 | 数组乘 | 数组左除或数组右除 | 数组幂 |
| 关系运算 (Relational Operations) | 算符 | > | < | >= | <= | == | ~= |
| | 名称 | 大于 | 小于 | 大于等于 | 小于等于 | 等于 | 不等于 |
| 逻辑运算 (Logical Operations) | 算符 | & | | | ~ | | xor |
| | 名称 | 与 | 或 | 非 | | 异或 |

- 算符的数组运算通则一：两个同规模数组 $A_{m \times n} = [a_{ij}]_{m \times n}$ 和 $B_{m \times n} = [b_{ij}]_{m \times n}$ 间的算符运算体现为，对应元素标量间同时、并行执行该算符运算。

$$D_{M \times N} = A_{M \times N} \# B_{M \times N} \Leftrightarrow [d_{ij}]_{M \times N} = [a_{ij} \# b_{ij}]_{M \times N}$$

- 算符的数组运算通则二：标量 $a$ 与数组 $B_{m \times n} = [b_{ij}]_{m \times n}$ 之间的算符运算体现为，标量与 $B$ 每个元素间同时、并行执行该运算。

$$D_{M \times N} = a \# B_{M \times N} \Leftrightarrow [d_{ij}]_{M \times N} = [a \# b_{ij}]_{M \times N}$$

和

$$D_{M \times N} = B_{M \times N} \# a \Leftrightarrow [d_{ij}]_{M \times N} [b_{ij} \# a]_{M \times N}$$

（2）各种数组运算符的优先次序

在由各种数组运算符构成的混合表达式中，各种算符的运算优先级别如表 A4-2 所列。当然，像普通数学表达式那样，使用"圆括号（Parentheses）"可以改变运算的优先次序。

表 A4-2　在混合表达式中各种算符执行的优先次序分级表

| | | 优先级别下降方向 →→ | | |
|---|---|---|---|---|
| 优先级别下降方向 | 代数运算 | ^ | *、/、\ | +、- |
| ↓ | 关系运算 | ==、~= | >、>=、<、<= | |
| ↓ | 逻辑运算 | ~ | & | | |

（3）函数的数组运算规则

在 MATLAB 中，如表 A4-3 所列的许多 M 函数都是遵循如下"函数的数组运算通则"设计的。这意味着：函数 $f(\bullet)$ 对数组的作用体现为，该函数对数组每个元素同时、并行地实施运算，即

$$F_{m \times n} = f(A_{m \times n}) = [f(a_{ij})]_{m \times n}$$

表 A4-3    服从数组运算通则的 MATLAB 函数

| 分　类 | | M 函数名称 |
|---|---|---|
| 三角函数<br>（Trigonometry） | 弧度单位 | sin, cos, tan, cot, sec, csc,<br>asin, acos, atan, acot, asec, acsc |
| | 度数单位 | sind, cosd, tand, cotd, secd, cscd,<br>asind, acosd, atand, acotd, asecd, acscd |
| | 双曲类 | sinh, cosh, tanh, coth, sech, csch,<br>asinh, acosh, atanh, acoth, asech, acsch |
| 指数函数<br>（Exponential） | | exp, expm1,<br>log, log10, log2, log1p, reallog,<br>nexpow2, pow2, realpow,<br>sqrt, realsqrt, nthroot |
| 复函数<br>（Complex） | | abs, angle,<br>real, imag, conj,<br>sign, unwrap |
| 圆整求余函数<br>（Rounding and Remainder） | | ceil, fix, floor, idivide, mod, rem, round |
| 特殊函数<br>（Special Functions） | | airy, besselh, besseli, beta, ellipj, erf, erfinv,<br>gamma, gammaln, psi |
| 数据类型转换函数<br>（Conversion Function） | | char, double, int2str, int8, int16, num2str, uint8, uint16 |

## A.4.3　哪类标量循环应被数组运算替代

本节将以示例形式叙述：数组运算如何使用及其对编程的影响。通过该例，可以看到 MATLAB 的数组运算符和函数的应用，不仅使程序可读性强而简短，而且避免了耗费计算资源较多的"循环"和"条件分支"结构。

【例 A4-1】采用两种模式编写 2 个 M 函数文件，计算下列多域函数 $z(x,y)$ 在 $|x| \leqslant a, |y| \leqslant b$ 区间上的函数值；比较 2 个 M 函数文件的计算结果；绘制如图 A4-2 所示的 $z(x,y)$ 曲面图。

$$z(x,y) = \begin{cases} 0.546e^{-0.75y^2-3.75x^2+1.5x} & x+y \leqslant -1 \\ 0.758e^{-y^2-6x^2} & -1 < x+y \leqslant 1 \\ 0.546e^{-0.75y^2-3.75x^2-1.5x} & x+y > 1 \end{cases}$$

1）采用传统的"标量运算"模式编写计算分域函数值的 M 函数文件

```
function Z=ZA0401_1(x,y)
% ZA0401_1        采用传统"标量循环+条件分支"结构，计算分域函数值
% x, y           函数自变量行数组
% Z              自变量矩形采样点对应的函数值
M=length(x);            %x数组的长度
N=length(y);            %y数组的长度
Z=zeros(N,M);           %预定义函数值数组，可减少计算时间的开销
for jj=1:M
```

```
    for ii=1:N
        if  x(jj)+y(ii)<=-1
            Z(ii,jj)=0.546*exp(...              %末尾的3个小黑点是续行号
                -0.75*y(ii)^2-3.75*x(jj)^2+1.5*x(jj));
        elseif -1<x(jj)+y(ii)&&x(jj)+y(ii)<=1
            Z(ii,jj)=0.758*exp(-y(ii)^2-6*x(jj)^2);
        else
            Z(ii,jj)=0.546*exp(...
                -0.75*y(ii)^2-3.75*x(jj)^2-1.5*x(jj));
        end
    end
end
```

2）采用"数组运算"模式编写计算分域函数值的 M 函数文件

```
function Z=ZA0401_2(x,y)
% ZA0401_2       采用数组运算，计算分域函数值
% x, y          函数自变量行数组
% Z             自变量矩形采样点对应的函数值
[X,Y]=meshgrid(x,y);%生成自变量矩形数组
L1=X+Y<=1;           %由"代数、关系"运算，生成逻辑标识数组L1          <6>
L2=-1<X+Y&X+Y<=1;    %由"代数、关系、逻辑"运算，生成逻辑标识数组L2     <7>
L3=1<X+Y;            %由"代数、关系"运算，生成逻辑标识数组L3          <8>
Z=zeros(size(X));    %为使以下命令正常运行，必须预配置数组Z           <9>
Z(L1)=0.546*exp(-0.75*Y(L1).^2-3.75*X(L1).^2+1.5*X(L1));            %<10>
Z(L2)=0.758*exp(-Y(L2).^2-6*X(L2).^2);  %注意数组算符的使用          <11>
Z(L3)=0.546*exp(-0.75*Y(L3).^2-3.75*X(L3).^2-1.5*X(L3));            %<12>
```

3）计算结果比较

在确保函数文件 ZA0401_1.m 和 ZA0401_2.m 在 MATLAB 当前文件夹或搜索路径上的前提下，运行以下 M 码。

```
a=1;b=3;               %指定自变量范围
x=-a:0.1:a;y=-b:0.2:b; %形成自变量采样行数组
Z1=ZA0401_1(x,y);      %调用"标量运算"模式编写的M函数计算函数值
Z2=ZA0401_2(x,y);      %调用"数组运算"模式编写的M函数计算函数值
E12=max(abs(Z1(:)-Z2(:))) %在此的冒号:表示把所有元素排成一长列，
                          %先算对应元素差，再从绝对值中取出最大者
```

可得

```
E12 =
    0
```

4）函数图形绘制

```
clf                              %清空当前图形窗
surf(x,y,Z2)                     %画函数曲面
view([38,32])                    %设置观察视点
xlabel('x'),ylabel('y'),zlabel('z')        %标识坐标轴名称
axis([-a,a,-b,b,min(min(Z1)),max(max(Z1))]) %设置坐标轴范围
colormap(flipud(summer))     %采用倒置的summer色图给曲面上色
set(gcf,'Color','white')     %把当前图形背景色设置为白色
```

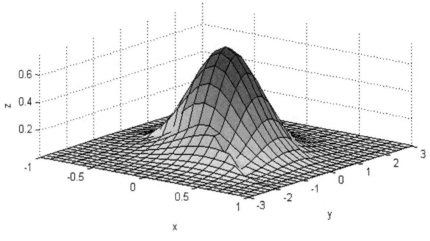

图 A4-2    分域函数曲面

〖说明〗

- 本例的演示表明：
  - 假如数据集的每个数据需要进行完全相同的代数和数学函数运算，那么该数据集就应使用"数组运算"模式编程的 M 码处理，而不应使用烦琐、费时的"标量运算"模式编程处理。
  - 假如数据集需根据不同条件划分为若干个子集，那么以数组为运算单元的 MATLAB "代数、关系、逻辑"混合运算生成的"逻辑标识数组"，可实现这种子集划分。
- ZA0401_2.m 第 <6><7><8> 行命令，经数组代数、关系、逻辑运算后，生成 3 个逻辑数组 L1、L2、L3。每个数组中所包含的逻辑 1 元素的位置，标识了 3 个分域中的数据位置。它们进而保证了，第 <10><11><12> 行命令中的运算将分别对各分域数据执行。
- 对于本例而言，按"标量运算"模式编写的 A0401_1.m 是不鼓励使用的。这是因为对于"解释执行"程序语言 MATLAB 来说，大量的循环太消耗计算机资源。在处理数据量较大时，尤其应该避免使用不必要的循环和条件分支结构。
- 值得指出：事实上，并不是所有类型的循环都可以被数组运算所替换。

比如在循环处理数据本身是"标量"的、循环前后步之间存在递推关系的、循环内应用的函数命令本身不接受数组的场合，那些循环也许不宜或不可能被数组运算替代。本书正文中的许多 M 函数文件，如 goldfract.m、fibonacci.m、lutx.m 等就是必须采用 for 循环的例证。

# A.5 矩阵及其运算

## A.5.1 矩阵和数组的异同

在不涉及运算性质的场合，MATLAB 中的二维数组和矩阵无需严格区分，无论是名称还是符号记述都可以混用。设立本节的目的是：帮助读者理清两者在"代数结构"、"概念来源及背景"和诸如"维数"术语等方面的差异（见表 A5-1）。

表 A5-1　矩阵与数组异同对照表

| | | 数　组 | 矩　阵 |
|---|---|---|---|
| 代数结构 | | $< C^S, +, .* >$ 复数集合 $C^S$ 上的 $K$ 维数组域 | $< C^{M \times N}, +, * >$ 复数集合 $C^{M \times N}$ 上的阿贝尔群；$< C^{N \times N}, +, * >$ 复数集合 $C^{N \times N}$ 上的环 |
| 记述方式 | | $A_S = [a_{i_1 \cdots i_K}]_S \in C^S$ $S = d_1 \times d_2 \times \cdots d_K,\ K \geqslant 2;$ $a_{i_1 \cdots i_K}$ 表示数组元素 | $\boldsymbol{A}_S = \boldsymbol{A}_{M \times N} = [a_{ij}]_{M \times N} \in C^{M \times N}$ $S = d_1 \times d_2 = M \times N,\ K = 2;$ $a_{ij}$ 表示矩阵元素 |
| 元素排列结构 | | 维度 $K \geqslant 2$ 的"超"长方体 | $M$ 行 $N$ 列的矩形阵列 |
| | | 矩阵的形状、元素标识、寻访、存储方式等都与维度 $K = 2$ 的数组相同 | |
| 概念来源和背景 | | 数据采集、存储、分析；软件程序表述、处理单元；MATLAB 存储、运算的基本单元 | 线性代数，$\boldsymbol{A}_{M \times N} \boldsymbol{x} = \boldsymbol{b}$；空间变换，$\boldsymbol{x} \in C^N \xrightarrow{\boldsymbol{A}_{M \times N}} \boldsymbol{b} \in C^M$；向量空间，$span\{\boldsymbol{A}_{M \times N}\} \in C^{M \times N}$ |
| 维的含义 | | 数组"维度"指元素排放的"行、列、页"等几何方向 | 从元素排列角度说，矩阵是二维数组 |
| | | | 从变换角度说，矩阵 $\boldsymbol{A}_{M \times N}$ 体现 $N$ 维空间到 $M$ 维空间的映射 |
| | | | 从空间角度说，$span\{\boldsymbol{A}_{M \times N}\}$ 张成 $(M \times N)$ 维向量空间 |
| 算法定义 | 加法 | $A_S + B_S = [a_{i_1 \cdots i_K} + b_{i_1 \cdots i_K}]_S;$ 满足结合律、分配律、交换律 | $\boldsymbol{A}_{M \times N} + \boldsymbol{B}_{M \times N} = [a_{ij} + b_{ij}]_{M \times N};$ 满足结合律、分配律、交换律 |
| | | $a + B_S = [a + b_{i_1 \cdots i_K}]_S;$ 满足结合律、分配律、交换律 | 没有定义 |
| | 乘法 | $A_S .* B_S = [a_{i_1 \cdots i_K} * b_{i_1 \cdots i_K}]_S;$ 满足结合律、分配律、交换律 | $\boldsymbol{A}_{M \times p} * \boldsymbol{B}_{p \times N} = [\sum_{k=1}^{p} a_{ik} * b_{kj}]_{M \times N};$ 满足结合律、分配律；不满足交换律；所得积矩阵的规模一般地不同于乘子矩阵 |
| | | $a .* B_S = [a * b_{i_1 \cdots i_K}]_S;$ 满足结合律、分配律、交换律 | $a * \boldsymbol{B}_{M \times N} = [a * b_{ij}]_{M \times N};$ 等同于"标量与数组相乘" |

【例 A5-1】演示：数组乘与矩阵乘，数组幂与方阵幂的不同。

1）试验用数据的准备

运行以下命令：

```
rng('default')                    %为保证本例随机数据可重现
A=reshape(1:6,2,3),B=randn(2,3),C=B';    %创建和显示试验矩阵
```

可建立试验用数组

```
A =
     1      3      5
     2      4      6
B =
     0.5377    -2.2588     0.3188
     1.8339     0.8622    -1.3077
```

2）观察"数组乘"与"矩阵乘"的不同

　　运行以下命令：

```
AdotmB=A.*B            %两个同规模数组的对应元素相乘
AmB=A*C                %两个内维相同的矩阵相乘
```

获得两种乘运算的不同结果：

```
AdotmB =
     0.5377    -6.7765     1.5938
     3.6678     3.4487    -7.8461
AmB =
    -4.6450    -2.1180
    -6.0475    -0.7297
```

3）观察"标量的数组幂"和"标量的方阵幂"的不同

　　运行以下命令：

```
p2dotAmB=2.^AmB    %标量的数组幂是变量与数组各元素幂构成的数组
p2AmB=2^AmB        %只有"标量的方阵幂"，没有"标量的一般矩阵幂"
```

产生如下结果：

```
p2dotAmB =
     0.0400     0.2304
     0.0151     0.6030
p2AmB =
     0.6893    -0.6789
    -1.9385     1.9444
```

## A.5.2　矩阵算符和矩阵函数

　　为了避免"标量循环"和"复数矩阵的虚、实分部"编程，Matlab 设计了一组独特的矩阵运算符和矩阵函数。

（1）矩阵运算符

　　除加减运算以及有标量参与的乘运算外，矩阵的乘、除、幂运算规则和数组运算完全不同。为此，MATLAB 设计了如表 A5-2 所列的一组矩阵运算符。

　　用户借助这套运算符，就可简单快捷地实施复数矩阵运算。运用 MATLAB 矩阵运算符，就不必像其他程序语言那样采用"标量循环"实施矩阵运算，也不必像其他程序语言那样"需对矩阵的实部和虚部分别进行运算"。

表 A5-2　MATLAB 独特的矩阵运算符及其含义

| 矩阵运算名称 | | 算　符 | 运算规则 |
|---|---|---|---|
| 乘 | 标量与矩阵乘 | * | M 码 a*B 给出，$a * \boldsymbol{B}_{M \times N} = [a * b_{ij}]_{M \times N}$ 该运算规则与"标量与数组乘"相同 |
| | 矩阵与矩阵乘 | | M 码 A*B 给出，$\boldsymbol{A}_{M \times p} * \boldsymbol{B}_{p \times N} = [\sum\limits_{k=1}^{p} a_{ik} * b_{kj}]_{M \times N}$ |
| 除 | 左除或右除 | \ 或 / | M 码 X=A\B 给出恰定方程 $\boldsymbol{A}_{N \times N} \boldsymbol{X} = \boldsymbol{B}$ 的解 |
| | | | M 码 X=A/B 给出恰定方程 $\boldsymbol{X} \boldsymbol{A}_{N \times N} = \boldsymbol{B}$ 的解 |
| | | | M 码 x=A\b 给出超定方程 $\boldsymbol{A}_{M \times N_{M>N}} \boldsymbol{x} = \boldsymbol{b}$ 的最小二乘解 |
| | | | M 码 x=A\b 给出欠定方程 $\boldsymbol{A}_{M \times N_{M<N}} \boldsymbol{x} = \boldsymbol{b}$ 的最小二乘基础解 |
| 幂 | 标量为底的方阵指数 | ^ | M 码 D=b^A 给出，$\boldsymbol{D} = b \wedge \boldsymbol{A} = \boldsymbol{Q} \cdot diag(b^{\lambda_1}, \cdots, b^{\lambda_N}) \cdot \boldsymbol{Q}^{-1}$，若 $\boldsymbol{A} = \boldsymbol{Q} \cdot diag(\lambda_1, \cdots, \lambda_N) \cdot \boldsymbol{Q}^{-1}$ 且特征根各异 |
| | 方阵底的标量指数 | | M 码 D=A^b 给出，$\boldsymbol{D} = \boldsymbol{A} \wedge b = \boldsymbol{Q} \cdot diag(\lambda_1^b, \cdots, \lambda_N^b) \cdot \boldsymbol{Q}^{-1}$，若 $\boldsymbol{A}_{N \times N} = \boldsymbol{Q} \cdot diag(\lambda_1, \cdots, \lambda_N) \cdot \boldsymbol{Q}^{-1}$ 且特征根各异 |

（2）矩阵函数

　　在微分方程的解算和动态性状分析中，常常需要计算表 A5-3 所列的矩阵指数函数、对数函数等。

　　为强调矩阵函数数学含义与相近名称的数组函数的本质不同，表 A5-3 给出了关于矩阵函数的一种局限性较大的数学解释。应当指出：表中所给解释，并不是 MATLAB 计算矩阵函数所实际采用的算法。

表 A5-3　MATLAB 的矩阵代数函数及运算规则

| 分　类 | 函数名称 | 举　例 | |
|---|---|---|---|
| | | M 码 | M 码的数学内涵简述 |
| 专用矩阵函数 | 矩阵指数函数 | expm(A) | $e^{\boldsymbol{A}} = \boldsymbol{X} \cdot diag(e^{\lambda_1}, \cdots, e^{\lambda_N}) \cdot \boldsymbol{X}^{-1}$ |
| | 矩阵对数函数 | logm(A) | $\ln \boldsymbol{A} = \boldsymbol{X} \cdot diag(\ln \lambda_1, \cdots, \ln \lambda_N) \cdot \boldsymbol{X}^{-1}$ |
| | 矩阵平方根函数 | sqrtm(A) | $\boldsymbol{A}^{\frac{1}{2}} = \boldsymbol{X} \cdot diag(\lambda_1^{\frac{1}{2}}, \cdots, \lambda_N^{\frac{1}{2}}) \cdot \boldsymbol{X}^{-1}$ |
| 通用矩阵函数 | | funm(A,Hfun) | $f(\boldsymbol{A}) = \boldsymbol{X} \cdot diag(f(\lambda_1), f(\lambda_2), \cdots, f(\lambda_N)) \cdot \boldsymbol{X}^{-1}$ |

## A.5.3　矩阵运算为何应摒弃标量循环

　　本节将以算例形式，展示 MATLAB 矩阵算符编程的简明、运行的快捷，强调在 MATLAB 中应摒弃那种"实数标量循环"的编程习惯。

【例 A5-2】分别采用"实数标量循环"法和 MATLAB 专用矩阵算符，计算两个复数矩阵 $\boldsymbol{D} = \boldsymbol{A}_{100 \times 300} \boldsymbol{B}_{300 \times 200}$ 的乘积。

1）采用"实数标量循环"编写计算复数矩阵乘积的 M 函数

两个复数矩阵的乘积可写为

$$D = AB = (A_R + jA_I)(B_R + jB_I) = (A_R B_R - A_I B_I) + j(A_R B_I + A_I B_R)$$

$$d_{ij} = d_{Rij} + jd_{Iij} = \sum_{k=1}^{p} (a_{Rik} b_{Rkj} - a_{Iik} b_{Ikj}) + j \sum_{k=1}^{p} (a_{Rik} b_{Ikj} + a_{Iik} b_{Rkj})$$

因此，当按传统编程语言习惯，把"实数标量"看成是运算基本单元时，为实现复数矩阵相乘，必须把复数运算分成实、虚两部后，分别采用循环结构进行。以下是按"实数标量循环"模式编写的 M 函数。

```
function D=ZA0502_1(A,B)
%D=ZA0502_1(A,B)采用传统"实数标量循环"法计算两个复数矩阵的乘积
%A、B              参与乘运算的两个矩阵。注意：A阵的列数必须等于B阵的行数
%D                复数乘积矩阵

[m,p]=size(A);    %获取A阵的行数m、列数p
[q,n]=size(B);    %获取B阵的行数q、列数n
if p~=q           %检查两个输入矩阵是否满足相乘条件
   error('A阵的列数不等于B阵的行数，所以A不能与B相乘！')
end
for ii=1:m
      for jj=1:n
            wr=0;wi=0;
            for k=1:p
                wr=wr+real(A(ii,k))*real(B(k,jj))...
                    -imag(A(ii,k))*imag(B(k,jj));
                wi=wi+real(A(ii,k))*imag(B(k,jj))...
                    +imag(A(ii,k))*real(B(k,jj));
            end
            D(ii,jj)=wr+j*wi;
      end
end
```

2）"实数标量循环" M 函数和 MATLAB 矩阵算符运行效率的比较

在运行以下文件前，注意确保证 ZA0502_1.m 和 ZA0502.m 文件在 MATLAB 当前文件夹或在 MATLAB 搜索路径上。

```
%ZA0502.m   矩阵乘算符与传统"实数标量循环"编程的运算效率比较
clear
rng('default')          %采用随机发生器默认状态，保证随机矩阵与本例相同。
A=randn(100,300)+1j*randn(100,300); %生成(100×300)复数矩阵A
```

```
B=randn(300,200)+1j*randn(300,200); %生成(300×200)复数矩阵B
tic                    %启动秒表计时器
Dc=ZA0502_1(A,B);      %传统"实数标量循环"法计算Dc
Tc=toc;                %中止计时器，记录"循环"法的计算耗时
tic
Dm=A*B;                %"MATLAB乘算符"计算Dm
Tm=toc;                %记录"MATLAB乘算符"的计算耗时
RE=abs((Dm-Dc)./Dm);   %两结果矩阵Dm和Dc各元素间的相对误差阵RE
re=max(RE(:))          %找RE全部元素中的最大值，即元素间最大相对误差re
tcm=Tc/Tm              %"循环"法与"MATLAB乘算符"法的耗时比
```

在命令窗中运行的结果是

```
re =
    3.3445e-14
tcm =
    1.4332e+03
```

〖说明〗
- 在 MATLAB 中实施矩阵运算，应该使用 MATLAB 专门提供的"矩阵算符"和"矩阵函数命令"，千万不要沿袭"实数标量循环"的编程模式。
- 尽管矩阵与二维数组在形式上相同，但除"加、减"运算外，矩阵算符与数组算符的功用完全不同。千万不要混淆。
- 顺便指出：当运算量确实是"标量"时，数组运算符和矩阵运算符没有任何区别，数组函数和矩阵函数没有任何区别。

# A.6　M 泛函和函数句柄

无论在 MATLAB 基本函数库中，还是在 MATLAB 的各种工具包中，都包含许多 M 泛函文件。它们或用于计算在某一区间、区域上的函数定积分，或用于解算某个时段里的微分方程，或用于寻找在某一范围里的函数极值点，或用于研究某控制系统的时域特性，或研究某滤波器的频域特性等。

在本书正文的不同章节中，M 泛函、目标函数、调用格式、参数值传递等也被多次涉及，若干借用独立节次完整叙述的示教文件也都是 M 泛函。

鉴于 M 泛函的广泛性和重要性，特设此节。

## A.6.1　M 泛函及常见命令

（1）M 泛函是什么

在 MATLAB 中，凡采用匿名函数、函数句柄、嵌套函数等为输入量的 M 函数，就称为 MATLAB 泛函（MATLAB Function Functions），简称 M 泛函。这种泛函所处理的 M 函数，则被称为泛涵的目标函数，且通常被放置于泛函命令的第一输入量

位置。

目标函数通常在 M 泛函设置的某个自变量区间上被运算或处理。比如在积分泛函命令中,目标函数就是用于表述被积数学函数的;在微分方程解算泛函命令中,目标函数用于表述被解微分方程;在优化泛函命令中,目标函数用于表述被优化的数学函数;在便捷绘图命令中,目标函数表述的是待绘图的数学函数。

(2)常见 M 泛函的具体命令名称

MATLAB 基础函数库中的 M 泛函,或为解决比较复杂问题而设计,或为使程序较为通用而编写。表 A6-1 列出了 MATLAB 基础函数库中最常见 M 泛函。而表 A6-2 则列出了本书示教用的 M 泛函的具体调用格式。相关示教 M 泛函可以从与本书适配的 NCM 文件夹上找到。

表 A6-1    MATLAB 中最常见 M 泛函的具体命令名称

| M 泛函分类 | | 具体命令名称 |
|---|---|---|
| 定积分计算命令 | | integral,integral2,integral3,quadgk, quad2d,quad,quadl,dblquad |
| 微分方程解算命令 | 常微分方程初值问题 | ode45,ode23,ode113,ode15s,ode23s, ode23t,ode23tb |
| | 常微分方程边值问题 | bvp4c,bvp5c |
| | 时滞微分方程问题 | dde23,ddesd,ddensd |
| | 偏微分方程问题 | pdepe |
| 优化命令 | | fminbnd,fminsearch,fzero,lsqnonneg |
| 便捷绘图命令 | | ezplot,ezplot3,ezpolar,ezmesh,ezmeshc, ezsurf,ezsurfc,ezcontour,ezcontourf |

表 A6-2    本书的示教 M 泛函

| M 泛函分类 | 名称及调用格式 |
|---|---|
| 定积分 | [Q,fcount]=quadtx(F,a,b,tol,varargin) |
| | [Qout,fcount]=quadgui(F,a,b,tol,varargin) |
| 微分方程解算 | [tout,yout]=ode23tx(F,tspan,y0,arg4,varargin) |
| 函数零点求取 | b=fzerotx(F,ab,varargin) |
| | [out1,out2]=fzerogui(F,ab,varargin) |
| 求函数极小值 | u=fmintx(F,a,b,tol,varargin) |
| 蒙特卡洛法求 $\pi$ | randgui(randfun) |

## A.6.2    含参泛函和无参泛函

在叙述泛函与目标函数之间的参数传递之前,必须先理解泛函的自身结构。无论是用户自编的 M 泛函,还是 MATLAB 提供的泛函,据函数文件申明行的输入量列表结构,可分为两类:含参泛函和无参泛函。为说明方便,下面将借助算例给予具体叙述。

【例 A6-1】以本书原著的"含参泛函"fzerotx.m示教文件为模板,修改后生成译著的"无参泛函"ZAfzerotx.m。本例目的：使读者比较具体地理解两类泛函的结构差异。

1）原著"含参泛函"fzerotx.m示教文件的特征

基于fzerotx.m完整文件可从NCM文件夹上获得的考虑，又考虑到突出特征、节省篇幅的需要，下面所列fzerotx.m略去了与输入参数传递无关的命令行。

```
function b = fzerotx(F,ab,varargin)
%x = fzerotx(F,[a,b],varargin)  含M泛函寻找F(x)在a和b间的零点
%varargin是输入列表中的最后一个输入量
……
……
a = ab(1);
b = ab(2);
fa = F(a,varargin{:});    %目标函数F要求变参为其输入量           <8>
fb = F(b,varargin{:});                                        %<9>
……
……
while fb ~= 0
……
……
    fb = F(b,varargin{:});                                    %<15>
end
```

2）通过修改获得无参泛函

下面将给出一个功用与fzerotx.m完全相同，无参泛函ZAfezrotx.m文件。

```
function b = ZAfzerotx(F,ab)
% x = ZAfzerotx(F,[a,b])无参M泛函寻找F(x)在a和b间的零点
% 输入列表中，不再包含变长输入量 varargin
……
……
a = ab(1);
b = ab(2);
fa = F(a);         %目标函数F不再需要varargin做其输入量            <8>
fb = F(b);                                                    %<9>
……
……
while fb ~= 0
……
……
    fb = F(b);                                               %<15>
end
```

〖说明〗

- **fzerotx** 含参泛函输入列表的输入量排列特征
  - 第一个输入量总是目标函数（如 F）。
  - 从原理上讲，如果目标函数所需的附加参数个数确定为 N，那么可把含参泛函的最后 N 个输入量安排为附加参数输入量。但事实上，因这种泛函结构适应性差，而极少采用。
  - 在实际中，含参泛函几乎千篇一律地把所谓的变长输入参量（Variable-length Input Argument）varargin 作为其输入列表的最后一个输入量。而这变长输入参量 varargin 本身是一个 Matlab 专门设计的、长度随输入而变的行胞元数组。这样设计的含参泛函能适应任意多个附加参数的输入需要。
  - 在泛函输入列表的第一目标函数输入量和最后 varargin 变长输入量之间，则排放着泛函所需要的其余输入量（如区间参量 ab 等）。
- **fzerotx** 含参泛函的函数体内的特征
  - 函数体内的目标函数（如 F）在被调用时，一定需要把 varargin 作为输入量。参见以上简略所列 fzerotx 函数的第 <8><9><15> 行。
  - 在第 <8><9><15> 行中，varargin{:} 表示，取胞元数组中所有胞元中的内容，依次用作目标函数所需的参数。
- **ZAfzerotx** 无参泛函输入列表的输入量排列特征
  - 第一个输入量也总是目标函数（如 F）。
  - 不包含任何附加参数输入量，因此在第一输入量后的所有输入量都是泛函运作所需的。如 ZAfzerotx 中的第二输入量 ab 就是定义区间所必需的。
- **ZAfzerotx** 无参泛函的函数体内的特征
  函数体内的目标函数（如 F）在被调用时，不再需要把 varargin 用作输入量。参见以上所列 ZAfzerotx 函数的第 <8><9><15> 行。
- 值得提醒读者：
  - Matlab 基本函数库中的泛函 M 文件大多数都是按"含参泛函"设计的。只有一些新增的泛函文件，以及 ezplot 等便捷绘图 M 文件才是按"无参泛函"设计的。
  - Matlab 帮助信息，推荐使用"泛函的无参调用格式"，并申明"现有的含参泛函将会逐步地被无参泛函所替代"。

### A.6.3   具名函数和匿名函数的句柄

为函数生成和调用的方便，Matlab 提供了一种专门的数据类型，"函数句柄"。函数句柄可分成如图 A6-1 所示的两大类：具名函数句柄和匿名函数（Anonymous

Function）句柄。

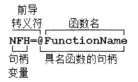

图 A6-1  两类函数句柄的基本结构

关于函数句柄结构的说明：

- 任何函数句柄必须以 @ 为前导转义符。
- 具名函数句柄的特点
  - 具名函数仅由前导转义符 @和 FunctionName 函数名称组成。
  - 函数名称 FunctionName 对应的 MATLAB 内建函数或用户自建函数文件，必须在 MATLAB 搜索路径上或句柄创建处的视野（Scope）内。否则，套用图 A6-1 结构所创建的具名函数句柄一定是虚假、无效的。当在命令窗或 M 脚本文件中创建函数句柄时，其视野是指"当前文件夹"；当在某个 M 函数体内创建函数句柄时，该视野是指"该函数体内可及的范围"。
  - 当且仅当向具名函数句柄提供 FunctionName 函数输入列表中的全部变量及变参时，具名函数句柄才能被正确调用。
- 匿名函数句柄的特点
  - 匿名函数句柄由 @符、句柄输入列表和 M 码表达式三个要素组成。
  - 图 A6-1 中的 McodeExpr 代表由数字、变量、算符、M 内建函数或用户自建函数等组成的"单行"M 码表达式。
  - 匿名函数句柄被调用时，其所需的输入量由 H_ArgList 句柄输入列表决定。而该输入列表可以是 McodeExpr 表达式中所有使用变量的"全集"或"子集"。
  - 特别提醒：对于那些没被列入 H_ArgList 的 McodeExpr 表达式中变量或变参，则必须在该匿名函数句柄调用前被事先赋值。否则，所生成的句柄无效。
  - 当然，McodeExpr 表达式中所用到的 M 函数也都必须在 MATLAB 搜索路径上，或在句柄创建处的视野（Scope）内。

【例 A6-2】演示为含参数学函数 $f(x) = k_1 \sin(\tan x) - k_2 \tan(\sin(x - 0.7))$ 创建 M 函数文件，和几种不同形式的函数句柄。

1）编写表述含参数学函数的 M 函数文件

　　编写以下 M 函数文件，并把它保存在本书示教文件汇集文件夹 NCM 内。

```
function fx=ZAobjFun(x,k1,k2)
% x 是函数变量
% k1, k2 是定义具体函数所需的参数
fx=k1*sin(tan(x))-k2*tan(sin(x-0.7));
```

2）具名函数句柄变量的创建和其属性观察

　　在 MATLAB 命令窗中运行以下命令

```
NFH=@ZAobjFun;                              %创建具名函数句柄         <1>
disp(['NFH的数据类型是 ',class(NFH)])        %class获知数据类型
disp('NFH的属性如下'),disp(functions(NFH))%functions获知句柄属性
```

可创建函数句柄变量 NFH，并给出下列显示：

```
NFH的数据类型是 function_handle
NFH的属性如下
function: 'ZAobjFun'
    type: 'simple'
    file: 'H:\可移动磁盘\CleveMoler_NCM\NCM\ZAobjFun.m'
```

3）全集输入型匿名函数句柄变量

　　运行以下命令可由两个不同途径生成"三输入"匿名函数句柄变量。

```
ANFH1=@(x,k1,k2)k1*sin(tan(x))-k2*tan(sin(x-0.7));         %<4>
    %"直接表达式"中的全部变量/变参罗列于句柄输入列表中
ANFH2=@(x,k1,k2)ZAobjFun(x,k1,k2);                         %<5>
    % M函数输入列表中的全部变量/变参罗列于句柄输入列表中
```

　　与前类似，借助 class 和 functions 命令可分别看到：变量 ANFH1 和 ANFH2 都为 function_handle，且函数类型是 anonymous 匿名的。比如，运行

```
disp(functions(ANFH2))
```

可显示出匿名柄 ANFH2 的属性如下：

```
function: '@(x,k1,k2)ZAobjFun(x,k1,k2)'
    type: 'anonymous'
    file: ''
workspace: {[1x1 struct]}
```

4）子集输入型匿名函数句柄变量

　　运行以下命令，可生成有效的"单输入"匿名函数句柄变量。

```
k1=4;k2=10; %未列入句柄输入列表的k1、k2必须在句柄生成之前赋值    <7>
ANFH3=@(x)k1*sin(tan(x))-k2*tan(sin(x-0.7));                    %<8>
```

```
            %只有"直接表达式"中的x变量罗列于句柄输入列表中
ANFH4=@(x)ZAobjFun(x,k1,k2);                                    %<9>
            % 只有M函数输入列表中的x变量罗列于句柄输入列表中
```

5）利用各类函数句柄的计算函数值

运行以下命令

```
x=1;
fxn=NFH(x,k1,k2);        %具名函数句柄需要3个输入量          <10>
fx1=ANFH1(x,k1,k2);      %三输入匿名函数句柄需要3个输入量    <11>
fx2=ANFH2(x,k1,k2);      %三输入匿名函数句柄需要3个输入量    <12>
fx3=ANFH3(x);            %单输入匿名函数句柄只需要1个输入量  <13>
fx4=ANFH4(x);            %单输入匿名函数句柄只需要1个输入量  <14>
all(fxn==[fx1,fx2,fx3,fx4])%若结果为1，表示5个句柄的计算结果都相同
```

给出以下结果：

```
ans =
    1
```

〖说明〗

- 具名函数句柄的生成最简单，只有 @ 符和函数名（参见命令 <1>）；该句柄被调用时，必须携带原函数完整输入列表（参见命令 <10>）。
- 全集输入型匿名函数句柄，在生成时，在 @ 符后必须紧接包括其后表达式中全部变量/变参的句柄输入列表（参见命令 <4><5>）；该句柄被调用时，必须携带完整的句柄输入列表（参见命令 <11><12>）。
- 子集输入型匿名函数句柄，在生成时，那些未被列入句柄输入表的变量/变参都必须被事先赋值（参见命令 <7>）；该句柄被调用时，只需提供其输入表中的变量即可（参见命令 <13><14>）。

## A.6.4　泛函与含参目标函数间参数传递的各种组合

（1）表述无参目标函数的句柄与泛函的适配

假如目标函数仅作个例使用，如 $f(x) = 4\sin(\tan x) - 10\tan(\sin(x - 0.7))$，这就是无变参目标函数。因为这种目标函数除自变量外不包含其他变参，所以表述它的具名或匿名函数也不包含变参。不管是含参泛函还是无参泛函，在调用表述这种无参目标函数的句柄时，都不涉及参数传递。因此，泛函于函数句柄之间的配合也比较简单。在本书正文中的算例如：

- P135，`fzerogui(@(x)besselj(0, x),[0 3.83])`
- P139，`F = @(x)-humps(x);fmintx(F,-1,2,1.e-4)`
- P144，`fmintx(@cos,2,4,eps)`
- P179，`f=@(x)1./sqrt(1+x^4);Q=quadtx(f,0,1)`
- P180，`ezplot(@humps,[0,1])`

- P187, quadtx(@(x)log(1+x)*log(1-x),-1,1)
- P205, F=@(t,y)0;ode23tx(F,[0 10],1)
- P207, ode23tx(@twobody,[0 2*pi],[1; 0; 0; 1]);
- P264, randgui(@randssp)

（2）表述含参目标函数的句柄与泛函的适配

为了解决某类比较复杂问题，或为了使程序通适于某类问题，用户所编写的目标函数除变量外还可能包含多个变参，即构成所谓的含参目标函数。当这种含参目标函数被 M 泛函调用时，那些变参必须被具体地赋予具体数值，于是引出了"泛函中含参目标函数的参数传递问题"。

MATLAB 提供了泛函与含参目标函数之间传递参数的多种途径。表 A6-3 列出了不同 M 泛函和表述含参目标函数句柄的各种适配组合。

表 A6-3    泛函和含参目标函数间进行参数传递的组合型式

| | 含参泛函的含参调用格式 | 无参泛函的调用格式<br>（或含参泛函的无参调用格式） |
|---|---|---|
| 适配<br>句柄类型<br>及举例 | 具名函数句柄、含参泛函组合<br>fH=@ZAobjFun;<br>x0= fzerotx(fH, [1.5,5], 4, 10) | |
| | 全集输入型匿名函数句柄、含参泛函组合<br>fH=@(x,k1,k2)k1*sin(tan(x))<br>-k2*tan(sin(x-0.7));<br>x0=fzerotx(fH, [1.5,5], 4, 10) | 子集输入型匿名函数句柄、无参泛函组合<br>k1=4;k2=10;<br>fH=@(x)k1*sin(tan(x))-k2*tan(sin(x-0.7));<br>x0=ZAfzerotx(fH, [1.5,5]) |
| | | 内嵌套函数句柄、外嵌套无参泛函组合<br>（参见例 A6-5） |

## A.6.5   如何编写含参泛函中的目标函数

为表现和帮助读者实践参数传递的细节，本节以算例形式展开。

【例 A6-3】借助本书原著示教用的含参泛函 **fzerotx.m**，寻找 $k_1 = 4, k_2 = 10$ 具体情况下含参目标函数 $f(x) = k_1 \sin(\tan x) - k_2 \tan(\sin(x - 0.7))$ 在 $[1.5,5]$ 区间内的零点。本例展示：在含参泛函的含参调用格式下，目标函数采用函数句柄表述的三种正确型式。

1）编写示例用 ZA0603.m 文件

```
function ZA0603(k1,k2)
% ZA0603 用于演示含参泛函fzerotx在含参调用格式下,
%        函数句柄表述目标函数的三种正确型式。
% k1,k2 是表述一类目标函数时所引入的变参
x12=[1.5,5];
C1='具名函数句柄';C2='匿名函数句柄';D=' fH=@(x,k1,k2)';
while 1
    disp('下面开始一次新的零点搜索运算。')
```

```
        Ht=input('输入1或2或3，选用不同句柄类型；输入其他数，退出程序。  ');
        clc                                    %清空命令窗
        if any(Ht==[1,2,3])
            switch Ht
            case 1
                fH=@ZAobjFun;                          %第一种句柄类型            <14>
                Tfh=[C1,' fH=@ZAobjFun'];
            case 2
                fH=@(x,k1,k2)k1*sin(tan(x))-k2*tan(sin(x-0.7));         %<17>
                                                %第二种句柄类型
                Tfh=[C2,D,'k1*sin(tan(x))-k2*tan(sin(x-0.7))'];
            case 3
                fH=@(x,k1,k2)ZAobjFun(x,k1,k2);       %第三种句柄类型        <21>
                Tfh=[C2,D,'ZAobjFun(x,k1,k2)'];
            end
        else
            break                                    %  退出循环
        end
    x0=fzerotx(fH,x12,k1,k2);%含k1,k2变参的fzerotx泛函的含参调用格式        <27>
    y0=fH(x0,k1,k2);            %计算函数值时，含参句柄的正确调用
    disp('本次运算中，在含参泛函的含参调用格式fzerotx(fH,x12,k1,k2)中的')
    disp(['第一输入量是',Tfh,'。它用于表述目标函数。'])
    disp('所得搜索结果如下：')
    disp(['  零点位置为            ',num2str(x0)])
    disp(['  该点处的函数值为  ',num2str(y0)])
    disp(' ')
end
```

2）运行 ZA0603 实践含参泛函和目标函数间的参数传递

　　在命令窗中运行

```
ZA0603(4,10)
```

显示如下提示：

```
下面开始一次新的零点搜索运算。
输入1或2或3，选用不同句柄类型；输入其他数，退出程序。
```

在第二行提示后，如输入 3，并按 [Enter] 键，则可得到以下显示：

```
本次运算中，在含参泛函的含参调用格式fzerotx(fH,x12,k1,k2)中的第一输入量是
匿名函数句柄 fH=@(x,k1,k2)ZAobjFun(x,k1,k2)。它用于表述目标函数。
所得搜索结果如下：
    零点位置为            3.6372
    该点处的函数值为    3.1086e-15
```

〖说明〗

- 所谓含参泛函的含参调用格式，在本例中表现为：fzerotx 的调用格式中，包含变参 k1、k2。
- 在含参泛函含参调用格式下，其体现目标函数的第一输入量，必须采用具名函数句柄或全集输入型匿名函数句柄表述。参见命令 <27>。
- 在含参泛函含参调用格式下，变参 k1、k2 值，是在 fzerotx 函数体内，通过句柄输入列表，传递给函数句柄 fH 的。参见例 A6-1 中 fzerotx.m 的命令 <8><9><15>。

### A.6.6   如何编写无参泛函中的目标函数

为表现和帮助读者实践参数传递的细节，本节以算例形式展开。

【例 A6-4】借助本书示教用的无参泛函 ZAfzerotx.m，寻找 $k_1 = 4, k_2 = 10$ 具体情况下含参目标函数 $f(x) = k_1 \sin(\tan x) - k_2 \tan(\sin(x - 0.7))$ 在 $[1.5, 5]$ 区间内的零点。本例展示：在无参泛函的调用格式下，目标函数采用函数句柄表述的两种正确型式。

1）编写示例用 ZA0604.m 文件

```
function ZA0604(k1,k2)
% ZA0604 用于演示无参泛函ZAfzerotx调用格式下,
%          子集输入型函数句柄表述目标函数的两种正确型式。
% k1,k2 是表述一类目标函数时所引入的变参
x12=[1.5,5];
C ='子集输入型匿名函数句柄fH=@(x)';
while 1
    disp('下面开始一次新的零点搜索运算。')
    Ht=input('输入1或2, 选用不同句柄类型; 输入其他数, 退出程序。 ');
    clc,clf                                    %清空命令窗;清空图形窗
    if any(Ht==[1,2])
        switch Ht
        case 1
            fH=@(x)k1*sin(tan(x))-k2*tan(sin(x-0.7));        %<14>
                                        %第四种句柄类型
            Tfh=[C,'k1*sin(tan(x))-k2*tan(sin(x-0.7))'];
        case 2
            fH=@(x)ZAobjFun(x,k1,k2);        %第五种句柄类型    <18>
            Tfh=[C,'ZAobjFun(x,k1,k2)'];
        end
    else
```

```
        break                    %退出循环
    end
    x0=ZAfzerotx(fH,x12);%无变参泛函ZAfzerotx调用格式            <24>
    y0=fH(x0);          %子集输入型匿名函数句柄用于计算函数值     <25>
    disp('本次运算中，无参泛函调用格式ZAfzerotx(fH,x12)的第一输入量是')
    disp([Tfh,'。它用于表述目标函数。'])
    disp('所得搜索结果如下：')
    disp(['  零点位置为              ',num2str(x0)])
    disp(['  该点处的函数值为         ',num2str(y0)])
    disp('  ')
    ezplot(fH,x12)          %该绘图命令在此必须用单输入匿名函数句柄  <32>
    grid on
    set(gcf,'Color','white')
    shg
end
```

2）运行 ZA0604 实践无参泛函和目标函数之间的参数传递

  在命令窗中运行

```
ZA0604(4,10)
```

显示如下提示：

```
下面开始一次新的零点搜索运算。
输入1或2，选用不同句柄类型；输入其他数，退出程序。
```

在第二行提示后，如输入 1，并按 [Enter] 键，则可得到以下显示：

```
本次运算中，无参泛函调用格式fzerotx(fH,x12)的第一输入量是子集输入型匿名
函数句柄fH=@(x)k1*sin(tan(x))-k2*tan(sin(x-0.7))。它用于表述目标函数。
所得搜索结果如下：
零点位置为              3.6372
该点处的函数值为         3.1086e-15
```

并且画出如图 A6-2 所示的目标函数曲线图形。

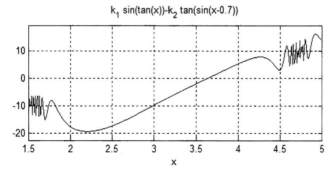

图 A6-2  ezplot 利用子集输入型匿名函数句柄绘制的图形

〖说明〗
- 无参泛函 ZAfzerotx 的函数体内没有向函数句柄传递参数的命令（参见例 A6-1 中的 ZAfzerotx.m 文件）。
- 在无参泛函 ZAfzerotx 调用格式中，其体现目标函数的第一输入量 fH，只能取变参 k1、k2 已经赋值的子集输入型匿名函数句柄表述，在本例中就是命令 <14> 或 <18> 生成的"单输入"匿名函数句柄。
- 绘制曲线的 ezplot 命令，只能使用单输入匿名函数句柄。
- 值得指出：若 fzerotx 含参泛函被调用时，只提供前 2 个输入量，而不提供变参 k1、k2，那么这种调用格式就是所谓的含参泛函的无参调用格式。采用这种调用格式，其目标函数的设计和配置方法，与无参泛函完全相同。有兴趣的读者，可以参见本书示教文件夹上 ZA0604B.m 的第 <11><14><20><21> 行命令。

## A.6.7　如何利用嵌套函数实现无参泛函中的参数传递

为表现和帮助读者实践参数传递的细节，本节以算例形式展开。

【例 A6-5】借助本书示教用的无参泛函 ZAfzerotx.m，寻找 $k_1 = 4, k_2 = 10$ 具体情况下含参目标函数 $f(x) = k_1 \sin(\tan x) - k_2 \tan(\sin(x - 0.7))$ 在 $[1.5, 5]$ 区间内的零点。本例展示：借助嵌套函数实现无参泛函和目标函数间的参数传递。

1）编写示例用 ZA0605.m 文件

```
function ZA0605(k1,k2)        %外嵌套首行                              <1>
% ZA0605    用于演示无参泛函ZAfzerotx调用格式下，
%           内嵌套函数句柄表述目标函数的两种正确型式。
% k1,k2 是表述一类目标函数时所引入的变参
x12=[1.5,5];
C ='内嵌套函数句柄fH=@'; D='(x)';E='objFun';
while 1
    disp('下面开始一次新的零点搜索运算。')
    Ht=input('输入1或2，选用不同句柄类型；输入其他数，退出程序。');
    clc,clf                   %清空命令窗;清空图形窗
    if any(Ht==[1,2])
        switch Ht
        case 1
            fH=@objFun;       %第六种句柄类型                         <14>
            Tfh=['具名',C,E];
        case 2
            fH=@(x)objFun(x);  %第七种句柄类型                        <17>
            Tfh=['全集输入型匿名',C,D,E,D];
        end
```

```
    else
        break                        %退出循环
    end
        x0=ZAfzerotx(fH,x12);        %无变参泛函ZAfzerotx调用格式          <23>
        y0=fH(x0);                   %内嵌套函数句柄用于计算函数值          <24>
        disp('本次运算中，无参泛函调用格式ZAfzerotx(fH,x12)的第一输入量是')
        disp([Tfh,'。它用于表述目标函数。'])
        disp('所得搜索结果如下：')
        disp(['  零点位置为              ',num2str(x0)])
        disp(['  该点处的函数值为        ',num2str(y0)])
        disp(' ')
        ezplot(fH,x12)               %内嵌套函数句柄用于绘图            <31>
        grid on
        set(gcf,'Color','white')
        shg
    end
    function  fx=objFun(x)           %内嵌套函数首行                 <36>
    fx=k1*sin(tan(x))-k2*tan(sin(x-0.7));
    end                              %内嵌套函数尾行                 <38>
end                                  %外嵌套函数尾行                 <39>
```

2）运行 ZA0605 实践无参泛函和目标函数之间的参数传递

在命令窗中运行

```
ZA0605(4,10)
```

显示如下提示：

> 下面开始一次新的零点搜索运算。
>
> 输入1或2，选用不同句柄类型；输入其他数，退出程序。

在第二行提示后，如输入 1，并按 [Enter] 键，则可得到以下显示，并画出与图 A6-2 所示完全相同的曲线。

> 本次运算中，无参泛函调用格式ZAfzerotx(fH,x12)的第一输入量是具名内嵌套函数
> 句柄fH=@objFun。它用于表述目标函数。
> 所得搜索结果如下：
> 零点位置为              3.6372
> 该点处的函数值为        3.1086e-15

〖说明〗

- 嵌套函数的显著标志是：
  - 主函数 ZA0605、子函数 objFun 各自分别以 end 为"尾行"。命令 <38> 是子函数的尾行，而命令 <39> 是主函数的尾行。

■ 子函数 objFun 必须处在主函数 ZA0605 体内。因此，主函数 ZA0605 也
　称为外嵌套函数，子函数 objFun 则被称为内嵌套函数。

■ 内嵌套函数 objFun 是一个单输入函数。它的输入列表中不包含变参
　k1、k2。而该内嵌套函数体内所需的 k1、k2 是依赖"嵌套结构"获得
　赋值的。

● 无参泛函 ZAfzerotx 调用格式中，体现目标函数的第一输入量 fH，必须使
　用在外嵌套函数体内创建的单输入函数句柄。参见命令 <14><17>。

● 值得指出：若把 ZA0605.m 文件中命令 <23> 的 ZA fzerotx 替换成 fzerotx，
　并通过"另存为"操作，生成 ZA0605B.m。那么，ZA0605B 也能正常工作。

## A.7　符号计算

在现今的 MATLAB 环境中，有两个计算引擎：MATLAB 数值计算引擎和 MuPAD
符号计算引擎。前者是本源和主导性的，后者是引进和辅助性的。为实现两个引
擎之间的交互，MATLAB 提供了符号数学工具包（Symbolic Math Toolbox）。该工
具包提供的函数命令，可让读者使用习惯了的 MATLAB 语言实现表达式简化、线
性方程、微分方程、积分及积分变换等符号解析演算和变精度计算。在本书 P3、
P22、P101、P181、P281、P304 等处散布着符号计算的应用实例。

本书译者特设以下几节，以集中表述符号运算要旨。

### A.7.1　为何及如何定义符号对象

为让读者使用熟悉的 MATLAB 各类算符、数学函数进行符号演算，MATLAB
规定：

● 为启动 MuPAD 符号计算引擎，首先要定义基本符号对象（symbolic objects）：
　数字、参数、变量、表达式、函数等。而 sym、syms、symfun 等命令就是由
　MATLAB 符号数学工具包提供的、专门定义基本符号对象的命令。

● 任何包含符号对象的表达式、方程也一定是符号对象，对它们所实施的运算
　也一定遵循符号运算法则。

（1）精准符号数字的创建

在数值计算环境下，任何输入的数字都被映射为浮点体系中数加以保存。换
句话说，在数值计算的默认环境中，只能保证输入产生的数字结果在 16 位有效数
字的精度上与用户的期望的精准数字相一致。而在符号计算环境中，应保证产生
的符号数字与用户希冀的精准数字完全一致。为此，MATLAB 符号数学工具包提供
了创建精准符号数字和符号常数的如下命令。

sym(Num)　　　采用精准数值类数创建精准符号数字
sc=sym(Num)　采用精准数值类数创建精准符号常数 sc
〖说明〗

- 上述格式所生成的符号数字一定精准地反映 Num 字面表达的数值。
- Num 可以取数值类数字的任何一种表述形式，如0.321、3.21e-1、321/1000、10/3 等。但浮点情况下，不超过 15 位。

（2）基本符号变量的创建

在经典教科书里，常把表达式 $e^{-ax}\sin bx$ 中的 $a, b$ 称谓参数，而把 $x$ 称作变量。在 MATLAB 符号环境中，$a$、$b$、$x$ 统称为"基本符号变量"。而当对符号表达式进行求解、微积分等操作时，假如不做专门设定，那么 $x$ 总被默认为"待解符号变量"或称"自由符号变量"，而其他的基本符号变量被作为"符号参数"处理。

下面介绍几种定义基本符号变量的命令格式：

| | |
|---|---|
| para=sym('para') | 定义复数域上的单个符号对象 |
| para=sym('para','Flag') | 定义 Flag 指定条件下的单个符号对象 |
| syms para1 para2 paraN | 定义复数域上的多个符号对象 |
| syms para1 para2 paraN Flag | 定义 Flag 指定条件下的多个符号对象 |

〖说明〗

- 若不加任何限定，那么创建的默认符号对象定义在复数域上。
- 在实际使用中 Flag 限定词应该用 real 或 positive 替代。real 表示创建的符号对象被限定在"实数域"，而 positive 表示创建的符号对象限定为"正实数"变量。
- 由 sym 或 syms 进行的限定性假设，总会使此前关于那对象的假设全部撤销。
- 注意：在 syms 命令名、变量名、限定条件符之间，只能用空格分隔。

（3）符号表达式的创建

最常见的创建方式有两种。例如：

| | |
|---|---|
| g=sym('a+exp(b*x)*sin(w*y)') | 仅创建代表"表达式"的符号变量 g |
| syms a b w x y | 先创建基本符号变量 a、b、w、x、y |
| g= a+exp(b*x)*sin(w*y) | 再创建"衍生符号表达式"的驻留符号变量 g |

（4）符号函数的创建

syms 命令也可用于创建抽象符号函数。例如二元抽象函数，可用以下格式创建。

| | |
|---|---|
| syms f(x,y) | 在复数域中定义 x,y 符号变量及以它们为自变量的抽象函数 f(x,y) |

若要创建由具体表达式构成的符号函数，可采用以下格式。

| | |
|---|---|
| syms x y a b w | 先创建基本符号变量 a、b、w、x、y |
| g(x,y)=a+exp(b*x)*sin(w*y) | 再创建"具体衍生符号表达式"构成的符号函数 |

## A.7.2    如何用 M 码符号对象精准表述含数字数学解析式

不含数字的纯符号数学解析表达式是比较容易精准地用 M 码符号表达式实现的，而且这样生成的 M 码表达式一般不会隐含表述性错误。然而，对于那些含有数字的数学解析表达式的 M 码符号表述却需要小心从事，需要防止 M 码符号表达式成为数学解析式的近似表述。

为使读者能感性地体验 M 码符号表达式的生成，本节采用算例展开。

【例 A7-1】本例借助具有一定通用性的 M 函数文件 ZA0701.m，在某种字符串输入形式下，生成 8 种具有典范性的含数字 M 码符号表达式。通过结果比较，展示 3 种含数字 M 码符号精准表达式的典范形式。

1）编写试验用的 M 函数文件

为试验具有不同算符和函数构成的符号表达式所产生结果的异同，特编写如下 M 函数文件。它保存在本书示教用文件夹 NCM 上。

```
function R=ZA0701(str)
% str    必须是以算术运算符或MATLAB内建函数名结尾的数学表达式字符串
% R    是(1*8)的胞元数组,各胞元分别存放着8种不同表达式的计算结果
SC{1}=[str,'(','0.3',')',blanks(8)];
SC{2}=[str,'(','3/10',')',blanks(7)];
SC{3}=['sym(',str,'(','0.3',')',')',blanks(3)];
SC{4}=['sym(',str,'(','3/10',')',')',blanks(2)];
SC{5}=[str,'(','sym(','3/10',')',')',blanks(2)];
SC{6}=[str,'(','sym(','0.3',')',')',blanks(3)];
SC{7}=[str,'(','sym(','''3/10''',')',')'];
SC{8}=[str,'(','sym(','''0.3''',')',')',blanks(1)];
NC=['<1>';'<2>';'<3>';'<4>';'<5>';'<6>';'<7>';'<8>'];
R=cell(1,0);
for ii=1:8
    R{ii}=eval(SC{ii});          %计算保存在SC胞元中的表达式字符串
end
RL=NaN(8,8);
for ii=1:8
    for jj=1:8
        RL(ii,jj)=logical(R{ii}==R{jj});%生成并保存逻辑比较结果
    end
end
sL=length(str);
fprintf('%s\n',[blanks(29+sL),...
                        '多种衍生符号表达式结果相等与否的真值表']);
fprintf('%s',blanks(24+sL));
```

```
for ii=1:8
    fprintf('%s    ',NC(ii,:))
end
fprintf('%s\n','')
for ii=1:8
    fprintf('%s    %s ',SC{ii},NC(ii,:));
    for jj=1:8
        fprintf('%6d',RL(ii,jj))
    end
    fprintf('%s\n','')
end
```

2）8 种典型表达式运算结果相等与否的比较

运行以下命令

```
str='1.5/7+3^0.5+exp';
R=ZA0701(str);
```

可产生如下典范性的结果列表。表中数字"1"表示结果相等，而"0"表示结果不同。

|  |  | 多种衍生符号表达式结果相等与否的真值表 |  |  |  |  |  |  |  |
|---|---|---|---|---|---|---|---|---|---|
|  |  | <1> | <2> | <3> | <4> | <5> | <6> | <7> | <8> |
| 1.5/7+3^0.5+exp(0.3) | <1> | 1 | 1 | 1 | 1 | 0 | 0 | 0 | 0 |
| 1.5/7+3^0.5+exp(3/10) | <2> | 1 | 1 | 1 | 1 | 0 | 0 | 0 | 0 |
| sym(1.5/7+3^0.5+exp(0.3)) | <3> | 1 | 1 | 1 | 1 | 0 | 0 | 0 | 0 |
| sym(1.5/7+3^0.5+exp(3/10)) | <4> | 1 | 1 | 1 | 1 | 0 | 0 | 0 | 0 |
| 1.5/7+3^0.5+exp(sym(3/10)) | <5> | 0 | 0 | 0 | 0 | 1 | 1 | 1 | 0 |
| 1.5/7+3^0.5+exp(sym(0.3)) | <6> | 0 | 0 | 0 | 0 | 1 | 1 | 1 | 0 |
| 1.5/7+3^0.5+exp(sym('3/10')) | <7> | 0 | 0 | 0 | 0 | 1 | 1 | 1 | 0 |
| 1.5/7+3^0.5+exp(sym('0.3')) | <8> | 0 | 0 | 0 | 0 | 0 | 0 | 0 | 1 |

3）8 种表达式的三个典型解算结果

由真值表可知，这 8 种表达式只有 3 种计算结果。运行以下命令

```
fprintf('数值表达式<1>计算产生双精度数值结果\n%s%3.31f\n',...
blanks(30), R{1})
fprintf('符号表达式<5>计算产生的精准符号结果\n%s\n',[blanks(30),...
char(R{5})])
fprintf('符号表达式<8>变精度计算产生的32符号结果\n%s\n',[blanks(30),...
char(R{8})])
```

可显示出如下内容：

```
数值表达式<1>计算产生双精度数值结果
                    3.2961953294305948000000000000000
```

符号表达式<5>计算产生的精准符号结果

$$\exp(3/10) + 8765520434561925/4503599627370496$$

符号表达式<8>变精度计算产生的32符号结果

$$3.2961953294305944877126606117514$$

〖说明〗

- 本例第 <1><2> 表达式是典型的数值表达式，因此数值计算结果，默认地取为"双精度"。

- 本例第 <3><4> 表达式的计算结果虽是符号数字，但那是由作为 sym 命令输入量的数值表达式经双精度运算后形成的。因此，这 2 个表达式的符号结果与数值表达式计算结果完全相同。

- 本例第 <8> 表达式中的 sym('0.3') 确实是符号数字，但按 MATLAB 符号工具包的设计规定，这种"字符串小数"定义的符号数字将使整个符号表达式执行所谓的"变精度"计算，并且在默认设置下，变精度计算 给出 32 位精度的符号数字结果。

- 本例第 <5><6><7> 表达式是真正执行精准符号计算的三种形式。其关键在于：这三个表达式最后一项的指数使用了正确表述的数字符号对象 sym(3/10)、sym(0.3)、sym('3/10')。用户必须牢记：这是由 MATLAB 符号工具包的设计决定，是必须遵守的规则。

- 有兴趣的读者，可以借助 ZA0701.m 对其他形式的表达式进行试验。可以发现，对于有些表达式（如 str='3*sqrt'），第 <1> 到第 <7> 类型的结果会完全相同。但请记住只有第 <5><6><7> 类型的表达式，对于各种表达式都给出精准符号计算结果。

## A.7.3　自由符号变量的辨认和指定

基本符号变量可分为：自由符号变量和符号参数。解题通常是围绕自由符号变量进行的，而解得的结果通常是"用符号参数构成的表达式表述自由符号变量"。

解题时，自由符号变量可以"人为指定"；在缺少人为指定的情况下，软件将进行"默认地自动认定"。本节将通过介绍 symvar 命令的功能，帮助读者理解软件自动认定的默认规则：在没有专门指定变量名的符号运算中，MATLAB 将按照与小写字母 x 的 ASCII 码距离自动识别自由符号变量。此后的解题将围绕那被自动识别的变量进行。

【例 A7-2】用符号法求方程 $uw^2 + zw = v$ 的解。本例演示：什么是 MATLAB 自动认定的自由符号变量；在使用 solve 等符号计算命令时，要特别注意，自由变量的认定；使用符号表达式和符号函数表达同一个问题时的差异；如何检验求解结果是否正确。

1）产生符号表达式和符号函数

运行以下命令

```
clear
syms u v w z            %定义基本符号参数和变量
Eq=u*w^2+z*w-v          %由题给方程等号右边变量左移后形成的表达式
f(z)=u*w^2+z*w==v       %注意：== 是关系算符
```

给出以下结果：

```
Eq =
u*w^2 + z*w - v
f(z) =
u*w^2 + z*w == v
```

2）借助命令 symvar 认定的自由变量

在命令窗中运行以下命令

```
symvar(Eq,1)       %在Eq表达式中，按默认规则认定一个自由变量          <5>
symvar(f(z),1)     %在f(z)函数中，按默认规则认定一个自由变量         <6>
```

它们运行给出的寻找结果都是 w。

3）solve 对默认自由变量解方程

运行

```
RwE=solve(Eq)      %关于w解方程u*w^2+z*w-v=0                    <7>
Rwf=solve(f)       %关于w解f(z)所表达的关系方程                   <8>
```

可以得到

```
RwE =
 -(z + (z^2 + 4*u*v)^(1/2))/(2*u)
 -(z - (z^2 + 4*u*v)^(1/2))/(2*u)
Rwf =
 -(z + (z^2 + 4*u*v)^(1/2))/(2*u)
 -(z - (z^2 + 4*u*v)^(1/2))/(2*u)
```

4）solve 对指定变量 z 求解

运行

```
SzE=solve(Eq,z)                                              %<9>
Szf=solve(f(z),z)                       %在此f(z)也可用f代替      <10>
```

得到的结果是

```
SzE =
(- u*w^2 + v)/w
Szf =
(- u*w^2 + v)/w
```

5）检验求解结果的正确性

若 SzE 可使符号表达式 Eq 为 0，则说明所得解正确；而若把 Szf 代入 f(z)
关系方程，给出结果为 TURE，则说明结果正确。在命令窗中运行

```
disp(subs(Eq,z,SzE))
disp(simplify(f(Szf)))
```

给出结果确实是 0 和 TURE。

〖说明〗

- MATLAB 认定自由变量的规则：
  - symvar 总把"在字母表中与小写 x 字母距离最近的符号变量认定为自由变量"。本例命令 <5><6> 的运行结果演示了该结论。
  - 若存在与 x 距离相等的字母，那么排在 x 之后的字母表中的那个字母被认作自由变量。有兴趣的读者，可以把 Eq 表达式中的 z 用 y 替换，然后通过运行 symvar(Eq,1)，可以看到：此时，y 被认作自由变量。
- 要特别小心：不要把 f(z) 冒然地理解为是以 z 为自由变量的符号函数。在对该 f(z) 实施 solve、diff、int 等运算时，建议像命令 <10> 那样，明确指定自由变量的名称。

## A.7.4  限定性假设的设置

（1）符号运算的工作机理

MATLAB 在第一次遇到符号对象时，就启动 MuPAD 引擎，并开辟专供符号计算用的 MuPAD 内存空间，关于符号对象的各种限定性假设（Assumption）也都驻留在 MuPAD 空间内，但符号对象本身则保存在 MATLAB 空间。此后送进的符号计算命令，将都在已带有各种限定性假设的 MuPAD 空间中执行，并把计算结果送回到 MATLAB 空间。

正如 MATLAB 数值计算默认地定义在"数值复数数组"上一样，MuPAD 的符号计算则默认地定义在"符号复数数组"上。

（2）符号对象限定性假设的设置途径

由于 MuPAD 符号计算总把符号对象（除具体数字外）默认为"复数对象"。而在实际应用问题中，许多研究对象常常带有某些限制条件，如要求符号对象是实数、正数或处于某个区间的整数等，于是就引出了"符号对象限定性假设的设置"问题。

对符号变量进行限定性假设有三条途径：

- 最简单最便捷的限定假设，可通过 MATLAB 提供的 sym 或 syms 命令实现（请参见 A7.1 节）；
- 类别较多、比较方便的限定假设,可通过 MATLAB 提供的 assume 和 assumeAlso 命令实现，本节将对此给与专述；

- 类别最全，分类最细致的限定假设，可通过 MATLAB 提供的 evalin 命令，调用 MuPAD 的 assume 和 assumeAlso 命令实现。本附录对它们不做介绍。

（3）能作较复杂限定性假设的 assume 和 assumeAlso 命令

| | |
|---|---|
| assume(R) | 以关系式表达的限定性假设 |
| assume(Obj,Set) | 把符号对象 Obj 限定在 Set 指定的集合内 |
| assumeAlso(R) | 在原限定性假设基础上增添新的限定关系式 |
| assumeAlso(Obj,Set) | 在原限定性假设基础上增添新的限定集 |

〖说明〗

- assume 命令用以对变量、表达式、矩阵等符号对象 Obj 进行限定性假设，与此同时：撤销此前施加在该符号对象上的所有限定性假设。
- assumeAlso 命令与 assume 不同之处在于：assumeAlso 只是追加对某符号对象的限定条件，而继续保留此前施加在该对象上的所有限定。
- 输入量 R，可以是关于符号对象的各种关系式。
- 输入量 Obj，可以是符号参数、变量、表达式、矩阵等。
- 输入量 Set 是字符串，它可以也只能取 integer，rational，real 三个关键字中的任何一个。

### A.7.5  限定性假设的观察和撤销

| | |
|---|---|
| assumptions | 显示全部已有符号变量的限定性假设 |
| assumptions(Obj) | 显示符号对象 Obj 的限定性假设 |
| syms x clear | 撤销 MuPAD 内存中对变量 x 的任何限定假设 |
| sym(x,'clear') | 作用同 syms x clear |
| clear x | 清除 MATLAB 内存中的 x 变量 |
| clear all | 清除 MATLAB 内存中的变量和 MuPAD 内存中的所有限定假设 |

〖说明〗

- assumptions 命令用以获取 MATLAB 基本空间中已存在符号对象的限定性假设。在此，输入量 Obj 代表具体的参数、变量、表达式、矩阵等符号对象。
- 由于符号对象和其假设存放在不同的内存空间，因此删除符号对象和撤销关于对象的假设是需要分别处理的两件事。
  - sym x clear 命令只是撤销 MuPAD 中关于变量 x 的假设，并没有删除 MATLAB 内存中的变量 x，也不改变 x 所保存的内容。
  - clear x 命令仅仅删除 MATLAB 内存中的 x，并不改变 MuPAD 内存中可能已有"关于 x 的假设"。换句话说，如果以后运算中又重新出现 x 符号变量，那么"原有关于 x 的假设"仍将强制约束新出现的 x 变量。
- clear all 将清空 MATLAB 内存中的所有内容，重启 MuPAD 引擎清空其内存。

## A.7.6   限定性假设对符号计算的影响

【例 A7-3】求方程 $f(x) = x^5 + 1.7x^4 + 1.65x^3 + 0.575x^2 - 0.375x = 0$ 在对 $x$ 的不同限定假设下的解。本例演示：符号变量的默认数域是复数域；MATLAB 命令 sym、syms 设置限定性假设的方法及影响；MATLAB 命令 assume、assumeAlso 设置限定性假设的方法及影响；使用 assumptions 观察对符号变量的限定性假设信息；清除 MATLAB 内存中变量和清除 MuPAD 内存中限定性假设的方法。

1）在默认的复数域求方程的解

运行以下命令

```
clear all            %清空 MATLAB 和 MuPAD 内存全部，保证算例结果可重现
syms x               %只定义符号变量，而不对其数域作任何限定
f(x)=x^5+1.7*x^4+1.65*x^3+0.575*x^2-0.375*x;
X1=solve(f,x)        %解方程
s1=assumptions(x)    %显示关于符号变量 x 的限定信息
```

给出方程的全部根，并显示：x 在默认的复数域，而没有任何限定。

```
X1 =
          0
         -1
       3/10
 - 1/2 + i
 - 1/2 - i
s1 =
[ empty sym ]
```

2）求正实数解

运行以下命令对 x 限定后再求解

```
syms x positive      %在正实数域中，定义符号变量x
X2=solve(f,x)        %求方程正实数解
s2=assumptions       %显示所有限定信息
```

确实给出正数解，并显示 MuPAD 空间中的全部假设

```
X2 =
3/10
s2 =
0 < x
```

3）求实数解

再运行以下命令

```
sym(x,'real');       %把x限定为实数；并废除此前"限于正数"的假设
```

```
X3=solve(f,x)
s3=assumptions          %显示所有限定信息
```

确实给出全部实数解，也显示出对 x 的限定信息

```
r3 =
     0
    -1
   3/10
s3 =
x in R_
```

4）求模大于 1 的解

运行以下命令，运用 assume 设置限定并求解。

```
assume(abs(x)>1)        %借助assume命令作限定；并废除此前的限定
r4=solve(f,x)
s4=assumptions
```

给出符合限定要求的结果，并显示相应的限定信息。

```
r4 =
 - 0.5 + 1.0*i
 - 0.5 - 1.0*i
s4 =
1 < abs(x)
```

5）求方程的负整数解

该"负整数"限定假设需要 2 条命令实现。具体运行命令如下：

```
assume(x,'integer')     %删除此前任何限定，设置新的"整数"限定
assumeAlso(x<0)         %在已有限定基础上，再将x限定为负
r5=solve(f,x)
s5=assumptions
```

能给出以下期望结果：

```
r5 =
-1
s5 =
[ x < 0, x in Z_]
```

6）MuPAD 内存中残留的限定假设可能引发错误

求解某个问题时所作的限定假设，必须在此问题计算结束后，及时进行解除。否则，将引出不易觉察的错误。下面举例说明：假如在进行以上 x 解算后，想运用以下命令解算一个新方程 $x^2 + x + 5 = 0$。

```
clear x                 %清除MATLAB内存的x变量
syms x                  %重新定义符号变量x
```

```
g=x^2+x+5;        %定义新的方程表达式
gX6=solve(g,x)    %求解方程g=0
```

以上命令运行后得到如下"无解"的结论。

```
gX6 =
[ empty sym ]
```

7）清除 MuPAD 内存中关于 x 的限定性假设再解方程 $x^2 + x + 5 = 0$

导致错误结论的原因是，残留在 MuPAD 内存中的限定假设 [ x < 0, x in Z_] 仍发挥作用。为得到正确结果，必须先清空 MuPAD 中的假设。因此必须运行以下命令

```
syms x clear      %删除关于x的所有限定性假设
gX7=solve(g,x)    %在复数域中求符号方程g的解
gs7=assumptions
```

才能给出 $x^2 + x + 5 = 0$ 方程的正确结果。

```
gX7 =
    (19^(1/2)*i)/2 - 1/2
  - (19^(1/2)*i)/2 - 1/2
gs7 =
[ empty sym ]
```

〖说明〗

- 本例表明，限定性假设对符号计算结果有决定性的影响。
- 在一个符号计算问题解算结束后，应及时借助 sym x clear 或 clear all 清除那些驻留在 MuPAD 内存中的限定条件，以免引出难以觉察的错误。

# 附录 A 的参考文献

[1] 张志涌等. 精通 MATLAB R2011a. 北京: 北京航空航天大学出版社，2011.

[2] 张志涌，杨祖樱. MATLAB 教程（R2014），北京: 北京航空航天大学出版社，2014.

[3] MathWorks. MATLAB R2014a，2014.

# 附录 B  MATLAB 命令及示教文件名索引

（本索引中的英文词条按字母表次序排列）

## Punctuation

| @ | 用于创建函数句柄的 At 符 | 131, 367 |

## A a

| abs | 求复数模 | 63, 356, 357, 363, 385 |
| acos | 反余弦 | 305, 356 |
| all | 所有元素均非零则为真 | 192 |
| assume | 对符号对象作限定性假设 | 305, 383, 385 |
| assumeAlso | 对符号对象增添假设 | 305, 383, 385 |
| atan | 反正切 | 181, 356 |
| atan2 | 四象限反正切 | 117 |
| axes | (底层命令) 创建轴对象 | 116 |
| axis | 轴的刻度和表现 | 5, 17, 23, 26, 49, 311, 358 |

## B b

| bar | 直方图 | 25, 271 |
| beta | Beta 函数 | 179, 186, 356 |
| blackjack.m | 进行二十一点纸牌仿真游戏的 NCM 文件 | 274 |
| break | 终止最内的 for 或 while 循环 | 133, 205, 371 |
| brownian.m | 演示粒子云二维随机游走弥散的 NCM 文件 | 273 |
| bslashtx | 反斜杠矩阵左除法解方程示教 NCM 文件 | 64 |

## C c

| callback | 图形对象控件回调属性 | 16, 33 |
| cameratoolbar | 引出图形窗的相机工具条 | 25, 334 |
| cat | 沿指定方向拼接数组 | 45 |
| censusgui.m | 演示美国人口增长和预测的 NCM 文件 | 150 |
| char | 创建或转换为字符串 | 27, 356, 379 |
| charpoly | 给出矩阵的特征多项式 | 308 |

# 附录 C  中文关键词索引

（本附录关键词按拼音字母次序排列）

# D

## H

# J

# T

# W

# X

# 附录 D 2012 年度计算机先驱奖颁奖典礼视频整理译文 [1]

(A transcript of the inauguration ceremony of 2012 Computer Pioneer Award)

图 D-1　颁奖大会开幕时的大屏幕投影

图 D-2　Cleve Moler

---

1 该视频英文稿由本书译者整理并经 Cleve Moler 亲自修改审定而成。而英语视频源为：
http://www.mathworks.cn/videos/cleve-moler-receives-the-2012-ieee-computer-society-computer-pioneer-award-70402.html。

Cleve Moler （获奖者）：

在车轮高速旋转时，你脚踩刹车板，防锁死系统（ABS）就开始工作、泵油。ABS 该如何泵油，以多快速度泵油？这里就有数学理论问题，就需要在计算机上对 ABS 防锁死系统进行仿真和设计。

David Bader （2012 IEEE 计算机协会评奖委员会主席）：

他的贡献对科研领域影响之深广是难以言表的。

David Alan Girer （2012 IEEE 计算机协会主席）：

他把我们已有的线性系统解算知识归纳成一种能被非数学家应用的"形式"。

Cleve Moler：

我在犹他州盐湖城接受了几乎全部早期教育，小学和高中。初中时，有位 Persh 先生允许我做自己喜欢的事。比如，他带我到图书馆坐下，给我一本书，对我说："读吧。"我确实应该把自己在数学上的作为归功于 Persh 先生。

David Alan Girer （2012 IEEE 计算机协会主席）：

Cleve 说，他只因帮助计算机做了上帝让它们做的事，而得了这次奖。他这释然之说，悄悄淡隐了这项贡献的重要意义和价值。

图 D-3　Linpack 用户指南

```
              < M A T L A B >
             Version of 01/10/81

      HELP is available

      <>help

      Type HELP followed by
      INTRO   (to get started)
      NEWS    (recent revisions)
      ABS    ANS    ATAN   BASE   CHAR   CHOL   CHOP   CLEA   COND   CONJ   COS
      DET    DIAG   DIAR   DISP   EDIT   EIG    ELSE   END    EPS    EXEC   EXIT
      EXP    EYE    FILE   FLOP   FLPS   FOR    HESS   HILB   IF     IMAG
      INV    KRON   LINE   LOAD   LOG    LONG   LU     MACR   MAGI   NORM   ONES
      ORTH   PINV   PLOT   POLY   PRIN   PROD   QR     RAND   RANK   RCON   RAT
      REAL   RETU   RREF   ROOT   ROUN   SAVE   SCHU   SHOR   SEMI   SIN    SIZE
      SQRT   STOP   SUM    SVD    TRIL   TRIU   USER   WHAT   WHIL   WHO    WHY
      < > ( ) = . , ; \ / ' + - * :

      <>
```

图 D-4　诞生于 1981 年的第一版 MATLAB

Cleve Moler：

20 世纪 70 年代，我参与了 Fortran 矩阵计算子程序库 Linpack 和 Eispack 项目。现在，Linpack 仍是著名的标准测评程序库。但当时它只是一个子程序库，因此第一版 MATLAB，我是采用 Fortran 写成的。在 20 世纪 70 年代的后期，MATLAB 仅是一种矩阵计算器。MATLAB 意指矩阵实验室（Matrix Laboratory），实际上它应念成 M-Ei-T-L-A-B。

David Bader（2012 IEEE 计算机协会评奖委员会主席）：

今天授予 Cleve Moler 的先驱奖，是因为他创造的 MATLAB 已经深刻地改变了全世界的工程教学方法。

Cleve Moler：

1958-1959 年期间，我在加州理工学院使用的第一台计算机是 Burroughs 205 Datatron。还有两台机器：鼓式打印机和程序穿孔机。因为在同一时间内只允许一个人使用，所以我喜欢称其为个人计算机。

David Bader （2012 IEEE 计算机协会评奖委员会主席）：

Cleve Moler 设计的 MATLAB 的不可思议的精妙在于：该软件使科学家、工程师可专注解决其所面临的应用问题，而不必纠结于电脑上的数值计算如何实现。MATLAB 真正推动了科研、工程界的建模和仿真，解决了其他方法所不能处理的问题。

Cleve Moler：

1979 年我访问斯坦福大学，讲授数值分析课程，并在课程中使用了 MATLAB。于是，包括斯坦福大学及其周边公司学生在内的其他人也就开始使用 MATLAB。他们中有个名叫 Jack Little 的小伙子，一个控制工程师，开始把 MATLAB 应用于控制理论。当时，我对此事全然不知。那时，我没想到这种应用，我也不知道控制是什么。几年后，出现了个人台式电脑 PC。Jack 预见到了 PC 机在科学计算中应用前景，他对我说："我们把 MATLAB 推向市场吧。"

图 D-5　MathWorks 公司 CEO—Jack Little

Tom Conte（2011 IEEE 计算机协会评奖委员会主席）：

　　Cleve 不仅在 Linpack 和 Eispack 数值计算程序库的创建中作出过巨大的贡献。这两个程序库已被应用了几代人，且至今依然在高性能数值计算中发挥作用。Cleve 的贡献还在于发明了 MATLAB。这个软件，不仅仅是当今科学、工程各界广为应用的一种工具，而且还常被工程师用来构建某种计算机仿真模型。

Cleve Moler：

　　MATLAB 迄今取得的成就已十分惊人。当然，MATLAB 并非一蹴而就，而是经25 年、30 年时间铸冶而成的。MATLAB 的数学解算和图形可视能力，使它被广泛地应用于许多许多工程领域。MATLAB 取得如此成功，我没预计到，Jack 也没预计到，我们谁也没想到，MATLAB 会在全世界得到如此广泛的应用。

David Bader（2012 IEEE 计算机协会评奖委员会主席）：

　　能和本年度获奖者一起站在颁奖台上，是我们的极大荣幸。我们今晚有幸邀请到他（Cleve Moler）来到颁奖现场。

图 D-6　Cleve 领奖时刻

Cleve Moler:

　　我事实上有过两个职业。我的前一个职业是教授，我很喜爱教师职业。我有许多优秀的学生，他们现在是美国一些大学的教授。教师工作，那是在 MATLAB 之前的职业。我的后一个职业是 MATLAB。我现在还会时而当当客座教授，但那毕竟不再是我生活的主要部分了。昨天，我访问了加州理工学院，参观了物理楼的几个地下实验室。当我告诉他们我就是 MATLAB 之父时，他们欢腾了起来。你年轻时可能学习的是数学，后来你可能再学习后成为了一名作家。所以说，呆在学校里继续深造，是我对年轻人的建议。

David Bader（2012 IEEE 计算机协会评奖委员会主席）:

　　IEEE 计算机学会创立的这个先驱奖，旨在：使特别杰出的技术成就，能得到承认和表彰。用以表彰那些被确认的杰出技术成就，Cleve Moler 在计算机领域所作的贡献就是范例。

David Alan Girer（2012 IEEE 计算机协会主席）:

　　他因系统集成知识而获此奖。他把如何解算线性方程等典型数学问题的知识以软件形式加以集成。这使得那些缺乏数学知识或不完全掌握算法要领的人，能借此软件去解决更大系统设计中所无法回避的数学问题。

图 D-7    授予 Cleve Moler 的奖章

Tom Conte （2011 IEEE 计算机协会评奖委员会主席）：

你们来此参加颁奖会，所乘坐的飞机、驾驶的汽车，这些交通工具最初始的仿真模型兴许就是用 MATLAB 建立的。Cleve 对工程技术领域的影响是巨大而深远的，因此他是当之无愧的先驱。

图 D-8    体现 Cleve Moler 知识集成思想的代表作

David Alan Girer（2012 IEEE 计算机协会主席）：

　　这里存在一个涉及全方位看待数学的最本质问题。Cleve 成功地解决了这个问题，他发明的 MATLAB 已经成为计算机科学和计算机系统的基本组成部分。

Cleve Moler：

　　能获此奖项，我很高兴。这的确很重要。当我走在飞机机舱过道上，看到有人在笔记本电脑上使用 MATLAB 时，我说：“对不起，打搅了。请让我看看你在做什么。请告诉我，你是做什么的。”这一切的发生是我莫大的荣耀。在机场遇到有人使用 MATLAB 和得到 IEEE 先驱奖的意义虽然不同，但是，它们两者都给我同样的愉悦、满足和快乐。总之，我很幸福，因为 MATLAB 是我留给后人的财富。

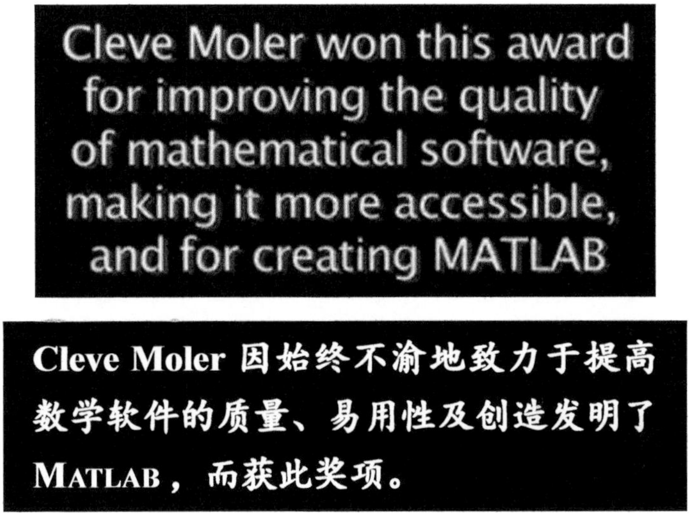

++++++++++++++++++++++++++++++++++++++++++++++++++++++++++++++++++++

Cleve Moler won this award
for improving the quality
of mathematical software,
making it more accessible,
and for creating MATLAB

Cleve Moler 因始终不渝地致力于提高数学软件的质量、易用性及创造发明了 MATLAB，而获此奖项。

图 D-9　颁奖闭幕时的大屏幕投影文字